GÉNESIS

El Verdadero Origen de la Especie Humana

Jorge L. Zúñiga

Ciencia y ficción se dan la mano amalgamando sus fronteras de tal manera que se pierde la noción de lo que es real o por lo menos posible y la imaginación de mentes creativas sin limites.

Bloomington, IN  Milton Keynes, UK

authorHOUSE®

AuthorHouse™
1663 Liberty Drive, Suite 200
Bloomington, IN 47403
www.authorhouse.com
Phone: 1-800-839-8640

AuthorHouse™ UK Ltd.
500 Avebury Boulevard
Central Milton Keynes, MK9 2BE
www.authorhouse.co.uk
Phone: 08001974150

First published by AuthorHouse 2/21/2007

ISBN: 978-1-4259-8916-3 (sc)

Library of Congress Control Number: 2006911314

Printed in the United States of America
Bloomington, Indiana

This book is printed on acid-free paper.

~~~

A mi esposa Mimi, a quien sigo amando tanto o más, como desde el segundo día en que le conocí, compañera inseparable en este viaje que es la vida, en el que solo boleto de ida se tiene pasaje.

Gracias por hacer de este sueño creativo y controversial una realidad, como muchos otros en nuestra vida en común que se tornaron en realidad a tu lado.

Te amo y te amaré mientras viva, ¡después también!

A mis hijos:

George, Jennifer, James, Stephanie,

seres radiantes que fulguran con luz propia, tan especiales cada uno, mi orgullo en esta vida.

A sus hijos, a los hijos de sus hijos y a los hijos de los hijos de sus hijos les dedico esta obra.

Agradecimiento especial a mi hijo George por su talento y creatividad para la elaboración de la portada y contraportada de este libro.

A mis Padres, a mis hermanas y hermanos, a mis cunados en especial a Luis Rosas pero no a Martha.

A mis hijos Brooke y Eric, A mis Tias y Tios, primas y primos.

En especial, a mi mejor amigo de esta vida, Galeno, quién se me adelantó en una investigación especial de otras posibles vidas, ¡después de esta!

A las personas que se atreven a pensar con mente abierta

A los que buscan la verdad sin seguir caminos ya andados

A los que no creen por creer ni niegan por negar, que con mente abierta, investigan.

A los piensan sin fanatismo, en otras posibilidades más allá de lo oficialmente establecido como verdad.

~~~

INDICE

EL VERDADERO ORIGEN DE LA ESPECIE HUMANA

INTRODUCCIÓN-PRÓLOGO

Ingeniería Genética

El ser humano es una especie resultante de avanzadas manipulaciones de científicos especializados en Ingeniería Genética.

En los umbrales del tercer milenio, hablar ó escuchar hablar sobre Ingeniería Genética, es cosa cada vez mas frecuente entre conocedores y neófitos con sed de conocimientos.

Posiblemente para aquellos seres privilegiados, que tengan la fortuna de vivir dentro del siglo XXI, conversar, leer, saber mas sobre DNA, genes, gametos, cromosomas, herencia, clonación, hibridación, transgenia etc., sea un tema tan normal y común como fue en la recta final del siglo XX al dialogar con un congénere sobre sida, cáncer, diabetes. Estos males que se supone a priori, son menos complicados y para los cuales desafortunadamente, aun no se tiene una cura real, solo meros tratamientos paliativos, pero en los que también la ingeniería genética jugará un papel estelar en la búsqueda del remedio y cura a esas y otras patologías que atormentan la calidad y cantidad de vida del ser humano actual.

El hombre del futuro, podrá ser engendrado a nivel masivo ó unitario con ó sin la participación ACTIVA de la pareja, es decir, la técnica tradicional de apareamiento de individuos de diferente sexo para perpetuar la especie mediante la unión de sus respectivos gametos en un concepto conocido como "hacer el amor". Esto posiblemente pasará a ser "cosa del pasado", pues las nuevas técnicas de FECUNDACIÓN, hace innecesaria la participación activa y simultanea de la pareja humana.

Para algunos, esto quizás sea un retroceso y una causa mas de la tan promocionada falta de comunicación humana, posiblemente sea un retroceso afectivo y un avance científico. En lo personal, considero que el sistema "antiguo", en el que todavía se requiere a un hombre y a una mujer para dar origen a un nuevo ser, es el mejor, pues no solo es "primitivamente placentero", al permitir el intercambio de fluidos corporales con contenido genético, lo que favorece la perpetuación de la especie. Es mucho mas que el acto físico de sentir el calor de la suave piel y el latir taquicárdico del corazón de la pareja, es el "hecho" a la antigüita o con la técnica tradicional, que permite intercambiar afecto, sentimientos, y la demostración misma concreta y activa de lo que los entendidos y los ignorantes llamamos " AMOR", cosa que posiblemente en un futuro, pase a ser una cuestión secundaria y sin importancia, para dar paso a técnicas frías sin afecto y meramente robóticas, aunque aceptémoslo… ¡efectivas!

Los niños del futuro, podrán ser producto de la fecundación artificial aun más avanzada que la conocida actualmente, técnica ya empleada con éxito. Podrán ser engendrados realmente sobre "pedido" especial al gusto y expectativas del ó los solicitantes, úteros artificiales, madres de alquiler, etc. permitirán al individuo hombre ó mujer, ser padres a cada uno por su cuenta ó como pareja.

Serán escogidos del "catalogo" que el gíneco-obstetra y su colega el ingeniero genético le muestren a la pareja ó al individuo hombre ó mujer que desee ser padre. Obviamente las legislaciones al respecto habrán de cambiar de tal forma que no será necesario estar casado ó estar en pareja para aspirar a tener un hijo. Ya se habla de parejas de homosexuales que podrán tener hijos "propios" mediante estas técnicas.

Hago la aclaración, que los valores éticos fundamentales del ser humano, se habrán de transformar y adaptar a los tiempos. La ingeniería genética, no solo beneficiara a las parejas con deseos de tener un hijo genéticamente aproximado a la perfección, también a parejas con problemas de esterilidad, ó individuos calificados de uno y otro sexo, podrán ser padres con el auxilio de la ciencia.

Tener ó planear un hijo, será cosa sencilla, sin salir de la oficina ó desde la comodidad de su casa y mediante el apoyo de sofisticado sistema cibernético, el ser humano llenara un formato con datos específicos que desea sean plasmados en su bebe. En sofisticados laboratorios, ya tendrán su información genética previamente "donada", al igual que la del sujeto "elegido" para mezclar sus genes.

Los bancos de semen ó esperma, así como los de óvulos humanos, serán tan importantes ó más en la sociedad del futuro, como lo son ahora los que guardan y protegen lo que la cultura capitalista considera lo valioso en este mundo contemporáneo, oro, joyas, piezas de arte etc.

Pero que más importante para un ser humano, que la posibilidad de *perpetuarse el mismo,* ¿ó sus genes guardados en sus gametos? Por tal motivo, todo lo relacionado con ingeniería genética será de gran valor, lo que permitirá no solo continuar nuestra especie aquí mismo en la tierra, también nos llevara a otros planetas a "SEMBRAR" nuestra semilla de vida y a poblar las estrellas, *posiblemente como ocurrió en el principio de los tiempos* cuando inteligencias superiores nos sembraron en este planeta.

El hijo del futuro nacerá libre de factores de riesgo que en la actualidad tanto daño causan producto de factores patológicos heredados por la pareja que lo engendro; pues bien, mediante la manipulación de la ingeniería genética, se eliminaran dichos factores patológicos, lo que llevara al nacimiento de niños sanos. ¡No habrá mas males heredados! Pues todas las enfermedades habrán de ser "tratadas" genéticamente para "borrar" esos estigmas que se solían heredar inevitablemente.

De tal manera que Ud. podrá heredar solo lo mejor de Ud. a su hijo. Será hecho a imagen y semejanza de Ud....¡pero perfeccionado! O bien, si la pareja lo desea, bien pueden "solicitar" cambios drásticos en su vástago. Esto hará que probablemente "su" hijo no se parezca en mucho a Ud. y nada tendrá que ver con "infidelidades" de su cónyuge. Simplemente con el auxilio de la Ingeniería Genética, Ud. ó mejor dicho, el nieto de su actual nieto, ya no será engendrado ó creado a imagen y semejanza de los progenitores ó padres biológicos ó donadores de gametos, cosa que será común y normal.

En un futuro mediato, decir que este niño es "idéntico" a su padre ó madre, será parte del folklore del pasado, pues con el auxilio de la ingeniería genética, las generaciones por venir, serán mucho muy diferentes a Ud. que quizás sea el tronco original del árbol genealógico, y no solo serán diferentes por factores naturales debidas a procesos de mezclas entre personas muy diferentes ó factores evolutivos naturales, mas bien debido a que los "papás" del futuro, habrían *escogido del catálogo* de posibilidades genéticas un determinado color de ojos, de pelo, de estatura, y otras características físicas externas solicitadas sobre pedido al departamento de ingeniería genética del hospital donde labora su gíneco-obstetra con sub-especialidad en mercadotecnia embriológica que le venderá "modelos" de hijos de creación reciente, hijos de la ultima moda, de la creatividad de "diseñadores" de seres humanos (ingenieros genéticos).

Muy posiblemente no solo podrán las futuras generaciones escoger sus características morfológicas de sus vástagos, pensemos que hasta caracteres mas intelectuales que permitan moldear personalidades al implantárseles mediante manipulación genética. Así mismo se podrá elegir un hijo con tendencias y aficiones por la música, la pintura, ó que sean médicos ó abogados. Se estimulara y dará "órdenes" precisas a la cadena doble helicoidal del DNA, que ya es leído y decodificado y se tendrá la capacidad de alterar ese código genético para beneficio de la raza humana.

Si se decide tener un hijo dotado con características físico-atléticas, solo tendrán que solicitarlo al especialista en ingeniería genética. Él hará el resto al "tratar" ó manipular sus genes para obtener los resultados anhelados.

Hasta un político se podrá pedir por catálogo, deseando que la parte "corrupta" se elimine genéticamente y se geste un real servidor del ser humano.

Esto que suena a producto de la ciencia-ficción de una mente enfermiza ó con mucha imaginación, *créalo Ud. ó no, acéptelo Ud. ó no,* es hoy en día en gran parte ¡ya una realidad!

¿No lo cree? Investigue, no se trata de aceptar ó negar ó de que nos agrade ó no, ¡son hechos! Todo indica que esto que le he descrito y muchas cosas mas que ni sospechamos pudieran ser posibles… son ya realidad y otras están en vías de serlo.

Mas exactamente, la ingeniería genética es ya una realidad hoy en día en los inicios del siglo XXI. El caso de "Eve", la niña que aparentemente, por lo menos a nivel oficial, se acepta nació bajo la técnica de la clonación patrocinado por una secta que cree que somos los seres humanos creación de seres extraterrestres. A esta secta se les conoce como los "Raelíanos", en honor de Rael, el creador de este movimiento controversial.

Algunos dirán que es poco ético, diabólico, anti-natural etc. Otros dirán que es solo el principio del devenir del hombre del nuevo milenio. Ni los que están a favor ó en contra, podrán hacer nada para detener el futuro con las cosas buenas, regulares y malas. ¿Sabe por que razón? …por que NO estaremos allí para cambiarlas a favor ó en contra de nuestras convicciones y valores. Eso le tocara precisamente decidir a quienes vivan esos avances logrados con el trabajo de la ciencia creada por el ser humano, para el ser humano de todos los tiempos en la recta inicial del tercer milenio!

Si Ud. piensa que esto son supercherías ó simples hipótesis, mas le valdría informarse mejor antes de descartarlo. No deseo ser sarcástico, todo ó casi todo es ya una realidad. Las bases están dadas. El factor económico así como el político, juegan un importante papel en las actividades sociales de la humanidad contemporánea. Los intereses muchas veces poco éticos, mezquinos y egoístas de unos cuantos poderosos, manipulan a la mayoría de los seres humanos.

Se nos permitió a manera de preparación, conocer la punta del Iceberg de la verdad sobre los logros actuales y potenciales de la ingeniería genética. Basta recordar el caso de la oveja clonada de nombre "Dolly", …¿qué mas habrá en la base? ¿Que otras cosas son ya una realidad y no nos permiten conocer por riesgos de que afecten los intereses de los "dueños" aparentes del planeta? ¿Nos están dando pequeñas dosis de los hechos par ver como reaccionamos? Al principio, mucha algarabía a favor y en contra, declaraciones de lideres de todos los ámbitos, luego nos acostumbramos y lo sensacional se hace normal. ¿Será esa la estrategia de los manipuladores? ¿Estaremos en espera de nuevos informes sobre cosas consideradas como insólitas?, ¿de ficción?, ¿cómo el hecho ya NO hipotético, sino real de "clonar" seres humanos, fabricación de órganos para transplante con ayuda de la TRANSGENIA?, la cura a muchos males que aquejan a la humanidad, pero que por egoísmos e intereses mezquinos de malos seres humanos que vean en peligro sus intereses económicos, políticos de poder, evitan a este punto que se compartan con sus congeneres, con quien comparten este planeta llamado tierra.

No me sorprendería saber que seres humanos honestos y dedicados con alto coeficiente intelectual y con mucho amor por la humanidad, en el pasado y en el presente, hayan hecho descubrimientos que pudiesen contribuir a mejorar nuestra especie a nivel científico, y estos fueron criminalmente ocultados.

Existen ocultamientos imperdonables que se han guardado especulando con el bienestar general. Esto es mas serio que solo creer en conspiraciones hipotéticas.

No me sorprendería saber que algún científico descubrió la cura para alguna enfermedad grave y mortal, pero que intereses turbios de unos cuantos, impidieron que que se dieran a conocer, pues de la ignorancia de muchos, ¡viven unos pocos! Hablo de intereses de grandes *transnacionales* que son los que verdaderamente *gobiernan a los países*.

No me sorprendería saber que se han hecho grandes inventos que de haberse sacado a la luz publica, hubiesen mejorado la calidad de vida de la raza humana, pero que por intereses de unos cuantos, se quedaron en el rincón del olvido.

En estos ocultamientos ubico la verdad sobre hechos y evidencias sobre *"vida extraterrestre"*. No me sorprende. Significa que del ser humano en general, todo es posible esperar, bueno y malo, pero de los que nos manipulan solo egoísmo, y mentiras es posible recibir. La maquinaria de manipuladores que integran *políticos, militares, religiosos, economistas, científicos, medios de comunicación etc.*, tiene sus engranes bien lubricados para hacerlos trabajar a su conveniencia y cuando ellos lo deseen. Quien intente ir en contra será triturado, ridiculizado, aniquilado, en nombre del "bien" de la humanidad (?).

Nadie ni siquiera el mas retrogrado, negativista, pesimista e ignorante por apatía mental, puede negar que nuestra especie piensa, suena, trabaja en …plan grande!.

Lo que por ahora es motivo de controversia aparente y que ha hecho que algunos hipócritamente se "rasguen" las vestiduras en desplantes protagónicos dignos de un histrión de set cinematográfico, no son mas que posturas "oficiales"que se supone que los dueños del planeta deban manifestar para mantener tranquilas a las ovejas de su manso rebaño de seguidores.

Tanto lideres (?), políticos, como científicos, religiosos etc., se han manifestado en contra de la manipulación genética, cuando la verdad es que ya se frotan las manos en privado, pensando que provecho podrán sacar de todo esto. Todo aquello que ellos dicen que no es bueno para la humanidad, es exactamente lo que ellos intentaran utilizar para sus egoístas y manipuladores intereses.

Que si la clonación es indecente, poco ética, inmoral etc., etc., muchos de estos falsos benefactores de la humanidad, serán los primeros en utilizarla a su provecho. Estarán pendientes de avances y al mismo tiempo evitaran de que el resto de la humanidad se beneficie, debido a que en su patológica opinión, el resto de la humanidad *no estamos preparados (?)*.

En cambio, esos dueños aparentes del planeta, seguirán manipulándonos, dejándonos en la oscura ignorancia pues cuentan con nuestra apatía, con nuestros nulos deseos de saber verdades, de exigir respuestas, de que no planeen nuestras vidas a sus intereses, aprovechándose de nuestras supersticiones. Dogmas, ignorancias, los mantienen en control y con poder sobre seres humanos sin voluntad y acostumbrados a que se les de instrucciones hasta para respirar.

Los avances sobre ingeniería genética, en unas cuantas décadas, serán factor de consenso y unión. Por las bondades emanadas de dicha practica, todo ser humano con contenido neuronal activo será capaz de ver el resultado positivo, **el fondo, no solo las formas externas** que son las que nos venden los medios de comunicación. Los avances en materia de ingeniería genética serán sumamente benéficos para el ser humano, dando un paso adelante de la humanidad. La ingeniería genética junto con la biónica ó bio-cibernética harán de la vida del ser humano algo más agradable, en calidad y cantidad. Ya en próximas capítulos, hablaremos sobre lo biocibernetica, es decir, de esas partes no humanas, mecánicas, electrónicas, robóticas, que serán parte importante del ser humano, que le darán posiblemente un aspecto menos humano y más parecido a una maquina, pero todo sea por prolongar la vida del hombre. Compartiré con Uds. mas sobre el tema al final de esta obra.

En esta trabajo hablarémos sobre el hombre del futuro. Más por ahora, deseo compartir con Uds. mis amables y pacientes lectores, no solo lo que el ser humano del mañana será ó podrá ser y hacer.

En primera instancia, deseo compartir con Uds. mi tesis de que la ingeniería genética no solo dará origen a un ser humano extraordinario en un futuro mediato, tratare de invitarlo respetuosamente a pensar con bases y evidencias, en que este ser humano del presente, que piensa en un futuro, ha tenido un *"pasado"* en el que también la *ingeniería genética* tuvo mucho ó todo que ver con ¡nuestro origen!

Deseo que ahora con justa razón, enfocamos nuestras miradas rumbo a las estrellas y planetas que nos esperan, no solo sea pensando que los planetas que nos circundan son a los que queremos ir, posiblemente también sea de donde *"venimos"*, traídos por inteligencias superiores a la nuestra. Ellos han estado vigilando nuestra evolución hasta que alcancemos la madurez y " recibirnos" en aquellos lugares de donde posiblemente un día salimos, si el hombre actual cuenta con la ciencia y la tecnología que nos lleve a las estrellas. Por que dudar que seres inteligentes un día en el amanecer de los tiempos, nos sembraron aquí, tal y como ahora la raza humana pretende hacer al "poblar"otros planetas, iniciando con bases espaciales construidas por las naciones poderosas como primer paso para luego correr a planetas donde puede ser posible la supervivencia del hombre.

Que cosa puede haber mas importante para la raza humana que perpetuar su especie?...¡ninguna!

Deseo invitarles en un viaje insólito imaginario y retrocedamos juntos en el tiempo. Busquemos el origen, la semilla de nuestra especie. Luego en la maquina del tiempo y el espacio que es la imaginación, regresaremos al presente para compartir con Uds. que el ser humano no solo podrá en un futuro mediato con la ayuda de la ingeniería genética avanzada mejorar sus condiciones de vida en calidad y cantidad que le lleve a ser más longevo, mas sano, más productivo a que goce su paso por este plano dimensional llamado vida, para la que a este punto…¡es solo de ida el pasaje! ¿Se vale soñar en una semi-eternidad?

El ser humano muy pronto contara con órganos transgénicos para transplantes que salven su vida, que la alarguen, que la hagan de calidad. Estos habrán de obtenerse de animales, estos seres vivos a los que peyorativamente consideramos "inferiores", sintiéndonos los reyes de la creación.

Pues bien, estos seres vivos, muy pronto, si no es que ya mismo, por muy inferiores que nos parezcan, serán motivo de respeto muy especial, pues gracias a ellos un ser humano, querido o simplemente conocido ó posiblemente nosotros mismos, recibamos parte de ellos, que nos permita seguir viviendo. Así pues una oveja, un cerdo, un caballo, un mono etc., serán quienes con ayuda de la ciencia y del ser humano positivo, con infinito potencial de inteligencia, nos ayuden a prolongar nuestras vidas hasta alcanzar edades que hoy en los umbrales del siglo XXI podrían sonar a ficción ó a imposible.

Corazones, hígados, riñones, sangre, hormonas etc., se obtendrán de animales "tratados" con ingeniería genética. También los alimentos serán no solo mas abundantes, también mas nutritivos así como económicos, cosa que contribuirá a eliminar el hambre de nuestros hermanos sumidos en la pobreza extrema producto del egoísmo de los dueños aparentes del planeta que gastan en armas para amenazar y matar a quienes no compartan con ellos sus "ideologías".

Los que ahora levantan airadamente su voz contra los avances de la ciencia, no les quedara otro camino que enmudecer cuando vean los beneficios reales que los adelantos del intelecto humano logran en pro del beneficio colectivo, no de intereses particulares como los hacen los dueños aparentes del planeta.

Aquellos miopes que no quieren ver mas allá de su nariz, producto del egoísmo, la ignorancia, que afecta sus intereses de siglos de dogmas sin sustentación vendidos a seguidores con pereza mental, ya deberán de pensarlo dos veces, ó cambian ó ¡sucumbirán arrastrados por sus falsedades!

El hombre del nuevo milenio, debe de ver mas allá de sus fronteras terrícolas, muy pequeñas por cierto si tomamos en cuenta la infinita vastedad del universo plagado de cientos ó miles, quizás millones de planetas posiblemente habitados ó potencialmente habitables. *¿Quién dude esto ¿puede comprobar lo contrario?* Me gustaría verlo! De igual manera, yo no tengo pruebas que avalen mis propuestas, así es que dejemos a todo mundo tener su particular punto de vista, respetando las diferencias pero sobre todo, tengamos *mente abierta* para todo aquello que aun esta por venir y que ni adivinamos aun siendo optimistas..

La humanidad piensa, sueña y trabaja en plan grande! Esto es un hecho real. La humanidad positiva tiene un futuro prometedor a pesar de los pesimistas y catastrofistas.

Mientras que Ud. amigo lector posiblemente se preocupe de como llegara a su casa u oficina al leer esta obra, científicos, seres humanos como Ud. ó como yo, pero brillantes, dedicados y revolucionarios, trabajan en la manera de como llegar a "otros mundos". Mientras Ud. se preocupa en que comerá hoy, científicos trabajan en como hacer producir en cantidad y calidad los campos, para saciar el hambre de la humanidad.

El hecho de que Ud. y yo ó muchos desconozcamos el trabajo de estos seres privilegiados y sin egoísmos que trabajan para todos, no significa que ellos ó su trabajo no existan, solo lo ignoramos, así muchos avances de la ciencia. El hecho de que alguien los desconozca, no significa que no existan, ó si los conoce y aun así los niega, no se detendrá por eso el inexorable avance de la creatividad de la mente humana.

El negar el futuro, sus grandiosos avances científicos y tecnológicos logrados por la neurona del hombre no se detendrá a pesar de seres humanos anencefalicos y retrogradas. Nada detendrá que nuestra raza camine muy pronto en al superficie de otros planetas, de otros mundos, y me permitiré un comentario sarcástico dirigido a esos seres que no utilizan su cerebro para decirles que su egoísmo, egocentrismo, y demás características negativas que puedan tener, que en NADA podrán evitar el devenir del nuevo ser humano, que aunque en esencia el mismo de ahora, estará mejorado y preparado para enfrentar nuevos retos…y los vencerá!

Pensemos, seamos, actuemos positivamente, sobre todo si ese sentimiento positivo envuelve a la raza humana, a los demás integrantes de nuestra especie, el beneficio colectivo. Todo eso nos dará fuerza para ser mejores, para alcanzar metas aparentemente imposibles. Hagamos a un lado a esos seres pesimistas que si por ellos fuera aun estaríamos viviendo dentro de cavernas.

Recuerde Ud. estimado lector, que antes que nosotros, han existido en el pasado de la humanidad, mentes creativas y compartidas, brillantes, inconformes, que no se dejan arrastrar por las masas que siguen modas temporales y superfluas, que tuvieron la voluntad y la determinación de ser ellos mismos, que gracias a su espíritu indómito y a su gran voluntad y constancia alcanzaron objetivos que beneficiaron a toda la humanidad. Me refiero a todos esos seres humanos que nos legaron el trabajo de su mente prolífera y talentosa que creyeron en ellos, que supieron sobresalir a pesar de las circunstancias adversas y hoy en día gozamos de su herencia legada a la humanidad. Esos seres humanos de antes, como muchos de ahora y del futuro, no se dejaron llevar como veletas por el viento ideológico de los vividores que se aprovechan de los miedos, de las supersticiones, de la ignorancia de las masas.

Gracias a los grandes hombres y mujeres que nos antecedieron, que supieron tenerse fe así mismos, a sus ideales, a sus principios, que soñaron a pesar del escarnio de otros, gracias a esos seres humanos hemos progresado ... y ¡seguiremos haciéndolo!

Si somos justos y razonablemente objetivos al hablar de lo que puede ser y hacer el hombre de mañana, como mínimo debemos dejarlo al...**¡todo es posible!**

En este libro, retomaremos posteriormente al "hombre del futuro", pero por ahora nos enfocaremos al hombre del "pasado" al primigenio, al del principio de los tiempos. Es entonces y en ese momento cuando le plantearé a Ud. estimado lector, una teoría reveladora y extraordinaria sobre nuestro ORIGEN como especie, que hará cimbrar la estabilidad de muchos parásitos que han vivido nutridos de nuestros miedos e ignorancias.

Para quienes apoyen y comulguen y crean la "teoría" sobre el origen divino del hombre, nuestro respeto e invitación a seguirnos leyendo con mente abierta y sin prejuicios, ó bien para que este sea el momento oportuno de depositar esta obra en el estante del olvido ó en el cesto de basura...¡ese será su privilegio!, pero será solo por atentar contra dogmas heredados y nunca antes cuestionados por apatía mental.

A los que apoyen la teoría evolucionista, que creen honestamente que somos el resultado de una larga cadena de "casualidades" sucesivas que nos llevaron a la bipedestación, al lenguaje oral, a los descubrimientos e inventos, se darán cuenta, que somos mucho mas que simplemente eso. Es muy posible que en nuestro DNA este codificado cada paso a dar, que al llegar al punto "X" de la evolución, descifremos el lenguaje genético codificado que nos lleve a caminar, a evolucionar pero no tan al azar como se pretende hacer creer. Es decir, todo esta debidamente planeado, paso a paso por parte de nuestros "creadores" de quienes nos sembraron aquí en este planeta y quienes esperan sigamos sus pasos esparciendo nuestra semilla de vida en otros mundos.

Pero mientras no encontremos como descifrar claves pequeñas de los enigmas sobre nuestra existencia y nuestra procedencia, no seremos capaces de seguir hacia la meta que representa el final de este rompecabezas existencial planeado cuidadosamente por inteligencias superiores, que nos permitan evolucionar, crecer, hasta llegar al lugar de donde posiblemente salimos en la noche de los tiempos.

A quienes con "mente abierta" y analítica, deseen compartir una posibilidad diferente, apoyada en hechos reales, interesantes, complejos y extraordinarios, sustentados en ciencia, en historia, en tradiciones, tendrán en esta obra, un documento NO para creer, si para dudar sobre las diversas teorías aceptadas y no sobre el origen del hombre y tendrán elementos par sacar su propia conclusión.

Este trabajo esta apegado a lo que en lenguaje llano y plano se le conoce como un "estimulador neuronal", esto obviamente para aquellos que tengan algo mas que folículos pilosos en la bóveda craneana. Podrán leer hechos científicos difíciles de cuestionar, hechos históricos que podrán creer y aceptar ó simplemente dudar ó negar sin problema alguno, *solo pretendo hacerle una atenta invitación a "pensar", no a creer.* Eso de dogmas obligatorios se lo dejamos a los inseguros que requieren de creer en supuestas verdades aunque no tengan base alguna y que además ¡se les obliga a creerlas! Eso se lo dejamos a los borregos, seguidores sin voluntad ni capacidad de razonar y que aun peor, dejan a otros que piensen por ellos.

La humanidad es el "resultado" de la manipulación genética a cargo de entidades biológicas inteligentes de origen NO terrestre. De eso, solo de eso se trata este libro, esa es la esencia de esta obra. *Ellos* nuestros creadores pusieron posiblemente mensajes codificados en nuestro DNA, que poco a poco iremos descifrando, aprendiendo, evolucionando.

Por fortuna para Ud. no tiene que creer nada de lo que aquí lea, solo le invito respetuosamente a conectar su cerebro y hacer sinapsis que le lleven a razonar y a cuestionarse inteligente y objetivamente sobre lo que ya conoce y posiblemente cree sobre el génesis del ser humano y a cuestionar y pensar sobre la viabilidad de esta propuesta que le hago en esta obra que será definitivamente polémica por lo obvio.

Antes de negar, sea analista, investigue, estudie, pregunte. No se trata de buscar seguidores, ni creo exista nadie que desee hacerlo, además eso lo dejo a los lideres poseedores de la supuesta verdad. Pero por otro lado, NO crea por creer. Le invito a que juntos viajemos en nuestra nave de la imaginación, que nos llevara a conocer la otra cara sobre el origen del hombre, la otra posibilidad olvidada e ignorada. Solo eso una posibilidad, una teoría mas... ¿quizás la verdad?...eso solo Ud. podrá juzgarlo y decidirlo y concluirlo con " MENTE ABIERTA"

No crea por creer

No niegue por negar

CON MENTE ABIERTA ... INVESTIGUEMOS.

No hay misterio por cerrado que este parezca, que no se pueda abrir con una mente ¡racional y abierta!

CAPITULO I

NADA MAS DIFICIL DE ABRIR, QUE UNA MENTE CERRADA

Para aquellos lectores que decidieron continuar con la lectura de esta obra que no pretende ser literaria, pero si presentar una tesis, una propuesta diferente sobre el posible origen del hombre...Gracias por concederme el derecho de la duda y por permitirse el derecho de pensar y ser diferente.

No solo a mi nombre les doy las gracias, también a nombre de todos los valientes que cada día son mas, quienes no se conforman ni se comen las supuestas verdades sobre el tema, que durante milenios nos han vendido los dueños aparentes del planeta, manipulados por los verdaderos dueños y creadores de nuestra especie..."ellos".

Ha llegado el momento oportuno para gritar al mundo mejor dicho, a quienes quieran escuchar y no solo oir cuestiones diferentes sobre nuestro origen como especie,

Me permito nuevamente solicitarle a Ud. que lee esta obra, no solo mucha atención, le pido mente abierta, sin prejuicios, sin atavismos filosóficos y culturales rancios y obsoletos.

Como también ya aclaré y me permito con su permiso ser reiterativo. No pretendo convencer a nadie y mucho menos decir que lo que le propongo sea verdad absoluta e infalible, es solo mi humilde opinión fruto de el estudio de hechos que me han dado la convicción de creer en lo que aquí les expongo sobre nuestro origen, se que los dueños aparentes del planeta (políticos, religiosos, militares, científicos, economistas, comunicólogos etc.), se creen con la verdad absoluta... ¡allá ellos y quienes les creen!

Esta obra es para personas libre pensadoras, no para veletas que se dejan convencer sin voluntad por cualquier vividor con un poco de habilidad para el engaño, pero si Ud. cree con sincera humildad no somos el ombligo del universo, ni se rasga las vestiduras hipócritamente al cuestionar dogmas de fe sin sustento sobre nuestro **Génesis**, Ud. debe continuar leyendo este libro pues posiblemente Ud. ya intuye que no estamos solos los seres humanos en este universo, y que posiblemente "ellos", nos crearon, y nos vigilan en este mundo, como Ud. lo hace con seres vivos a los que considera inferiores .... los animales.

"Ellos", es decir estos seres que posiblemente nos crearon y nos sembraron en este planeta, muchísimo mas avanzados intelectual y tecnológicamente que el hombre, nos consideran a los humanos como una especie inferior, igual que Ud. amigo lector piensa de una animal cualquiera que este sea, así *"ellos"* nos tienen conceptuados a los humanos, estos seres que son infinitamente superiores en todos sentidos al humano, nos manipulan, nos utilizan, somos sus "animalitos" de experimentación, de estudio de juego y pudiera ser en algunos casos hasta de alimento...igual que nosotros los humanos hacemos con los animales, se divierten en otros casos con nosotros, somos algo así en el mejor de los casos como sus mascotas, los animalitos cuya granja es el planeta mismo.

Esta obra, no es de ciencia-ficción. No la pensé como simple basura escrita aunque posiblemente algunos retrógrados lo piensen así, pero no la hice pensando en débiles mentales, muy al contrario fue hecha pensando en seres como Ud. que la lee, con neuronas activas capaces de hacernos pensar, cuestionar, razonar, sabrán que esta obra al igual que las de otros autores, ¡es de denuncia!, es de alerta, es de invitación a ponernos en guardia, en contra los dueños aparentes del planeta que nos han engañado desde siempre, y contra "ellos", los verdaderos dueños de nosotros y del planeta y otros mundos que ni sospechamos existan.

Esta obra es para abrir ojos para ver la otra cara de la verdad sobre quienes nos mueven como títeres desde las sombras del anonimato.

Tampoco es una novela, eso solo los escritores dotados de capacidades literarias lo logran, y definitivamente tampoco es una obra mística. Yo repudio y detesto a los hipócritas vividores y manipuladores que lucran con nuestros miedos, ignorancias y supersticiones.

Este es un libro de Hechos inexplicables y en ocasiones hasta absurdos lo acepto, pero de HECHOS al fin, ¡reales! que les sucedieron a seres humanos como Ud. que lee en estos momentos.

Los eternos escépticos que siguen diciendo que en el mundo de lo paranormal no existen hechos comprobados ó comprobables, en efecto, para los que tienen la mente cerrada, nunca habrá casos ni pruebas suficientes que puedan convencerles, sigan con su arrogancia pensando que solos Uds. tienen la verdad.

Estos seres negativos y retrógrados con solo folículos pilosos en la bóveda craneana, pero sin encéfalo, que además presumen de intelectuales, son al fin y al cabo victimas de su propia arrogancia.

Lo que pretendo compartir con Uds. en esta obra, son también casos concretos "comprobados" que aunque parecen creación de escritores de ciencia-ficción, son reales, son pruebas que serian suficientes para hacer fe ante un tribunal y darles la importancia merecida.

En otros casos son solo evidencias circunstanciales que nos llevan a pensar y a concluir sobre ciertos hechos que al ser tan abundantes y repetitivos, nos indican que no son obra de casualidades y podríamos enmarcarlos con cierta cautela como hechos verdaderos, pero eso solo Ud. será quien lo decida después de leerlos.

Pero tiene esto algo que ver con el fenómeno ¿OVNI con la OVNILOGÍA?, mucho y nada al mismo tiempo, esto que lee Ud. que parece absurdo y contradictorio merece una explicación.

Tiene mucho que ver, por que aquí haremos muchas referencias sobre misteriosos aparatos que surcan nuestros cielos y obviamente, hablaremos de sus tripulantes, así que de alguna forma llegaremos al fondo del fenómeno ovni,

Y no tiene que ver al mismo tiempo, porque la ovnilogía se empeña en seguir empantanada en un nivel básico, primario, elemental, viendo las formas, no el fondo del mismo fenómeno, pues muchos "expertos" en ovnilogía, dedican sus esfuerzos a recopilar estadísticas sobre las formas externas de estas cosmonaves, la frecuencia con que son vistas, el lugar de aterrizaje, características de sus supuestos tripulantes, esto que para estos estudiosos primarios es imprescindible saber, para muchos otros como su servidor, dejó de tener importancia, al menos no es lo único ni lo mas importante saber, pues mucho se sabe y se ha dicho sobre el tema, por lo que hay que seguir analizando otros aspectos igual ó mas importantes sobre el fenómeno.

En nuestra opinión, lo realmente importante a saber, a estudiar, a analizar, es investigar que es lo que esos seres quieren en nuestro planeta, a que vinieron ó a que vienen, que buscan de nosotros los humanos ó del planeta mismo. Eso si es vital saber no solo el modelo y color de sus vehículos siderales.

Debemos de investigar que es lo que "ellos" han hecho desde siempre, desde hace miles de años, pero no analizándolos a nivel primario es decir intentando conocerlos desde sus naves que ocasionalmente aunque cada vez con mas frecuencia avistamos en nuestros cielos, Debemos de ocuparnos ahora por saber que hacen "ellos" aquí mismo entre nosotros, mezclados entre nuestros congéneres, caminando por nuestras calles, como nuestros vecinos, como compañeros de trabajo, posiblemente hasta en ¡nuestro propio hogar! Sé que suena paranoico, pero después de analizar los hechos que más adelante les mostraré, no les quedará otra salida que dudar lo que les digo, que es lo que "ellos" han estado haciendo en nuestras vidas, manipulando nuestras mentes a su antojo así como nuestro origen, historia y destino.

Porque lo que la ovnilogía tradicional aun no entiende ó no quiere entender ó no quiere saber, es que los *tripulantes de los ovnis, hace mucho tiempo que aterrizaron en el planeta,* hace mucho que se bajaron de sus naves, de esas insólitas y extraordinarias máquinas que los transportan en fracción de segundos a velocidades y distancias que la ciencia y tecnología humana actual desconoce y en ocasiones simplemente niega sin estudiar.

Pues bien "ellos", ya se bajaron de sus vehículos hace mucho. Ahora caminan entre nosotros. Eso es lo que debemos y queremos estudiar con Ud. en esta obra, presentar sus múltiples y disimulados camuflajes, sus variadísimas andanzas en nuestro mundo desde el principio de la humanidad que quizá ellos mismos crearon, apareciendo en todos los lugares del planeta, en todas las épocas, en todas las culturas que algunos humanos ante lo increíble de su comportamiento y sus poderes no humanos, les dieron connotación de deidades, de seres sobrenaturales, de entes superiores, llamándoles el humano a "ellos" dioses, ángeles, hermanos mayores, seres de luz, Jinas, demonios, extraterrestres, entidades biológicas extraterrestres y mil nombres que a Ud. se le ocurran ó conozca, utilizados para designar a estos singulares seres No humanos.

Todos "ellos" son de una u otra forma los mismos seres, nombrados y calificados de múltiples y variadas formas, pero esto Ud. ya lo sabe probablemente ¿verdad? En caso de que no sea así, esta obra le ayudara a conocer un poco sobre el tema, al hacer un recuento sobre diversas civilizaciones, sobre nuestros ancestros que nos hablan de la presencia de estas entidades en la historia del ser humano de todas las latitudes del planeta.

Lo importante es "analizar" cual debería ser nuestra reacción respecto a estas entidades inteligentes de origen extraterrestre.

Mientras tanto, los ufólogos de pacotilla, seguirán coleccionando, videos, testimonios, casos etc, sin saber que hacer con ellos, como no sea lucrar con el deseo sincero de la humanidad de conocer la verdad, que ellos muestran parcialmente mediante esos documentos pero olvidando u omitiendo socarronamente cosas mas importantes ya planteadas.

Todo lo anterior solo contribuye a confundir a la opinión publica, a difuminar la verdad, a diluir los verdaderos esfuerzos en búsqueda de la verdad y sobre todo se presta a mercantilismos de gentes sin escrúpulos que deforman la verdad para sus dudosos intereses, la verdad se oculta, se deforma por parte de estos charlatanes ó bien mediante bien maquinadas estrategias de desinformación tendientes a evitar se conozca la verdad sobre el tema por parte de intereses muy altos que pretenden la exclusiva en materia de cualquier robo tecnológico a estas entidades ó que a cambio de no sabemos que, reciban voluntariamente por parte de "ellos" migajas de su ciencia.

Por otra parte esta obra no es para ser leída por aquellos que creen que todo lo inventable ya fue inventado, esos que se creen los descubridores del hilo negro y del agua tibia. Tampoco es para aquellos que piensan que la ciencia tiene respuestas a todos los misterios del mundo, y que todo aquello que la ciencia no es capaz de descifrar, tiene que ser rechazado por falso, absurdo e inexistente, les recuerdo que la ciencia depende de los cerebros en ocasiones caprichosos de algunos seres humanos que con frecuencia aciertan ...pero que también se equivocan!

La historia ha probado que las grandes verdades de hoy, son las mentiras ó las equivocaciones del mañana, y no necesariamente por dolo, simplemente porque seguimos aprendiendo, descubriendo, inventando, por lo tanto nadie debe de pensar que todo esta descubierto, inventado o dicho, seguimos aprendiendo cada día!.

Precisamente por tal razón, debemos de tener mente abierta, en este mundo en que vivimos, prescindiendo de la vastedad del infinito universo, hay una cantidad de hechos que sobrepasan con mucho los limites aun detectables de la ciencia del hombre, del conocimiento en general que actualmente tenemos los humanos sobre las cosas aunque algunos soberbios piensan que poco hay por conocer (?) en ocasiones nuestra inocente arrogancia impide nuestro crecimiento sobre hechos que invitan a ser estudiados, en cambio solo se les ignora, y me refiero a todo aquellos que la ciencia descarta, que se sale de sus limites de conocimiento, lo cierto es que la ciencia no explica todo pues sigue siendo limitada a pesar de los grandes avances siguen siendo solo pequeños pasos en lo mucho que hay por aprender por siempre, cierto es que sabemos ahora mas que en el principio de los tiempos pero en los umbrales del tercer milenio debemos de aceptar humildemente que aun existe mucho por caminar.

Debemos de tener presente siempre, que muchos hechos no son susceptibles de ser explicados simple y sencillamente por que rebasan la capacidad de comprensión de nuestros cerebros.

Además, el reino del espíritu y el cosmos, al decir de grandes pensadores, da la impresión de ser una " inteligencia gigantesca" y tiene mas de mental ó espiritual que de física, escapando por ende de la metodología científica típicamente tradicional de lo que conceptuamos como nuestra ciencia!.

Así pues, entremos en la consideración de los insólitos y extraños temas que Ud. podrá encontrar aquí en esta obra, algunos casos aparentemente claros, otros no tanto, que son sutiles que requerirán un esfuerzo neuronal adicional de parte e Ud. que lee esta obra, pues son apenas perceptibles, muy difuminados lo que exige un análisis concienzudo de los hechos.

Debemos estar tranquilos en cuanto a lo que los científicos puedan decir contra las personas libre pensadoras como Ud. y como yo, que no encontramos satisfactorio lo que nos venden en el mercado de las verdades, de las ideologías concebidas y aceptadas como únicas y verdaderas.

Los científicos primarios, clásicos, puristas, mas papistas que el Papa, si se dignan atender por un segundo a lo que pensamos y decimos con honestidad y convicción aunados a hechos, levantarán su cabeza por un momento de su rutinaria y maquinal actividad, tarea en la que se ganan la vida, casi puedo ver su cara de desdén y burla, su aire de superioridad, su arrogancia dibujada en su expresión facial y sus neuronitas engreídas haciendo sinapsis para concluir que quienes no piensan como ellos y siguiendo sus reglas ...¡están mal! que estamos locos, luego después de un movimiento lateral de su cabeza nos compadecerán y seguirán en sus rutinarias tareas, repitiendo, observando, experimentando en sus inmaculadas áreas libres de microorganismos patógenos, en sus laboratorios y clínicas para conocer mas sobre la materia, para con su trabajo llevarle el pan a sus hijos ...lo respeto en ese aspecto, no en el conceptual de su papel.

Estos son lo obreros, los peones de la ciencia, gracias a los cuales mejoramos nuestra tecnología, nuestra salud, quien esto escribe, me considero con formación científica por la naturaleza de mi formación académica Universitaria, estoy agradecido con mis colegas , gracias a su espíritu de búsqueda del bien común, pero no olviden que estas actividades rutinarias y frías, en ocasiones termina embotando las mejores cualidades de su espíritu, de su inteligencia, al ceñirlos y obligarlos rutinariamente a una sola parcela del saber humano, lo único que creo es que debemos de ser comprensivos con ellos, ante su incredulidad y su miopía intelectual, pues en muchos casos no ven mas allá de su nariz, hablo en sentido figurado obviamente, ya que llegan a ser tan soberbios y arrogantes muchos de estos pseudo intelectuales, que llegan a pensar que si ellos no entienden ó no saben algo ...nadie mas lo sabe ni lo entiende, ya que solo ellos se han autonombrado la verdad oficial, los poseedores de la "gran enchilada".

Existen otros científicos, los "graduados", y no lo digo en el sentido estricto de la adquisición de un grado académico ya que los "primarios", también fueron a las universidades, los graduados en este caso, son los que no son meros repetidores de métodos científicos, repetidores de la ciencia, repetidores de experimentos, ó de recetas, los "graduados", son aquellos que se remontan por encima de las formulas puristas clásicas, para permitirse la libertad de pensar abiertamente sobre el porque de la vida y que en vez de seguir planos, recetas, formulas, y pautas preestablecidas que otros trazaron, los "graduados", diseñan nuevas estrategias para la mente, son arquitectos y estrategas de la humanidad, estos no nos criticaran, pues jugamos en el mismo equipo.

Estos nos observaran, estarán atentos al producto de nuestras investigaciones en el campo de lo diferente, de lo controversial de lo misterioso, pues ellos bien saben que la vida en si es ya de por si un ¡gran misterio!

La tesis, la propuesta que deseo compartir con Uds. es audaz, es autentica, atrevida, pero apoyado en miles de casos, de hechos que pasan inadvertidos al suceder mezclados con mucho otros de los que esta entretejida nuestra vida cotidiana.

Sin embargo, muy a menudo a lo largo de nuestra historia aparecen personajes "increíbles", ó pasan cosas inexplicables que curiosamente no nos hacen despertar del letargo intelectual en el que las teorías sociales, los mitos religiosos nos tienen inmersos a los humanos.

Los historiadores, los sociólogos, los políticos, los creadores de mitos, los teólogos, intentan explicar esos eventos extraordinarios desde su punto de vista, de acuerdo a sus capacidades intelectuales, académicas, a sus intereses y en general a sus limitaciones, generalmente para seguir manipulándonos, engañándonos, para sacar provecho de nuestra apatía mental, de nuestros miedos, de nuestra ignorancia autoimpuesta. Este libro le permitirá tener mas opciones.

Lo cierto es, que la humanidad, todos nosotros seguimos ciegos, permitiendo que un "tuerto" ó en ocasiones otros ciego igual a nosotros, nos guié por un camino sin salida que nos lleva a la confusión total.

Lo que humildemente deseo aportar, pero con convicción y honestidad, es (y no me cansaré de repetirlo) de que Ud., de que yo, de que toda la raza humana somos una *"granja"* al servicio de los "dioses" entendiendo por dioses a unos seres inteligentes, de ordinario invisibles, superiores intelectualmente a nosotros los seres humanos, estos son a fin de cuentas los verdaderos "dueños", del mundo, de nosotros los humanos, además por tener y contar con cualidades superiores al humano, pensamos que son dioses, al menos así los hemos conceptuado por siglos y siglos.

En el orden de las ideas trascendentes los hombres creemos en lo que "ellos" los dioses nos han hecho creer, lo que nos han dejado saber, esto es casualmente el origen de todas las creencias, de todas las religiones, en cuanto a los conocimientos de la naturaleza, también sabemos lo que "ellos" nos han permitido saber.

¿No lo cree? Le invito a analizarlo, hasta hace apenas poco mas de un siglo, los avances técnicos y científicos se debían en parte a "ellos", ó lo que "ellos" comunicaban y enseñaban a algunos escogidos, a algunos "iluminados".

Lo mucho que algunas tribus primitivas conocen de cosas especificas como el poder curativo de algunas plantas, es por que ellos lo enseñaron a sus elegidos, en cambio en otras cosas son totalmente ignorantes, por ejemplo los antiguos chinos sabían desde hace milenios sobre las corrientes bioenergéticas que surcan el ser humano, con sus correspondientes puntos de acupuntura son solo algunos apuntes de esta "ciencia revelada" por parte de "ellos".

Existen muchos otros casos de inventos y descubrimientos que se han debido a alguna revelación "privada" sobre conocimientos dados a algún elegido, a algún escogido por estas criaturas que en ocasiones se muestran con algunas características que suponíamos solo de origen humano, es decir, en ocasiones son caprichosos y hasta podríamos decir inmaduros., en esto Ud. podría aventurarse a pensar que algunas mentes brillantes que se destacaron por sus inventos, por sus descubrimientos y por su legado a la humanidad, posiblemente fueron "premiados" por parte de "ellos" para legar a la humanidad su talento.

En la actualidad, en el siglo XXI las cosas han cambiado radicalmente en este aspecto particular, la raza humana se ha liberado de muchos tabúes que los "dioses" le habían hecho creer, precisamente para hacerle creer lo que a "ellos" les convenía, para mantenerlo en estado de atraso que facilitara su manipulación.

Una circunstancia importante que hay que mantener en cuenta en esta propuesta que les presento, es que estos misteriosos así como huidizos seres que nos dominan desde las sombras, no son buenos ni son malos, simplemente nos usan, nos utilizan a sus muy particulares beneficios y necesidades, pero no se asuste ni se asombre, Ud., yo, todos los seres humanos hacemos exactamente lo mismo con los animales a los que consideramos inferiores, así pues estos dueños ó dioses ó como quiera Ud. llamarles, nos consideran simple y llanamente inferiores a ellos y lo triste es que en realidad si lo somos!, somos para ellos, lo que para el humano los animales.

Por ejemplo, nosotros los humanos, mejor dicho algunos humanos (?) tratamos a los animales de mil maneras diferentes, muchas de ellas realmente inhumanas y sanguinarias, con algunos animales organizamos espectáculos (peleas de toros, gallos, perros, peces etc,), los vemos en circos mal comidos y muy golpeados en ocasiones, en zoológicos privados de su libertad y todo para simplemente divertir al humano, en otras ocasiones los utilizamos para alimento, piense Ud. en todo aquello que a lo largo de su vida ha ingerido para alimentarse de origen animal!, también los usamos para vestirnos mas allá de lo realmente necesario como posiblemente se pudo justificar en el principio de nuestra evolución en el que las pieles de los animales nos cubrían de las inclemencias del tiempo, ahora son pieles finísimas que regodean el ego de algunos seres humanos que les dan status social al poseer pieles de animales que se han puesto en peligro de extinción pero lo justifica el ego, el egoísmo de unos cuantos, en otras ocasiones los utilizamos para auxiliarnos en el trabajo pero sin respetarlos como ser vivo al proporcionarles las mas elementales medidas de subsistencia, explotándoles, llevándoles al punto máximo de sus capacidades en ocasiones sin tan siquiera darles de beber ó comer.

En general el punto al que deseo llevarles, es que el humano utiliza a los animales como le viene en gana y generalmente cuando los usamos para cualquier actividad, por norma no sentimos odio, no hay rencor, de por medio pues como los consideramos inferiores, damos por hecho que están para servirnos ...y nos servimos de tales criaturas! Generalmente nunca nos detenemos a considerar si tienen derechos, quizás en sus sentimientos por primitivos que estos aparentemente nos pudieran parecer, no les damos ni una posibilidad de considerarles como seres vivos que merecen respeto, cariño, consideración...¿porque?, por que algunos listos de esos que ya hablamos y que podemos llamar los dueños aparentes del mundo, dijeron alguna vez que los animales no valen mas allá de lo que puedan darnos pues son inferiores al ser humano de acuerdo a reglas no escritas podemos hacer con ellos los animales lo que nos venga en gana, por fortuna esto esta cambiando con leyes que protegen a estos seres de la barbarie del humano superior(?), así es que dejemos de pensar que son artículos desechables para utilizarlos a nuestro libre albedrío, al antojo del humano no necesariamente están en el planeta para explotarlos y aniquilarlos solo por que no están a nuestra altura intelectual ya que en ocasiones nos comportamos mas primitivamente que los propios animales.

Lo anterior fue para visualizar como vemos nosotros en general a los animales, aunque justo es decir que esto esta cambiando al tomar conciencia de que los animales tienen derechos y hay que respetarlos.

De igual manera "ellos" los dueños reales del planeta, los dioses, los Ebes, nos ven a nosotros como seres inferiores, somos sus animalitos, sus posesiones, somos objeto de experimentación (abducciones), de diversión, (causando guerras, espectáculos masivos para analizar nuestras conductas, tomar de nuestras energías masivamente), se burlan de nosotros, de trato nada respetuoso, y en algunos casos como se conoce a lo largo de la historia servimos hasta de alimento y ofrenda a "ellos" por lo menos parte de nuestros cuerpos (sacrificios humanos) de esa manera nos ven y nos tratan estos seres que dominan al mundo y a la raza humana, igual que el hombre a los animales...esto realmente es algo que debe de darnos un infinito miedo y preocupación, pero bien saben "ellos" que nuestras diferencias religiosas, políticas, raciales, económicas etc, nos mantienen distraídos, enfurecidos entre nosotros mismos sin pensar en "ellos", les convienen nuestras diferencias radicalizadas y fomentadas por ellos mismos.

La gran deducción que de esto podemos obtener, es que los seres humanos, no somos los reyes del mundo que conocemos y mucho menos del universo ó la creación como algunos charlatanes ideológicos han pretendido hacernos creer por generaciones, no conocemos aun ni nuestro mundo en su totalidad que aun encierra misterios indescifrables y arrogantemente creemos que no existe vida inteligente en otros planetas cuando no conocemos ni nuestra propia casa, pero supongo que eso es parte del juego tanto de los amos aparentes del planeta, que son meras marionetas de los dueños reales del mundo y posiblemente del universo…"ellos". Los dioses, los extraterrestres, las entidades biológicas inteligentes de origen no terrestre, los ángeles, los demonios …llámele Ud. como mejor le parezca y le agrade… son todos iguales de manipuladores y aprovechados aunque algunos de nosotros los humanos les damos cualidades buenas a muchos de ellos, posiblemente, así sea ya que son tan diferentes entre si como mas adelante veremos, que posiblemente existan algunos menos negativos para el humano, tal y como posiblemente algunos humanos tratan con mas cariño y respeto a sus mascotas, pero que al fin y al cabo, nunca dejaran de ser sus animalitos, sus posesiones, sus inferiores!

Si Ud. desea seguir pensando con arrogancia e ingenuidad ignorante que la raza humana es lo más excelso del cosmos ¡…allá Ud.! Simplemente le invito a que lo piense dos veces y continué leyendo esta obra ya que no le he dado realmente mis razones para concluir todo lo que hasta ahora ha leído, después de hacerlo, seguro estoy pensara diferente, dudara todo lo que hasta ahora eran sus verdades.

Ni somos los únicos en el universo, mucho menos los mas inteligentes y avanzados y "ellos" son posiblemente nuestros creadores, somos el resultado de sus experimentos, si el hombre ya esta creando vida a partir de la vida, clonando, hibridando, etc. ¿no cree Ud. que estos seres, estas entidades mucho más inteligentes pudieron habernos creado? Le daré mas información para que forme su opinión al respecto, "supuestamente" debido a los grandes avances del humano estamos en vísperas de abrazarnos eternamente con dios, eso en caso de que nuestras obras fueron buenas en vida como algunas creencias ideológicas nos afirman. Todas estas creencias que nos han vendido los vividores de la fe, los arrogantes que se dicen y se autocalifican como los embajadores plenipotenciarios de dios en la tierra, son solo tontería, infantilidades, maniobras manipuladoras de vividores que desde siempre lucran con ese anhelo de creer en algo ó alguien superior que explique nuestra presencia en este mundo, así como buscar la necesidad de trascender, de creer en algo mas que en esta vida, un premio a nuestra actuación en este plano dimensional precisamente de eso se han aprovechado los dueños aparentes del planeta (políticos, militares, religiosos especialmente, etc., etc.), pero sobre todo han tomado partido y se han aprovechado los dueños reales del planeta "ellos" los dioses, los extraterrestres con cualquiera de los nombres que Ud. les conozca y los denomine, han nutrido nuestros egos para ser ajenos a la realidad, para mantenernos con una venda cubriéndonos los ojos (en sentido figurado), para no ver que simplemente somos sus esclavos, sus pertenencias, sus posesiones, supongo que los animalitos que el humano tiene en granjas ó en sus casas son agradecidos con sus amos que les proveen de alimento, techo etc, supongo que es ese mismo sentimiento en el humano pero corregido y aumentado intenta al creer en entidades , en deidades, en seres superiores, sin darnos cuenta de que "ellos", son en realidad lo que nosotros adoramos de mil maneras diferentes desde el principio del tiempo.

Los verdaderos dueños, los amos del mundo y su contenido total, son "ellos", y nosotros solo hacemos las tareas que a ellos les conviene, para lo cual han inventado unas formidables estrategias que analizaremos en lo sucesivo.

Es importante aclarar como ya lo apuntaba líneas arriba, que no todos esos seres son iguales, la diversidad entre ellos es enorme y mucho mayor que la que se da entre nosotros los seres humanos.

Entre nosotros los humanos nos encontramos con negros, blancos, bonitos, feos, gordos, delgados, altos, bajos buenos, malos, enfermos, sanos, cultos, incultos, jóvenes, viejos, varones, hembras etc., etc., Todo un mosaico de diferencias entre el ser humano.

Entre los "dioses" las variedades son muchísimas mas grandes, ya que por ejemplo las diferencias entre humanos solo atañen a cualidades generalmente externas, obvias, visibles y NO esenciales ya que a fin de cuentas todos somos seres humanos pertenecientes a una misma especie verdad?

Mientras que "ellos" los dioses, sus diferencias se extienden a la esencia misma de sus propios seres ó de sus propias "personas" ó individuos, muchos de "ellos" son radicalmente diferentes entre si y lo único que tienen en común es el ser muchísimo más inteligente que el ser humano, debemos entender que SU inteligencia se sale de nuestros conceptos de comprensión ya que no se mide de la misma forma que en los humanos, ya que simplemente "ellos" …no los son, es decir humanos.

Ciertas especies de "dioses" dan la impresión de ser benévolos, es decir aparentemente nos tratan bien, son buenos con sus animalitos ó con sus juguetitos con vida y cierta capacidad intelectual pero no con todos los humanos, ya que como caprichosos que son en ocasiones, solo colman de beneficios a algunos "escogidos" haciéndoles sus "milagritos", en cambio a la gran mayoría del humano ni lo toman en cuenta, pero en algunos casos eso es mejor, ya que con algunos seres humanos son realmente negativos, peligrosos, malévolos, como también el humano suele ser con los animales ni mas ni menos.

Pero en que nos basamos para decir todo esto que algunos ya habrán calificado de basura ó de paranoia?, …en hechos mis estimados lectores, ¡en hechos!, en miles de hechos que están vigentes en cada rincón del mundo listos a ser analizados objetivamente y sin atavismos ideológicos, que están allí desde tiempos remotos, conocidos en todas las culturas del planeta, escritos en todas las literaturas y presentes hasta en nuestros días. Muchos hombres y mujeres son victimas de "ellos" de los "dioses". No podemos, no debemos ignorar sus testimonios; seria estúpido, ignorante y arrogante decir que eso es cosa de bobos, de orates de gurus de la nueva era, …todo lo contrario!, somos los primeros en denunciar la manipulación que los dueños aparentes del universo (políticos, militares, religiosos, economistas, científicos, comunicólogos etc.) aprovechándose del miedo, la ignorancia, la flojera mental etc, y que nos han estado engañando con conceptos mágicos que si aceptan, que si compran algunos seres humanos , en los que se acepta a estos "seres" no humanos como parte esencial de las creencias normales necesarias para ser parte de un credo ó de una determinada denominación ideológica, filosófica, religiosa, las iglesias por ejemplo venden y aceptan a seres "raros" y no humanos, que los vemos como algo común y corriente (?), dentro de algunas creencias religiosas, y lo peor, obligan bajo preceptos dogmáticos a creer e invocar a estos entes no humanos como sus protectores, eso es "normal" en algunas corrientes y creencias religiosas, se invoca a ángeles, a espíritus, a demonios etc, aun cuando ni sus "vendedores" están convencidos de sus "verdades", en cambio si obligan a sus seguidores, a sus súbditos, a sus fieles a creerles solo por que ellos lo dicen ó por que *algún libro hecho por humanos* al que se le atribuye origen divino sin comprobarlo obviamente, obligando a creer forzosamente en entidades no humanas de origen divino, y no es que eso me parezca mal, todo lo contrario pues eso es precisamente lo que quiero que todos los que esto leen concluyan es que si existen estos seres no humanos, que nos crearon, que ya están aquí desde siempre, que nos manipulan que nos utilizan, pero que algunos seres humanos han llamado dioses, que les han adorado, que son a todas luces nada parecido al humano, pero que curiosamente por ser un producto promovido por las diversas religiones se ven como algo natural, algo de lo mas normal, pero que cuando a estos mismos vividores de los miedos e ignorancias de sus semejantes se les *habla de la posibilidad de otros seres igual de extraños a los que se les llama extraterrestres* en los tiempos contemporáneos, simplemente los descartan diciendo que eso no es posible, que no existen, que son cosas del demonio, pero en cambio si obligan a creer en esos otros seres igual de extraños y raros NO humanos que ellos venden sin ver que posiblemente son los mismos "dioses" pero con diferentes presentaciones, mismos que se les ha visto desde siempre en nuestro planeta, por que entonces esa dualidad, esa ambigüedad en las creencias? ¿ó es que si alguna iglesia reclamara los derechos de exclusividad sobre "ellos" los extraterrestres entonces si creerían algunos cerrados de mente?

A pero si alguien que no sean los titulares de las religiones se atreve a poner en entredicho sus supuestas verdades (?), sus dogmas sin sustento, se indignan ante el blasfemo ante el impío, y mucho menos aceptan se hable de otras entidades que no sean las patrocinadas por su organización, jamás aceptaran que se hable de otras criaturas, de otros entes no humanos que no sean los que ellos reconocen y aceptan como los verdaderos y únicos, sobre los cuales tienen derecho y contrato de exclusividad para explotar su imagen y poderes ante los borregos que las creen sin cuestionar, todo lo demás se descarta por decreto papal, además ridiculizado y manipulado por todos los demás dueños aparentes del planeta, y de paso se dice que es obra del infierno y sus moradores (?) que a propósito son también entes no humanos en los que también se cree, para mi simplemente estos seres del averno son una manifestación mas de estas entidades inteligentes no humanas, no terrestres a las que yo no relaciono con nada religioso como otros lo hacen, son simplemente otra manifestación de "ellos", pero si alguien se atreve a hablar de Extraterrestres (ETs), ó de entidades biológicas inteligentes de origen no terrestre(Ebes), lo pisotean, lo minimizan, lo ridiculizan, como si no fuera descabellado ya de por si creer en ángeles, demonios, etc, que algunas religiones dan por sentada su existencia...por fin ó creemos ó no, en esos seres raros no humanos, por que dobles estándares de credibilidad, en todo caso tan ridículo e increíble es el creer en ángeles y demás plumíferos y seres celestiales mayores y menores, como en extraterrestres no lo creen así?, insisto en que es cuestión semántica y en algunos casos conceptual, pero en esencia ¡son lo mismo! Son "ellos" y son motivo para cuidarnos y andarnos con tiento para no ser víctimas de sus jueguitos ó de sus caprichos no humanos.

El hecho de que la ciencia oficial no tenga explicación para "ellos" ó que los poderes de los dueños aparentes del planeta prefieran ignorarlos por razones multifactoriales, no interfiere a fin de cuentas para que los hechos sigan esperando y exigiendo una explicación racional mas allá de las dogmáticas y evasivas de siempre, sea lo que sea, y venga de quien venga, pero vertida con neuronas activas y objetivas, con razonamientos lógicos, no con estúpidos conceptos de quienes dolosamente ignoran las evidencias.

Así es que seguiremos hablando de esto y muchas otras cosas mas aun si esto nos expone al ridículo, al escarnio, a la mofa por parte de los que "oficialmente" poseen la verdad(?), y descartan a su libre torpe y miope así como ignorante y doloso albedrío decidir lo que es verdad y lo que no lo es acorde su limitado intelecto y a sus ilimitados intereses materiales.

Esta vida es como un sueño, ellos sueñan (los dueños aparentes del mundo), con sus adelantos técnicos, con sus dogmas, con su poder y cualquier otra cosa que no les permita obtener eso, ni importa ni existe! Eso de acuerdo a su absurda manera de pensar..

Como todo soñador, también tienen sus pesadillas, con bombas de neutrones, con sus guerras de las galaxias con sus bombas bacteriológicas, con los sermones dominicales asustando y lucrando con los miedos, prometiendo cielos ó infiernos como si estuviesen a su disposición para premiar ó castigar por pedido de estos vividores que manipulan las mentes de millones de borregos ideológicos , que sueñan con las fluctuaciones de la bolsa , ó en escándalos políticos con "internas", es decir los dueños aparentes del planeta se mantienen ocupados con cosas mundanas mientras que los de los dioses lo creen y tienen seguro y ya sabido…pobres e ingenuos charlatanes!

Mis esfuerzos para descifrar tantos misterios de la vida, aunque mínimos y humildes, no deben ser vistos menos valiosos que los que los dueños aparentes del planeta "oficiales" hacen, en cierta manera y para darle formalidad, utilizamos metodología semejante, pero no nos cerramos a otras posibilidades, a otras opciones menos convencionales para buscar explicaciones lógicas, razonables, congruentes a lo que casi siempre resulta ser y distar mucho de ser algo común dentro de nuestro razonamiento y entendimiento humano.

Pero si yo, ó Ud. que me sigue leyendo en estos momentos, no se "traga" todas las "verdades" con solo el que unos vividores lo manden por decreto, encíclicas ó constitución, eso no significa a fin de cuentas estar necesariamente en contra, en este mundo intelectual se vale ser diferente, se vale disentir, nada de que si no estas conmigo estas contra mi!, eso es arrogante, intolerante retrogrado, medroso, las cosas en esta vida ni son negras ó son blancas , los grises, los matices intermedios hacen la variedad, dan riqueza , diversidad, y a ser honesto le invito a no creer nada de lo que hasta este punto ha leído, pero si le pido respetuosamente a que piense a que razone no solo a que niegue ó crea por placer, por borreguismo sin voluntad , por falta de convicción.

Así es que si algunos seres humanos quieren creer que somos criaturas hechas por un dios X, mi respeto. ¡Allá cada quien! Lo mismo si otros quieren creer que bajamos de los árboles y evolucionamos hasta lo que ahora somos…¡felicidades por su conclusión! Todas son medias verdades cargadas con mentiras e ignorancia pero muy respetables, Lo mismo que si yo y cada vez mas personas deseamos creer que somos el producto de manipulaciones genéticas de seres inteligentes no humanos que nos sembraron en este planeta y nos utilizan a su antojo para bien ó para mal, esa postura, esa convicción es mía; es mi privilegio creer y aceptar lo anterior ó no? ó que, ¿solo los dueños aparentes del mundo pueden hacerlo? Tengo derecho a creer en mis propias ideas y conceptos sobre nuestro **Génesis** como especie aun que equivocado pudiera estar ó no les guste a otros.

Así es que quienes creamos estas opciones, estas teorías, sobre el origen del hombre u otras que pudiesen ser calificadas de aun mas radicales están en ¡su derecho! Solo intentemos no obligar a creer por decreto ó dogma y apoyemos razonablemente nuestras creencias con hechos, con evidencias para que adquieran status importantes y sobre todo credibilidad a prueba de ignorantes y otros manipuladores que verán en entredicho sus "verdades" con las que han lucrado por siglos y siglos donde han adquirido riqueza y poder a costa de sus creyentes, estos vividores verán en cualquier teoría diferente a las que ellos venden, como un atentado contra sus intereses por lo que intentaran aplastar otras tendencias y opiniones sobre la "verdad".

Pero no se le olvide que tenemos derecho a conectar nuestro cerebro, es mas es una obligación, debemos exprimir nuestras neuronas, para descubrir el porque de algo que desde siempre nos ha inquietado a los humanos, saber de donde venimos a donde vamos, quien nos dio origen etc, Seguramente que los manipuladores de extracción religiosa así como científica se unirán en coro para gritar públicamente que todo esto son mentiras, patrañas, locuras, que nuestro contenido encefálico esta haciendo corto y sufre de alguna patología incurable y todo por atentar contra su sistema manipulador, por no estar acorde a sus mezquinos intereses que lucran que engañan, que en ocasiones matan en nombre de su "dios".

Pero no se puede ó no se debe aventar piedras al tejado ajeno, en este caso los que creemos que ellos no son poseedores de la verdad, ya que estas están cimentadas en el aire mitológico, además de que su propio tejado esta construido de cristal frágil y quebradizo, pues sus verdades no tienen mas sustento que la fe honesta pero ignorante que acepta dogmas sin permitir cuestionamientos para con ello obligar a creer cosas que por la razón resultan imposibles de aceptar cuando se analizan objetivamente y sin fanatismos.

Para que Uds. no me crean, pero que duden razonablemente a favor ó en contra si Ud. así lo quiere y lo concluye después de haber leer lo anterior, permítanme decirle y recordarle que los grandes dirigentes religiosos tienen sus credos llenos de ángeles y demonios que en nada se distinguen de los "dioses", de "ellos", los no humanos, esas entidades inteligentes a las que nos hemos venido refiriendo en esta obra insistentemente.

Bueno posiblemente la única diferencia es que sus ángeles y demonios ven en apariencia limitadas sus actividades al ámbito dogmático del cristianismo ó islamismo, mientras que "ellos" los "dioses" a los que nosotros nos referimos, actúan libremente en nuestro planeta y caminan como "Juan" por su casa por doquier, sin importar credos, razas, posiciones socioeconómicas ó culturales, edad, sexo, nivel académico etc, ellos toman parejo, todos somos sus animalitos., seamos ó no cristianos ó musulmanes ó budistas.

No solo eso, el pretendido dios del cristianismo que manipulaba a su antojo al pueblo hebreo, que trajo de la "seca a la meca" con la oferta de la tierra prometida, estudien la historia y vean que lo que realmente les ha sucedido a estos " elegidos" dudoso honor en mi opinión después de ver todos los favores que obtuvieron de este ser no humano, que los manipulaba a su antojo desde una nube (?), lo que representa en mi opinión simplemente uno mas de estos "entes" misteriosos que desde siempre han manipulado al ser humano, además de que esta "nube" bien pudo haber sido una mas de esas naves que ahora llamamos ovnis ó no?,

Y para esos que me puedan tildar de ateo ó de blasfemo y hasta puedan suponer que es mi ignorancia sobre temas religiosos lo que me hace decir estas cosas, me place darles una sopa de su propio chocolate, utilizando ejemplos que puedan fácilmente verificar en sus libros "sagrados", simplemente por que los conozco, así dejaré sustentado mi amplio conocimiento sobre el tema , ya que por algún tiempo curse la carrera del sacerdocio hasta que vi las verdades de las mentiras que pretendía yo mostrar a otros ....para que la cuña apriete debe ser del mismo palo. ¿no lo creen? Por fortuna para "fieles" y "curia" decidí con atingencia olvidar esas fantasías de joven sin experiencia que cree en cosas hasta comprobar la realidad.

Por que conozco lo que digo por eso lo utilizo como argumento a mi favor como ya lo verán mas adelante, por eso me atrevo a cuestionar mitos, mentiras, cosa que le invito a intentar, investigando. Pues creo con convicción que si Ud. sigue leyendo esto es por que no se conforma con creer por creer, los que son mansos creyentes, seguidores parte de las masas...¡allá ellos!

En cambio si es estudioso de estos temas considerados por muchos como tabú, supuestamente infalibles, como verdaderos, espero que mínimo termine dudando razonablemente sobre lo que manipuladores religiosos obligan a sus fieles a creer. Pero volviendo al tema sobre citas de "protagonistas" míticos y religiosamente aceptados, el mismo San Pablo les llama repetidamente a estos seres los " señores del mundo" y tenia una idea bastante negativa de ellos a los que llamaba en su epístola a los Efesios donde escribió el famoso pasaje tan complicado como esclarecedor.

Nuestra lucha no es contra la carne ni contra la sangre sino contra los "principados", contra las "potestades", contra las "dominaciones" de este mundo tenebroso, contra los espíritus del mal que están en las alturas. (?) (Ef. 6, 12)

...Por fin ó estas criaturas celestiales son buenas para el hombre ó no?, que contradicciones tiene la religión cristiana en sus "verdades", para quienes no lo saben, los principados, las potestades, las denominaciones y demás seres alados y plumíferos, son supuestas entidades angelicales que durante siglos nos han vendido como benévolos para el humano y hasta protectores y benefactores, son estos supuestos seres de luz realmente ¿nuestros guardianes? Todos ellos supuestamente positivos, entonces porque San Pablo nos pone en alerta contra estos entes híbridos entre ave y humano, mutantes y bastante extraños en su apariencia. Y de dudosa conducta hacia el humano de acuerdo a este pilar de la religión cristiana.

Ya analizaremos sobre estas arbitrarias divisiones, subdivisiones de las jerarquías de estos plumíferos, para colmo de la contradicción oficialista de estos manipuladores religiosos, en que se basaron para diferenciarlos? Para decir en que equipo juega cada uno de estos alados y asexuados seres afeminados ó mejor dicho feminoides de acuerdo a las ¿representaciones clásicas?

Así que si Ud. pensaba que todos los plumíferos entes llamados ángeles eran todos iguales , con alitas, regordetes, sonrosados y sin genitales aparentes ...está equivocado!, ya que no todos son iguales, hay de ángeles a ángeles (?). Existen jerarquías, clases, funciones especiales etc, es decir una bien organizada burocracia celestial ...¡supuestamente!

La tradición Judea Cristiana y la musulmana señala que los ángeles son mensajeros de dios (ó de "ellos"), que son ejecutores de su voluntad, casi todos los textos sagrados de esas religiones hacen mención de esos seres celestiales ó de luz. Según Dionisio aeropagita, filosofo Griego (siglo I d.c.), convertido al cristianismo por San Pablo y de acuerdo a este filosofo y mitólogo , las huestes celestiales se conforman de tres jerarquías y nueve coros.

La primera compuesta por Serafines, Querubines y tronos, La segunda clasificación compuesta por Potestades, virtudes y denominaciones y la Tercera por Principados, ángeles, arcángeles, ángeles guardianes entre los que mas son conocidos son Miguel, Gabriel, Ariel, Raciel sus nombre siempre terminan en "el" que en hebreo significa dios, bueno todo lo anterior para que Ud. tenga mas familiaridad con estos supuestos seres de luz, lo que me parece curioso y me lleva a cuestionar, es de donde saco este señor Dionisio esta información? ¿Quién se la proporcionó? ¿Recibió un e-mail del mismísimo cielo indicándole el organigrama jerárquico de estos entes? Mi sarcasmo obvio es debido a que así como a este hecho arbitrario y mítico que ahora se acepta como una mas de las verdades en que se sustentan las religiones, me causa gracia es cierto, pero debo aplaudir el ingenio, la creatividad de esos seres que inventaron las religiones desde hace siglos con tanto acierto que miles de años después siguen muchos inocentes creyendo en su autenticidad sustentada como en este caso en un filosofo que se sacó de la manga estas divisiones de estas aves de corral celestiales a las que denominó con nombres, eso sí originales y apantalla tontos. Debo reconocer que la angelomanía es todo un éxito en el mercado de las modas de fin de siglo XX y principios del XXI, se dicen tantas barbaridades sobre estos seres que más valdría tener cuidado en lugar de querer conocerles como muchos pretenden, además que no están a disposición de bobos que dicen conocerles y ponerles en contacto con crédulos que desean hablar con ellos por medio de un numero telefónico de línea 800, ó por el internet. ¡Falacias! Son " ellos" los que tienen la sartén por el mango, no están a nuestras órdenes, nosotros ¡sí a las de ellos!

Lo que deseo es que Uds. no pierdan de vista la presencia, a fin de cuentas de estos seres no humanos desde aun antes del nacimiento de la religión cristiana que es joven de reciente creación, que en muchos casos plagió irreverentemente sus mitos de otras religiones, pues existen otras con mayor antigüedad y alcurnia en donde ya se hablan de otros seres parecidos pero con otros nombres...a fin de cuentas son lo mismo que lo que hoy día le llamamos Ebes, ETs etc.

Entre otras cosa interesantes sobre estos seres y otros mas, es en si su aparente descripción su apariencia externa ó lo que nos permiten ver de ellos, ¿un ser humano con alas? ¿Ó un pajarote con cuerpo de humano elija Ud., pero repito, un humano con alas? ¡Por favor! Y luego no quiere la iglesia ó sus manipuladores que cuestionemos cosas como esta, extrañas, increíbles sin sustento mas allá de que algunos dicen que dijo alguien que se dice que posiblemente existió etc, etc. pero volvamos a los plumíferos. ¿Cómo espera la Iglesia que alguien con cerebro y sin miedo a sus castigos, que creamos, que aceptemos como normal la existencia, la presencia de estos seres mutantes y rarísimos, increíbles y extraños, suponiendo que en realidad existen ...¿que esto no es la comprobación de la presencia y existencia de seres no humanos? ¿Entonces por que poner el grito en el cielo cuando a ellos mismos, a la iglesia y a otros manipuladores ideológicos de la humanidad se le habla de seres extraterrestres, de no humanos, ante lo cual ó se ríen ó lo califican como obra del demonio ó producto de la fantasía, en cambio ellos si piden y exigen que creamos en estos seres de fábula? ...sigo sin entender esta ambigüedad, esta dicotomía conceptual sobre este tipo de entes.

Me provoca risa cuando dicen que el ser humano esta hecho a imagen y semejanza de dios, no como burla, pero donde dejamos a estos emplumados, ¿que parecen humanos pero con alas? ¿A quien se parecen? ¿También a dios?, ¿son una mezcla entre dios y el humano? ¿De donde salieron, en donde moran normalmente cuando no están ocupados en misiones con sus pobres humanitos a los que les toca cuidar y proteger? Sigo sin entender y entre mas sé, me entero cuanto me falta por aprender para intentar aceptar la presencia de este tipo de seres. A los que cuando les quito la connotación teológica simplemente concluyo que se trata de otra manifestación de "ellos" siendo así, si creo en su existencia, como la iglesia debería aceptar la posibilidad de la existencia de otros tipos de vida inteligente en el cosmos, pero después de todo, sus dirigentes no son mas que simples seres humanos llenos de rancios conceptos y mucha ignorancia.

Así que por un lado nos animan diciendo que el hombre es el único ser inteligente de la creación, y por otro, nos sacan a estos extraños y poderosos seres extrañísimos, por mucho que intenten y se empeñe para que nos parezcan parte del folklore religioso, nos dicen que solo el humano es el único ser inteligente y superior, que somos el ombligo del universo, únicos y reyes de la creación entera, pero...por otro lado nos obligan a ser anencefálicos para no cuestionar las muchísimas cosas inaceptables bajo sus puntos de vista, entendibles bajo otros menos rígidos y abiertos como los que propongo, pero así son de ridículos los mercaderes de las creencias que regentean los mercados de la fe de todas las denominaciones y gustos, que mientras descartan lo que no conocen, desacreditan los que no son de su negocio, en cambio venden cosas igual de raras, solo pido reciprocidad, trato igualitario a todas las tendencias y creencias por disparatadas que en apariencia se vean. Digo, ó que esperen el mismo trato, con la vara que midan deben ser medidos... *como suelen decir en sus conceptos retóricos algunas religiones.*

Se puede dudar de una y mil maneras, se debe y se vale pensar diferente, pero siendo justos, objetivos, no solo creyendo lo que nos conviene ó lo que nos han dicho, no descartando por simple gusto, dejando la mente abierta a pensar que ...quizás, que sea posible la existencia de ángeles, demonios, extraterrestres que posiblemente sean entidades totalmente diferente ó ¿por que no? ..pudieran ser lo mismo. Eso es lo de menos ya que a fin de cuentas se trata de "ellos", llámele como quiera! Crea en ellos ó no, allí están metidos en cada cosa que ha hecho el ser humano desde el principio de su creación hasta nuestros días.

Se puede y se debe dudar de una y de otra forma de pensar y creer siendo justos, siendo objetivos, no desacreditando ó descartando por gusto ó por no convenir a nuestros intereses, insisto en que debemos de tener mente abierta para pensar sin atavismos ideológicos tradicionales, piense por un momento sin prejuicios, permítase ese lujo intelectual piense que sin temor al ridículo ó al que dirán que...los extraterrestres, que "ellos" si existen, crea también en ángeles, demonio, jinas etc., piense también que posiblemente estas entidades sean completamente diferentes unas de las otras ¿ó por que no? ...pudieran ser lo mismo. Eso es lo de menos ya que a fin de cuentas "ellos" ya sea juntos ó cada uno por su cuenta nos manipulan a su antojo, el nombre es lo de menos, Ud. llámele como mas le agrade ó le impresione ó le guste, pero No olvide que "ellos" están aquí entre nosotros, metidos en nuestras vidas, en nuestras cosas grandes, ó pequeñas, en cada actividad, en cada paso, en cada realización del hombre desde siempre!

A estos mismos espíritus del mal que están las alturas como los describió San Pablo, son a quienes nos hemos estado refiriendo hace tiempo en esta obra como "ellos", es con este nombre genérico con el que nos seguiremos refiriendo en lo sucesivo, con esa misma connotación un tanto ambigua pero dedicada a sus precisamente ambiguos conocimientos que seguiremos intentando descifrar.

Así es que intentaremos analizar sus cualidades, presentar casos, muchos casos para deleite de Ud. y su genuino deseo de conocerlos, muchos de estos casos serán poco menos que difíciles de explicar, Ud. amable lector que sigue leyendo este documento nuevamente queda invitado a creer ó no lo que aquí esta leyendo, pero por favor hágalo con mente abierta, sin prejuicios.

Posiblemente Ud. que lee estos párrafos se ha visto involucrado, envuelto en manipulaciones atribuibles a " ellos" y no se había detenido a pensarlo tan siquiera como posible, eso es precisamente lo que ellos pretenden, que no los tomemos en cuenta para seguir manipulándonos, y jugando con nosotros, yo mismo he sentido que "ellos" nos llevan por el camino que a ellos les conviene ó simplemente por donde a ellos les da su extraterrestre y real gana aun sin importarles un comino los resultados de lo que nos suceda, Es muy posible que llegue al final de mis días que puede ser al terminar de escribir estas líneas ó dentro de algunos años, que bueno que por fortuna no lo se, para seguir entregándome a la tarea de desenmascarar a estos seres que estoy seguro nunca nos verán a su altura IGUAL que Ud. nunca pensara que una cucaracha merece su consideración ó afecto, así es que posiblemente al llegar a su fin mi transito por este plano dimensional nunca habré conocido la verdad , sin conocer plenamente la identidad de ellos, aunque abrigo la peregrina esperanza de llegar a conocerlos personalmente antes de abandonar este mundo de los vivos .

Muchas de las cosas que Ud. leerá a en capítulos posteriores es realmente para ponernos a bailar de pestañas si esto fuera posible por lo trascendente para nuestra raza humana, muchas de esas cosas han sido maquilladas, cambiando nombres reales por ficticios, ubicaciones etc, de los protagonistas por convenir así a los intereses de discrecionales de los "protagonistas" de los hechos reales que Ud. leerá, estas victimas, semejantes a Ud. ó a mi que han sufrido las tropelías de "ellos", decidimos en conjunto proteger al máximo la identidad de quienes vamos a citar en hechos reales.

En otros casos me he visto obligado a distorsionar sutilmente el hecho en si para no traicionar a quienes han confiado en mi para dar a conocer sus experiencias increíbles, extrañas y paranormales que han marcado para siempre sus vidas.

Agradezco la confianza depositada, me siento honrado al ser el depositario de sus vivencias extraordinarias, así que me he propuesto guardar celosa y respetuosamente su identidad ya que de narrar el hecho tal y como sucedió con exactitud y lujo de detalles, mi fuente de información serian identificados de inmediato por sus parientes ó amigos siendo posiblemente blanco de incomprensión muy frecuente en estos casos, pero la esencia y la paranormalidad de los hechos, y sobre todo, su realidad no han sufrido modificación alguna con estas pequeñas maquilladas literaria de las que les hablo que son mínimas.

Así pues estimados lectores, hasta ahora Uds. han leído el equivalente a la punta del iceberg, a partir de ahora, leerán esas impactantes cosas de las que tanto les he estado hablando, a partir de ahora solo leerán hechos impactantes que cimbrarán sus neuronas y que les exigirá un trabajo extra de raciocinio y sentido común y aunque al final no creyesen nada de lo que aquí les expongo, seguro estoy de que por lo menos terminaran dudándolo, después de que terminen la lectura de este libro ya nada volverá a ser igual en su concepción de las cosas, sus verdades y conceptos habrán de sacudirse ante la fuerza de estos hechos que Ud. constatara y solo los necios seguirán empecinados en continuar con sus arcaicos y caducos conceptos heredados por generaciones sobre nuestro origen y destino.

De ahora en adelante Ud. podrá sentir y leer cuestiones que pondrán a prueba sus conocimientos sobre ciencias, sobre creencias, sus experiencias le indicaran cuan mucho le falta por aprender y saber de los misterios de la vida.

Así pues quedan cordialmente invitados a seguir en este viaje fantástico de la lectura, para escudriñar las otras caras de las cosas, No aquellas que venden en el comercio pseudo intelectual de los manipuladores y vividores que nos gobiernan en todos los ámbitos de nuestra existencia.

Si Ud. no esta preparado a continuar, mi respeto y mi agradecimiento por haber llegado hasta aquí, continúe sometido y presa de ataduras y convencionalismos de lo establecido, siga siendo parte del rebaño que apacientan los manipuladores y vividores oficiales aceptados por la sociedad, siga siendo uno del montón…ó atrévase a pensar libremente.

CAPITULO II

LOS APACENTADORES DE BORREGOS
LOS PASTORES DEL REBAÑO

Puesto que en todo el libro vamos a tratar sobre los "dueños invisibles" de la granja, de este mundo y de nosotros los humanos, es muy importante hablar antes de los "dueños visibles", de los que dan la cara al humano, *los que aparentan tener el poder*, de los que vemos con nuestros sentidos, pero que a fin de cuentas no son mas que títeres, marionetas manipuladas por los "verdaderos" e invisibles dueños del mundo.

Como muchos ya estarán pensando, seria estúpido, anencefálico ignorante y erróneo, creer que todo lo que pasa en nuestro mundo esta dirigido por "ellos" desde el mas allá. Desde otros planos dimensiónales, desde otros mundos...cosa inexacta, pues muchas de las grandes cosas que han hecho avanzar a nuestra especie, son merito único del ser humano, lo mismo que muchas equivocaciones y estupideces de las que pudiéramos y quisiéramos culpar a "ellos" son autoría al cien-por-ciento del supuesto homo sapiens.

Así pues, no todo esta dirigido por "ellos", por entidades divinas como dirían algunos, ó por algunos entes espirituales entrometidos a los que por razones desconocidas les gusta inmiscuirse, en las actividades de los humanos.

El quehacer diario de los humanos, de sus naciones lo forjan en general una serie de personajes de una calaña muy particular, de estos sujeto hablaremos muy profundamente a continuación, pero le suplico tenga paciencia, ya que sé que Ud. lo que quiere es saber sobre "ellos" los que realmente nos manipulan, pero es importante conocer a los pastores del rebaño, quienes en apariencia nos *apacientan y nos dirigen*.

Esto no quiere decir tampoco que en determinadas ocasiones tal ó cual suceso, que en apariencia se debe a causas humanas perfectamente conocidas, en realidad el origen sea uno completamente diferente al que la lógica y la razón pudiesen indicarnos, a lo que en apariencia debía ser la respuesta a tal ó cual suceso y esto debido también a la intervención de "ellos".

Hablando en general, podemos decir que las cosas que cada día suceden debido a causas humanas en las que el ser humano actúa libremente pudiendo haber actuado de otra manera completamente diferente, son las "influenciadas" por *"ellos"*.

Algo por el estilo se puede decir de la marcha de la historia, sin embargo en este particular ya no podemos ser tan tajantes pues a medida que los acontecimientos se magnifican, a medida de que estos son considerados abarcando un ámbito mayor del tiempo, el hombre pierde dominio sobre ellos y la marcha de la historia se hace errática, incomprensible se difumina.

El hombre parece tener dominio sobre un acontecimiento ó varios concatenados, pero a lo largo de la marcha de la historia parece obedecer a leyes que escapan de la voluntad del hombre.

Esa es competencia, ó campo de "ellos", los dioses que lejos de darle protagonismo al hombre lo convierten en un simple animalito de granja ó mejor dicho en soldado de filas al servicio de megalómanos, les dan espadas, fusiles, ó armas bacteriológicas ó nucleares y los ponen a asesinar a sus semejantes por una supuesta causa sagrada ó en nombre de "dios", ó a los animales a los que destruyen por gusto, y que decir de su propio hábitat al que poco a poco pero inexorablemente hemos estado contaminando, envenenando hasta hacer cada día menos habitable este planeta para las futuras generaciones, sin pensar en los habitantes del mañana.

Si Ud. analiza sin fanatismos, y lo acepte ó no, esa es la larga y triste historia diaria, estúpida y repetitiva de la humanidad.

Pero continuemos con los forjadores de la historia diaria de la humanidad, los dueños visibles de esta granja de este mundo, los causantes de las infantilidades, de los horrores que los periódicos del mundo entero recogen con prontitud y nos presentan con alborozo todas las mañanas y en general todos los medios masivos de comunicación incluyendo los cibernéticos, en sus ediciones matutinas, en sus primeras planas, con sensacionalismo que solo contribuye a alentar el morbo del humano, pero que además les abulta mas los bolsillos, el morbo vende, la objetividad no!, a ellos solo les importa vender, no informar con seriedad, no les importa contribuir a formar opinión con razón y sentido común basados en los hechos reales.

Básicamente podemos dividir a los granjeros ó dueños visibles del planeta en: Políticos, Militares, Fanáticos religiosos, Economistas, Científicos de mente cerrada, Medios de comunicación.

Los políticos son maniacos del poder puro. Les gusta el poder, el dinero, las armas la violencia la opresión la prepotencia, el abuso de la fuerza. Les encanta ser vistos, ser temidos, ser consultados y tomados en cuenta. Son tradicionalmente egoístas, ególatras, egocéntricos, exhibicionistas, megalómanos.

Gozan de sus apariciones públicas que los medios de comunicación les proveen, son histriones que les gusta el protagonismo puro cual diva de Hollywood de oropel, están enfermos de vedetismo, siempre están en donde No se les requiere, y se ausentan de donde hace falta su presencia, pero pueden estar seguros que estarán en el lugar donde puedan "ventanearse", promoverse, ser vistos, prometiendo a sus borregos crédulos y sin voluntad lo que saben de antemano, nunca habrán de cumplir. Los políticos son la máxima expresión de la mentira, la demagogia barata, la retórica hueca y lo mas triste de todo, no es solo como son estos primates sub-evolucionados se comportan, lo mas lamentable es la cantidad de tontos que hasta los hacen presidentes, que pululan por doquier que siguen creyendo en sus palabras sin sustento. Estos tontos son los que los siguen eligiendo como reyes, presidentes, gobernadores, ministros etc.

Los políticos por lo general tienen personalidades psicopáticas, les gusta vivir del olor de las masas, de las multitudes.

Temen y aman a **los periodistas**, otra especie de la que hablaremos mas adelante, por que estos, los periodistas tienen el poder de encumbrarlos haciendo sus actos de prestidigitación propagandística, mostrándonos al político como si fuera un genio, como si no supieran que los políticos rayan en el extremo de la imbecilidad humana, pero unos y otros se necesitan en una relación simbiótica patológica. Se nutren unos de los otros, pero los políticos saben que así como los encumbran pueden también enviarlos al fondo de un abismo con sus lenguas viperinas y sus escritos cargados de arsénico literario, ó los hacen ídolos ó los destruyen (Nixon, Salinas de Gortari, Alan Garcia, Andres Perez, Fidel Castro, Hugo Chávez, Pinochet, Bill Clinton, Fox, Bush, Saddam Hussein, Osama Bin Laden etc.)

Como toda relación enfermiza, a su vez los periodistas, incluyendo a sus directores de periodicuchos amarillistas ó cadenas de tv y radio, tienen la debilidad por los políticos ya que son los comediantes nacionales, siempre dan de que hablar y además pagan muy bien la promoción de su imagen. Bien saben muchos parásitos del periodismo que es cómodo ir a recoger cada mes un cheque del erario publico por no solo hablar bien del tal ó cual político y su gobierno, sino también por no hablar mal de ellos y sus anencefálicas prácticas de gobierno. Vivir fuera del presupuesto de los países es un error de acuerdo a estos mercaderes de la información deformada. Así es que los medios de comunicación por lo general se nutren de los políticos que pagan por que les promuevan su imagen sus obras (?). Viven a expensas del político parasitándolo, exprimiéndolo, lactando de sus riquezas que estos roban al pueblo. Lo aman hipócritamente como sabiendo que unos y otros son un mal necesario para el pueblo, entonces los bufones políticos les proporcionan "noticias" y además les pagan por difundirlas, agrandarlas, exagerarlas, hacerlas ver positivas cuando en realidad no lo son, luego estas noticias son devoradas por lectores descerebrados que creen cualquier basura que leen sobre el líder político y su partido.

En otra obra intentaré hacer un serio análisis, un estudio psicoanalítico de esta extraña simbiosis político-periodística, se aman, se odian, se rechazan se unen, se destruyen y se construyen a sus intereses, pero a fin de cuentas siempre están juntos viviendo del pueblo, de sus miedos, de sus sueños, de sus ignorancias, de sus anhelos.

Los escándalos políticos en casi todo el mundo, son corregidos y aumentados por los "periodistas" y sus periódicos, cadenas de tv, radio etc.

El aún reciente escándalo sexual del presidente Bill Clinton, en otras circunstancias posiblemente hubiese pasado como una anécdota mas en la vida del líder político más poderoso del planeta. Pero el canibalismo político, la rabia de otros políticos celosos y con deseos de poder, le tendieron trampas en las que este ser humano al fin y al cabo cayó cándidamente, aunado al poder de la prensa sensacionalista y amarillista deseosa de vender chismes ó verdades pero deformadas a sus intereses ó a los de los que suelen venderse prostituyendo a fin de cuentas la verdad que deben de dar al publico, hicieron de este evento bochornoso, que debió de ser puramente inherente al político y a su familia, una verdadera fiesta de hienas hambrientas que lo devoraron y lo dejaron en sus huesos políticos, sociales y familiares, personales. Como si todos los que lo atacaron ó hablaron hasta la saciedad del tema, no tuviesen cola que les pisen. Se les olvidó que todos tenemos esqueletos en el armario que deseamos olvidar y mucho menos queremos que se conozcan. Se les olvido que todos los humanos nos huelen mal algunas zonas del cuerpo. Entonces no es bueno darse golpes de pecho y destruir al otro pues posiblemente estemos destruyendo el puente que nos permitiría pasar a nosotros mismos, tal y como esta sucediendo.

La conclusión sobre políticos y periodistas es que son como los gérmenes patógenos letales que buscan uno ser el huésped o parásito y el otro el portador o anfitrión para a la menor posibilidad inocular con sus mentiras al pueblo que aún no esta vacunado contra este mal, que a pesar de ser repetitivo y cíclico, no hace anticuerpos que nos permita recordar promesas no cumplidas de los que los antecedieron y volvemos a caer en esa red de mentiras tejidas por estos manipuladores, parte del clan de los dueños visibles del planeta.

El poder corrompe, el poder, prostituye, el poder enferma especialmente a los políticos, pero esta corrupción no solo debida al mal uso y robo de los bienes materiales de los pueblos por parte de estos entes sin entrañas que pisotean a los mas desprotegidos, es la compra de conciencias, de mentalidades, costumbres que en ellos se opera una vez instalados en los puestos de poder en los que ellos se sienten y se creen invulnerables, infalibles, casi inmortales, todo poderosos y dueños absolutos de las vidas y voluntades de sus súbditos, hasta ellos mismos se llegan a convencer de que son un regalo divino, los nuevos Mesías del pueblo que vienen a salvarlos del atraso y del olvido que otros igual a ellos han provocado por siglos.

Se sienten la flor y nata del género humano, y no son mas que un engendro maléfico, un mutante mitad bestia y mitad no sabemos que, pero nada humano. La misma gente, el pueblo somos los culpables de crear estos adefesios, estos Frankensteins de la política y luego nos asustamos de nuestra propia obra ...¡es el colmo!

Los políticos se corrompen, se contradicen, dicen que si a las cosas que antes habían dicho que no, no cumplen lo que prometen, debido a que por sus venas circula demagogia pura. Los mas encumbrados pierden por completo el contacto con el pueblo, viven en su olimpo, solo les interesa el bienestar propio, jamás el del pueblo, su meta es conservarse siempre alto, perpetuarse en el poder pues llegan a considerarse ellos mismos como lo máximo que la naturaleza pudo haber creado para dirigir a sus congéneres, que son un regalo para su pueblo, que ellos son los mejores para estar al frente del rebaño de obedientes y sumisas ovejas, esto con la aprobación en muchos caso comprada de los medios de comunicación, que mas que informar confunden, los periodistas ó muchísimos de ellos para no generalizar injustamente, solapan, promueven a este tipo de sujetos enfermos de poder.

Por eso, viendo las frecuencia con que esta metamorfosis se da en los políticos una vez que toman el mando, uno llega a cuestionarse si es el poder el que enferma su ego hasta deformar la concepción de la realidad ó bien llegan al poder ya deformes, como el jorobado de Nuestra señora de Paris. Por allí se dice que hay que estudiar derecho (leyes) para actuar chueco. Y es que es muy curioso que la gran mayoría de los políticos son pertenecientes a esta subespecie de homínido poco evolucionados que son aves de rapiña, comedores de carroña, que se enriquecen a costa del dolor y sufrimiento ajeno, que se esconden en términos legaloides y apoyados en una máquina burocrática prostituída y corrupta, vendiéndose como damas de la noche al mejor postor, al que les ofrece mas dinero, no al que tiene la razón, la verdad, y que se supone la justicia debía de estar protegiendo, es casi una condición sinequanon que para ser un político, se debe ser abogado aunque no necesariamente, pero si la de ser deshonestos en la mayor parte de las veces.

Lo cierto es lo que los políticos bueno ó malos tienen un enorme poder para torcer ó enderezar los rumbos y destinos de la sociedad para hacerlos felices ó desgraciados, hablo de sus gobernados.

En las alturas el político profesional ó de carrera (?), pierde la perspectiva de la sociedad y la ve de una manera completamente diferente, ya generalmente ve y escucha lo que sus rémoras que lo adulan protegen y veneran, les permiten saber sobre la verdad del pueblo, cuantas veces escuchamos los tristemente celebres informes de gobierno que los gobernantes acostumbran a dar a su pueblo, en los que hablan sobre los miles de millones de dólares que supuestamente invierten en el bienestar del pueblo, lo cierto es que el pueblo ve muy poco de ese supuesto bienestar reflejado en la mejoría del nivel de vida, no ve los beneficios de sus programas, no sabe el pueblo a donde van inversiones, ganancias ó dineros de préstamos internacionales ya que la sociedad sigue en el atraso.

Por lo general el pueblo sabe que todos esos millones de los que habla el político y su pandilla, están en sus cuentas bancarias en Suiza ó en otros países dedicados a ser el paraíso de estos corruptos, que se prestan a blanquear dineros no de procedencia dudosa, ya que se sabe con exactitud de donde vienen y producto de que son esos millones que los políticos con prestanombres ó con personalidades camaleónicas suelen depositar en múltiples cuentas de esos países, todo mundo sabe que ese dinero es el producto del robo a los pueblos que tienen hambre y sed de justicia.

Luego la gente se pregunta como es posible que un ciudadano promedio subsista con un salario injusto, de hambre, mientras que el político en sus informes pregona que todo esta bien, que la economía esta sana. Lo que no dicen los políticos, es que la situación esta excelente para ellos y su camarilla de sinvergüenzas que le ayudan en sus tareas de gobierno, para sus familias. Es decir solo los políticos y basura que les acompaña a su alrededor son los que ven a un país con auge, con prosperidad.

Mientras que el pueblo sigue en su estado de letargo, de atraso, con hambre, deseando agua potable, escuelas, servicios, oportunidades de empleo, que les permitan vivir decorosamente, con dignidad, esperando el futuro con esperanza.

Posiblemente a los políticos les suceda lo mismo que a los pasajeros de un avión, desde arriba en las alturas, se ven las cosas diferentes en cierta manera mejor, en otras peor, pero no son sus concepciones de lo que ve, basadas en la realidad, no reconocen lugares, porque desde arriba no se ven las caras de la gente, las fachadas de las casas, los baches de las calles, las caras de hambre y desesperanza de los niños, la mugre y hacinamiento del pueblo!.

Solo se ven las azoteas, los tejados, desde las alturas del poder, no se enfrentan con las caras de la pobreza, la marginación, la necesidad, la desesperación, la desesperanza del pueblo y su enojo latente!.

No aprecian al ciudadano que lo eligió, las cosas cotidianas que a él le afectan. Ellos los políticos y su equipo de tecnócratas fríos, calculadores que por supuesto también lactan del presupuesto y a los que todo les sobra, les es muy fácil dictar presupuestos, programas, recortes, impuestos, soluciones etc, pero todo desde su escritorio impresionante, sin por lo menos un día ponerse los zapatos del obrero, del empleado, del ciudadano común, del padre de la madre que ven con ojos de desesperación e impotencia la triste y cruel realidad cotidiana de sus vidas que los rodea, que los ahoga, que los mata poco a poco con lujo de crueldad, todo debido al egoísmo de unos cuantos, a sus políticas neoliberalistas que solo enriquecen a unos cuantos y empobrecen al pueblo completo, que enriquece a políticos y arribistas, que dan por resultado que los ricos se hacen mas ricos y los pobres mas pobres...¡gracias a los políticos corruptos!

Desde el monte Olimpo llamado casa blanca, Los Pinos, casa rosada ó palacio nacional, nido de estos semidioses que no se ven las caras de los individuos aunque ellos creen poder ver a la sociedad completa, a al estado a la Nación.

El hombre concreto, se difumina, se pierde se desmaterializa, se esfuma ante sus ojos, ya que el político se olvida de él, flotando como esta en las nubes del poder, la soberbia, la arrogancia, solo piensa en el poder, en el bolsillo, en coaliciones, alianzas, pactos, luchas todo aquello que se tenga que hacer para mantenerlo en el poder.

Los políticos son una especie animal especializada en parasitar a sus semejantes, al ser humano. Los políticos que llegan a las alturas organizan con frecuencia viajes rituales de visitas de estado, luego como si fueran torneos deportivos, lo hacen a visita reciproca para corresponder la atención, llenos de pompa, solemnidad, flores, música, alfombras rojas, discursos floridos, comidas, licores, excesos, sin olvidar los regalos para impresionar sobre la opulencia del país que los obsequia, los pases de revista a filas de pobres esclavos vestidos de verde y armados hasta los dientes.

La parte mas importante de estas visitas de estado y de las "seriesísimas" reuniones de trabajo (?) de los grandes estadistas, radica en un gran banquete en el que no se repara en gastos, se hecha la casa por la ventana, a estos mequetrefes políticos se les olvida que es el pueblo quien paga sus opíparos banquetes, mientras se sufre hambre a nivel social.

Los políticos y sus garrapatas de partido ó correligionarios como pomposamente se autocalifican, creen que es La Secretaria de Hacienda quien paga los banquetes, que todo sale del presupuesto general del estado, palabras abstractas y sin sustento que no significan otra cosa que una mina sin fondo ó una chequera millonaria a su disposición para lucrar con los impuestos del contribuyente.

Los políticos desde las alturas del poder se olvidan que lo que el hombre y mujer de su país quieren ante todo es la paz, pero ellos gastan billones de dólares en la compra y venta de armas para tener tranquilos a **los militares**, simios bélicos que creen que todo se arregla con la violencia, con la fuerza bruta, con el cañón de sus armas. Se les olvida a todos ellos, que la gente, los ciudadanos solo anhelan tranquilidad, un ambiente que les permita crecer y progresar con armonía, posibilidades de trabajar honestamente.

En cambio los políticos, los militares, destinan los millones a obras suntuarias que ni son importantes ni tienen sentido, como faraones actuales dispuestos a dejar obras como elefantes blancos para ser recordados en la posteridad. Generalmente lo logran es decir el ser recordados, pero no por sus obras, mas bien por su corrupta trayectoria, por su vida escandalosa, por su mezquindad, por sus parientes y amigos enriquecidos ilícitamente a costillas del pueblo, por prestamos concedidos a otros países sabiendo que todo faltaba en el propio ó por créditos para el "bienestar" social concedidos por países arpía, que hacen que el pueblo pague el dinero concedido a estas ratas políticas que solo dejan migajas a tirar entre el famélico pueblo.

Mientras millones de hombre, mujeres, niños, ciudadanos, que en otros tiempos (de elecciones) y para los que, aniversarios de descubrimientos y la ópera, les suenan a música celestial, siguen padeciendo incultura, arrastrando el infortunio y mendigando mensualmente la limosna estatal, pero la gente no quiere limosna, quiere trabajo, quiere una oportunidad de ser el mismo el que genere riqueza para el y los suyos, para la sociedad.

Los políticos desde las alturas megalomaniacas no caen en la cuenta de que es un tremendo error que en su familia se le compre un piano lujosísimo al júnior ó un auto de procedencia extranjera carísimo y ostentoso, mientras que miles de sus conciudadanos padecen hambre o no tiene agua potable ó mueren de diarrea ó en otros casos de hambre.

Mientras más pobre es el país al que pertenece un determinado político de estos que les hemos venido hablando, (africano, centroamericano, asiático), mas lujos y derroche serán los que muestren sus políticos.

Es cierto que los políticos no son los dueños totales de este mundo y tienen que compartir el poder con otros gorilas, los miembros de la fraternidad negra como dicen los esotéricos, cuan bueno seria que al llegar al poder, los políticos y su séquito de sabandijas no se deshumanizasen tanto, ¡pero eso es mucho pedir!

Analicemos ahora a esos primates anencefálicos conocidos como "**militares**", estos gorilas con uniforme forman también parte de los pastores visibles de este mundo, de los que dan la cara al resto de la humanidad.

Los militares son lo mas parecido que Ud. pueda encontrar en los umbrales del nuevo milenio al hombre de las cavernas, pero uniformados, con mas poder, con armas sofisticadas capaces de borrar toda forma de vida sobre la faz de la tierra con solo oprimir un botón central, a contrario de los políticos, a estos primates les gusta la violencia, creen que todo se arregla con violencia, con balas, con proyectiles, con bombardeos, les fascinan las armas, son su juguetes favoritos y se pasan la vida pidiéndole a los políticos mas dinero, mas presupuesto para seguir comprando lo mas mortífero del armamento del mercado de la violencia.

Los políticos para mantenerlos tranquilos y alejados del poder, ¡se los dan! Ya que a cambio protegen la estabilidad de su gobierno manipulador. Volviendo con los militares, estos chimpancés uniformados son mantenidos contentos con las armas, que en ocasiones a regañadientes se les proporcionan, mientras que dejen impunidad a los políticos que se las dan.

En un principio, posiblemente los militares profesionales aparecieron en las sociedades para defenderlas de enemigos externos pero…como hoy en día casi no existen enemigos externos que amenacen la libertad e integridad de los pueblos, los militares al seguir con el mismo poder ó más, con ese instinto primario de violencia y pelea del que tiene la fuerza no la razón, ahora vuelcan su energía contra el propio pueblo que se supone debían de proteger los militares con tal de obtener su rebanada de poder, de riqueza, se han convertido en instrumentos de represión agresora contra el pueblo mismo.

Estos entes vestidos de verde, como no tienen con quien pelear afuera de las fronteras ahora les da por patear traseros de su propios conciudadanos, en lugar de ser defensores del mismo, de la paz, de la estabilidad y tranquilidad, de la prevención de ilícitos, en cambio son ahora una amenaza contra el pueblo mismo.

En una democracia del siglo XXI, a solo unos años de iniciado el nuevo milenio, la gente, el pueblo, Ud., yo, tenemos mas miedo de militares, policías ó cualquier otros de esos cuerpos policíacos, militares ó paramilitares, secretos ó públicos, que se encuentran dentro de nuestras propias fronteras, que el que nos podría representar una amenaza de militares de "afuera" allende las fronteras.

Aunque parezca increíble, llegado el caso de tener que pelear contra extraños, los militares de escritorio, entrados en jamones, gordos por la falta de practica, lo mas probable es que llamen al joven estudiante con futuro prometedor, al obrero, al campesino, al ciudadano común ajeno a la violencia, les pongan un fusil en la mano ó algún otro de esos juguetes bélicos mortíferos, y bajo la supuesta amenaza contra la patria ó sus intereses representados por unos cuantos, ¡los envíen a matar ó a que les maten! (Malvinas, Afganistán, Irak, Yugoslavia, Somalia etc.).

Guerras estúpidas, sin razón, bueno no la razón encomiable de dar con orgullo la vida por defender la patria cosa que admiro aprecio y elogio, mismo que yo estaría dispuesto a hacer si mi patria me lo demandare pero…cuando se pelean guerras que no son las nuestras, ó se defienden intereses de unos cuantos oligarcas poderosos que ven amenazados sus intereses, no los de la Nación, que disponen de vidas de los demás, los dineros, el bienestar, la paz y tranquilidad.

A ese tipo de guerras si me opongo, y de estas guerras se pueden poner cinco mil ejemplos a lo largo de la historia y hasta nuestros días, simplemente haga memoria y cada guerra que Ud. recuerde, muy probablemente se pudo haber evitado ó nunca debió de iniciar ya que los motivos siempre son estúpidos y vanos.

Obviamente los únicos condecorados por estas batallas sin razón, son los generales y demás dirigentes barrigones que desde lejos dirigieron las hostilidades, en cambio el simple soldado es carne de cañón al frente de batalla.

Los militares poco seso, tienen una visión simplista de la patria, de la moral, de la vida misma. Pobres de las esposas ó esposos, hijos de algún militar, pues estos intentan aplicar las leyes de la milicia en su propio hogar. Eso me hace recordar a un condiscípulo a quien la presión y la represión paterna le hiciera volar del hogar prematuramente, viviendo un infierno personal al recordar el trato del que fue víctima el y el resto de su familia por parte del padre. Esto le causó un sentimiento de rencor hacia la imagen paterna que nunca pudo superar.

No estoy muy seguro del por que a todo aquello que se refiere a lo militar se le denomina "castrense", ¿será acaso por que todos los militares son castrados? y no me refiero a la sección corte u oblación de las gónadas masculinas contenidas en el escroto, me refiero a que a parece que les cortaron la visión amplia y sin prejuicios de la vida de las personas comunes.

El estilo castrense, es posiblemente solo bueno en el cuartel, con sus iguales, pero funesto para la sociedad, coarta la creatividad, la cultura y engorda a unos cuantos vividores con uniforme.

Cuando los abusos, errores y horrores de los militares plenipotenciarios y abusivos es exagerado, el descontento del pueblo y las deudas dejadas por estos gorilas, hacen tambalear los regímenes basados en la dirigencia castrense.

Luego que los militares se hartan de hincharse los bolsillos, en un alarde de fingido patriotismo, entregan el poder (deuda), a los civiles, y se van a refugiar a sus cuarteles a vivir de glorias pasadas con el dinero del pueblo, para aquellos que no estén de acuerdo conmigo en este punto, les recuerdo que investiguen sobre el caso en el pasado reciente en Centro América, Súdamerica, el Caribe, Asia, África etc.

El poder de los militares no es sutil como el de los políticos, el poder de los militares es pura fuerza bruta, como brutos son ellos.

El poder de los militares es conocido por las balas que perforan la carne, que terminan con la vida de inocentes, son los cañones que destruyen hogares, son las bombas que borran ciudades del mapa.

Los políticos tratan de convencer, aunque casi siempre lo hacen mintiendo, en cambio los militares no. Los militares ordenan, los militares se sienten el orden mismo, se sienten la ley hecha orangután en sus personas, y quienes no piensen como ellos esta equivocado y ¡en problemas! serán tratados como antipatriotas, antisociales, como provocadores, incitadores, instigadores, comunistas etc., etc.,y habrán de cerrarles el pico, lo obligaran a guardar silencio dándole a comer plomo con una de sus armas favoritas, ya sea uno, mil o mas a los que se les deba de dar su "merecido".

Por eso cuando un militar ostenta el poder que posiblemente se autodesignó, esta prohibido pensar, hablar, actuar, ser diferente, a menos que se piense como los "castrados", perdón como los castrenses, es decir que Ud. simplemente no debe de pensar, se deberá provocar una autodecerebración intelectual, entonces solo así podrá sobrevivir con éxito entre estos primates llamados militares, dependiendo de la graduación militar, la jerarquía a la que corresponda la ralea del militar se concluye que todos ó casi todos son anencefálicos, desde el mono de mas baja graduación castrense, hasta el gorila con mas galones en el pecho.

Por cierto es curioso y patéticamente ridículo, que estos primates uniformados ostenten en el pecho tantas condecoraciones, tantas barras, tantos galones que no caben en sus gordos pechos, ¿será por eso que se dejan seducir por la gula comiendo y bebiendo como mamíferos, cuadrúpedos, porcinos, para que les quepan medallitas en sus pechugotas adiposas?

La verdad los detesto, me molestan son lo ultimo en que me gusta gastar un pensamiento, los militares, y con eso me refiero no solo a los que visten de verde olivo, incluyo policías ignorantes y prepotentes de poca monta que apabullan y abusan del pueblo, también me refiero a los famosos cuerpos secretos, que cobardemente se esconden en el anonimato para ser mas pillos que los que supuestamente deberían de combatir, que roban, golpean, asustan y denigran al ciudadano común, son todos aquellos grupúsculos con ideología militar ó paramilitar etc, que se les olvida servir y obligan al ciudadano normal a servirles aterrorizándolos, reprimiéndolos, abusándolos.

Con el dinero que estos ponzoñosos entes gastan y roban cada año, es decir, políticos, militares, policías etc., se podría terminar con el hambre del mundo entero, con lo gastado en comprar y mantener armas y ejércitos, se elevaría el nivel social, educativo, lamentablemente a nivel mundial seguimos en la época de las cavernas, seguimos con una mentalidad de troglodita en la que la ley del garrote y la fuerza son los que mandan, no la razón como debía de ser.

A solo unos cuantos años de iniciado el nuevo milenio, aunque Ud. no lo crea ó no lo sepa, o no lo acepte ó simplemente no le importe, la vida de millones de seres humanos, está en manos de estos seres llamados políticos y militares, que les bastaría una orden para desatar el infierno que pondría en peligro la vida de todo ser viviente y hasta del planeta mismo ya que desde la comodidad de sus refugios a prueba de todo, les bastaría con oprimir un botón. Aconsejado por sus asesores militares un político pelele y sin voluntad

32

ni criterio, podría iniciar una conflagración bélica de dimensiones apocalípticas de final grave para la humanidad, y todo por una …¡estupidez!

Las vidas nuestras están en manos de estos maniacos del poder y la violencia, no es broma ni exageración que la vida humana esta en pendiente de un hilo delgado que de romperse dejaría caer sobre nosotros bombas de las llamadas atómicas, neutrónicas, químicas, biológicas, etc., todas ellas creadas por mentes enfermas con la finalidad de matar, asesinar y destruir al ser humano, la vida misma en cualquier expresión que se conozca.

Su paranoia bélica ha llegado a tales extremos que alentados por otros imbéciles a los que se les llama lideres que comandan las naciones (Americanos, Rusos, Chinos, Ingleses, Franceses etc.), se han atrevido a poner en nuestros cielos, verdaderas armas de destrucción masiva, verdaderos monstruos letales para el hombre y su supervivencia en este mundo, a la que pomposamente han llamado " guerra de las galaxias", como si fuera cuestión de juego ó de película pero que en realidad es un peligro real para el genero humano!

Otros menos poderosos económicamente, pero fanáticos y cobardes, tienen arsenales mortíferos para contestar a su nivel las agresiones de los mas poderosos, virus, bacterias, gases etc., que no dudaran en vaciar contra sus enemigos, afectando toda forma de vida en el planeta, muriendo amigos y enemigos, culpables e inocentes. Como verán amigos lectores, estamos sentados en un verdadero barril de pólvora y los orates del poder tienen prendido el fósforo para a la menor provocación encender la mecha y causar la detonación final …

La enfermedad que padecen estos maniacos de la violencia amenaza la estabilidad del género humano. Mientras que existan individuos que crean que la mejor manera de arreglar las diferencias es a base de golpes, piquetes de ojos, mordidas, punta pies, hasta los que utilizan armas mortales en lugar de hablar, de dialogar, de comunicarse para intentar buscar soluciones pacíficas, inteligentes la humanidad seguirá enferma de angustia, esperando lo peor, por ultimo solo le sugiero algo que no tiene por que seguir, manténgase alejados de estos primates salvajes, le ayudara a su salud y bienestar físico, psíquico y social.

Hablemos ahora de otros "señores" pertenecientes a la élite de los pastores que apacientan el rebaño de este mundo, otros de los dueños del planeta y de sus habitantes, hablemos de los **"Maniacos del Dinero"**, los ilegales y los legales.

Los ilegales tienen aparentemente menos poder en cuanto a gobernar el mundo oficialmente, contribuyen a fomentar el caos reinante, son los vividores, los chulos, los padrotes de gran estilo de vida que viven a costa de los demás, de la sociedad, se organizan en mafias, sociedades secretas, carteles ó como Ud. quiera llamarles, Los Legales de supuesta honestidad que oficialmente se ostentan como entidades financieras que chantajean y estafan a la sociedad de mil maneras con el solo fin de conseguir dinero y viven a costa de chupar la raquítica economía de los demás, también suelen apoyar con sus dineros las campañas de políticos a los que luego cobran los favores recibidos haciéndose un verdadero intercambio de corruptelas pisoteando al ciudadano común, estafando, tranzando haciendo solo ilícitos.

En ocasiones lo hacen en menor escala en otras es ¡plan grande! Por culpa de unos y otros, los países en vías de desarrollo continúan en el atraso. Estos gangsters disfrazados de personas honorables en ocasiones llegan a tener poder político como ha sucedido en muchos países, en los que la extorsión, la corrupción, el asesinato el despojo son cosa de todos los días.

Las autoridades generalmente solapan y toleran tales practicas ilícitas de los prestadores de dinero ya que en muchas ocasiones las mismas autoridades son los instrumentos utilizados por estos "padrinos" del dinero y el poder para sembrar el terror y obtener ganancias a costa de lo que sea.

Si Ud. quiere reconocerlos será muy fácil donde huela a basura, a podrido allí estarán estos vividores.

Generalmente estos vividores de la sociedad, no suelen ambicionar el poder político pero si de paso lo obtienen no dirán que no a una oportunidad, aunque suelen ir "juntos", estos depredadores sociales que en cuanto consiguen dinero lo envían a Suiza, el país cloaca que vive de encubrir las corrupciones dándoles forma de oro ó de billete verde como alquimistas de principio de milenio que ciudadanos **nada honorables** de países sobre todo tercermundistas depositan en sus instituciones bancarias producto del robo, la corrupción, el peculado, el enriquecimiento ilícito, el narcotráfico etc. Luego se van tranquilamente a broncear la panza con alguna de sus amantes a alguno de los países que no tienen tratado de extradición. Estos lugares ó paraísos de los criminales, en realidad se benefician de esta escoria ya que estos suelen agradecer el asilo haciendo jugosos inversiones en dichos lugares.

¡Todos los países en un futuro deben rechazar a estos parásitos, a estas sanguijuelas que chupan la sangre de los demás y regresar la riqueza a sus verdaderos dueños, ¡los pueblos a los que robaron!

Hablemos ahora de **los maniacos de cuello blanco**, los formales, los aceptados socialmente, los que en apariencia se les considera legales, están sentados en fastuosas oficinas de los grandes bancos, trusts, holdings, financieras etc. y desde sus lujosas y fastuosas oficinas ubicadas en la cima de los impresionantes rascacielos de los distritos financieros de New York, Tokio, Paris, Londres, Houston etc, con sus hilos invisibles manipulan a las marionetas del teatro guiñol de la política nacional, internacional, mundial!.

Los políticos muy serios gesticularan, harán demagógicas declaraciones pero terminaran bailando al ritmo que toquen estos mefistófeles financieros legales.

En ocasiones cuando conviene a sus materialistas intereses apoyaran con carretadas de billetes verdes a políticos que les venderán su alma a cambio de que se les ayude a llegar al poder, en otras palabras con el dinero de estos reyes midas, los políticos se financian sus campanas políticas asegurándose el triunfo en las urnas electorales a costa de comprar conciencias, a costa de lucrar con el hambre.

La relación entre la política y la banca es a pesar de las apariencias, mucho mayor de lo que parece, ¿no lo cree? Vean los recientes casos en México con el Fobaproa, los políticos tratan de no hostigar demasiado a los banqueros para que estos hagan su negocio y luego recibir su rebanada del pastel.

La banca disfraza prestamos a los políticos, las buenas acciones de los políticos, son premiadas por los banqueros, es decir se dan la mano mutuamente, cínicamente se dice a nivel popular que un políticos pobre …¡es un pobre político! Esto es una aprobación ó quizás una triste realidad asimilada por la fuerza repetitiva de la costumbre en la que el político suele servirse del pueblo en lugar de servir a la comunidad que lo eligió. De igual manera los economistas, los financieros, lucran con el famélico pueblo al que lastiman con leoninos intereses impagables para luego expropiarles sus bienes.

Los maniacos organizados del dinero, para ellos lo más importante del mundo es acrecentar su fortuna material, y si debido a sus pingues y fríos objetivos materialistas, a sus exigencias, una nación se va al caos, ó si una empresa ó individuo se arruinan no importa un maní, que se pudran, eso los tiene sin cuidado a los grandes magnates de las finanzas.

Lo único que cuenta para ellos son las finanzas, los buenos dividendos, por eso siempre están al acecho de negocios ventajosos y seguros a costa de quien sea.

Las guerras que se conocen actualmente en el mundo, son una autentica mina de oro para los políticos, militares, traficantes de armas, fabricantes. Para los banqueros, esto es un negocio redondo, pues además la justificación real es defender los intereses de las grandes transnacionales que se ven en algún peligro. Ya *todos sabemos que son las grandes transnacionales los dirigentes del mundo* con sus dineros, con su poder. En el caso de los bancos apoyan a los dos bandos, para ganar con unos y con otros, si ganan tendrán con que pagar de inmediato, si pierden se quedaran empeñados para generaciones futuras eso que importa, que al fin y al cabo ya no estarán ellos allí dentro de algunos años. Lo importante es apoyar económicamente a las partes, que se endeuden, que se maten pero que queden los que paguen solamente, pues obtendrán ganancias al mil por uno, embargando el futuro de patrias, empresas, familias.

Estos buitres cañoneros del dinero, no les importa la muerte ajena, ni el dolor ó sufrimiento de sus deudores, pues ellos los banqueros prestan con altos intereses, ya sea para matar ó para enterrar a los muertos. ¡El asunto es sacar provecho de todos!

Para su desgracia, en ocasiones el tiro les sale por la culata y el préstamos que esperaban les redituara fabulosas ganancias, les resulta una deuda impagable por parte del deudor e incobrable por parte de ellos, pero ni así se preocupan ya que sus amigos los políticos inventaran una estrategia legaloide ó ilegal eso que importa, para que a costa del pueblo se puedan "pagar" antiguos favores como aquellos prestamos de campaña que les llevaron al poder de los mecenas de la banca...y el pueblo?, cual pueblo!, si todo es cuestión de dinero no de personas. No importa que generaciones aun no nacidas ya tengan una deuda hacia estas arpías internacionales aun antes de que vean la luz del sol ya son deudores, son victimas de préstamos cuyos dineros ó beneficios nadie jamás vio.

Lamentablemente para ellos, el famélico pueblo cada vez tienen menos sangre para que les sea chupada y los banqueros se están autofagocitando, ni siquiera los rapaces y vividores políticos que permitieron el abuso legal de los banqueros, al instituirlos como un sistema de agio que trabaja dentro de las normas legales pueden en ocasiones ayudar a estos vampiros que succionan las economías de los débiles.

El mal necesario de pedir y prestar para sobrevivir es ya un cuento de nunca acabar. Las condiciones de préstamo carroñeras, usureras, y criminales les están dando malos resultados a los banqueros, pues la gente no tiene con que pagar aunque así lo desee.

Banqueros y compañeros de contubernio es decir los políticos prestaban aun a sabiendas de que el dinero prestado y sus consabidos intereses endeudaban hasta hundir al individuo, a la empresa a la nación.

A los Banqueros con B mayúscula que prestan dinero a una nación, mejor dicho al pillo que dice empleará el préstamo obtenido a costa de la nación para emplearlo en el bienestar social de sus conciudadanos, pero que en realidad son antipatriotas, ratas asquerosas que reciben esos prestamos supuestamente para su pueblo y los depositan en sus cuentas privadas en bancos del extranjero para beneficio de unos cuantos. A fin de cuentas el banquero vuelve a recibir el dinero que presto en sus propias arcas, ellos. Los banqueros van a la segura, y el pobre pueblo, es quien endosa la factura de deudor, el dinero en bolsa de estas ratas antipatriotas cuatreros que junto con su camarilla de ladrones lucraron a costa del pueblo.

Entonces el banquero presta a sabiendas de que el dinero generalmente nunca será utilizado para el motivo para el cual supuestamente los están pidiendo, a ellos que les importa, esos dineros solicitados por los políticos a sabiendas de que el pueblo será el que pague, ese no es su problema solo recibir dinero, no quien lo pague, negocios son negocios ¿verdad?

36

El banquero presta a sabiendas de el empresario no podrá pagarle, esto lo sabe al analizar la situación contable de la empresa, y aun así en un alarde de supuesta bondad, prestan. Ya saben que a final de cuentas se quedarán con todo el negocio al no tener el empresario liquidez con que pagar, al comérselo los intereses leoninos, optaran por decir, aquí esta mi empresa y hasta mi sangre si algo queda aun, ¡cóbrese!

Todo esto solapado por las autoridades, por los políticos que aprecian y agradecen los favores prestados por estos agiotistas en el pasado, que gozan con permiso para robar lícitamente, que cuentan con el apoyo, anuencia y bendición oficial que los solapan, los toleran, sabiendo que si no puedes con el enemigo, únete a él, ¡ó invítalo de compadre! Unos y otros sacan provecho del pueblo.

Los grandes bancos se parecen a buitres carroñeros cuanta mas carne podrida existe …mas gordos y contentos están, los Banqueros, los dueños, los verdaderamente grandes, engordan a costa de las empresas ejecutadas, de la esclavitud de los deudores agotados por el pago de intereses desmedidos y de posibles turbios manejos financieros que producen la inexplicable paradoja de que cuando la economía nacional esta por los suelos, las ganancias de los bancos y de los grandes empresarios están en auge…a rió revuelto, ganancia de pescadores!

Los pequeños bancos que se arruinaron en México fue por estúpidos, por querer pasarse de listos la avaricia los acabó, cayeron en sus propias garras, victimas de sus trampas que solían utilizar contra sus clientes…¡que bueno!, esta es una lección para esta casta sagrada e intocable que son los banqueros, pero a ser sinceros no están tan preocupados ya que para esos pequeños problemas temporales, están sus cuates, sus amigos los políticos, sus ángeles guardianes, sus compinches, que suelen inventar ó sacarse de la manga estrategias económicas, financieras, bursátiles, etc, que oxigenen a estos buitres decrépitos llamados banca, les regresaran antiguos favores pagando los mismos con políticas de que salven a la banca, inventando reestructuras, fondos de emergencia,, contingencia etc, el nombre es lo de menos, ya que los economistas de pacotilla pero graduados en Harvard buscan la manera de justificar lo que no tiene justificación.

Estas políticas que salvaran a la banca y hundirán mas a la economía del ciudadano común en nombre de la paz y estabilidad social (de ellos), estos antipatriotas pseudo servidores del pueblo si fueran honestos deberían recuperar las fortunas hurtadas por todos sus antecesores y sus camarillas, pagar las deudas que solo ellos disfrutaron y usufructuaron del pueblo, negociarlas a intereses justos y no pedir lo que realmente no será utilizado y aplicado en el bien común de sus conciudadanos…¡si como no!, pero ¿que grandes estupideces producto de una ideología idealista estoy diciendo? ¡Son utopías! pues si esto se hiciera realidad cosa que nunca pasara, cada político estaría rompiendo el puente que les permite huir al finalizar sus periodos presidenciables para los que son elegidos ó autoimpuestos por el poder que ostentan, por sus cúpulas manipuladoras del pueblo .

Políticos y Banqueros son como uña y mugre, van juntos se unen para lastimar a los demás aparentando honorabilidad cuando en realidad son depredadores, carroñeros que viven de los demás, cuidado con los banqueros evite hacer tratos con ellos ó terminara cediendo sus activos a ellos por no poder pagarles sus elevador intereses, evite caer en sus fauces hambrientas ó lo lamentara toda su vida.

Ahora platiquemos un poco sobre otro tipo de pastores que junto con los anteriores apacientan y se nutren de los demás, le toca el turno a otros manipuladores y vividores muy especiales, a otros dueños visibles del mundo en que habitamos, me refiero a **los "fanáticos religiosos".**

Estos en nombre de dios de su dios cualquiera que sea la denominación a la que representen y a la deidad que promuevan en este mundo han hecho y seguirán haciendo barbaridades en nombre de su dios y contra sus semejantes.

No existe en el mundo cosa que haya separado mas al ser humano a lo largo de la historia, que lo haya hecho pelear, odiarse como las religiones …¡increíble pero cierto!.

Aunque los lideres religiosos se jactan de que lo que todas las religiones predican en el fondo es amor (?), justicia y por lo tanto contribuyen a la unidad del ser humano, los hechos nos indican otra realidad, nos dicen todo lo contrario solo analice, sea objetivo, documéntese e infórmese sobre el tema y concluirá que históricamente las religiones son una pesadilla para el ser humano cuando son intolerantes, manipuladoras, tendenciosas etc, la historia nos habla de guerras, de muerte, de injusticias de manipulaciones etc, a causa de la religión.

Además de predicar supuestamente el amor y la caridad, la justicia y demás virtudes que en ellos cual políticos de la fe se convierten en monsergas falaces, cada uno a su manera predica sus creencias, rodeados de una serie de circunstancias que impiden que todo eso que predican se extienda entre los hombres de bien y buena voluntad.

Las religiones son creencias y ritos ideados, inventados, por ciertos individuos muy listos, con una gran visión a futuro de lo que deseaban de los demás con estos inventos filosóficos y teológicos, estos individuos, que dijeron (?), haber "escuchado" voces del "mas allá" que les dictaban(?) lo que supuestamente los hombres debían hacer para "**salvarse**". Ojo con esto pues en episodios posteriores servirá de excelente analogía .

Todas las religiones sin excepción, provienen de "apariciones" de supuestas entidades No humanas, de supuesto origen celestial (?), de las que alguien (?), supuestamente fue testigo (?).

Es decir las religiones aparentemente (?) no provienen del hombre, sino que " algo" ó "alguien" se lo impuso al hombre, haciéndole seguir ciertos preceptos, haciéndole seguir ciertas reglas que "esas" entidades no humanas le impusieron al hombre, haciéndole creer ciertas cosas, obligándole a practicar ciertos ritos que en ocasiones ó casi siempre van contra un elemental sentido común.

Generalmente el "vidente-fundador", como un niño creyó las tonterías supuestamente dictadas por entidades no terrenales, no humanas, luego organizo su vida y la de sus seguidores en función de los "mandamientos" que le fueron dictados de un "mas allá" nebuloso y cuestionable.

Las religiones juntan grupos de hombres al hacerles creer las mismas cosas y al mismo tiempo los separan de otros que creen "dogmas" diferentes y como cada uno de los seguidores fieles de una religión cree ser poseedor de la verdad absoluta y de ser el fiel seguidor de la voluntad de dios, ve a los demás, a los otros que no creen igual que ellos, como sospechosos y enemigos de dios y por supuesto ¡de ellos mismos!

En otros tiempos y con menor frecuencia por fortuna hoy en día, se sentían con el derecho y la obligación de perseguir a los "infieles" hasta matarlos. Aunque si somos realistas lo que ocurre actualmente en la región del Pérsico o en Israel y sus vecinos, sigue igual que antaño, a los que mártires (?) de la Jihad o guerra santa, se les ofrece un harem de vírgenes por asesinar mismo que recibirán (?) después de explotarse como bombas humanas y asesinar a inocentes en nombre de su dios. Amen de que "vivirán" en el paraíso (?) eternamente.

Por que dios, el dios que ellos tienen en su cabeza, es el dueño de toda la vida, las religiones engendran odio entre sus seguidores, un odio santo según ellos contra el pecado y los pecadores (?) que los cometen.

En tiempos pasados los reinos e imperios eran con frecuencia teocráticos; el rey era al mismo tiempo sacerdote ó estaba investido de algún poder sagrado (?), Dios lo bendecía y el se sentía como bordado a mano, como el elegido, como su representante, lo que según el le facultaba a hacer lo que le viniese en gana es decir ¡cualquier cosa en nombre de dios! Hoy en día, si bien esta situación sigue dándose sobre todo en países en vías de desarrollo incultos e ingenuos, en occidente por fortuna esto pasó ya a la historia, aunque siguen teniendo poder es mucho menor que antaño.

Los dueños aparentes del mundo que en apariencia nos apacientan de los que ya hemos hablado (políticos, militares, economistas), muestran un cierto respeto fariséico para los jerarcas religiosos, en el fondo lo único que les interesa es que no "inciten" a sus fieles contra las medidas del gobierno en otras palabras que no les hagan olas, y por otro lado ¿para que hacerlas? Si para todos alcanza una rebanada del pastel que representa el pobre pueblo!, No hagas olas y no te las hago es lo que parecen decirse los vividores de todas las denominaciones que representan a los reinos de este mundo ó de los que prometen vidas eternas en otros mundos que no conocen, que no tienen la certeza de su existencia pero que dan por hecho, entre todos parásitan al pueblo, eso es lo que a fin de cuentas hacen todos los dueños visibles de este mundo.

Los lideres religiosos de occidente ya no pretenden directamente gobernar como antaño a sus ovejas mansas, a sus fieles seguidores, pero dictándoles pautas, normas, mandamientos, directrices y ordenes conforme a lo que dios manda (?) les gobiernan, les manipulan de una manera mas profunda de lo que hacen los gobernantes civiles.

En los países en vías de desarrollo, en los pobres y con poca educación, la fuerza que tienen los lideres religiosos es enorme y funesta, sin armas materiales, basándose solo en amenazas y promesas ideológicas como las de otra vida en donde no habrá sino felicidad, donde no habrá dolor, donde la "la vida será eterna", promesas que nadie sabe como cumplirán, pero que unos siguen prometiendo y otros creyendo cándidamente (Me recuerda a políticos en tiempos de campaña y dirigiéndose con promesas demagógicas al pueblo, y este creyéndolas a pesar de que de antemano saben no se cumplirán.) Por cierto y a propósito de este tema de promesas difíciles de cumplir de vidas mejores después de esta vida si se "comportó" de acuerdo a ciertos cánones, ó de terribles y tenebrosos infiernos si no se "comporto", ya saben a que me refiero, a cielos e infiernos con los que nos prometen ó nos asustan desde hace siglos. Bien el máximo jerarca de la Iglesia Católica, Juan Pablo II públicamente y ante los azorados ojos de miles de sus "peregrinos" y devotos seguidores, acepto que no existe el cielo ni el infierno mas que dentro de nosotros, como algo "conceptual" cuando no se vive en gracia, en contacto con dios, pero ni el cielo ni el infierno existen como lugares "físicos". Así es que a los que estaban esperando una vida mejor, creo que seria deseable que mejor intentaran gozar su paso en esta vida real, no esperar a la felicidad "falaz" de otra que a decir de sus promotores y en un arranque de honestidad, se sinceraron y dijeron no existir, el cielo ó el infierno lo vivimos en esta vida, dentro de nosotros de acuerdo a los conocedores de este tipo de temas profundos ....¡para que lo piense!

Los manipuladores religiosos tienen un poder casi total sobre las vidas de pobres e ingenuos,ignorantes y medrosos personas sin voluntad que siguen a las religiones, dejando que otros arreglen sus vidas, que piensen por ellos, que les den instrucciones de como hacer su vida (?).

En gran parte el sub-desarrollo de esos países, su falta de progreso, se debe precisamente a esos supuestos mandamientos de sus respectivas religiones, que no les permiten actuar con libertad, voluntad, mente abierta.

En ocasiones las religiones predicadoras de paz, son las causantes de la guerra. El medio oriente es un buen ejemplo de esto, en Europa siguen las guerras entre protestantes y católicos, en Latinoamérica se dan con mucha frecuencia este tipo de incidentes de intolerancia entre grupúsculos religiosos que en muchas ocasiones origina baños de sangre y muerte, como la actual guerra en Irak. Es una versión siglo XXI de las guerras entre Moros y Cristianos, aunque no se diga. Aunados a intereses económicos de poder, de dominio por lo menos los musulmanes creen que es "guerra santa" (Jihad) (?) y hay que aniquilar a los infieles. Revancha de hijo que vengó al padre, atacando a su enemigo común a nombre de una nación que no acepta plenamente las supuestas razones de la guerra contra Sadam Hussein y el terrorismo en general .... en nombre de la seguridad nacional de USA..

Casi siempre esos incidentes son auspiciadas, incitadas, promovidas por los lideres religiosos de las diferentes denominaciones, colores, sabores tendencias, clases sociales etc. que existen, ya que como todos sabemos hay religiones para todos los gustos. Esto lo digo con obvio sarcasmo ya que al conocer tantas religiones que pululan en el mercado de la fe, que se dicen la verdadera, la única, la autentica creada por dios (?). Si creemos toda esta basura ideológica terminaremos por pensar que existen muchos dioses verdaderos deseosos de tener seguidores (?), ó mas bien muchos vividores que inventan religiones para manipular la vida de otros seres humanos débiles que no son capaces de pensar por si mismos, que les agrada y propician que otros piensen por ellos, para lo cual están listas y dispuestas las religiones a cambio de diezmos y poder sobre ellos.

Las ideas sagradas fomentadas por los lideres religiosos y defendidas con furor por fanáticos sin cerebro ni voluntad propia, junto con los políticos, militares, economistas, los lideres religiosos fanáticos y no, siguen manipulándonos, viviendo a costillas de la gente.

Hablaremos ahora de los **científicos** de mente cerrada que descartan tontamente, que critican todo lo que sus conocimientos científicos no pueden entender ni comprobar por los medios que han sido creados y aceptados por la comunidad científica, con los rituales y ordenamientos que ellos creen los únicos, los infalibles, los verdaderos, pensando que solo son ellos los únicos capaces de poseer la verdad o de descubrirla o inventarla mediante sus métodos.

En un alarde de poca humildad y mucha arrogancia, algunos científicos, los que en capítulos anteriores denominamos primarios, creen que solo ellos son los únicos capaces de crear cosas nuevas. A ellos les recuerdo que las supuestas grandes verdades de hoy, serán las grandes equivocaciones ó mentiras del mañana, y que de acuerdo a estándares conceptuales del ser humano

41

dictan lo que se conoce como ciencia formal pero nunca deben de pensar que la ultima palabra esta dicha en ningún tema científico, ya que todo es muy relativo de acuerdo a un brillante científico de apellido Einstein, que a pesar de ser un genio brillante era de las excepciones por su humildad y lo plasmó mejor que nadie en su teoría de la relatividad. Por cierto este ilustre científico y ejemplar ser humano, simpatizaba con la idea de visitas extraterrestres a lo largo de nuestra historia, agregue de pasada otras interesantes posiciones de hombres inteligentes como Josef Samuilovich Shklovsky, líder en el campo de la astrofísica de Moscú que esta convencido que la tierra ha sido visitada por inteligencias de fuera de nuestro planeta, Y que podemos decir de connotado y reconocido científico Carl Sagan, biólogo espacial de los Estados Unidos que también estaba convencido que no se debía descartar la posibilidad de que la tierra este siendo visitada por seres inteligentes de otros cuerpos estelares ajenos a la tierra. Por ultimo deseo agregar en este punto lo que el padre de los cohetes modernos piensa al respecto: Yo considero que la visita de razas extraterrestres a la tierra es en extremo probable, es decir el cree que hemos sido visitados por "ellos."

La gran verdad la acepten alguno ó no, es que conocemos muy poco sobre las incógnitas de la vida misma, sobre los orígenes del universo y lo poco que sabemos, esta en el banquillo de la duda, pues posiblemente el día de mañana se compruebe lo contrario ó quizá se confirme.

Así pues es esta una invitación a los que intentan encontrar respuestas a todas las incógnitas de la vida por medios científicos, a recapacitar y siempre tienen en mente, que la ciencia a fin de cuentas es parte del ser humano falible, que sigue aprendiendo y que entre mas sabemos, nos enteramos cuanto más hay por aprender con mente abierta.

Los últimos señores visibles que nos manipulan de los cuales vamos a platicar con Uds. son los **"medios de comunicación"**, corruptos, amarillistas, que se prostituyen vendiéndose al mejor postor, elevan a alturas inconmensurables a quienes paguen sus servicios ó pisotean y denigran a quien no es de su agrado ó no paga el precio, pero casi siempre motivados por el poder y el dinero.

Todos ellos, los políticos, los militares, los lideres fanáticos religiosos, los economistas, los científicos y los medios de comunicación, son la cara aparente, los dueños visibles del planeta, al menos eso es lo que nos hacen pensar. Son los que nos manipulan, los que nos dictan que hacer ó que dejar de hacer Ud. puede agregar otros grupos de manipuladores que conozca y que aquí se omitieron, creemos que en esencia estos son la flor y nata englobada de esos bichos dañinos que gobiernan nuestros destinos y nos parasitan ...¡día a día!

Estos son los visibles señores dueños del mundo, con tales señores ¿se puede extrañar alguno de Uds., amigos lectores, que la historia humana haya sido el conjunto de horrores y errores que ha sido? y que en la actualidad , cuando el humano se siente dueño de tecnología avanzadísima (al menos así lo pensamos un poco arrogantemente), que también tiene sumido al planeta en un infierno de guerras, millones de personas muriéndose de hambre, animales en extinción, otros ya extintos, ciudades matando a sus habitantes por la contaminación causada por la inconciencia de estos mismos, ríos, mares, cielos contaminados …esto no parece un panorama muy prometedor para la humanidad del futuro, aunque no faltaran quienes digan que esto es muy parcial, muy catastrofista, cosa que es muy posible, pero Ud. decida si quiere seguir pensando que todo es color de rosa y que no existe problema alguno, ¡allá Ud.!

El hombre verdaderamente "racional" y con sentimientos, llora ante este triste panorama, se preocupa, intenta evitar males mayores, pero los "visibles" dueños del mundo tan tranquilos siguen adelante con sus megafábricas contaminantes, con sus armas sofisticadas, con sus tormentas ó zorros del desierto, con los incendios gigantescos provocados por el desdén y la falta de cuidado, por la deforestación indiscriminada, por las guerras genocidas en las que matamos a nuestra propia gente …¿aun piensa que soy exagerado? Bueno posiblemente eso piensan los que no sufren las atrocidades de las que les he comentado, pero me gustaría que le preguntara que piensan las victimas del ego desmedido y enfermizo de algunos seres humanos, probablemente cambiarían de opinión ó no las creería exageraciones, si un ser humano, si un bosque ó un animal deja de existir a causa del egoísmos humano, debería de bastar para hacernos tomar conciencia, pero generalmente hasta que nos suceden las desgracias en carne propia es que cambiamos de opinión... en ocaciones ni asi.

Luego todos estos egoístas y ególatras que nos dirigen cual rebaño de ovejas sin voluntad, se reúnen en sus famosas "cumbres" en las que cualquier cosa se logra menos aquello que supuestamente era el objetivo de la agenda a tratar, es decir la Paz, la educación, la alimentación, las oportunidades de empleo para autogenerar riqueza, para mejorar la salud, la vivienda, el vestido etc, para mejorar el nivel de vida de sus gobernados. En cambio se unen para ver como seguir lastimando, se unen para inflar cifras macroeconómicas, imponer embargos, subir precios, emitir encíclicas, ó leyes que a nadie le importan ni seguirán, imponiendo nuevos dogmas ó recordando los rancios para seguir atontando a las ya tontas y mansas mentes de los fieles ó alentando a los fanáticos asesinos, que detonan coches bombas para defender la gloria de su dios …¡que imbéciles!.

Igual que los que promueven el odio entre diversas denominaciones de creencias en nombre de dios (?), otros torpes que se mueven por un primitivo instinto fanático que les indica ser los poseedores de la única (?) verdad, pero a fin de cuentas ¿quien la tiene? ¿Sobre cual de todos los dioses verdaderos que las muchas religiones del hombre promueven debemos de creer? ¿Cuál es el bueno? ¿Es uno, son muchos, ninguno? ¡Eso solo Ud. lo decidirá!

Pero quien nos librara de estos malignos señores dueños del mundo, que nos manipulan, que nos utilizan?, y ya que no son de procedencia extraterrestre, sino que son de nuestra propia especie, es lógico cuestionarnos; Por que en cuanto el ser humano se encumbra, se vuelve verdugo para sus propios semejantes para sus hermanos? ¿Por que se deshumaniza?

¿Por que razón estos señores, aunque los haya rectos y con buena voluntad, las maquinarias que dirigen al mundo, las reglas sociales por las que se gobierna el mundo los corrompen, los tuercen los hacen también victimas y cómplices del sistema?

Las grandes instituciones internacionales, los centros de conocimiento en donde se trazan los nuevos rumbos de la humanidad, se han hecho tan egoístas, tan egocéntricos, tan vacíos e inhumanos, a pesar de que oficialmente se pronuncian y gritan a los vientos lo contrario, se han olvidado de la paz, de la justicia, del amor, de la igualdad, se han olvidado de los valores fundamentales del ser humano.

Posiblemente la respuesta y solución a tantas preguntas aunque la ciencia oficial no lo admita, esta en los "dueños invisibles", de los que los "visibles" no son mas que sus instrumentos, sus sirvientes, sus títeres, que lo único que hacen es obedecer ordenes que los verdaderos e invisibles dueños del planeta, es decir "ellos", les dictan desde las tinieblas del anonimato, entonces de alguna manera Ud. tiene que entender ó por lo menos analizar con mente abierta, que tanto políticos, militares, lideres religiosos, economistas, científicos, medios de comunicación etc, etc, están al servicio de "ellos", los verdaderos manipuladores de nuestro planeta, ¡nuestros creadores!

Aunque posiblemente no lo acepte, no lo crea ó le parezca exagerado ó paranoico, los señores ó dueños visibles del mundo que conocemos y en el cual vivimos Ud. y yo, no son mas que simples sirvientes, instrumentos, medios, que solo obedecen ordenes que los "ellos" los dueños que normalmente no dan la cara les dictan. Pues aunque Ud. tampoco lo crea ó no lo acepte, el ser humano, Ud. y yo, somos "creación" de entidades biológicas inteligentes de origen No humano, que nos utilizan a su antojo sin que los humanos podamos hacer muy poco para evitarlo, ya que estamos en desventaja intelectual y tecnológica simplemente por ser producto de su creación, nos manipulan, nos utilizan, juegan con nosotros, de la misma manera que Ud. y yo al igual que el resto del genero humano lo hacemos con los animales a los que creemos inferiores, a los que utilizamos, manipulamos etc. Es una realista analogía, el ser humano es a los Ebes ó ETs, lo que los animales son al hombre mismo.

Para quienes ya están desesperados por saber de una buena vez sobre "ellos" los dueños invisibles de este mundo, llego el momento de hablar de dichos entes y sobre todo de dar ejemplos, dar hechos sobre su presencia y sobre influencia entre la raza humana.

Hablarémos a partir del próximo capitulo, sobre "ellos", sobre estos señores que utilizan a los políticos, a los militares, a los religiosos, a los científicos, a los magnates de las finanzas, a los medios de comunicación y a través de ellos a la humanidad completa!.

Todos a fin de cuentas somos sus marionetas, sus animalitos sin voluntad, pero paradójicamente "ellos" mismos nos dejan sentir que somos lo único y máximo de la creación inteligente, esto les conviene pues así nos tienen tranquilos.

Si a este punto lo que Ud. ha leído le ha parecido exagerado, mentiras, ridículo, falso, increíble ó como desee calificarlo ...¡ lo respeto! Pero le suplico espere a leer lo que en capítulos posteriores en los que podrá realmente aquilatar la magnitud de esta obra, pero como antes ya le había dicho, para conocer a los dueños invisibles del mundo es decir a "ellos", era preciso antes conocer a los que en este plano dimensional nos manipulan por encargo de los verdaderos jefes. De los dueños de la granja, del laboratorio, nuestros creadores "ellos", los dioses.

Ud. podrá concluir sobre si existen ó no lo dioses, los extraterrestres, las entidades biológicas inteligentes no terrestres, los ángeles, demonios, jinas, hermanos de luz etc, que desde siempre nos han manipulado, ó que en otros casos simplemente nos ignoran por considerarnos inferiores, no a su altura intelectual, como Ud. que sigue leyendo esto, ¿lo hace con una vaca, una cabra, un caballo, un perro, una gallina ó un gusano? Que yo sepa en la generalidad de los casos el ser humano ni siquiera piensa que es bueno, regular ó malo matar, utilizar, aprovecharse de los animales. Damos por hecho que si existen en este mundo, están para servirnos ...y nos servimos desmedidamente de ellos, pero generalmente sin malos sentimientos ya que ni pensamos en ello, simplemente debido a que los consideramos inferiores, tan abajo de nuestro supuesto superior intelecto que no vale la pena tomar un segundo de nuestro tiempo para pensar en ellos, y si no lo cree, en algunos casos , en muchos diría yo, pensamos lo mismo hasta de otros semejantes, de otros seres humanos a los que consideramos menos valiosos e inteligentes que nosotros.

Así es que para aquellos lectores que tuvieron la paciencia y la visión de saber esperar por que intuían que lo bueno estaba por venir, les prometo que no se decepcionarán si me honran con su lectura, con su mente abierta. Para aquellos lectores que no creen en la existencia, en la presencia, influencia de entidades biológicas inteligentes no humanas, no terrestres, intelectual y tecnológicamente mas avanzados que nosotros los humanos, pero que sin embargo "CREEN" en otros dogmas igual de fantásticos y sin sustento como lo es el creer en espíritus venidos de otros mundos celestiales que nadie ha visto ni comprobado desde que se empezó con ese cuento hasta la fecha, creer en ángeles, seres que son tres en uno solo (santísima trinidad), creer en seres alados, raros, extraños, no humanos, deben de preguntarse si no es un poco ó mejor dicho un mucho paradójico y miope intelectualmente hablando, creer en esos seres, en ese tipo de criaturas, de entes, de seres, a fin de cuentas en otras formas de vida diferentes al humano, no humanas. Les recuerdo lo que ya deben de saber, se nos obliga a creer en esas "cosas", como parte de una cultura religiosa que acepta y no debe cuestionar nada por increíble que nos parezca, simplemente aceptarlo y punto!, esto debido a costumbres arcaicas, caducas, heredadas, equivocadas, erróneas.

Pues bien si estas personas están listas a creer en trinidades, en ángeles, en cosas no probadas mas allá de la fe fanática y sumisa, de los dogmas decadentes, les pregunto... como es que no dan por lo menos la posibilidad, a que se reflexione, sobre la potencial existencia de otros tipos de vida inteligente en el universo?, que quizá pudieran a fin de cuentas ser los mismos a los que en otros tiempos se les veía como dioses, ó que sean otras entidades inteligentes, diferentes simplemente, todo es posible! Lo que trato de decirles es que si creen en ángeles y demonios que a fin de cuentas son seres no humanos, deben con el mismo criterio estar abiertos a la posibilidad de la existencia de otro tipo de seres a los que les llaman genéricamente extraterrestres, seamos justos, no tan selectivos a nuestra conveniencia, veamos esto con mente abierta. Yo no le digo que no crea en ángeles u otro tipo de entes raros manejados por las religiones, posiblemente sean lo mismo a los que estoy tratando de denominar genéricamente como "ellos" los dueños invisibles de este mundo, y me provoca risa el que algunas gentes si crean en los seres raros e increíbles que les dictan las religiones creer, y sin embargo descartan a otras igual de raras e increíbles a las que les llaman extraterrestres. Pido trato intelectual igual.

Mente abierta, sin atavismos convencionales. No para que crea por creer, pero tampoco para que niegue por negar, negando ó ignorando los hechos existentes.

Así pues prepárese a seguir leyendo sobre "ellos", después Ud. saque sus propias conclusiones, ya que esta obra No es para convencer a nadie de nada, es solo para hacerle pensar objetivamente, con elementos, para que se cuestione sobre nuestro origen, sobre nuestro destino, y sobre todo para que piense sobre esos seres que desde siempre nos manipulan a su antojo y que posiblemente también nos crearon en sus sofisticados laboratorios mediante complicadas manipulaciones genéticas como muchas culturas antiguas lo aseguran, cosa que en el siguientes capítulos compartiremos.

CAPITULO III

LOS DUEÑOS DE LA GRANJA LLAMADA TIERRA

"Ellos" Los Dioses ... Nuestros Creadores, Los Extraterrestres

*D*esde siempre el ser humano ha sido testigo de la presencia de "entidades" *inteligentes superiores a él, que surcando la bóveda celeste y viniendo de no sabemos donde, han llegado a la tierra a bordo de sofisticadas naves.*

La Historia, como veremos, registra este tipo de eventos en los que se ha avistado estas extrañas naves volantes en todas las culturas del planeta, de todos los tiempos.

Estos avistamientos de tan increíbles como misteriosas máquinas voladoras, *no* iniciaron a verse a partir de 1947 con el caso Roswell en Nuevo México USA, aunque es cuando inicio por decirlo de alguna manera, a llamar la atención del mundo entero, por la gran cobertura publicitaria de tan famoso caso, en este capitulo intentaremos compartir con Uds. testimonios muy antiguos en los que ya se hablaba de estos portentos aeroespaciales que causaron un sin número de sentimientos entre quienes les vieron siglos antes que en Roswell, o el Monte Rainier de Washington.

Pero lo más interesante es que los tripulantes de estas naves *aterrizaron en nuestro planeta* hace siglos, "ellos" están aquí desde siempre aunque muchos creen que solo gustan de mostrarse ocasionalmente en sus objetos voladores no identificados para seguir contribuyendo al misterio.

En este capítulo hablaremos de:

CRONOLOGIA de avistamientos ovni en la antigüedad.

ENIGMA y misterios en la historia del ser humano.

EL DRAGÓN CHINO...¿Extraterrestre?.

LOS ELOHIM...¿Nuestros creadores?.

CLONACION…Nueva tentación del árbol de la vida.

VESTIGIOS…de visitas de entidades biológicas inteligentes de origen extraterrestre.

Un fascinante artículo aparecido en la revista Geografía Universal escrito y firmado por **Juan Mattei** Salinas, sobre "contactos" con seres de mas allá de nuestras fronteras atmosféricas, en un párrafo, el citado escritor mencionó el extraordinario interés que la opinión publica mundial de todos los tiempos ha mostrado por los objetos voladores no identificados.

Existen documentos legados por culturas antiquísimas, que ya desde tiempos ancestrales, hacen mención y refieren la presencia de estas máquinas voladoras.

En un manuscrito Egipcio datado y autentificado con una antigüedad de mas de 3,500 años antes de cristo, se puede leer una referencia, probablemente la más antigua de esta cultura que hace mención a los ovnis. Este papiro de la XVIII dinastía Egipcia, mismo que forma parte de los regios anales de la época de Thutmosis III el grande de Egipto, que vivió entre los años 1500 y 1447 a.c.

En dicho manuscrito se hace referencia a un "circulo de fuego" que bajo del cielo, medía una vara de largo y no emitía sonido alguno.

Dicha observación de tan singular fenómeno, nos hace pensar a la luz de nuestros días, en la manifestación de lo que hoy en día diríamos simplemente un avistamiento de uno mas de esos extraños artefactos voladores a los que conocemos como ovnis.

¿Ó que otra cosa pudo ser ese circulo de fuego? De hecho en el manuscrito que se guarda celosamente en el museo de arte y cultura Egipcia de Londres, Inglaterra, describe unos objetos celestes que se avistaron entre el 18 de febrero y el 20 de marzo del año 1498 a.c..

Textualmente el documento revela: En el año 22, tercer mes del invierno, los escribas de la casa de la vida notaron la llegada de un círculo de fuego proveniente del cielo, su cuerpo tenia una vara de largo por un quinto de ancho, que de acuerdo a nuestras medidas que rigen el sistema métrico decimal, seria aproximadamente cinco metros de largo por uno de ancho.

El documento continúa: Los corazones de los hombres que vieron tal prodigio, quedaron turbados y los hombres corrieron despavoridos, luego se lo comunicaron al Faraón.

Por su parte ***Raymond Drake*** *en su obra "Dioses y Hombres del Espacio"*, habla que durante miles de años los astrónomos sacerdotes Egipcios, escudriñaron el cielo donde posiblemente observaron muchos fenómenos celestiales.

Este estudioso historiador, afirma que solo uno de estos testimonios se presta a controversia por los extraordinario y revelador aun en nuestros días incipientes del nuevo milenio.

Se refiere a un antiquísimo y valioso papiro que fue encontrado entre documentos importantes del desaparecido **Profesor Alberto Tulli**, Director del museo egipcio del Vaticano, mismo que fue identificado como perteneciente a los anales de Thutmosis III del año 1500 a.c.

El Profesor Drake reproduce el texto con estas palabras:

En el año 22 del tercer mes del invierno, hora sexta del día, los archivistas ó cronistas (escribas), ó analistas de la casa de la vida, avistaron un circulo de fuego que descendía del cielo.

No tenía cabeza …de su boca (?) manaba un aliento que hedía, de una vara de largo y una vara de ancho y no hacia ruido, los corazones de los escribas se aterrorizaron y confundidos se recostaron sobre sus pechos y vientres.

Lo reportaron al Faraón, su majestad ordenó que fuese examinado y registrado en los papiros oficiales de la casa de la vida, a unos días de la primera aparición, se hicieron mas frecuentes más numerosos mas comunes dichos avistamientos en los cielos, brillaban mas que el sol (?), el ejercito del faraón los vigiló, desde entonces estos círculos de fuego ascendieron mas y mas hacia el sur.

Peces, aves, y otros animales cayeron del cielo, una maravilla nunca antes vista desde la fundación de la tierra así es como los describieron estos maravillados habitantes del antiguo Egipto.

El Faraón hizo traer incienso para hacer la paz en la tierra y estos sucesos se registraron por orden del Faraón en los anales de la casa de la vida para que fuesen recordados ¡para siempre!

Como podemos ver las analogías entre uno y otro de estos papiros es intrigantemente semejantes el uno del otro, los que nos hace pensar en la autenticidad del hecho ocurrido hace muchos siglos.

Otra historia antiquísima guardada en Egipto se menciona que ellos, los Egipcios creían ser los seres mas viejos del universo, desde el momento en que de acuerdo a tradiciones ocultas al vulgo general, que enseñan que decenas de miles de años atrás, los Lemurianos emigraron de su continente sumergido en el Océano Pacifico, a través de la India para formar las colonias del Alto Nilo.

Los historiadores apuntan a este respecto, que las primeras dinastías se originaron a partir de razas solares y lunares los que para muchos sugiere simple y llanamente de seres provenientes del espacio, al menos eso es lo que los antiguos creían firmemente, pero ¿de donde salieron tales cuestiones? Quizá nunca lo sepamos ya que no se han descubierto documentos que pudieran dar algo de luz sobre el tema.

De esta manera el avistamiento observado en tiempos de Thutmosis III queda para las nuevas generaciones y las futuras, nos lleva a reflexionar sobre avistamientos de naves celestiales ocurridas siglos atrás en tierras del norte y noreste de África como eventos posiblemente reales, ya que no creo en lo personal, que en aquellos tiempos hubiesen existido escritores de ciencia ficción que hubiesen escrito este tipo de documentos dignos de las películas de Steven Spielberg aunque se que no faltara quien opine lo contrario ...cada quien es por fortuna libre de pensar lo que mas le agrade, pero solo les pido ..¡mente abierta!.

Posiblemente el objetivo de estas naves y más concretamente de sus tripulantes, era observar, vigilar a aquellas criaturas que alguna vez dejaron en el planeta que posiblemente "ellos" mismos colocaron en lugares estratégicos del planeta a seres humanos con la finalidad de que colonizaran y fundaran importantes asentamientos poblacionales como el situado en Egipto. Muchas otras crónicas y leyendas de otras culturas nos hablan de espadas flamígeras, escudos de fuego, círculos de fuego etc, a la luz de nuestros días, nos hacen pensar en la posibilidad de creer que se referían a ovni, a esos artefactos que aun en nuestros días siguen causando conmoción a tal grado que en medios de comunicación masiva y mundial como el internet, son el segundo tema mas frecuentado a las diferentes fuentes de información con animo de saber mas sobre el tema, ó bien reportar avistamientos, experiencias etc, y lo mismo se puede decir de la tv, el radio ó los periódicos en donde es harto frecuente ver sobre este tipo de experiencias.

Así que si Ud. cree que hablar, creer, dudar, negar etc. sobre este tema, permítame decirle que no esta loco, no esta solo, millones de personas en el mundo desean investigar mas y mas cada día sobre el tema.

Cronología de la Antigüedad:

Basados en la propuesta de tres científicos con respecto a la situación del hombre en el planeta desde antaño, he aquí que les presento una crónica de la aparición de aparatos voladores no identificados avistados desde tiempos muy remotos.

Francis Crick, celebre bioquímico Ingles que en el año de 1962 *recibió el premio Nóbel* por haber descubierto la estructura del **DNA**, asume que nuestra raza humana, ***bien pudo haber creada por una "súper-civilización" procedente del espacio exterior*** que en época muy antigua prácticamente "sembró" el planeta con formas de vida más elementales mismas que evolucionaron hasta dar origen a lo que ahora somos los humanos...¿Que les parece esto? Si algún detractor de esos que tienen la mente cerrada, que niegan por el gusto de hacerlo, y que creen que solo los ignorantes ó fanáticos creen en seres extraterrestres, que pueden decir de este genio, de este ser humano con neuronas bien activas, ¿también es un orate? O posiblemente sabe mas de lo que muchos detractores jamás sabrán por poco objetivos y flojos de no investigar y estudiar todo aquello que hable sobre nuestro origen, pero como lo he dicho en paginas anteriores, para algunas personas, ninguna prueba será suficiente para abrir esas cabezas huecas y cerradas.

Pero eso no es todo, el Genio **Vsevolod Troisky**, miembro de la academia de ciencias de la ex- URSS, piensa que la tierra, *nuestro planeta es un enorme campo de experimentación de formas de vida controlado por " seres superiores"*...

Supongo que algunos creerán que un científico ruso hará y dirá cualquier cosa para llamar la atención de occidente ¿verdad?

Un personaje que da mas de que hablar sobre nuestro posible origen es el Estadounidense **Joseph A. Ball**, que *piensa que somos una especie animal que habita una biosfera llamada tierra, y los responsables de que estemos en este hábitat ó "Granja Gigantesca", son los moradores de estrellas lejanas,* que hasta la fecha se limitan a ser meros observadores de nuestra evolución, de nuestro devenir.

Tal hipótesis la revela en su obra "La hipótesis del zoológico" donde concluye, que criaturas inteligentes del espacio exterior son los responsables de nuestro origen, nos "sembraron" en una zona de investigaciones para estudiar nuestro desarrollo, de igual forma que nosotros hacemos con los animales a quienes consideramos seres inferiores, quizá como "ellos" nos conceptúan a nosotros los humanos.

El Investigador **Andreas Faber Kaiser**, en su volumen II de la "introducción a la ciencia espacial" publicado por la academia de la fuerza aérea de los Estados Unidos, habla entren otras cosas de que *los avistamientos de ovni se extienden a lo largo de miles de años,* aunque esto ya lo sabemos y no dice en si nada nuevo, lo realmente importante es que lo dice este científico reconocido, que no se sonroja al creerlo y sobre todo decirlo en un medio como castrense, flor y nata del mejor ejercito el mundo en la actualidad y que ellos los militares lo publiquen en sus medios, eso si da una dimensión ¡extraordinariamente importante!

Para corroborar un tanto su aseveración, relata Andreas Faber Kaiser en uno de sus trabajos, que quizá el testimonio mas antiguo que relaciona a los supuestos "dioses" y sus objetos voladores no identificados en los que se transportan, sea el que transmiten los *aborígenes de los montes Kimberly* en el noreste de Australia.

Agrega que estos cuentan que en la antigüedad, sus dioses trazaron sobre las rocas, unos dibujos antropomorfos de gran tamaño, con rostros carentes de boca y rodeadas sus cabezas de uno ó dos semicírculos en forma de herradura, con finas líneas que irradia al circulo exterior (algo semejante a la aureola con la que representan algunas religiones a sus santos), posiblemente de este conocimiento antiguo que nos legaron estos seres humanos de Australia nació la idea de poner a los santos con dicha y enigmática figura semicircular sobre sus cabezas.

Pero volviendo con estos extraños seres que los aborígenes Australianos representaban a sus "dioses", a los que llamaban "wandjinas", se les conceptuaba como deidades importantes y poderosas, los cuales tras instruir a los nativos en artes y labores benéficas, se transformaron en serpientes refugiándose en el agua, las crónicas añaden finalmente que, estas criaturas se dejan aun hoy en día, ver periódicamente en forma de luces que se ven a mucha altura en el cielo (mas adelante hablaremos sobre un personaje increíble y misterioso llamado Quetzalcoatl, a quien se le conoce también como la serpiente emplumada, y este ejemplo que nos relatan los Australianos, será importante recordarlo cuando hablemos sobre este ser del mundo prehispánico en América).

Por otro lado una etnia Africana de Malí, posee en sus tradiciones que datan de tiempos inmemoriales, la mas sorprendente crónica astronáutica a decir de algunos investigadores.

Dicha tradición es la de los **Dogon**, hablan de seres extraterrestres provenientes de la estrella "Sirio", perteneciente a la constelación del can mayor, Se dice que dichos seres procedían de un medio acuoso (se sorprenderán de esta analogía también, cuando hablemos de otro misterioso ser llamado OANNES en la antigua Babilonia), estos seres poseían una ciencia y cultura muy avanzada que se extendió en muchos puntos del planeta.

Sus conocimientos por ende, celosamente guardados, recuerdan la fundación y vida de los pobladores de la legendaria y mítica Atlántida, a la par de que resultan similares a culturas importantes como la Egipcia.

Joaquín Grav, comenta que esta proximidad coincide en ciertos momentos históricos con el Sudan, ello nos lleva a pensar que los "Dogon" mantuvieron en vivo el conocimiento de unos "dioses" extraterrestres que dieron a su pueblo una increíble grandeza en los márgenes del Rió Nilo, esto en Egipto obviamente.

El estudioso y escritor Joaquín Grav. Resalta así mismo frases del Profesor **W.B. Emery**, que figuran en su obra "Egipto arcaico", tales como que hace aproximadamente hace 3,400 años antes de cristo, tuvo lugar un gran cambio en Egipto, esta región y país paso rápidamente de un estado de cultura neolítica y atrasada, a dos monarquías muy bien organizadas. Una que comprendía el área del Delta y otra del Valle del Nilo, se agregan a estas palabras las de los investigadores Soviéticos que, como afirma **Peter Kolosino**, descubrieron inscripciones en tumbas, que de acuerdo al calendario basado en Sirio, llevan los orígenes de la alta cultura del Nilo a 40,000 años a.c.

Otro relato interesante e intrigante nos lo dan los Nipones ...los hijos del sol!

En la **mitología Japonesa**, se habla de unos seres llamados Kappas, los cuales eran una especie de duendes provistos de una especie como de trompa con dos alas plegadas sobre su espalda.

Tomas Doreste, en su obra " ¿Y si los ovnis fueran un mito?" añade que podrían relacionarse con el hallazgo de figuras increíbles de tiempos remotísimos. Revela también en esa obra que por el año 3000 a.c. floreció la llamada cultura "Jomun" representada por unas figuras humanas provistas de una extraña Indumentaria. Dichas figuras fueron encontradas en tumbas, tenían un casco sobre las cabezas (?). *Los Tohou* también nos legaron figuras que nos dan mucho que pensar, por ejemplo unas que cuentan con anteojos (?) con ranuras horizontales muy parecidos a los utilizados actualmente por los esquiadores (¿goggles?).

En otras tumbas se aprecia que portaban cascos completos como los localizados en zona de Komucai.

En las ruinas de Amadaki en la provincia de Iwato, se descubrió algo más asombroso, una figura dogo-jomun como le llamaban los Japoneses, de una edad de mas de 6,000 años, en las que de su nariz surge un tubo (?) semejante a los Snorkels actuales.

Varios historiadores coinciden en que este tipo de implementos, solo aparece en las estatuillas mas antiguas, lo que hace sospechar la presencia de seres provenientes del espacio exterior ó del interior del mar (?), que se vestían de esta extraña manera que causó ante admiración como para dejarla a la posteridad mediante estas figurillas, entre los pobladores Nipones de los albores de la historia, se habla de estos seres como algo totalmente común para ellos, como si hubiese sido parte normal de sus vidas la presencia de este tipo extraños seres.

Saltándonos en el tiempo, advertimos que el hombre nunca ha dejado de considerar la existencia de inteligencias aparte de la de él. Esto obviamente en otros mundos al conocido y habitado por el propio hombre.

Jenofonte, filósofo Griego de 500 año a.c., afirmaba que la luna estaba habitada, y por lo que muchos astronautas que la han visitado nos han dicho en sus conferencias, pudiéramos decir ahora que no es cierto lo que Jenofonte decía, pero si hacemos un poco de caso a supuestas grabaciones de la comunicación entre algunos astronautas que han viajado al espacio y concretamente a la luna en las que se afirma que "no están solos, que Santa Claus si existe, y que están acompañados", se puede deducir sin paranoia alguna, que muy posiblemente se oculte por no sabemos que razones, la verdad total, que posiblemente solo fragmentos de la verdad nos den a conocer quienes nos manipulan por no sabemos que razones lo estén haciendo. No les conviene a "ellos" no lo sabemos; esto es solo una especulación basada en la conducta hasta ahora mostrada por estos seres inteligentes.

Lucrecio, otro pensador escribió un párrafo en su obra de "natura rerum" debemos de creer que existen otras regiones en el espacio, otras tierras, otros hombres, como podemos ver este insigne hombre de la antigüedad era mas abierto de mente que muchos en la actualidad.

Ya mas cercano a nuestros actuales días por decirlo de una manera cronológica, en el siglo XV d.c., un cardenal eminente **Nicolas de Cusa,** se atrevió a decir y formular una hipótesis sobre la "habitabilidad" de otros astros ...aunque sus pobladores según el , muy posiblemente debían de ser diferentes a nosotros los humanos...¡Vaya, vaya! Después de todo aun en la iglesia católica han existido hombres con forma de pensar propia y especial, con su propia voz , no con la del estado manipulador que representan y que piensa que solo el hombre es el único ser vivo inteligente de la creación, hecho a imagen y semejanza de dios (?).

En el siglo XVII **Fontanelle** escribió en sus ensayos sobre la pluralidad de los mundos: No deja de parecerme que seria muy extraño que la tierra estuviera tan habitada, y que otros planetas no lo estuvieran en absoluto! Otro ser humano con cerebro, con mente abierta y sentido común.

Como hemos venido apuntando, los intereses de los dueños aparentes del planeta que me permito enunciar por enésima ocasión para dejar bien claro de quienes se trata (políticos, militares, religiosos, economistas, científicos, medios de comunicación), nos dictaran que debemos de creer ó dejar de creer de acuerdo a sus intereses y de quienes en realidad nos manipulan "ellos", los extraterrestres, estos intereses, no necesariamente están enfocados en el bien común de la humanidad, mas bien sus particulares y aun desconocidos y extrahumanos intereses, que en muchísimas ocasiones son egoístas, mezquinos, egocéntricos etc.

Seguro estoy que cada uno de este grupo de seres humanos que nos dan la cara aparente en este mundo, mañana nieguen lo que hasta ahora han defendido y a la inversa, todo con tal de manejar nuestros destinos como siempre.

Sarcásticamente digo líneas arriba " los dueños aparentes" del planeta, pues como lo dice el ex-sacerdote Jesuita y gran libre pensador además de escritor **Salvador Freixedo** en muchas de sus brillantes y documentadas obras, en realidad ellos, los dueños aparentes del mundo, son manejados por "ellos" los verdaderos masters del teatro guiñol en la que el humano es el títere de la obra y los dueños aparentes del mundo los titiriteros, los dueños del negocio..."ellos".

Somos manejados desde las tinieblas del anonimato por inteligencias superiores ante las cuales poco ó nada podemos hacer para contrariar, "ellos", nos mueven a su antojo, *"ellos" nos crearon y sembraron en este mundo,* "ellos" rigen nuestros destinos aun con la libertad y aparente albedrío del que se dice gozamos, "ellos" nos siguen observando, vigilan nuestras vidas, nuestra evolución, nos dan directrices a seguir a través de los dueños aparentes.

Existen evidencias que nos hablan de la existencia "real", de la presencia e influencia de "ellos".

La historia del Hombre posee matices llenos de misterio que poco a poco se van esclareciendo.

Cada símbolo, cada palabra inquietante que por ejemplo se marcan en los libros considerados sagrados para el ser humano como la <u>Biblia</u>, el <u>Corán</u>, el <u>Popol</u> <u>Vuh</u>, el <u>Mahabarata</u>, <u>Ramayana</u> etc. encierran grandes misterios en sus interpretativas enseñanzas, que en muchas ocasiones se concluye son a fin de cuentas *obras de origen humano* en donde se condensan enseñanzas para vivir en armonía con sus semejantes.

Libros tan sagrados para los creyentes mismos, como determinantes en la vida de la mayoría de los seres humanos, representan una serie de directrices de beneficios que ayudan a la mayoría de los seres que las siguen, solo que en ocasiones caen en extremos de fanatismo. Lo único que deseo intentar aclarar con Uds. que siguen leyendo esta obra, es que conforme uno ahonda en el estudio de evidencia sobre la existencia de vida extraterrestre inteligente, que viajan en naves sofisticadas, debemos de pensar en al visita de los "ángeles", de los "seres de luz", de los "vigilantes", "hermanos mayores" etc., llámeles Ud. como guste... son lo mismo, esto no es nuevo, aunque su relación y origen común les lleva a todos fuera de la tierra, allende nuestras fronteras planetarias.

Por un lado, algunos de estos seres venían y siguen haciéndolo a dejar grandes conocimientos para el progreso, el desarrollo armónico de la sociedad humana, y por otro lado hay algunos de "ellos" que desean detener el progreso del ser humano, sometiéndolo, manipulándolo, esclavizándolo para sus propios planes e intereses.

Vayamos por partes, tratando de unir las piezas de este complicado rompecabezas. Para ello remontémonos a tiempos inmemoriales, en donde el tema que nos ocupa ya era seriamente discutido y tomado en consideración en la vida cotidiana del hombre. Y como ya lo había apuntado, para darle mas sabor al caldo y refiriéndome a los fanáticos religiosos que ven en la Biblia lo que les conviene ver, les diré con justa razón, que utilizaré el mismo sistema libre de interpretar este libro, para dar algunos "buenos ejemplos" obtenidos directamente de la Biblia, así que no podrán decir que es obra del demonio ó inventos de mentes retorcidas, así es que si algo no les parece simplemente díganle a los escritores de la Biblia que no están de acuerdo en lo que dicen no a mi.

Amaron a las hijas de los hombres...

Cuentan los rollos de Qumrán, conocidos mundialmente como los papiros ó los rollos del mar muerto, manuscritos encontrados accidentalmente (?) entre 1946 y 1947, que confundido por ver a su esposa embarazada (?),

Lemej ó Lemec, le pidió a su Mujer Bat Enos que le contase la verdad sobre su gestación ya que el que era su esposo, no sabia como es que ella esperaba un hijo sin su ayuda (?), …ella controlando su enojo de mujer ofendida por la duda del macho que le acusaba de infidelidad, dijo a Lemej: Yo te juro por el gran santo, por el rey de los cielos, que es de ti esta simiente, de ti esta concepción y de ti el fruto producido…

Y no es de ningún extraño, ni de ninguno de los vigilantes (?), ni de ninguno de los hijos del cielo (?!!)

Una vez que Lemej recupero la calma, que creyó en su esposa, que venció esos celos en apariencia infundados, comento lo sucedido con su padre llamado Metuselaj (Matusalen ese personaje bíblico que supuestamente vivió una vida muy longeva), meses después nació nada mas ni nada menos que otro personaje bíblico de esos que tienen papeles estelares en dicha obra…Noé.

En pocas palabras, el papá de Noé dudó de su mamá, de su fidelidad, de su honestidad, pero ¿le sabía algo? sospechaba del compadre? ¿del vecino? ¿del lechero? ¿o de quien?

Y ella controlando su enojo y como una autentica dama ofendida le replicó: Yo te juro por el gran santo, por el rey de los cielos, que es de ti esta simiente, de ti esta concepción, de ti el fruto producido…Y no de ningún extraño, ni de ninguno de los vigilantes(?), ni de ningunos de los hijos del cielo (?), una vez que recupero la calma Lemej, fue a platicarle a su papá para que le aconsejara sobre el asunto en cuestión, el padre de Lemej, era nada mas ni nada menos que Metuselaj ó Matusalen, ese personaje mítico de la Biblia de quien se asegura tuvo una vida muy longeva, quien suponemos le dijo, tranquilo hijo mío, ten confianza en tu esposa, mas sabe el diablo por viejo …que ¡por diablo! Bueno eso suponemos, ya que meses después nació nada mas ni nada menos que otro personaje bíblico de esos de gran resonancia en el rutilante ambiente bíblico ..¡Noé!, de tal manera que el papá de Noé, llego a creer que la mamá de este le estaba poniendo el cuerno con alguien. Pero es que este Lemej ¿era solo un ser celoso e inseguro algo así como un macho de tiempos bíblicos, ó es que había alguna razón para dudar de la honorabilidad de su esposa?, ¿Quiénes eran estos seres mencionados por Bat Enos con quien aseguraba no haber mantenido relaciones extramaritales? ¿Por que el papá de Noé llegó a dudar, de que alguno de "ellos" fuera el verdadero progenitor del que se suponía era su hijo pero que la duda le corroía las entrañas? ..aclaremos.

Esos seres de los que hablaba Bat Enos, era común verlos y por lo que se dice en referencias bíblicas, *era también común que "tomaran" a nuestras mujeres* aun sin el permiso de ellas, mucho menos del marido ..¡que tal!

La misma Biblia así lo refiere, que estos "angelitos" en estro constante, concupiscentes y nada dueños de sus impulsos sexuales cuyas hormonas se les aceleraban al grado de tomar a nuestras mujeres aun sin su consentimiento, ¿que les parecen estos bichitos con alas amigos lectores, como para no dejar a nuestras mujeres solas verdad?, Continuando con estos seres que en mi opinión de divinos, de celestiales, de mensajeros de dios no tienen nada, pero que nos los han estado vendiendo así por siglos algunas religiones, como seres buenos y protectores. Por lo que a mi respecta a mi familia y a mi mismo, nos cuidamos ¡mejor solos!, estos seres emplumados ... solo para hacer plumeros para limpiar polvo.

De pronto los mercaderes ideológicos que intentan a toda costa manipular las conciencias de los débiles, aprovechándose de los miedos, las ignorancias, la pereza mental etc, se olvidan de "analizar" seria y profundamente la "conducta" de estos plumíferos y pseudo celestiales entes alados, nos han hecho creer ó por lo menos a algunos anencefálicos, que son criaturas bondadosas y que solo buscan nuestro bien, que solo dan buenas noticias (?), que solo están por algún lugar desconocido por el humano dispuestos a hacernos milagritos.

En realidad estos seres, son muy carnales, nada etéreos, muy materialistas y les agrada el sexo con los humanos, antiguamente se decía que solo con nuestras mujeres, pero en tiempos más recientes existen casos documentados en los que el varón también esta involucrado en las aventuras de estos seres de "luz" (?).

Se ha visto desde siempre que *a estas criaturas les gusta aparearse con nosotros los humanos,* esto nos lleva a pensar seriamente si acaso no somos el resultados de alguna cruza genética entre seres no terrestres como estos a los que denominamos ángeles y criaturas creados por ellos mismos mediante un proceso de *¿ingeniería genética?* No lo sabemos, no lo podemos demostrar, pero aquellos recalcitrantes que se oponen a esta posibilidad, tampoco tienen elementos para negarlo mas allá de mente cerrada.

Entonces amigo lector, ¿quiénes eran los vigilantes? ¿los hijos del cielo? ¿que habían hecho con anterioridad para que Lamec ó Lemej dudara de ellos ó de su esposa Bat Enos? ¿Es acaso que ya conocían lo promiscúo y ventajoso de estos seres no terrestres? ¿Ya se conocía lo calenturiento y su debilidad por las humanas ... sanchos de la antigüedad?

La Biblia cita que Adán y Eva tuvieron tres hijos:

Set, Cain y Abel, pues precisamente la descendencia de Set es en donde nos encontramos con Noé, con Lamec, con Matusalén y con un personaje no menos misterioso llamado Enoc.

Este personaje bíblico fue bisabuelo de Noé, en el primer capitulo del libro que lleva su nombre, Enoc dejo plasmadas sus experiencias y lo que el veía, eran tan visionario que llego a decir en sus escritos que lo que el estaba asentando en dichos escritos, no era para "su" generación, sino para aquellas que vienen lejanas (?).

Así mismo, *narra el "descenso" de doscientos visitantes (?)* sobre la tierra, a la par que describe como amaron "ellos" a las hijas de los hombres para mas tarde dar origen a una raza ¡de gigantes!.

De hecho, en Génesis 5:22-24, la Biblia describe a Enoc de la siguiente manera:

Anduvo Enoc en la presencia de dios, después de engendrar a Matusalén …trescientos años! Y engendro hijos e hijas…¡ya lo creo que tuvo tiempo! Fueron todos los días de Enoc ¿tantos? Luego desapareció (?), pues se lo llevó (?) dios .

¿Son estos visitantes los ángeles caídos de los que se habla en la escritura bíblica? ¿Son estos seres los que enseñaron al hombre a construir armas para luchar entre si? ¿Son ellos ó algunos semejantes los que nos crearon con tecnología avanzadísima de ingeniería genética y se aprovechan de nosotros desde siempre? Sigamos buscando evidencias.

Según lo escrito por Enoc, y en un análisis realizado por **Elizabeth Clare Prophet**, titulado "Ángeles Caídos y el Origen del Mal" se nos muestra como es que el libro de Enoc y el libro de los secretos de Enoc, poseen un contexto lo suficientemente amplio, como para comprender en esencia quien es la "cizaña" y quienes son las serpientes descritas en el Apocalipsis que deambulan por la tierra, dicho sea de paso, la palabra Apocalipsis significa "revelación", no castigo como mucha gente lo interpreta, cosa que dolosamente utilizan los mercaderes de la religión para seguir asustando a los ignorantes, para someterlos por la vía del miedo a sus mezquinos intereses …bueno esto lo digo por aquellos que crean textualmente lo que los fanáticos religiosos nos venden como la verdad.

Ahora bien esta información, encaja perfectamente con la explicación que **Barbara Marciniak**, supuestamente ha recibido de seres de las Pleyades (?), entre los años 1991 y 1992, de acuerdo a ella, le fue explicado (?) lo siguiente:

Nuestros ancestros han cometido graves errores en sus planetas, así como también los han asistido mucho en cambios trascendentales en su evolución, en un pasado remoto, los "pleyadinos" (?), manipularon la línea genética de los seres humanos y la conectaron con la de los reptiles(?).

A propósito de reptiles, hablemos brevemente de la serpiente como símbolo místico, posee dos interpretaciones: Ha sido relacionada con la ciencia de la medicina y el despertar del Kundalini, esta ultima es la energía que todos tenemos en la base de la columna vertebral y que cuando el individuo esta listo, preparado asciende hasta la glándula pituitaria y pineal, expandiendo la conciencia, abriendo facultades dormidas en el humano como la telepatía, clarividencia, etc.

Por ese motivo **Moisés** portaba un báculo, bastón ó cayado cuyo mango era la cabeza de una serpiente, y si observamos la mascara de oro del joven faraón **Tutankamen**, se puede apreciar claramente el ofidio en la parte central frontal.

La segunda interpretación, la podemos encontrar en la Biblia:

Pero la serpiente, la mas astuta de cuantas bestias del campo hiciera Yahvé dios, dijo el reptil a la mujer "aunque os ha mandado dios que no comáis de los árboles todos del paraíso" (génesis 3).

En este sentido se le maneja como la tentación y de manera mas especifica, como los seres que se rebelaron a dios (las bestias), lo cual está narrado en el libro del nombre muy ad hoc conocido como el libro de las "revelaciones" por Juan el apóstol, y en muchos otros libros que han sido considerados como sagrados para millones de seres humanos.

Tal es el caso de otro libro de *la cultura Indú*, el **Mahabharata**, en la India venerado por millones de personas, en la que se habla de "vimanas" ó carros de fuego que luchaban en el aire ante los asombrados ojos de los hombres, este tema los analizaremos un poco mas adelante, requiere profundizar mas sobre el mismo por lo intrigante y fascinante del tema además de revelador, por cierto, no olvidemos a *los famosos dragónes de la cultura China*.

Al respecto merece añadirse lo que narra en el Apocalipsis el libro de la revelación (12:7-9): *Hubo una batalla en el cielo (?), Miguel y sus ángeles (?), peleaban con el dragón (?) y peleó el dragón y ....sus ángeles (?)* y no pudieron triunfar, ni fue hallado su lugar en el cielo, fue arrojado el dragón grande, la antigua serpiente llamada diablo, Satanás, ...que extravía a toda la redondez de la tierra y que fue precipitado a la tierra, y sus ángeles fueron precipitados con el.

Mas no todo es tan tenebroso como aparenta, en la actualidad sigue habiendo personas que aseguran estar en contacto, en comunicación con "ellos", con seres de otros mundos, de otras dimensiones, entes no terrenales.

A través de sus "contactos" en la tierra, "ellos", los seres venidos de allende las fronteras terrícolas, han dado su supuesta versión del motivo de sus visitas, incluso han aportado pruebas de su existencia, especialmente los que en apariencia vienen con fines positivos (?). Existen otros que mas bien nos utilizan, nos manipulan a sus extraterrestres intereses, abduciendo a nuestros congéneres, sometiéndoles a exámenes biológicos desagradables y forzados, ya que no tienen nuestro consentimiento para experimentar con nuestros cuerpos....tal y como nosotros lo hacemos con los animales de laboratorio a los que consideramos inferiores, ¿no será que "ellos", los ETs, nos conceptúan como seres que no estamos a su altura intelectual?, y por ende ¿nos utilizan como sus animales de laboratorio? ¿...y el laboratorio mismo es el planeta?.

En ocasiones la arrogancia de muchos humanos, impide concebir la "posibilidad" de que no solo no estamos solos en el infinito universo, sino que otros seres más inteligentes que el humano, nos han estado visitando desde el principio de los tiempos, *que "posiblemente" estos seres sean nuestros "creadores".*

Esta Hipótesis para muchos descabellada, es sin embargo tan posible ..o imposible como muchas "otras" de esas versiones sobre nuestro origen que son aceptadas, creídas, etc, pero que sin embargo son tan "descabelladas" como la anterior, sobre todo sin sustento real mas allá del dogmático.

Sin embargo otras teorías sobre el origen del hombre son "creídas" a fuerza de la costumbre heredada vía cultural, religiosa, ancestral, del grupo al que pertenecemos y con el cual generalmente convivimos.

En lo personal, en nada afectaría mi concepto sobre el supremo (os) arquitecto (s) del Universo, que *pudiera ser uno ó mas,* ó bien que este ser al que muchos consideran omnipotente, omnipresente etc., etc., etc. fuera de origen extraterrestre, que de hecho literalmente lo es. ¿Por que no? ¿Quién puede afirmar lo contrario? mas allá de las creencias fanáticas, dogmáticas fundamentadas en tradiciones, creencias y conceptos rancios que se pierden en el tiempo y se siguen hoy en día como ciertas pero sin que realmente conste nada al respecto.

No existe sustento real, no el concepto que da la fe en ocasiones fanática, de esperar simplemente que las cosas sean como nos dicen desde siempre que así han sido, como supuestamente nos dicen que son y si nos atrevemos a cuestionar sobre esas "supuestas" verdades, automáticamente y casi por decreto, nos convertimos en blasfemos, impíos, infieles, demoníacos etc, etc.

Personalmente, creo que las teorías divinas sobre el origen del hombre, suenan tan "fantásticas" e "increíbles" a la luz del análisis serio, como la que Ud. puede estar leyendo aquí en este libro y que su servidor les propone no le impone.

La diferencia es que las diferentes teorías religiosas mundialmente aceptadas y creídas como ciertas, son ya toda una tradición milenaria. Todas las religiones en mi opinión que no tiene nadie que aceptar ó creer mucho menos seguir. *Han sido un gran invento de algunos seres humanos,* intentando buscar una respuesta a la pregunta eterna sobre nuestra existencia, ¿de donde venimos? ¿Quién nos creó? ¿a donde vamos? etc. *Cuando no encontramos una respuesta en nuestro mundito, pues intentamos respondernos y explicarnos que solo alguien ó algo muy superior a nosotros, fue capaz de crear al hombre y todo lo que le rodea, pero no existen pruebas "reales" de dicho creador.*

Solo sabemos que un igual, es decir otro ser humano a nosotros, no pudo ser capaz de tan extraordinaria hazaña, entonces de allí surgen cincuenta mil ochocientas setenta y nueve versiones sobre nuestro origen mas las que se acumulen al respecto, que seguirán siendo tan validas y dignas de respeto como las que se dicen únicas y verdaderas que por cierto son ¡muchísimas!

Lo cierto es que ninguna de las tantísimas teorías "aguanta" un análisis serio, dije .. *¡NINGUNA!,* incluyendo la que yo les propongo en esta obra, pero incluyendo en esta aseveración <u>TODAS</u> las demás que Ud. conozca y hasta las que no conoce.

Como les decía en líneas anteriores, la única y significativa diferencia es que las teorías "viejas", tienen tradición, abolengo, solera. Están rancias por que de tanto escucharlas se han llegado a pensar como ciertas mas no por que en realidad así se les reconozca, son ya toda una institución de siglos algo así como algunos partidos políticos que aunque obsoletos y arcaicos muchos llegan a pensar que son lo único para el pueblo, sin saber ó darse la oportunidad de descubrir el error en el que han estado viviendo…allá ellos ¿verdad?

Así con las religiones, a fuerza de repetir, de seguir, de heredar se ha llegado a pensar como algo cierto e incuestionable, pero simplemente debido a que muy poco son los que se atreven a decir…existen otras versiones sobre el tema.

Lo que la mayoría de las religiones nos dicen en sus libros sagrados, en realidad resulta casi increíble y hasta bobo el creer cada cosa que se escribió a la luz de la fantasía de personas de otros tiempos llenos de miedo y tremendamente ignorantes sobre lo que hoy por fortuna tiene explicación lógica y nada de teológica.

Cuando se intenta analizar lo que muchas religiones le dicen a sus seguidores, fría y objetivamente, nos resultan fantásticamente increíbles y pueriles, por eso los astutos predicadores de las mismas han recurrido a estratagemas manipuladores y represivos que pomposamente les llaman *"dogmas",* es decir el creer por que ellos dicen, aunque no lo comprenda nadie, ó resulte incomprensible a la luz de cualquier cerebro medianamente funcional.

Es decir, debes de creer aunque todo te resulte turbio, incomprensible, fantasioso, sin sentido, sin lógica, hecho par aceptar no para razonar.

Entonces, *¿por qué descalificar otras teorías, otras hipótesis?* Simplemente por que no están apadrinadas ó con la bendición de instituciones apolilladas y decrepitas que por siglos venden un producto conocido como la verdad, caso contrario, si los señores, si los dueños aparentes del planeta decidieran tomar bajo su protección, bajo su tutela esta tesis que les propongo en esta obra u otras aun mas descabelladas, ya verían como en un poco tiempo serian un dogma mas de fe al que habría que creer por decreto canónico, dado a conocer en encíclicas a todos los miembros del "rebaño".

¿Por que descalificar entonces las teorías diferentes, revolucionarias, atrevidas, que proponen miles de seres humanos? En todo caso son tan no creíbles ó creíbles como cualquier otra de las conocidas y aceptadas no lo creen?, es decir sobre el origen del ser humano.

¿Será posiblemente por que atentan contra los intereses de lo establecido?, ¿Será que los vividores y manipuladores que lucran con sus seguidores, ven en peligro su "estabilidad", que sienten peligrar su poder y sus ganancias? Yo les pido a quienes lean este libro, que no descarten lo diferente solo por pereza mental de intentar pensar algo nuevo, y o que piensen que es mejor seguir lo viejo y conocido que puede ser bueno, regular ó malo, en lugar de algo nuevo por bueno que pudiera resultar al conocerlo.

Creo que honestamente debemos de tener mente abierta a lo nuevo, a lo diferente, sin perder de vista lo tradicional, pero no todo lo que "atenta" contra lo establecido, esta realmente en contra de ello, no debemos de desechar lo diferente ni tratar como orates a los que las proponen ó promueven, debemos de pensar objetivamente, investigar, cuestionar, tanto lo nuevo como lo viejo por muy aceptado que supuestamente se crea, tratemos con la misma "obje- tividad" todo, midámoslo con la misma "vara" y si sea ecuánime y justo, *el resultado solo será de importancia para cada quien* a nivel muy personal.

Así llegaremos a darnos mas ideas sobre nuestro origen y destino, el miedo al cambio, el no aceptar que posiblemente estamos equivocados y así hemos vivido en el error durante siglos, ó que simplemente ignoramos algunas ó muchas cosas sobre nuestro origen nos lleva a simplemente por apatía, por comodidad, por flojera intelectual a seguir aceptando "verdades" que otros semejantes a nosotros crearon intentando dar respuesta a sus preguntas mas no necesariamente son las verdaderas ó únicas, ó por lo menos es solo parcial- mente componente de la verdad.

El aceptar ó no diferentes posibilidades sobre nuestro origen, nos man- tendrá en la oscuridad ó nos guiara a la luz según su elección libre sobre lo que Ud. decida creer. Ese será el camino verdadero para llegar a la raíz sobre nuestro **Génesis.**

Con todo lo anterior, yo no propongo que alguien este equivocado ó este en lo cierto, propongo simplemente que sin prejuicios, y producto de nuestro razonamiento, no creamos ó neguemos todo lo que se nos diga sin antes estu- diarlo, investigarlo, razonarlo, aunque esto pudiese llevarnos al extremo cínico de no creer en nada y de negar todo…¡NO!, solo simplemente no creamos por creer ó neguemos por el placer de hacerlo, busquemos la verdad, inves- tiguemos con mente abierta y sin prejuicios entre todo aquello que nos han vendido como la "verdad", entre todo aquello que se nos ha vendido como "mentira" por no ajustarse a los patrones ó parámetros de los dueños aparentes del planeta, entre eso que se dice no válido simplemente por que cuestiona lo vendido y aceptado por generaciones como lo único y verdadero (?), quizá como diría Diogenes, nada es verdad ni es mentira, todo es según del color del cristal con que se mira.

Con esto como algunos dirían no autodescarto mis revolucionarias y dife- rentes a las tradicionales creencias. Mas bien estoy siendo justo y posiblemente hasta magnánimo con lo que se dice cierto y aceptado por generaciones.

Así pues seamos justos, no descalifiquemos a nadie ni nada sin antes objetivamente analizar, estudiar e investigar lo que se dice y se propone, de igual manera les invito a reflexionar, a investigar a analizar objetivamente sobre todo aquello que Ud. posiblemente ha estado creyendo desde siempre y sus padres. Y los padres de ellos y así hasta perderse en el tiempo en el que todos nos dejamos ir por la costumbre y al pereza, así como dejando a otros el tener que pensar por nosotros sobre cualquier temas, pero especialmente sobre el de nuestro rigen y destino, en otras palabras pido trato igualitario.

No descalifiquemos tendencias ó propuestas diferentes a las establecidas, hagamos trabajar a nuestras neuronas. En este libro, no pretendemos que Ud. crea nada, solo invitarle respetuosamente a pensar, no a que crea en nada de lo que posiblemente Ud. encuentre ó no atractivo a considerar como posible, eso se lo dejo (¿ya sabe a quien verdad? ... a los políticos, a los militares, a los fanáticos religiosos, etc, a todos esos que tienen hambre y sed de poder, que viven y lucran de las creencias, de los miedos, de las ignorancias de la apatía de sus borreguitos que fielmente les veneran como los embajadores plenipotenciarios del dios que predican y venden como el único y verdadero). Lo curioso es que el ser humano aun no se quiere dar cuenta ó tenemos pereza hasta para analizar que son mucho los dioses verdaderos (?) que todo mundo predica como el "mero ,mero"…¡allá ellos!

Desde siempre el ser humano de todas las épocas, lugares, condiciones, culturas ha tenido la "visita", la "presencia" de entidades inteligentes superiores a él como algo cierto y hasta como algo normal, la presencia de entidades inteligentes superiores a él, que han llegado a nuestro planeta bordo de sofisticadas naves voladoras de avanzadísima tecnología, que parecen contradecir nuestros limitados conocimientos sobre conceptos de velocidad, distancia, tiempo etc.

Todo lo anterior visto obviamente de acuerdo al muy "humano" punto de vista (¿no tenemos otro verdad?), que nos dan nuestros conocimientos científicos, tecnológicos, obtenidos por nuestra especie de una manera lenta, progresiva desde el inicio del homo sapiens hasta nuestros días.

Pero, si "ellos" los ETs. han podido venir a nuestro planeta y posiblemente regresar al lugar de su origen, es simplemente debido a que poseen una superior y muy avanzada ciencia y tecnología que solo un intelecto igualmente superior es capaz de crear. Su tecnología y su ciencia son difíciles de aceptar y creer simplemente debido a que sus estándares son totalmente diferentes a los que conocemos y aceptamos como posibles, aun para muchos cerebritos humanos ilustres, que creen todo esto de ETs ¡como patrañas!, pero es indudable e incuestionable para muchos otros, que la capacidad intelectual de estas entidades biológicas inteligentes no terrestres, es mucho mayor que la del hombre y no podemos medirla en nuestros conceptos terrestres limitados y en etapa de aprendizaje.

Es indudable que la capacidad intelectual de estos seres no humanos es superior ya que han podido venir del espacio sideral a visitarnos, a compartir, a crearnos. En cambio el ser humano aun se debate por dar sus primeros brincos en el satélite de nuestro planeta, la luna, el cuerpo estelar mas próximo a nuestro planeta, en cuyos intentos aun se debate la posibilidad de fracaso por la falta de tecnología confiable que permita ir y venir sin contratiempos o tomando fotos de Marte, su mas cercano planeta vecino.

En cambio "ellos" van y vienen como Ud. por la carretera que le conduce de su casa al trabajo. Eso los pone a una distancia intelectual imposible de medir como el universo mismo entre "ellos" y nosotros, aunque no dudo que pudiesen existir algunas especies no tan favorecidas intelectualmente con las que pudiésemos tener algunas semejanzas y hasta compartir intelectualmente afinidades entre las especies.

Y no solo eso, todo indica que las otras entidades pudieran ser más inteligentes, mas avanzadas que el humano. Consecuentemente de *probarse* en estándares que algunos puristas acepten como objetivos, *seria una verdadera catástrofe para los que han vivido ó seguido dogmas supuestamente infalibles, todo lo hasta ahora aceptado como verdad,* como posible ó en su caso como imposible, seria muy probablemente rebasado con el paso del tiempo y con la probable participación de "ellos' nuestros verdaderos y únicos creadores. A propósito de esto, yo no estoy peleado con la idea de que el dios de muchas religiones "verdaderas" pudiera tratarse de alguna de estos seres no humanos conocidos como ETs, el nombre es lo de menos, *a fin de cuentas lo que importa en todo caso es lo benéfico que ha resultado ó no para el genero humano,* no de donde venga, al fin que como nadie le conoce, y de el solo se han inventado e imaginado supuestas apariencias físicas algo así como para hacerle sentir parte de nosotros ó el para hacernos sentir parte de el, ó de ellos, ya saben aquello de... Hechos a su imagen y semejanza ¿verdad? Ya puedo adivinar y visualizar el sisma ideológico a nivel mundial de que se les caiga el teatrito montado por generaciones. Se dedicarían a` vender y promocionar a "ellos", lo veo muy posible, mercaderes antes que nada, se declararían los promotores oficiales de la nueva y verdadera y única "verdad".

Pero sigamos buscando la huella de "*ellos*" antes de dar por ciertos hechos que siguen siendo cuestionables, lo acepto, pero muy posibles también aunque algunos no los vean así.

Continuemos nuestra investigación, nuestro estudio sobre "ellos", sobre sus vestigios, las huellas de su paso por nuestro planeta, de su influencia en nuestras vidas desde siempre, de como han influido en nuestra evolución, estudiemos sus testimonios legados en culturas de todo el mundo.

James Churchward, en su obra "The Children of Mu", (los hijos de Mu), nos dice, que se cree que los Chinos heredaron su sorprendente civilización de los hijos del sol (?), ó sea de la perdida Lemuria ó continente de Mu, el cual sucumbió posiblemente al igual que la legendaria y mítica Atlántida a consecuencia de algún catastrófico mega cataclismo de causas aun desconocidas.

Solo que Mu se hundió supuestamente en aguas del océano Pacifico y la segunda en el Atlántico (?).

De acuerdo a registros sumamente antiguos en tiempos remotos, China fue gobernada durantes…18,000 años por una raza de reyes divinos de acuerdo al manuscrito TCHI.

Este manuscrito tiene un paralelismo con unas revelaciones semejantes hechas en la India, Japón, Egipto, Grecia.

En la antigua China, al igual que en el antiguo Egipto, sus habitantes llegaron a presenciar objetos voladores no identificados en el cielo, que fueron considerados como grandes portentos!…ya lo creo. Imagínense Uds. por un momentos ser parte de cualquiera de estas antiquísimas culturas, intenten ubicarse en el tiempo y ser parte de aquellos pueblos, en los que con todo y su gran lustre y avance..para su tiempo, no dejaban de ser unos verdaderos ignorantes de la ciencia y tecnología comparativamente con los grandes descubrimientos e inventos actuales. Imaginen que algún egipcio, Indú, Chino, ó Maya viera en aquellos lejanos tiempos un OVNI, aparte de venerarlo como algo increíble, de origen divino posiblemente para ellos, tendría por fuerza que "compararlo" con algo conocido por ellos, de acuerdo a su experiencia, a sus conocimientos, a su cultura a su rudimentaria ciencia etc, entonces es por eso que los "califican" de mil maneras por demás folklóricas y extrañas y coloridas., quizá comparándolo con una enorme ave gigantesca (arquetipo). Imaginen no un OVNI que aun siguen siendo tan huidizos como difíciles de identificar, un simple avión de los que hoy en día de principios del siglo XXI transportan cientos de personas de un lugar al otro de nuestro planeta, pero pónganlo en tiempos de los faraones, imaginen Uds. a decenas de seres humanos abordando normalmente su avión con fines de placer, trabajo, etc., algo común y normal en nuestros tiempos aun por gentes no tan familiarizadas con este tipo de eventos del transporte actual. Todo mundo sabe que esto es no solo posible sino cierto, pero en tiempos de los faraones esto hubiese sido algo digno de recordar para la posteridad. Dirían por ejemplo, que un gigantesco pájaro devoró a miles de hombre que fueron introducidos en su gigantesca panza a través de su enorme pico ó algo así. Ud. imagine su propia historia al respecto. Lo que quiero decirles es que lo que nuestros antepasados vieron y describieron en testimonios gráficos. Es una forma alegórica de comentarnos eventos que les sucedieron a ellos ó a sus antepasados, pero con las deformaciones propias de la técnica de registro de la tradición oral, ó con las exageraciones propias del escribano sujetas a sus conocimientos limitados ó a su imaginación. Cualquier cosa no conocida ó anormal para esa época, era considerada como un gran portento, causaban temor, como lo refiere un texto de la dinastía Chou que revela que el año 2345 antes de cristo, se registró la aparición de diez soles (?) en las alturas de cielo chino.

Sobra decirles que así le llamaban en la antigüedad a lo que hoy en día le llamamos OVNI. Aun siguen maravillándonos de diferente manera, de alguna forma seguimos en la misma ignorancia, sorprendiéndonos, llamándoles de mil formas distintas, creyendo en ellos, negándolos. El avistamiento de estos "soles" es una de las innumerables referencias en textos Chinos, fenómeno que tiene relación con la creencia de que el emperador que gobernaba por aquellos años (2345), había recibido sus poderes del dios celestial del polo norte, lo que significa que el trono del supremo y los templos del sol miraban siempre al sur, mientras que los súbditos, tenían que mirarlos viendo al norte.

Raymond Drake, estudioso Inglés, anota que esta veneración por la estrella polar se encuentra también en el antiguo Egipto, igualmente enfatiza que puede tener relación con nuestra " moderna" creencia de que naves del espacio que nos visitan, entran a la atmósfera terrestre por el Polo Norte (?), empleando la abertura polar que existe en el cinturón de radiaciones de " Van Allen" .

Incluso, ilustra al respecto argumentando que al igual que los nativos Siberianos, los Chinos adoraban la constelación de la Osa Mayor, lo cual quizá pueda remontarse a la aparición de seres extraterrestres procedentes de esa dirección de las constelaciones.

El dragón ¿extraterrestre?

Es sumamente importante tomar en cuenta la simbología, lo que represente el emblema nacional Chino del "dragón", resulta otro motivo de la tesis de la supuesta cuna cósmica del Pueblo Chino siglos antes de la aparente venida de Jesús el cristo hace supuestamente 20 siglos.

Los zoólogos dudan que hayan existido "dragones" alguna vez, pero, para aquella cultura, este ser, este animal, ó bestia desconocida hoy en día, posee un profundo significado, ya que no solo los chinos, también los pobladores de otros países, hacen alusión a este mítico animal conocido como el dragón, quizá por que se ha llegado a sostener que en el polo de los cielos de antes, lucía la estrella alfa del dragón, no nuestra actual estrella polar de la osa menor.

Por ello, los ETs, entidades inteligentes de una sabiduría superior y trascendente, que descendieron de las estrellas para enseñar a la humanidad sus conocimientos que nos han estado ayudando desde siempre a evolucionar como especie. Esto lo sabían desde siempre los antepasados chinos, los conocían como los"dragones" ó pueblo de la serpiente.

En América también tenemos ejemplos de la veneración por este reptil, la mejor ejemplificación al respecto la tenemos con Quetzalcoatl, la serpiente emplumada de la cultura Maya.

La historia China menciona que los dioses, seres sobrenaturales con grandes poderes, "viajaban" en "dragones voladores", lo mismo que los emperadores y los hombres buenos (?). Ejemplo de esto es YU, el emperador de la dinastía HERO, se dice poseía un carro del que tiraban dos dragones (?) voladores, mientras que el emperador YOAN, declaro a su pueblo ser hijo de un dragón rojo.

De esta manera el desarrollo milenario de la cultura China, nos lleva a tomar muy en serio el postulado de poseer este país del Oriente, un origen basado en criaturas del espacio exterior, como lo muestran tantas leyendas, libros sagrados, de esta inteligente y milenaria cultura de la raza amarilla, pudiera ser que estos dragones son simplemente la "alegoría" para referirse a las naves espaciales en las que estos visitantes galácticos se transportaban, y que los naturales de ese pueblo enigmático y tradicionalista solo pudo comparar con serpientes ya que no había nada hecho por el hombre de ese entonces que sirviera de referencia ante esos desconocidos artefactos voladores.

Es decir no existía nada con lo que se pudiera comparar, recordemos que las "alas", es un concepto arquetípico universal para referirse a la capacidad de volar, entonces pudiera ser especulando un poco con esa mente abierta de la que hemos estado hablando desde siempre, que el "cuerpo" cilíndrico de las naves voladoras de los "dioses", recordemos que en tiempos contemporáneos una de las formas mas frecuentemente avistadas por los testigos que aseguran haber visto OVNI, son precisamente de forma de cigarro, de puro ¡...cilíndricas!

Lo del dragón que "escupía fuego", posiblemente también era una alegoría para explicar el fuego que despedían sus portentosos motores de estas naves, otra gran similitud con la "balsa de serpientes" que "escupían fuego" y truenos del dios Quetzalcoatl en América.

Si Ud. no se identifica con estas hipótesis y prefiere seguir negando por negar, es su respetable privilegio, ya que resulta incomprensible creer que en tiempos pretéritos existieron dragones ó no?, ó bien si cree ¡que todos son solo pamplinas! También esta en su derecho, ya que nuestros amarillos congéneres del pueblo Chino son un poco exagerados y fantasiosos. Pero hay que no solo sacar las cosas del contexto para creer lo que nos interese por así convenir a nuestra real gana, seamos justos y objetivos y analicemos todo. No solo descartemos, pero…sin seguir literalmente ninguna creencia de este u otro pueblo y sus ideologías, resultara igualmente difícil de creer otras fantasías que sin embargo muchos creen como ciertas y sin cuestión.

Debemos de buscar con mente abierta que es lo que ellos, los hombres del pasado quisieron decirnos, con ese lenguaje florido, rebuscado en ocasiones, alegórico, comparativo, sin técnica ó conocimientos científicos profundos, pero muy descriptivos y que invitan a meditar sobre su significado, ese lenguaje que por no tener un contenido técnico con conceptos conocidos en la actualidad, nos resulta increíble y hasta pueril en ocasiones, pero que ellos, los hombre y mujeres del pasado quisieron dejarnos por escrito ó en otras manifestaciones graficas, para que generaciones posteriores como la nuestra u otras por venir, supieran de sus experiencias, de sus logros de sus inquietudes de sus miedos, de sus testimonios.

Nuestros antepasados desearon dejar relatadas sus vivencias, experiencias, pero, que por carecer de un lenguaje semejante al que el humano de principios del siglo XXI, tuvieron que hacerlo a su muy especial y particular manera, basado en avances del hombre de los inicios, hasta lo mas novedoso que nos llevará a vivir con futuro prometedor al tercer milenio.

Así que en este marco, interpretativo, en ocasiones resulta difícil ó imposible entender lo que nuestros antepasados quisieron plasmar, en su propio estilo, en su propio lenguaje, los conocimientos de su época, con la capacidad científica, tecnológica de su tiempo, quien decidió dejar un testimonio, lo hizo con la intención de que conociéramos lo que sucedió en esos tiempos, lo hizo con su capacidad neuronal única y especial de la especie nuestra muy inteligente, pero que resulta hoy en día un poco irreconocible su significado, pero por esa razón y un poco arbitrariamente, lo hacemos de una forma interpretativa, por ende nadie puede alegar poseer la verdad de entender el significado literal de lo que libros sagrados de cualquier cultura del planeta contienen.

De allí la búsqueda honesta, profunda, de la labor investigativa sobre el origen del hombre, de nuestro planeta y del Universo mismo.

Pero tratemos de interpretar con mente abierta, que es lo que en realidad encierran esos libros sagrados, esas tradiciones, esos dibujos, esas historias etc. que nos parecen hoy día no solo fantásticas y mitológicas, mas bien increíbles por cualquier lado que intentemos verlas, mejor busquemos interpretar lo que ellos, nuestros antepasados realmente quisieron decirnos a su "estilo", con su lenguaje, con su capacidad, con sus conocimientos muy limitados a esos tiempos, que desconocían cualquier portento de los que ellos aseguran haber sido testigos presénciales, de haberles avistado, y que quisieron describirlo y dejarlo manifiesto de muchas maneras para la posteridad, obras que en tiempos actuales de principios del tercer milenio aun nos sorprenden y nos llenan de mas preguntas que respuestas.

Para quienes niegan la posibilidad de que el ser humano no esta solo en el Universo, he aquí lo que pudiera ser no solo vestigios de su visita, de su presencia, de su participación activa en la vida del ser humano desde tiempos inmemoriales, quizá desde el inicio de los tiempos, hasta nuestros tiempos.

Lo que Ud. leerá a continuación, es para muchos la prueba de la intervención de "ellos" en nuestro origen.

La mezcla de razas, de genes, de DNA, no es privativa de nuestra época, en al que vemos como algo normal la cruza de todas las razas entre si, en algunos casos "mejorando" el producto resultante de la mezcla genética, en otros por desgracia, el resultado es una franca degeneración ó degradación de las partes.

Pero esta mezcolanza humana, surge en nuestro planeta, con la vida misma, la ejecutan y practican tanto el hombre como los animales y las plantas, a este acto se le conoce como "hibridación", que viene del vocablo griego hybris que significa."ultraje", esto se relaciona con el animal ó vegetal procreado por dos seres de distinta especie; ó bien formación de dos elementos de distinta naturaleza y origen.

.En el libro I de "Moisés" cap.6 versículos 1,2,4,6,7:

Es de notar, que en aquel tiempo, había ...gigantes sobre la tierra, por que después de los hijos de dios (?), se ..juntaron con las hijas de los hombres.. y que ellas concibieron, salieron a la luz estos gigantes del tiempo antiguo; JAYANES de nombradía.

Habiendo comenzado pues, los hombres a multiplicarse sobre la tierra y procreado hijas.

Viendo los hijos de dios (?) la hermosura de las hijas de los hombres,...tomaron de entre todas ellas por mujeres las que mas les agradaron(?), ...delicados estos seres, ya que hasta seleccionaron las *féminas mas atractivas* para intercambiar fluidos con contenido genético.

En el libro de Enoc, de los conocidos como apócrifos en su capitulo LV podemos leer lo siguiente:

Dios esta reprendiendo a los "hijos de dios", es decir a sus hijos ó ángeles, por ...lo que hicieron!, ¿por que habéis dormido con mujeres? ¿Os habéis unido a las hijas de los hombres, las habéis tomado como mujeres y remedado los hijos de la tierra y habéis engendrado gigantes? Sospecho que lo que menos hicieron ¡fue .... dormir!

En el libro I "Paralipom" Enos, Capítulo 20, versículos 4 al 7.

Hubo además otras guerras con Geth, donde se hallo a un hombre de grandísimas proporciones y estatura con ...seis dedos en los pies y en las manos; esto es veinticuatro dedos en total, el cual descendía de la raza de gigantes de RAPHA.

Del mismo libro pero en el capitulo XVIII, en los versículos 1,2,16,17,18 ,19,20,21,22, encontramos lo siguiente:

Tres ángeles(?), en traje de peregrinos(?), hospedados y agasajados le prometen un hijo a Sara, oyéndolos esta, es decir Sara, se ríe y es reprendida por ellos, es decir por los ángeles.

No olvidemos que Sara sobrepasaba los 60 años, ya no era algo asi que dijéramos una chamacona en edad reproductiva, mas bien era ya post-menopausica, …pero ¡sucedió!, efectivamente Sara quedo embarazada y posteriormente dio a luz a un varón.

Si Ud. amigo lector además de incrédulo es investigador y lector de las citas que aquí ó en algún otro lugar se le dan para corroborar lo leído, le recomiendo consultar con la Biblia en Génesis capitulo 21, en los versículos 1 al 4, también además de Sara, la esposa de Emanue fue embarazada por estos "angelitos", seres de origen no terrestre, le recomiendo también consultar lo narrado en Jueces capítulo 13, versículo 3.

Isabel esposa de Zacarías, dio a luz a Juan el bautista después de que un "ángel" (?), la embarazara bajo la promesa de darle un hijo.

Otro de esos casos de fecundación de aparente origen milagroso practicada por estos extraños seres angelicales es el de Ana, que igualmente resulto "premiada" en gestación, luego de que uno del mismo tipo de plumíferos ya descritos como hijos de dios ¡le hizo el favorcito! En su caso el ser no humano y no de este planeta, le dijo que quedaría en cinta por designio divino (?), mas tarde concibió a un hijo varón. (Samuel, capitulo II, versículo 20 y 21). Aquí recordemos a Maria, el prototipo de estos casos de embarazos "divinos", que parió a un niño, que le fue anunciado por otra entidad angelical, en este caso se presume que fue "el espíritu santo" (?), el que obró (?) en ella para que quedara en gestación, en palabras mas llanas y simples, fue un ser no humano, un extraterrestre ya que no pertenecía a este mundo que nosotros conocemos, el que embarazó a Maria sin "ayuda" aparente de ser varón alguno, ni de este ni de otro mundo (?). Esto creo es junto con los anteriores casos un claro ejemplo de casos de **Inseminación artificial** en las que no es necesaria la participación activa de un miembro del sexo contrario para quedar embarazada. Esto es un claro ejemplo de lo que hoy en día cualquier ser humano con un poco de educación sabe que es perfectamente posible, es decir fecundar artificialmente a una mujer sin relación sexual alguna.

También podemos deducir que el ser que embarazo a Maria era de un rango mas elevado que el de los otros seres llamados ángeles, que además forma parte de una *tercia* difícil de entender a no ser que se recurra al autodecerebramiento hasta comprender lo que no tiene comprensión, que un ser no es uno sino tres en uno solo, ya sabe eso de ¡la trinidad!

Además el producto de la concepción de Maria literalmente era un híbrido entre humano, es decir una hembra mujer de nuestra especie, y uno de "ellos", estos seres No humanos venidos de no sabemos donde. De allí surgió aparentemente Jesús, que aunque hombre, seguía siendo uno de "ellos", algo que si se analiza a la luz de la objetividad y rigor, *de deberíamos* de creerlas todas, no solo las que nos convienen a nuestros intereses ó a los de algunos manipuladores que se dicen poseedores de la verdad, ó bien no creer ninguna. ¿No lo creen? Pues lo mismo suena tan imposible como lo que Indúes,

Chinos, Mayas, Egipcios, etc., creen sobre nuestro origen y sobre nuestros creadores, como lo que ideologías y religiones promueven como autenticas ¡sigamos investigando!

Como podemos ver la Biblia habla de muchos "milagritos" obra y gracia de estos seres, de estas entidades no humanas, que en lo personal, mas que espirituales como nos han querido hacer creer que son, me parecen muy carnales y materiales, en "estro" constante con una hormonas sexuales en niveles elevados de tal forma que querían estar "utilizando" a nuestras mujeres para aparearse con ellas y luego decirles que era por designio de los altos mandos, con eso que les gustaron nuestras hembras, y ellos eran hijos de dios, algo así como los "juniors" de papi dios, se sentían con el derecho de darnos baje con nuestras mujeres que sin ser de origen divino, tienen lo suyo, están tan hermosas, que a estos plumíferos calenturientos les gustaron, "ellos" nos hicieron el "favor" de mejorar la raza intercambiando material genético y aprovechándose de que nos tenían pensando que eran solo entes puros y espirituales..¡como no! ¡eran puros...garañones de otros mundos!.

Como podemos ver amigos lectores, estos angelitos erotizados y calenturientos, no se parecen en nada a los angelitos regordetes y sonrosados que pintan en las iglesias, en las que curiosamente nunca nos permiten ver a que sexo pertenecen, evitan la alusión a los genitales, todos son algo así como asexuados.

De estas "entidades" angelicales, mejor cuidarnos, pues no sea que nos den la sorpresa nuestras mujeres de que "ellos" han obrado en ellas un milagrito!

Me pregunto yo, que acaso ¿no habrá angelitas?, es decir hembras de estos entes plumíferos para que ellos se diviertan y hagan sus cosas con ellas? Ó por lo menos para que de vez en cuando "ellas" las angelitas, obren en los varones masculinos?, es decir , hacer algo así como un intercambio justo de material genético, no solo que nos ayuden con nuestras mujeres, de vez en cuando, ayudarles nosotros los varones a perpetuar su especie con nuestra pequeña aportación genética, que aunque humilde, no deja de ser importante no lo creen?.

Así les mostrariamos que nosotros sin ser muy avanzados, también sabemos hacer milagritos a sus angelitas, con sus plumíferas hembras de origen angelical.

Pero no solo en la Biblia hay constancia de estas entidades inteligentes y calenturientas con los que la especie humana se ha apareado e intercambiado fluidos corpóreos con contenido genético.

Por ejemplo en América, hubo un tipo de gestaciones que bien vale la pena mencionar, a fin de cuentas son un poco más contemporáneas, mas recientes, aunque las estudiaremos un poco mas adelante.

Mientras tanto, permítanme comentarles sobre un caso que viene a ser una interesante analogía de todo lo anterior, permítanme comentarles sobre el caso Mexicano de la diosa Coatlicue, quien quedo en "cinta" un día que subió al coatepetl (templo de la serpiente ó montaña sagrada), ...viendo que del cielo descendía una como "bola de plumas" (¿un ángel volando en picada listo a atrapar a su presa?) que luego sutilmente se le introdujo en el regazo (?) para luego desaparecer obviamente dejándola embarazada. Producto de este otro hecho, digámoslo también ..sobrenatural, nació un varón que mas tarde llevo el nombre de Huitzilopochtli. El lugar en donde ocurrió tan singular hecho de apareamiento entre una humana y un ser no humano, esta próximo a Tula, Hidalgo. Eso me hace recordar casos muy actuales de algunas mujeres que para ocultar algún desliz cuyas consecuencias se conocen a los nueve meses, se inventan historias fantásticas de como supuestamente ocurrieron las cosas. He llegado a conocer a mujeres que aseguran no saber como es que quedaron embarazadas. Antes por lo menos culpaban a entidades angelicales. De igual manera y esto con el máximo de respeto que merecen las victimas, muchas mujeres aseguran haber sido ultrajadas por entidades biológicas inteligentes de origen no humano. Es decir, se dicen victimas de abducciones, de manipulaciones, de prácticas de experimentos genéticos en los que quedan embarazadas, para luego de la misma manera misteriosa en que fueron embarazadas por estas entidades, también les es extraído el producto de la concepción que suponemos aun en etapas del desarrollo embrionario ó fetal, para continuar el desarrollo en medios artificiales, dejando a las mujeres al borde de la locura y de la incredulidad por parte de quien les rodea y a quienes ellas, las victimas les relatan sus traumáticas experiencias con estos seres no humanos que las ultrajaron sin su consentimiento, pero lo curioso es que en cambio, muchas de estas personas escépticas que no creen estos casos de embarazos digamos no convencionales, son los primeros en creer los ejemplos igual de fantásticos que se relatan en libros sagrados y que supuestamente ocurrieron siglos antes, muy pocos se detienen a analizar ó cuestionar por miedo ó por mil otras cuestiones lo que las religiones han tenido que clasificar como dogmas ante la realidad de no tener una explicación tan siquiera medianamente razonable.

Pero como podemos ver, las narraciones de la Biblia ó de otros pueblos ancestrales, son verdaderamente dignos de mérito por lo asombrosos e increíbles. ¿Serán verdad ó mentira, exageración, alegoría lo que encierran estos relatos? No lo sabemos a ciencia cierta, eso creo cada quien a fin de cuentas deberá decidir entre que creer por creer ó que dejar de aceptar a la luz de la objetividad de la razón.

Pero sigamos con relatos de mas casos semejantes como el escrito en el códice MAGLIABECCHIANO, que cita detalladamente que Xochiquetzal, fue dormida, raptada y...fecundada para no variar los relatos, por una "entidad" de otro mundo enviada por Quetzalcoatl.

La gran mayoría de los personajes importantes de la antigüedad de casi todas las civilizaciones, se dice ó se cuenta de ellas, como descendientes de seres sobrenaturales, entes no humanos venidos del cielo, analice Ud. la historia de "esos" grandes lideres desde el inicio del tiempo y caerá en la cuenta de que "ellos", los ángeles, los extraterrestres, como Ud., desee nombrarlos, no han perdido su tiempo en vacacionar en nuestro planeta.

Posiblemente al ver que el producto de su "creación", es decir el hombre, la raza humana, no estaba tan mal hecha, quizá a su imagen y semejanza, seamos un poco atrevidos, posiblemente nos parecemos a ellos, fue así que decidieron unir sus genes con nosotros, todo en un bien planeado experimento genético, para mejorar su raza ó hacer de la nuestra una mas apetecible a sus extraterrestres fines, así fue como posiblemente surgió la semilla primigenia misma que permitirá "sobrevivir" sus genes, su herencia al igual que la del ser humano.

El criminal de Adolfo Hitler, mejor dicho, los científicos que el tenia bajo su mando, intentaron y probablemente obtuvieron logros importantes en materia de experimentos genéticos, aunque es importante señalar que los medios utilizados fueron a todas luces condenables, aquí posiblemente nacieron los esbozos de los que ahora son importantes avances científicos y tecnológicos en materia de ingeniería genética.

Hoy día, el hombre hace exactamente lo mismo con sus congéneres, hablo de aparearse con aquel individuo al que considera el mejor "partido" para mejorar y perpetuar su especie, sus genes, su herencia biológica, en el caso de los animales, plantas y hasta en el ser humano mismo, manipula mediante ingeniería genética, hasta '"obtener" ejemplares mejores, superiores en la mayoría de los casos a los progenitores mismos, al obtener lo mejor de cada individuo donante de material genético.

Pero veamos algunos supuestos casos de intervenciones de seres que en otros tiempos les llamaban dioses u ángeles, de esos que ahora muchos les siguen llamando igual, pero también seres de luz, hermanos mayores y no sé cuantos más nombres mas ó menos apantalla tontos y crédulos. Otros simplemente les llamamos seres de procedencia no terrestre, no humanos, otros con mas propiedad les llaman entidades biológicas inteligentes de origen extraterrestre ó simplemente seres extraterrestres, a quienes por cierto, en estos días de principios del siglo XXI, aun siguen gustándoles nuestras mujeres, a quienes siguen utilizando en sus abducciones que nos hablan fácilmente de experimentos genéticos de laboratorio, al parecer lograron descifrar la información genética contenida en nuestro DNA, ya no para producir seres gigantes como antaño, ahora seres humanos tamaño "standard", pero siguen "ayudándonos" con nuestras mujeres. Aunque a ser sinceros y justos, ya se sabe de casos de seres humanos del sexo masculino, que han sido "utilizados" como sementales garañones para aparearse por la "fuerza" (?) con seres no humanos de apariencia feminoide...vaya al menos se esta poniendo la situación mas pareja, supongo que para que no reclamemos el por que solo nuestras mujeres son "escogidas", ahora ya son muchos los casos de varones "obligados" a sostener relaciones sexuales con entidades de origen extraterrestre que es de suponer con optimismo son hembras (?)., lo que si es cierto de acuerdo a los testimonios de estos "escogidos", son prácticamente ordeñados con sofisticados equipos en algunos casos para extraer el fluido vital con contenido genético, y en otros casos mas convencionales, son obligados a "copular" con estos seres.

En unos y otro caso ya sea de mujeres u de hombres, el objetivo final es la obtención de gametos que posiblemente luego implantan a otras mujeres humanas ó a sus hembras en otros casos, solo para culminar con este comentario, los varones que aseguran haber sido obligados a mantener relaciones sexuales con estas entidades, aseguran que son de cuerpo perfecto en algunas ocasiones, pero en otras son seres repugnantes y monstruosos los que deben de fecundar, convirtiéndose la experiencia en una verdadera pesadilla, bueno esto suele suceder ocasionalmente aun entre nuestra misma especie ¿no lo creen?

A continuación mencionaré a vuelo de pájaro (ó de ángel), algunos casos supuestamente ocurridos en épocas muy recientes que han sido debidamente documentadas y estudiadas por científicos serios y capaces, esto tendrá por su cercanía a nosotros y por su metodología científica con la que fueron estudiados, mas validez que lo que se dice ocurrió en tiempos bíblicos ó nuestros ancestros Americanos.

El 9 de Mayo de 1956 en el estado de La Florida en USA, Joan Frost y Gertie Wynn, fueron secuestradas y violadas por aparentes seres de origen extraterrestre.

17 de Agosto de 1965 en Lima, Perú. Hilda Santa Cruz sufrió una violación en su propio domicilio, por un ser de color gris, baja estatura, cabeza prominente, ojos enormes en forma de almendra, extremidades delgadas y largas en relación con el tronco de menor proporción.

11 de Agosto de 1966 Melbourne, Australia. Marlene Travers, es abducida y violada a bordo de un OVNI, quedo embarazada, quince días después del incidente, desapareció de una manera misteriosa.

2 de Mayo de 1968, Westmoreland, New York. Shane Kurtz fue raptada y abducida a bordo de una nave que ella asegura no era tecnología propia de los seres humanos, dice ella que dos seres bajos, de cabeza enorme fueron los abusones y violadores, lo que nos lleva a pensar que son chiquitos pero maldosos y calenturientos.

2 de Agosto de 1975 Fargo, Dakota del Norte, Sandy Larson experimento una terrible experiencia, fue raptada a la fuerza por seres no humanos, violada, utilizada en experimentos biológicos ya que asegura se utilizo en ella un

equipo nunca antes visto, que le causo dolor increíble.

4 de Diciembre 1975, Los Ángeles, California, Judy Kendall es secuestrada desde …su auto!, violada a bordo de una extraña nave espacial.

12 de Julio de 1974, Las Vegas, Nevada, Danny Perkins fue abducido cuando manejaba su automóvil, llevado a bordo de una nave voladora, luego allí le aplicaron unos extraños rayos en la zona genital y le extrajeron esperma., Luego posteriormente el embarazo a su esposa Charlotte, de esa relación, del producto de la fecundación, nació un producto muerto por asfixia, cuyas características morfológicas aparentes eran iguales a las que Danny observó en los alienígenas que lo secuestraron.

Si Uds. amigos lectores descalifican estos casos expuestos si de una manera muy superficial y sin mas elementos que los ya mencionados sin profundizar en detalles, están en su derecho, el ser humano de hoy en día nos hemos vuelto muy insensibles, críticos, incrédulos, cínicos etc, acerca de cosas y casos aparentemente increíbles y hasta ridículos …lo acepto! Esa forma de pensar es el pan de cada día en nuestros tiempos, por tal razón no profundice en cosas que solo serian perder el tiempo al dar mas detalles sobre los anteriores casos ya que nunca habrá suficientes elementos que apoyen un caso si quien lo lee no tiene mente abierta, además de que este libro no es para hablar de casos de abducciones al menos no de una manera profunda.

Así es que no los juzgo al no darle crédito alguno a tan insólitas y breves historias supuestamente extractos de casos verídicos. Lo que me encanta, lo que me causa risa y me hace sentir un cinismo hasta morboso, es el hecho de que si bien algunos ó muchos no creen estas historias que calificaran de fantasiosas, ó producto de una mente con algún desequilibrio, …si en cambio creen cándidamente en epopeyas históricas y fantásticas narradas en libros sagrados, escritas hace miles de años, por seres humanos que nunca conocieron los hechos que "detallan" como verdaderos, ya que fueron escritos muchísimos años después de que supuestamente acontecieron. Consecuentemente aun en el caso de que fuesen verdaderos, están deformados corregidos, aumentados por la mente y los intereses de los escritores de los supuestos hechos.

Dichas "verdades" se nos dan digeridas como verdades infalibles, que debemos de creer aunque no las comprendamos esto por mandato dogmático de los "creadores" de tales narraciones .

El hecho es que no las comprendemos ó en algunos casos no las aceptamos del todo, es por que nos resultan muy difíciles de entender a la luz de la razón y el sentido común, que suenan tan fantásticas las narraciones contenidas en los libros sagrados, como las que acaban de leer y que posiblemente descalificaron, yo les diré que en lo personal leo y releo cualquiera de los llamados libros sagrados y me sigue resultando difícil de aceptar lo que allí se dice, quizá menos acepto, entre mas leo, pues suena a fantasía pura, en cambio si lo leo y lo comparo con otros casos, con otros ejemplos menos ortodoxos ó menos aceptados y tan solo como hechos"alegóricos" que encierran verdades interpretativas, bueno lo pongo en el terreno de los probable y de lo posible , pero nunca lo aceptare textualmente.

Pero esa es mi muy particular postura, mi libertad de creencia me lo permite, igual que a cada ser humano, aunque algunos manipuladores nos intenten convencer por la fuerza del miedo de lo contrario. Creo que quien acepte los libros sagrados de cualquier religión, debería hacerlo con espíritu critico, objetivo, sin fanatismos, de esa manera cada quien encontrara la "verdad" que cada quien quiera ver, y las que están descritas en forma alegórica ó codificada.

Si alguien cree en cosas tan "ridículas" como ángeles hasta aceptarlos como algo tan normal como si fueran parte del género humano y su existencia solo por que algunos dicen que existen y hasta han inventado historias sobre ellos, ó tan serias sobre estos mismos seres, dependiendo de como cada quien lo conceptué y lo crea.

Pero también entonces en ese mismo tenor, debe dejar un lugar dentro de nuestra mente incrédula, que intenta buscar respuestas con la utilización de métodos supuestamente infalibles como la ciencia, (cínicos en ocasiones) para creer en otro tipo de criaturas no convencionales como los extraterrestres, que en todo caso son tan falsos ó tan verdaderos como los personajes increíbles de los libros sagrados que se dan por cierto aunque no se tenga ni la mas mínima prueba, mas allá de la fe en muchas ocasiones fanática.

Por un lado algunos seres humanos ridiculizan cualquier cosa que huela a seres extraterrestres, mas en cambio creen a pie juntillas en estos otros seres no humanos como algo normal, común y corriente..que contradicción y paradoja ¿no lo creen?

Por un lado le dan crédito a Yahvé y sus "glorias", a nubes de fuego, a ángeles a demonios, por otro lado desacreditan a ETs, OVNIs, etc. *Esto no solo no es objetivo, nos habla de un lavado de cerebro ancestral, para ser selectivos para creer solo en algunas criaturas no humanas y no en otras aunque en unos y en otros casos se tengan las mismas endebles y frágiles pruebas.*

Eso no solo no es justo ni apegado al método científico, pero a fin de cuentas ese libre albedrío de creer y aceptar lo que nos venga en gana es importante, solo que dejemos a los demás hacer lo mismo, a mi no me importan las creencias de los demás, en cambio si las respeto!, de igual manera los demás deben de respetar las creencias de los demás aun que no se parezcan en nada a las que se creen verdaderas, cada cual debe de creer en lo que mas le acomode, lo que le venga en gana, por ridículo ó fantástico que parezca, lo que humildemente vuelvo por enésima vez a sugerir, es mente abierta a lo pasado, a lo actual ó futuro, que nos hable de la presencia de posibles entidades ajenas al género humano y a nuestro planeta.

No seamos tan "selectivos" ó tan parciales en creer solo algunas de estas cuestiones, muy difíciles de creer, que se nos describen en libros ancestrales ó actuales, busquemos respuestas con la razón, no con el corazón ó con creencias fanáticas basadas en ignorancia y miedo.

No creamos tampoco en cada tontería que nos digan sobre estos temas de ángeles, espíritus, platos volantes etc, mejor investiguemos con seriedad, con imparcialidad, ó dejemos que otros investigadores lo hagan pero no los ridiculicemos sin tan siquiera saber el fruto de sus pesquisas, no los descartemos solo por parecer ciencia ficción producto de la mente de algún escritor fantasioso ó si lo hacemos entonces debemos de ver con la misma lente a esos libros considerados sagrados que contienen mucho de estas cosas sin explicación ni lógica.

Tal vez, si a Ud. le sucediera un evento fuera de lo común, un hecho extraordinario, sobrenatural, paranormal etc., un encuentro cercano del tercer tipo con alguna de estas entidades de origen extraterrestre, supongo yo, que le gustaría que alguien le diera crédito a su versión de los hechos ó no le agradaría que le entendieran sobre lo acontecido en su experiencia, no que lo ridiculizaran, que dijeran que algo esta mal dentro de su cerebro que ve e imagina cosas raras, pues creerlo ó no, son miles de personas, de seres humanos, de todos los tiempos, de todos los países, de todas las condiciones socioeconómicas, culturales y religiones, es decir de lo mas heterogéneo que alguien pueda concebir, que refieren haber tenido este tipo de experiencias con seres no humanos.

Le puedo asegurar que muchos de ellos, es decir de estos seres humanos normales, comunes, lo ultimo que buscarían seria notoriedad, especialmente sabiendo como los conceptuarían después de relatar su experiencia, he conocido casos de personas que al recordar esos momentos en muchos casos traumáticos, entran en estado de estrés total y les es nada grato recordar el incidente.

Como hemos podido ver, los actos de los extraterrestres están ligados con sexo. Esto pudiera parecer muy humano, ya que el ser humano se lleva por esta energía vital llamada libido en ocasiones anteponiendo la razón al placer, en el caso de "ellos", los extraterrestres, sus encuentros carnales, con concepciones inauditas y maravillosas que suelen obrar en casos digamos extremos de la lógica, como eso de hacer concebir a postmenopáusicas. Son casos que la medicina de hoy en día, ve como no solo posibles sino como cada día mas normales al contar con avances médicos que en cierta forma pueden revertir la menopausia administrando hormonas, regresando la "fertilidad" perdida, pero digamos que esto en pleno siglo XXI, es aunque posible, no es lo "normal" por todo lo difícil de estos casos. Pero pensar en este tipo de situaciones hace miles de años…es aun mas difícil de entender. Es por eso que muchas personas prefieren descansar sus mentes dejando a "simples" milagros ó designios de dios todo esto, como si fuera algo que se hace cada día, en cambio, es mi privilegio, mi voluntad y mi libertad, el pensar que esos …"milagros", *no son tales*, son simplemente una muestra del extraordinario avance científico y tecnológico de entidades inteligentes no terrícolas que pueden hacer eso y mucho mas, que "ellos" poseen los conocimientos como para "apantallarnos", para maravillarnos con cosas que en apariencia son imposibles para el ser humano de estos tiempos, pero que en el futuro y con la ayuda de "ellos" y con nuestro propio esfuerzo dejarán de ser portentos imposibles para pasar a ser algo común y corriente como ya lo estamos viendo con los avances de la ingeniería genética.

Así pues los actos de los ETs han estado "cruzando" sus genes entre su (s) especie(s), y la nuestra como los "ángeles bíblicos" que ya comentamos.

Todo lo anterior nos permite pensar en la "participación" alienígena en los procesos procreativos y evolutivos de nuestra especie. Esto es un hecho aceptémoslo ó no, no importa, ya que no esta a consideración de la aceptación popular, ni tan siquiera nos han pedido nuestra opinión que muy poco les importa por cierto.

Llámeles ángeles, hijos de dios, vigilantes, hermanos mayores, seres de luz etc., etc., eso es lo de menos. A fin de cuentas todos son extraterrestres que nos usan como les viene en gana sin que nada podamos hacer al respecto.

Por ello es que me atrevo a decir que tales ELHOIM, **fueron nuestros creadores**, *los que nos sembraron aquí en este planeta tierra al que ven como una mega laboratorio cósmico de experimentación genética* y obviamente nosotros los humanos como sus sujetos de experimentación, si alguien pide pruebas, esta claro que no las tengo, al menos no las que muchos ignorantes quisieran ver para evitar tener que pensar utilizando su única neurona funcional que tienen, ó en el caso de los pseudo científicos, no les puedo proporcionar la metodología científica que nos lleve a la comprobación y formulación de leyes que nos permitan comprobar el fenómeno extraterrestre, pero…esos recalcitrantes negativitas tienen acaso una prueba contundente que diga lo contrario? Es decir, que aportan ellos, aparte de su mente cerrada para "comprobar" la no existencia de vida en otros planetas mas inteligente que el humano?..¡ninguna! Fuera de sus especulaciones concebidas con las formulas miopes de la ciencia del ser humano que a pesar de ser avanzada, está aun en etapas de desarrollo. Estamos por conocer muchas cosas que ni siquiera imaginamos, y las que ya conocemos mejoraran de tal manera que harán primitiva la ciencia actual en un futuro cercano, eliminando como verdades lo ahora aceptado en muchos casos, y dando crédito a lo que se consideraba solo ficción. Caso contrario me daría mucha pena que el ser humano ya hubiese avanzado todo aquello de lo que es posible ¿no lo creen? Así es que aceptemos que seguimos en pañales en muchos sentidos.

Cuando pido que nos ofrezcan pruebas en contra los que no creen en vida extraterrestre, me refiero no solo a bufonadas ideológicas que contradigan por decreto lo que no les beneficie a unos vividores y manipuladores , no solo tonterías inventadas por algunos "listos" para mantenernos en el atraso ideológico.

Creo firmemente que "ellos" trajeron semillas (óvulos, espermas etc.), es decir los principios fundamentales con contenido genético de otras razas procedentes de otros planetas, para luego implantarlos aquí, fecundando a algunas hembras en etapas primitivas de nuestra evolución. Esto me hace recordar la descripción de un relato sobre **Hanuman** del que se habla en algunos libros sagrados de la cultura Indú (RAMAYANA), en la que describen que seres venidos de otros planetas, buscando esparcir su semillas aquí y no encontrando mas que primates poco evolucionados ...quizá monos, decidieron utilizarlos para "crear" una especie mas evolucionada, esto que fue escrito hace miles de años, es hoy en día, una de las teorías mas aceptadas por los hombres de ciencia..pero escrito y descrito hace milenios como que adquiere una fuerza muy importante cuando se trata de hablar sobre nuestro origen ¿no lo creen así?.

Quizá hoy en día, con nuestra ayuda ó sin ella, aun siguen "jugando", experimentando, creando posiblemente una nueva raza capaz de sobrevivir en otras latitudes allende las fronteras terráqueas, no ¿es acaso lo que el hombre esta intentando ahora? El ser humano no solo busca ir por gusto ó por jugar carreras espaciales entre potencias, lo que se busca a fin de cuentas lo aceptemos ó no, es el sembrar nuestra semilla de vida en otros planetas, es decir, el hombre quiere poblar otros lugares que no sean solo su planeta, eso es algo muy profundo, no solo el hecho de utilizar bases espaciales para hacer viajecitos sin sentido, se busca a fin de cuentas, el establecer colonias de seres humanos en otros planetas, seguir creciendo como especie en otros lugares, no será así como posiblemente también nosotros los humanos llegamos a este planeta?.

Quien tiene pruebas en contra de la posibilidad de que se esta creando ó posiblemente ya se creo una nueva raza híbrida, superior en muchos aspectos a la especie humana actual, para que pueda cumplir con el objetivo existencial de la continuación de la especie y luego llevar nuestra "semilla" y sembrarla en otros mundos aun desconocidos por la raza humana, quien no nos dice si estos miles de experimentos sufridos por hombres y mujeres de todos los tiempo, no dio origen ya a esa nueva especie que actualmente este poblando ya otros lugares. Alguien tiene pruebas de lo contrario...creo que no ¿verdad?

El ser humano de la actualidad se esta preparando ya para esta labor trascendente de nuestra evolución como especie. Las innumerables misiones espaciales tripuladas y no por seres humanos con destino a los cuerpos celestes mas cercanos a nuestro planeta, son el principio de este objetivos aun no considerado, ni tan solo imaginado por seres humanos que no ven mas allá de su nariz, pero que sin embargo esta claro para quienes vemos con esperanza el devenir de nuestra especie humana fundando otros lugares, colonizando las estrellas por decirlo de una manera un poco poética, pero muy cierta muy real.

El hecho de enviar misiones en gran cantidad a esos cuerpos cósmicos es simplemente para conocer las condiciones del mismo, buscando como seria la vida en ellos, viendo si reúne las condiciones necesarias para el desarrollo de la vida del ser humano en ellos etc, muchas de estas misiones son dadas a conocer al público, pero déjenme decirles que muchísimas otras se mantienen en secreto. Solo unos cuantos de esos manipuladores que se sienten los dueños del planeta y sus moradores, saben de estos resultados, es increíble los secretos que aún se mantienen al resto de la humanidad por parte de unos cuantos de estos dueños aparentes del planeta, quizá por ordenes de "ellos", no lo sabemos. Lo cierto es que el ser humano con ayuda ó sin ayuda de "ellos", esta buscando desde el primer momento de haber salido de nuestra orbita terrestre, el llegar a otros cuerpos celestes y colonizarlos, fundar otros planetas, sembrarlos con nuestra semilla de vida!.

Los experimentos que nos hablan de manipulación genética en estos días de principios del siglo XXI, son encaminados esencialmente a buscar seleccionar lo mejor de nosotros los humanos, eliminando nuestros puntos débiles, ese producto seleccionado, será el que se considere el "nuevo" brote ó clon humano en el espacio, como quizá nuestros "creadores" lo hicieron con este planeta hace, no sabemos, cuanto tiempo.

No le pido a nadie que acepte lo que acaba justo de leer, ya que seria mucho pedir ¿no lo creen? Además de que yo si le doy crédito a la inteligencia de quien se atrevieron a leer este libro, no los insulto pidiendo creer en cosas ridículas y luego obligándoles a creerlas sin pruebas pero bajo amenazas y ordenes de decretos, dogmas, sismas, encíclicas y demás herramientas de las utilizadas por los manipuladores de nuestra especie.

Pero si me atrevo a pedirles espíritu critico, medite lo que le acabo de decir, saboréelo lo digo en sentido figurado claro esta, medítelo, no lo tire al cesto del olvido, dele una oportunidad dentro de su razón y sentido común, seguro estoy que el resultado le hará temblar de la emoción ya que resulta tremendamente posible y además muy esperanzador para el ser humano del futuro.

Siendo realista, siendo objetivo, utilizando la razón, por lo menos ...¡dude un poco!, concédame y concédase el derecho de la duda, de que todo lo anterior pudiese ser posible, a menos que Ud. sepa algo que yo y el resto de la humanidad desconozcamos, que alguien posea pruebas de lo contrario, pero autenticas y objetivas, no pragmáticas, retóricas, ideológicas, fanáticas de la fe sin fundamento y apoyada en las estructuras quebradizas y frágiles de los dogmas.

La fe y la ignorancia por desgracia en muchísimas ocasiones van de la mano como, hablar de la uña y su mugre que suele haber bajo ellas, algo así como un hecho que sin ser una ley, es algo sabido por todos, las tradiciones heredadas obligadas a creer por los dueños aparentes del mundo para mantenernos ocupados en otras cosas, ya que ellos se encargan de darnos a conocer lo que es verdad y lo que no (?), lo que debemos aceptar y lo que no, me refiero a nivel masivo, ya que por fortuna el pensar libremente aun es cosa posible hacer cuando se es libre pensador, cuando no se compra la "verdad" en el mercado ideológico en el que hay "verdades" para toda ocasión, vendidas por los mercaderes y manipuladores de género humano, que nos inducen astutamente, dolosamente, a creer lo que a ellos y a sus intereses les conviene.

Mas adelante, hablaremos sobre "clonación", en un lenguaje sencillo, plano y directo asimilable lo mismo para el erudito en esta ciencias, como también para los neófitos ó personas no familiarizadas con este tipo de conocimientos de la ciencia del hombre actual que espera con esperanza al siglo XXI, el "creado" es decir nosotros los seres humanos, sin querer meterme en conceptos teológicos, religiosos, ideológicos etc., *estamos muy cerca de convertirnos en "creadores",* vamos volando en esa dirección a pasos agigantados les guste ó no a algunos pesimistas y negativistas. Esto, mas que verlo con soberbia y arrogancia, siento que es muy profundo en lo conceptual, *es agradecer la vida, dando mas vida,* algo así como procrear un nuevo ser pero con métodos no convencionales, a fin de cuentas será otro ser humano, único, especial, con sus propias ideas, con sus propios sentimientos con sus propias aspiraciones y miedos. No es como si al clonar, el individuo resultante es una copia tan buena regular ó mala del original, eso es tonto y poco enterado sobre este procedimiento como lo veremos mas adelante, continuar nuestra especie haciéndola mas fuerte, para hacerle de mejor calidad y cantidad la vida a los nuevos seres humanos del futuro, me parece no solo fabuloso, también me parece un poco como la herencia a los seres humanos del tercer milenio.

Pensar con determinación y viendo al futuro en llevar nuestra especie a otros mundos es posiblemente el destino para lo cual fuimos creados, continuar nuestra especie en otros lares distantes de este hábitat que un día "ellos", nuestros creadores eligieron para su experimento genético cuyo resultado fue la creación de la raza humana, de Ud. de mi, ¡de nosotros!

CLONACIÓN ... ¿LA NUEVA TENTACIÓN DEL ÁRBOL DE LA VIDA?

El 24 de febrero de 1997, la humanidad por intermedio de sus "medios masivos de comunicación", se dio por enterada de un singular y trascendente suceso que dejara huella para la posteridad, para la memoria de las futuras generaciones de seres humanos.

Ese día, se informo "oficialmente" sobre los resultados de largos y meticulosos experimentos en el campo de la Ingeniería Genética que tuvieron como resultado la "clonación" de un mamífero, para ser preciso, de ¡una oveja!

Tan importante acontecimiento, estuvo a cargo del Instituto Roslin de Edimburgo, Escocia.

El acto de divulgación o rueda de prensa como dirían algunos, estuvo a cargo del **Dr. Ian Wilmut.** Sobra decirles que lo que ahora ya sabemos y que en ese momento era una noticia de interés mundial, conmocionó a la opinión publica del planeta entero, el hecho de saber "oficialmente" de que con la avanzada ciencia a la que se le conoce como ingeniería genética se pudo reproducir literalmente a un ser a partir de otro, eso dejó a entendidos y profanos con poco menos que la boca abierta.

Para muchos, este singular paso de la ciencia humana, es un paso adelante, es decir lo vieron como algo positivo, en cambio para otros, esto fue el detonador que hizo estallar sus cerebritos retrógrados y disfuncionales.

Los primero, es decir los que recibieron con agrado dicha noticia, vieron en ella, una gama de posibilidades de beneficio para el género humano, no solo aspectos moralóides ó pseudo éticos que en realidad esconden intereses creados de los señores que nos manipulan.

En cambio, los que pusieron el "grito en el cielo", y se desgarraron las vestiduras por este acto en contra de "natura", inmoral etc., en realidad no solo están estérilmente intentando oponerse al progreso de la ciencia, al devenir de la humanidad del nuevo milenio, están mostrando poco conocimiento del procedimiento, ignorando los beneficios reales que seguro estoy ellos mismos, los opositores, serán los primeros en suplicar se les aplique los beneficios de esta ciencia tan positiva para el genero humano, y es que como veremos mas adelante, la clonación, mejor dicho, la ingeniería genética no solo nos ayudara para crear clones humanos, también será parte fundamental en la solución de muchos problemas que nos aquejan hoy en día a los humanos, esto lo abordaremos con mas claridad y profundidad poco mas adelante.

En dicha conferencia de prensa, se divulgó que los conocimientos actuales en materia de ingeniería genética, no solo permiten ya "clonar" ovejas, monos, vacas etc., sino también está el potencial de aplicar dichos conocimientos obviamente en el mismísimo ser humano!

Obviamente que esto fue lo que desato la conmoción por demás inaceptable así como demagógica y malintencionada de muchos pseudo representantes del mundillo manipulador mundial.

Efectivamente, la clonación de la oveja bautizada como "dolly", obtenida a partir de una célula de un animal adulto, abrió las puertas a la "reproducción" idéntica de un ser humano según los señalaron médicos como el famoso Patrick Dickson al periódico británico "Daily Mail".

El autor de la obra "La revolución genética" dijo entre otras cosas, que la historia nos ha mostrado que lo que se puede hacer con mamíferos, se pude hacer también con el humano.

Consecuentemente, dentro de muy poco tiempo, tendremos la capacidad científica y tecnológica para "clonar" a seres humanos en forma masiva ó por lo menos más abierta a la opinión mundial.

Así mismo advirtió que será posible que algunos científicos sin ética, sin escrúpulos (agregaría yo, pero mucho muy inteligentes y capaces en el campo de la ing. genética), estarán experimentando con seres humanos, así lo destacó en su opinión el destacado científico **Patrick Dickson**.

Lo cierto es, que aunque sea aun de manera extraoficial desde el punto de vista informativo, Ya se han "creado" seres humanos con esta increíble técnica, al aceptar el éxito obtenido con "dolly" la oveja, se buscaba mas que nada "sentir" la opinión mundial, al comentar sobre este hecho de singular importancia en realidad se estaba midiendo la aceptación de esta técnica aplicada a los humanos, se buscaba analizar las reacciones de las instituciones, de la opinión publica a nivel mundial, que en términos generales , por ignorancia, por dudosos escrúpulos, por moral ambigua, pero sobre todo por no conocer la técnica de la manipulación genética, de sus aplicaciones, de su trascendencia en la humanidad del futuro, No le dio la cálida bienvenida que en opinión de algunos se esperaba, pero en lo personal, creo que los verdaderos analistas de las reacciones de las masas, en realidad esperaban esta reacción y no los aplausos que según otros debieron escucharse ante la "realidad" de la capacidad de clonar seres humanos.

Pero algo les aseguro, ni la gélida recepción a la noticia por parte de estadistas de las grandes naciones que se pronunciaron en contra de proveer fondos federales para continuar con los trabajos de investigación de la ingeniería genética, ni los berrinches inmaduros, de instituciones que se sintieron desplazadas del evento al que no les invitaron por obvias razones como las religiosas, detendrán el camino seguro, firme, irreversible del saber humano, en este caso de la ciencia que permitirá clonar seres humanos, siguen los trabajos, si bien no clandestinamente, por lo menos en una discreta posición que da el silencio de ya no fomentar la polémica hablando ante los medios de comunicación masiva sobre el tema, me atrevo a afirmar, que la polémica forjada en torno a "dolly". A la clonación misma, no mostró mas que la punta del iceberg que en realidad existe al respecto, y si la clonación de una oveja ó de otros mamíferos como bovinos y primates causo conmoción mundial, imaginen si se hubiese hablado sobre trabajos ya hechos en seres humanos...no estamos aun preparados a recibir este tipo de informes, pero el ignorarlos no significa el que no existan ni mucho menos detener el avance de la ciencia del nuevo milenio.

Pero a todo esto y ¿qué es la clonación?

Antes de entrar en materia, es importante entender lo que es en si la clonación, esta aplicación de la genética en realidad existe desde hace ya varios siglos aunque obvio no tan desarrollada como en la actualidad.

La palabra "clon" se deriva del vocablo griego "klov" que se pronuncia clon, significa simple y llanamente "brote", algo así como lo que el vulgo suele utilizar para nombrar un nuevo crecimiento en una planta se dice, "tiene un brote nuevo".

Así pues se adoptó el término clon como un termino técnico utilizado desde hace muchísimos años para calificar ó denominar a cualquier organismo "descendiente" engendrado "asexualmente" y cuya información genética procede de un solo progenitor, NO de la combinación de material genético de individuos de diferente sexo, es decir de un varón y una hembra ó de un padre y una madre, por lo consecuente, es una "copia" genética "exacta" de su original genético.

Los trabajos de estudio, investigación y experimentación en este campo de la ciencia, iniciaron de una manera seria ó formal ya como ciencia en 1890, cuando Roux experimento con huevos de rana, marcando así el inicio de la embriología, punto e partida de la biología moderna.

Por aquel tiempo el embriólogo Aleman Edourd Driesh, quedó perplejo al comprobar que a partir de dos células "hijas" se desarrollaban animales "completos", no dos mitades del mismo animal como el y muchos habían supuesto apriori.

Sin embargo, lo que prácticamente marcó la base de la genética moderna, fueron los trabajos del zoólogo Aleman Hans Spemann, que sobre "Inducción Embrionaria" le valieron el premio Nóbel en 1935.

Este científico eligió para sus experimentos embriones de salamandra que habían previamente ya sufrido bajo experimentación, diez divisiones celulares previas, descubriendo que en esas primeras etapas, todavía no se habían determinado las diferentes partes embrionarias.

Tal hecho marcó la pauta a seguir para futuros trabajos en esta ciencia que digámoslo de una manera un tanto cuanto publicitaria mas que real, con el reconocimiento oficial sobre el gran logro científico con "dolly".

Los trabajos como ya lo mencioné, continuarán a pesar de los llantos y rechinares de dientes de los representantes oficiales de los "señores" de este mundo, ni siquiera ellos, ó mejor dicho…con el apoyo NO oficial de "ellos", las investigaciones seguirán, aunque ante la opinión publica, se hayan pronunciado en contra (?), ya que los "señores" dueños aparentes del planeta, se desgarraron las vestiduras en un acto hipócrita y demagogo al "condenar" la practica de este tipo de ciencia, especialmente si se aplica a las personas.

Líderes políticos, religiosos, científicos, comunicadores y demás miembros de los manipuladores oficiales de la raza humana rechazaron "oficialmente" la clonación en humanos, pobre ¡tontos! Como si el avance de la ciencia, como si el futuro se pudiese detener por "decreto" ó por "encíclica", aunque en la practica seguro estoy que muchos de "ellos", son los primeros que ya se frotan las manos pensando en como obtener beneficio de este hecho, mientras que de manera "oficial" se oponen, en lo privado estimulan, promueven, alientan, patrocinan las investigaciones en este campo y en cualquier otro que les permita generar riqueza, poder, que les brinde beneficio.

Pero Independientemente de las razones mezquinas ó altruistas de los involucrados en estos eventos, es en si la clonación, un increíble logro, un paso adelante, inmensamente importante para la ciencia del nuevo milenio y por ende para toda la humanidad del futuro.

La clonación humana es como ya les apuntaba en líneas anteriores, un hecho irreversible, pero si perfectible, que podrá ser tan moral ó ético como quien lo practique y sus finalidades.

Nos guste ó no, me guste a mí ó a Ud. , se oponga quien se oponga…Nadie podrá detener el avance del ser humano y su capacidad intelectual sin limites, ahora el "como" utilizar para bien ó para mal dichos avances en materia científica, es en lo que debemos de trabajar los seres humanos.

La información genética contenida en los núcleos celulares humanos, son determinantes, la influencia ambiental juega un papel importante papel en el desarrollo del individuo, es decir, Ud., yo, ¡todos!, somos lo que somos, bueno , regular ó malo en sentido general, por la conjugación de nuestra dotación biológica, nuestros factores biológicos "heredados" y el medio ambiente en el que estamos inmersos.

Nacemos con algunas informaciones codificadas en el DNA, que básicamente podemos describirla simple y llanamente, como nuestra "herencia" genética biológica, pero otras las "aprendemos" del medio ambiente en el que nos desarrollamos.

Lo anterior, nos hace ser "únicos", "irrepetibles", esto aun siendo un ser humano resultado de la practica de "clonación", cada individuo Nunca será solo una simple "copia" como algunos ignorantes sugieren, pues si hubiese cien ó mil individuos que en apariencia se parezcan, ellos serán su propia persona, su propio individuo ya que lo que se repite es la parte genética, no la psicológica, las experiencias que el medio ambiente da serán únicas en cada uno de ellos, es decir muy diferentes y disímbolas entre si, haciendo de cada caso algo diferente, influyendo de formas totalmente diferentes en cada persona clonada, haciendo por ende muy especial y único cada caso. Cada individuo cada quien tendrá sus propias experiencias y desarrollará su manera de responder. El mejor caso de esto lo encontramos en los ejemplos a los que estamos acostumbrados a ver cuando la naturaleza les proporciona a los padres gemelos idénticos, no me digan que son lo mismo?, cada uno es una persona independiente, única, especial por mas que se parezcan ó que morfológicamente ó genéticamente sean "iguales", lo cierto es que ¡no lo son!

Cada Individuo clonado, será una "PERSONA" mas, no una simple copia de un original que le dio la carga genética, ó ¿es que acaso los gemelos idénticos son fenómenos a los que debemos de temer ó desechar ó alguna tontería de esas que se les ocurren a los anecefálicos fanáticos sin conocimientos sobre nada?

¿Es que debemos también evitar los nacimientos gemelares por decreto de los manipuladores y vividores que dirigen los destinos de la humanidad? ... o los embarazos múltiples hoy muy comunes resultando de la ayuda "hormonal" y técnicas de fertilidad que dan lugar a nacimientos en números múltiples.

Un clón ó mil clones, tendrán su carga genética que los haga solo aparentemente "iguales"pero nunca en lo intelectual, en lo afectivo, en lo sentimental, para que me entiendan los que solo comulgan con conceptos caducos y rancios ...tendrán su "propia" almita ¿...contentos?

Además que serán hasta posibles victimas de los manipuladores al igual que los que nacen por medios "ortodoxos" ó normales, ó como dirían los pusilánimes moralistas ...por medios naturales.

Ciertamente que cada ser humano que nazca con la ayuda de la ingeniería genética mediante la técnica de la clonación, tendrán su propia individualidad, su propia personalidad, su propio YO.

No entiendo los "miedos" de algunos ignorantes fanáticos que piensan que los clones humanos, serán simplemente copias "fotostáticas biológicas" de un original progenitor, que fungirán únicamente como refaccionarías orgánicas en tiendas biológicas del futuro ...no solo están mal de la cabeza, no entienden nada de este avance científico y su mente retorcida por la influencia de películas de ciencia ficción, les hace temer cosas sin fundamento.

Los ricos ó poderosos, no podrán valerse de estos aparentes seres humanos de segunda como algunos conceptúan a los clones humanos, en todo caso no requieren los ricos ó poderosos de un clon para "comprar" lo que les venga en gana hoy en día ¿no lo creen? Otros débiles mentales ya creen ver inmensos ejércitos conformados por soldados hechos a base de técnica de clonación, imagine Ud. bastaría con un solo soldado para que una nación tuviera un súper ejercito tan numeroso como sus medios económicos y sus miedos ó deseos de pisotear a los demás le permita ...eso es inexacto, infantil, tonto e ignorante!.

Otros ya ven a futuro "esclavos" en ellos, es decir en los clones humanos, dedicados a labores que el "hombre nacido vía natural" tendría a su servicio por poco menos que nada, bueno a eso tengo que decir, que en la actualidad muchos seres humanos esclavizan a sus semejantes aprovechándose de sus necesidades, y no son clones, así es que posiblemente algunos posiblemente les gustaría que se crearan esos seres humanos que deseo quede bien claro son ó serian tan NORMALES como Ud. ó como cualquier otros ser humano de los que se conceptúan como tales es decir …normales como una precisión que debo hacer dirigida a los ignorantes y fanáticos, un clon. En este caso hablemos de un ser humano nacido con la ayuda de esta técnica, debe de seguir el mismo proceso normal de tiempo gestacional y de desarrollo normal semejante a cualquier humano normal. Es decir, una vez "preparado" el óvulo e implantado en el útero de una mujer para su proceso de gestación "normal", nacerá como cualquier otros ser humano. Es decir como un niño, así es que aquellos que creen que se utilizaran como "dobles" del que lo "mando" a hacer por encargo para que haga sus tareas desagradables, pues tendrá que esperar años y años hasta que tenga la "edad" de su progenitor al que teóricamente debería "servir". Muchas personas piensan que un clon será una copia de la persona, que nacerá en estado de desarrollo cronológico de madurez semejante a la edad del "donador" del cual se tomo el DNA, que si tenia 35 años por decir una edad, el nuevo "ser humano" resultante de la utilización de la técnica de la clonación, deberá tener ¡35 años! Les tengo noticias. ¡NO es así! Nunca será semejante al de la persona de la cual se obtuvo su carga genética..

Muchos lo han pensado así, es decir, que "bajo pedido" se mandan a hacer por mayoreo, también se imaginan que dichos clones ya nacen como "adultos" es decir para ser utilizados de inmediato. No se detienen a pensar que los individuos que nacen con la técnica de la clonación, nacen como cualquier niño normal, debe de seguir el proceso de desarrollo normal como cualquier otro ser humano. Tendrá que pasar por todas las etapas de desarrollo propias del ser humano.

Hay quienes se oponen diciendo que existe el peligro de "clonar" seres humanos negativos, suponiendo que alguien mediante alguna técnica súper sofisticada hubiese preservado alguna célula de Adolfo Hitler, temen que ese energúmeno pudiese volver a hacer el mal, pero aclaremos que solo seria un ser humano con un parecido ó una semejanza a ese individuo, con su misma carga genética, pero posiblemente con tendencias positivas y hasta aspirante a algún puesto de esos que ocupan los vividores y manipuladores oficiales, imaginen a un "Adolfo Hitler", es decir un clon de el, en plan de Papa ¿dirigiendo a la Iglesia Católica?, bien pudiera ser potencialmente posible, pero NO seria Adolfo Hitler, seria un ser humano con un parecido exagerado ó digamos Igual a el, pero totalmente diferente ya que seria el clon, su propio ser humano, su propio individuo, su propia personalidad, su propia y particular persona para   obrar bien ó mal sin tener necesariamente nada que ver con su "progenitor" al que no conocería tan siquiera, entienden el concepto que pretendo dejar bien claro?

La ignorancia, la estupidez, los miedos, son lo que algunos manipuladores fanáticos de esos de los que tanto hemos hablado como los dueños aparentes del planeta, intentan aprovecharse para deformar y desinformar sobre este increíble avance científico, esto es lo que algunos de esos "entes" pseudo humanos, los que se aprovechan de otros, intentan vender como la gran finalidad de la clonación para "satanizarla", degradarla, hacerla ver como algo malévolo ó perverso, seguro estoy en manos de ellos, si se aplicaría de esa forma!.

En este avance científico del ser humano, yo solo puedo ver superación, avance, crecimiento, y dígame si a Ud. ¿no le agradaría vivir mas tiempo y de mejor calidad? No le creería si dice que no, en todo caso pensaría que su vida no le es tan positiva como para desear prolongarla mas, en todo caso, pues es solo a Ud. le concierne pero deje a los demás pensar y buscar otras alternativas para el futuro, pues la ingeniería genética no solo es hacer seres vivos, en este caso humanos en forma "industrial", por cantidades digamos comerciales, al mayoreo…eso es solo lo aparente, se trabaja en muchos otros campos que tarde ó temprano solo beneficiaran al ser humano al lograr manipular, descifrando los códigos genéticos del ser humano, de los animales y plantas de los que se sirve a los que quiere preservar, evitando su extinción, mejorando su super-vivencia, haciéndolos mas fuertes, mejor adaptados, brindando mas calidad y cantidad de vida, de procreación etc.

En el ser humano y en los animales, se podrán evitar males incurables, hacernos mas longevos, mas productivos, mas saludables, mas felices es todo eso contrario a la raza humana?...en lo personal creo que no!.

Imagínese llegar a edades consideradas como "viejos", digamos a los 70 años, enfermos, achacosos, improductivos, ¡infelices! Con el auxilio de la ingeniería genética, el ser humano del futuro, podrá fácilmente llegar a los cien años, pero no solo como un viejo que cause lástimas, como un ser hu-mano dinámico, productivo, con lucidez intelectual, físicamente comparable con un individuo de 40 años de acuerdo a nuestros estándares actuales. Imaginen Uds. que la etapa de adulto maduro inicie a los 90 años, ¿que las posibilidades de vivir 120 ó mas años con calidad sean un hecho? …pues les tengo buenas noticias, muy posiblemente los hijos de los hijos de sus nietos ya gocen de algunas de las infinitas bondades de la ciencia y capacidad de algunos humanos que se han dado a la tarea de ayudar a sus semejantes. No lo puedo comprobar como muchos quisieran, ¿pero acaso ellos estarán para ver lo contrario?…¡creo que no! Aunque no me sorprendería que esto se pudiera tener como un hecho aun mucho antes, yo soy un creyente, un admirador de la mente humana, de su capacidad creativa, de su deseo de supervivencia, de su amor por los demás, de su deseo de devenir, de continuarnos como especie pensando en grande, no como enanos mentales como mas de alguno de los detractores de cualquier avance humano.

La genética beneficiará a plantas, animales. Se mejorara la reproducción de especies en peligro de extinción, las que benefician al humano, esto lo traduzco con un bien fundamentado optimismo en hechos, como menos hambre para los pueblos menos favorecidos, mas abundancia de todo, menos miseria, menos desigualdad. Supongo que eso a algunos no les convendrá y buscaran por intereses mezquinos abortar cualquier posibilidad de benéfico social masivo, pero no podrán detener el futuro.

Esos que lucran con el dolor ajeno, con la ignorancia, con los miedos de los demás, son los que ven en peligro su estabilidad, sus intereses, pero ya no podrán lucrar tan fácilmente ya que para entonces los ojos de sus borregos estarán abiertos por el conocimiento que por fortuna sus beneficios son para todos.

Así es que a esos que les gusta vivir del dolor de los demás, que promueven la ignorancia mediante la obligación en creencias sin sustento, les veo sus días contados. La humanidad será entonces realmente libre para pensar en poblar otros planetas, pero teniendo esta nuestra casa el planeta tierra en paz y tranquilidad que solo la igualdad de oportunidades y el hambre saciada pueden proporcionar.

Como todo en la vida, las cosas son tan buenas ó tan malas como el ser humano quiera no solo verlas sino manipularlas. Depende del uso, del fin, para el que se utilicen, de allí que siempre habrá personas que aplaudan los esfuerzos de otros, en este caso de los científicos, que los apoyen, los estimulen a seguir adelante, otros en cambio, estarán al acecho para intentar detener el avance, el punto medio que da el balance, será la pauta para los logros en este y en cualquier campo del saber humano.

Para dar un poco en que pensar sobre los pros y los contras sobre el asunto en particular de la clonación, me permitiré compartir con Uds. mis amables lectores de mente abierta y objetiva algunos puntos de vista.

Algunos supuestos "expertos" en ética (?) dicen que la realidad de crear animales y humanos idénticos con la técnica de la clonación, es parte de una "siniestra" manipulación utilizando la ingeniería genética …que quisieron decir con esto? ¡no lo se, no me importa!

Esto se suma al caudal de "opiniones" enteradas (?), conocedoras (?), bien intencionadas (?), etc., que surgieron desde que Wilmut puso en la mesa de las discusiones de la opinión mundial todo lo referente a la clonación de una criatura del reino animal, la reproducción de la oveja "Dolly", a partir de otra oveja adulta, para ser exactos, de una célula del tejido perteneciente a sus glándulas mamarias ó ubre.

Tras un cultivo en laboratorio extrajeron el núcleo de esa célula conteniendo el DNA, (perfil genético), luego lo sometieron a un baño químico y lo introdujeron en un "huevo" (óvulo) sin fertilizar al que previamente le habían extraído el núcleo.

El embrión creado mediante esta técnica fue posteriormente "implantado" en una oveja adulta para un proceso "normal" de gestación ó embarazo que en esta especie animal es de cinco meses de duración el ciclo gestacional, al final del cual nació "Dolly", causando revuelo, alborotando conciencias, causando opiniones encontradas, a favor y en contra, polemizando, haciendo solo declaraciones demagógicas sin fundamento científico.

La opinión publica mundial, al conocer este hecho científico, también fue enterada de otra serie de avances científicos increíbles que beneficiaran al ser humano, estas técnicas genéticas avanzadas, permitirán crear animales "transgénicos", es decir vacas, ovejas, cerdos etc., cuyo DNA, podrá ser manipulado y alterado para producir hormonas humanas, con las que se conseguirá en el futuro, que sangre de estos seres vivos, considerados inferiores al ser humano, se pueda utilizar para transfusiones, además de los órganos de los mismos animales se podrán utilizar para transplantes a seres humanos.

Para los que se opongan a este posible hecho, cuando se vean en la necesidad urgente de requerir sangre u algún órgano para ellos ó algún ser amado, y que vean que la ignorancia, el miedo, y la apatía de otros seres humanos no se los proporcionan, será entonces cuando querrán sangre aunque sea de perro ó cerdo con tal de salvarse ó salvar al ser querido. ¿No lo creen?.

Esto elevará el concepto de respeto y aprecio por aquellas especies consideradas inferiores, que no solo nos alimentan, nos visten, nos acompañan, nos divierten, alegran nuestros pasos por este plano dimensional. Ahora ellos, los animales, nos salvaran con su propia vida, con su sangre, con sus órganos.

A todo esto que para algunos podrá resultar grotesco y hasta "diabólico", se le llama "transgenia", no se busca crear mutantes con cuerpo de cabra y cabeza de humano ó tonterías por el estilo, eso déjelo para Hollywood y sus fanáticos ignorantes que solo buscan lucrar con los miedos e ignorancias de los que creen que todo lo que ven es cierto, no solo fantasías para divertir no para enseñar a nadie.

Los supersticiosos, y sus manipuladores que se aprovechan de quienes no quieren saber la verdad que da el estudio, la investigación seria, los libros y otras fuentes de conocimiento sobre los avances de la ciencia del hombre, unos y otros se convierten en una relación enfermiza, patológica, simbiótica y no pueden vivir los unos sin los otros, amándose, odiándose y aprovechándose los unos de los otros, pero a fin de cuentas olvidándose de buscar la verdad que esta al alcance y disposición de todos, de quienes la buscan genuinamente, con interés, de paso, para algunos de Uds. que leen esto, si no cree ó cree a medias ó quiere saber mas, busque informes sobre genética, embriología, etc. Se dará cuenta de que lo que aquí ha leído es solo un comentario mínimo sobre la extensa verdad al respecto, se dará cuenta que lo que ahora es imposible para algunos, en un futuro mediato, será una realidad, y aun mas pues se superaran las expectativas a nivel científico y tecnológico como nunca lo soñó el ser humano mas optimista y positivo.

Pero mientras tanto, protestas de la iglesia católica deseosa como siempre de protagonismo mundial y que ven amenazados sus "principios" divinos de creación, pues lanzan gritos de histeria condenando la clonación, pero más les valiera dedicarse a "apacentar" a sus ovejas que cada vez se salen mas del rebaño al abrir los ojos y darse cuenta de la realidad, pues ya no creen en sus "pastores" manipuladores, ni en sus rancias y anacrónicas creencias sin sustento, la gente comienza a pensar, a informarse, a estudiar, a no creer por creer, a no dudad por el gusto de hacerlo, ahora buscan informarse, investigar, estudiar, eso da libertad, da independencia intelectual, a no creer por decreto en dogmas que solo benefician a líderes pseudo espirituales e ideológicos.

Pero no solo la Iglesia (en general todas las religiones), organismos como la OMS, (organización mundial de la salud), estudia ya las "medidas" que habrán de regir y reglamentar este tipo de investigaciones y experimentos genéticos, pues después de la oveja Dolly se han estado revelando mas logros en este campo en varios países como el de los monos que nacieron en Agosto de 1996 bajo este tipo de técnicas apoyadas en la ingeniería genética, mismos que se efectuaron en Oregon, USA, y divulgados a raíz de lo ocurrido con Dolly, el "Centro de Investigación Regional del estado de Oregon, fue la institución en donde fueron clonados los embriones de monos, a cargo del prestigiado y reconocido Científico Don Wolf, todo lo anterior publicado en el periódico Washington Post.

A los pocos días de esta noticia en donde se involucraba a primates en experimentos genéticos (deberíamos decir ¿"primotes"?), el 9 de Marzo de 1997, un cable noticioso de la agencia noticiosa italiana ANSA, indico que un niño de 13 años, logró obtener "in vitro" tres parejas de ranas perfectamente idénticas, luego de haber leído un libro sobre técnicas experimentales de clonación escrito en los años treintas!.

En Bélgica se asegura que actualmente camina sobre el suelo de ese país, un adolescente "clon", el cual en opinión del doctor y de la institución medica en el que se le "creo", bien pudiera ser el primer ser humano "oficialmente" reconocido como el primer producto de la practica de la "Clonación en humanos". Todo nos sugiere estimados amigos lectores, que solo estamos siendo testigos de la punta del iceberg, la verdad esta aun escondida, silenciada por intereses de unos cuantos, especialmente después de analizar la aparente y

oficial respuesta de organismos internacionales que supuestamente representan el pensar y sentir de la gran mayoría de los humanos que vivimos en este
planeta.

Con el anuncio de la obtención de una oveja clonada, lideres de Gobiernos como el de USA, Francia, Italia etc, dijeron que por ahora ...(?), no habrá
fondos(?) económicos para este tipo de investigaciones y que además legislaran
al respecto para detener esas investigaciones.

Lo cierto es que son posiciones políticas "fariseicas", para apaciguar conciencias e intereses, otras noticias habrán de tomar mas interés momentáneo,
para luego quedar en el olvido, de igual manera todo lo referente a la ingeniería genética, al ya no haber mas informes" bomba" sobre el tema, habrá
de olvidarse a nivel de opinión publica, ya que dejara de ser noticia para los
medios de comunicación amarillistas, pero no significa que se detengan los
trabajos al respecto!

La verdad es que todos los lideres, organizaciones etc, que se pronunciaron
en contra de la clonación, se harán de la vista gorda, no se involucraran oficialmente en contra de los avances una vez que ya dijeron algo al respecto.

La gente que vive de noticias sensacionalistas. Pronto se olvidaron del
ámpula levantada a raíz de la noticia sobre la clonación de Dolly, muy posiblemente la próxima noticia que se de en un futuro, será cuando ya existan
realidades irreversibles sobre avances que beneficien al género humano
aunque se opongan muchos hipócritas al respecto.

Por ahora, el ser humano "crea" ya vida a partir de la vida, el hombre
conoce ya algo mas que rudimentos para el diseño y creación de seres vivos,
se ajustan y manipulan genes. Ya podemos decidir lo que queremos y hasta
podemos "esculpir" las cosas vivas para que se adapten a ello .... de hecho,
incluso podemos preguntarnos que tipo de seres humanos nos gustaría ser ó
que nuestros hijos fuesen (futuras generaciones). En muy poco tiempo, el
ser humano podrá ayudar a sus semejantes, aunque supongo los negativistas
estarán pensando que todo esto será solo en detrimento de la raza humana
¿verdad? Para ellos, los opositores al progreso lo ideal seria vivir en el tiempo
de las cavernas ó andar en la ramas de los árboles.

Para los miopes neuronales que piensan que un rico poderoso, que un
"Don", con dinero y poder puede "mandarse" a hacer un doble bajo pedido
para que lo supla en labores propias del que le sirvió como "progenitor" de
donde se extrajo el material genético original, creo que están deficientemente
informados ó posiblemente dolosamente enterados sobre el tema, ya que por
ejemplo mandar a "crear" un Sadam Hussein ó un Salinas de Gortari ó un
George Bush, para que los supla en sus funciones, el supuesto nuevo ser deberá
primero ser gestado en un periodo "normal" como ya lo habíamos analizado
anteriormente. Luego será un niño, un adolescente, adulto etc, y esto toma

tiempo, el mismo que cualquier ser humano nacido vía "normal", le tomaría, entonces no es como si el "doble ó triple" ser clonado pueda utilizarse de inmediato, así es que para dejar de una buena vez aclarado esto, el clon, solo será idéntico en su carga genética, no en su experiencia, en su cronología etc, al organismo que le "dono" su información genética.

Nunca se podrá hacer un clon con al "misma edad cronológica", aunque posiblemente no debo utilizar la palabra nunca, mejor diré por ahora eso es imposible, pues caso contrario, seria como pensar en una maquina "copiadora" en donde se meta al humano original, y se "obtengan " tantas copias como se le soliciten a esa hipotética máquina maravillosa por ahora inexistente.

Por ahora y volviendo a la técnica con los avances hasta ahora conocidos y posibles, el clon solo se parecerá a su progenitor, quizá cuando se desarrolle, su evolución lo lleve a parecerse a su "originador", pero su mentalidad será especial, única, diferente. Imagínese a un ser humano obtenido a base de la clonación de una célula de Bill Clinton, que al crecer llegue a ser el máximo jerarca de la iglesia católica es decir Papa, ó bien un clon del Papa, que llegue a ser dirigente de la religión Islámica? ¿Por que no? ¡Todo esta dentro de lo posible! Suena disparatado, lo sé, pero no deja de ser enteramente posible, mas que para que se fijen en los ejemplo en si, que son de importantes lideres públicos reconocidos a nivel mundial, es para subrayar el hecho de que un "clon" no es una copia de otro ser, siempre será un individuo que piense y actué libremente de acuerdo a un proceso y desarrollo normal como cualquier otro individuo de su misma especie. No es entonces que un clon de Clinton vaya a ser presidente de los Estados Unidos por su singular semejanza física con el que si fue en realidad Presidente de esa magnifica Nación aunque estén iguales físicamente. Quizá el clon se dedique a la mecánica ó sea ingeniero, y hasta sea monógamo y practique la fidelidad conyugal. Esto de entrada ya lo haría diferente a su "progenitor". Estos son solo ejemplificaciones, no es política, posiblemente lo acepto, un poco de sarcasmo, Ud. haga sus propios ejemplos de posibles clones con gente conocida ó familiares y le aseguro resulta mas que preocupante, ¡divertido!.

Otros estarán pensando que una vez mas nos encontramos con una repetición del desafió divino, de la prohibición de no comer el fruto prohibido del árbol de la vida descrito en el génesis bíblico, fue la serpiente la que "azuzo" a la mujer y esta al hombre a comer del árbol de la vida y del conocimiento prohibido para sentirse como "dioses", yo creo, que en el caso del creador ó creadores del universo, de la vida etc, estarán felices de ver nuestros avances, no creo sean acomplejados como para no gozar y aplaudir nuestros pasos agigantados que hemos dado como especie desde nuestra creación hasta estos primeros años del nuevo siglo XXI, ellos estarán aplaudiendo nuestros logros, es mas creo firmemente convencido, que eso, es decir el avanzar en todos los sentidos, mejorarnos, es precisamente uno de los objetivos, de las razones de nuestra existencia, explotar al máximo nuestras capacidades con responsabilidad, con respeto buscando mejorar nuestra especie, buscando "TRASCENDER" en otros puntos del universo, ó es que Ud. acaso no se recrea, ¿no se alegra por la superación de sus hijos? ¿Le molesta que ellos se superen, que sean mejores que Ud.? ¿Le incomoda que ellos sepan mas de todo que Ud.? ¿Los detendría solo por sus complejos e inseguridades? Creo que no. Aun si su envidia fuera patológica, creo que no podría detenerlos aunque quisiera, mas bien creo que los estimularía, les ayudaría, los impulsaría a seguir adelante hasta donde les sea posible, para que el día de mañana, vengan otros y retomen lo ya existente y sigan creciendo, mejorando, superando lo que otros dejaron antes ¿verdad? Posiblemente solo vigilándolos, supervisándolos, orientándolos, pero nunca reprimiendo sus deseos de lograr la superación.

VESTIGIOS DE VISITAS DE SERES INTELIGENTES DE ORIGEN NO TERRESTRE.

La llegada de los "dioses" ó criaturas mas evolucionadas a la tierra en tiempos inmemoriales, no esta registrada únicamente en las leyendas de los pueblos antiguos, existen evidencias grabadas en piedra, pinturas, murales etc, que nos sugieren la visita de estos seres a nuestro planeta.

Escenas de apariciones de extraños objetos, seres de gran tamaño con indumentaria no propia de un ser humano de esos tiempos ó de esos lares, han sido dibujadas y estampadas para la posteridad en lo que conocemos como "petroglifos", también tenemos las pinturas rupestres.

Paralelamente, en las diversas épocas de nuestro planeta podemos descubrir la presencia de inteligencias provenientes de algún punto del universo no conocido por el ser humano. Todo esto esta plasmado en murales hermosos y bien conservados, pero sobre todo muy enigmáticos, estos ofrecen a quien los admira, un recuerdo del paso de esas entidades siderales y su acción entre los seres humanos y su evolución.

Como todo en esta vida, hay quienes con un mal entendido escepticismo, hueco y negativo, sin fundamentar su oposición mas allá del berrinche inmaduro del intolerante a lo diferente, que le da por regodearse negando todo por el simple placer de hacerlo, de ridiculizar las cosas que no son como el ó ellos piensan que debían de ser, sobre todo que no las entienden, que atentan contra su ideología, su estabilidad, como lo que aquí exponemos bueno ellos simplemente dirán que esos dibujitos dignos de niños de kindergarden son simplemente fruto de la ignorancia de sus autores, de su desmedida imaginación por lo desconocido por ellos, y en estos tiempos de fácil (?) explicación.

Dirán que dichos dibujos solo representan lo que a ellos les convenga ó que tales dibujos son una mentira, ó quizá que representan una cosa diferente a lo sugerido por miles de personas que ven en ellos la representación de seres venidos de las estrellas a nuestro planeta y que son muchísimo mas inteligentes que nosotros los humanos…¡allá ellos! …los que niegan estas posibilidades.

vayamos a los ejemplos:

Seres humanos primitivos, nos han legado hermosísimas y exquisitas pinturas como las encontradas en las cuevas de Altamira, Cullavera y la Pasiega en norte de España, así como las de Combarelles, Ussat y Lacaux en el sur de Francia.

Pictografías que se remontan según los estudios de datación a unos 15,000 años antes de la venida de Jesús el Cristo, y aunque parezca increíble, se pueden apreciar pinturas rupestres que fácilmente nos hacen pensar en un disco volador de los que en la actualidad, de principios de siglo XXI, llamamos OVNIS que es lo que ellos vieron y quisieron dejar plasmado para la posteridad en sus pinturas. ¿Que fue esa visión tan importante que les impacto y quisieron dejarlo en la memoria de las futuras generaciones como algo digno de recordar? ¿Que fueron esas visiones que los conmocionó y que fue tan importante como para querer dejarlo plasmado a su manera intelectual, con sus medios rudimentarios, con la tecnología primigenia de sus tiempos para que otros lo vieran al cabo de los siglos?

"Cronistas" de la época de las cavernas, asientan en sus "reportes" casos tan interesantes y atractivos como el de VAL CAMONICA, en Italia. En este sitio se ven dibujos de hombres empuñando objetos de extraña forma, que bien podrían sugerirnos armas ó detectores de metales (?) como juguetes para distraerse. Estas figuras tienen en la cabeza, algo como un casco transparente el cual nos permite observar a la región craneal muy bien protegida.

Estos dibujos antiquísimos ¿a quien representan? ¿A dios? ¿A los ángeles? ¿A los demonios? ¿A seres extraterrestres? Creo que es muy difícil concluir algo sin caer en alucinaciones que presuman de ser la verdad. Lo cierto es que debemos de cuestionar a quien ó a que representaban esos dibujos que nuestros ancestros nos legaron, pero preguntémonos algo, en esos tiempo por fortuna para ellos, aun no aparecían las religiones, no existían los calificativos de "santos", demonios, etc. ¿Que fue entonces lo que ellos quisieron representar en sus grabados y dibujos que tanto los impacto? ¿Que quisieron decirnos estos hombres de tiempos antiguos al inmortalizar con su rudimentario pero gráfico e interesante arte?

Si alguno de Uds. lectores, piensa que todo es hecho por dios, lo respeto, pero estoy en total desacuerdo, ó en todo caso yo preguntaría …¿Cual de todos los dioses?, ¿El de cual religión? ¿El mas poderoso? No lo digo con sarcasmo. Pero es bien sabido que el Papa Juan Pablo II, máximo jerarca de la iglesia católica, cuestionado ante la noticia de que la NASA de los Estados Unidos encontró vestigios de vida microscópica en un meteorito llegado del planeta rojo es decir Marte, cuando le preguntaron su opinión al respecto y sobre uno de los máximos dogmas de esa religión que el dirige, sobre la posibilidad de vida en otros planetas, él a pesar de que no es hombre de ciencia, debo reconocer si un hombre culto y bien asesorado, además de que no es tonto y si un brillante diplomático, astuto dirigente, se permitió decir que …en caso de que existiera vida en algún lugar del universo, dios, su dios, el que el representa en la tierra, seria el único (?), capaz de crear vida igual ó diferente a los humanos.

¿Que mas pudiera haber dicho este máximo representante de la jerarquía manipuladora mundial? … ¡solo eso! Es mas, creo que ya deben de estar formando los nuevos misioneros cósmicos para enviar a propagar su religión a otros mundos en caso de descubrirse vida en otros planetas, imaginen Uds. una sucursal del Vaticano en otro planeta!! …¡como para Ripley!

Además de que el Papa se curó en salud y tomó posesión ideológica sobre el **Génesis** en otros puntos del universo, no deja de ser casi graciosa su postura pues quieren para si, la exclusiva evangelizadora del nuevo ó nuevos planetas. En otras palabras, compró los "derechos" para llevar su misión evangelizadora, esperemos que no suceda como aquí en la tierra en la que a base de sangre y muerte inculcaron en muchos pueblos la "bondad y amor" de su representado.

Por cierto y hablando del Papa sabían Uds. que a finales de Junio del año 1999, durante una de sus audiencias y ante mas de 10,000 fieles el máximo jerarca de la Iglesia Católica habló sobre Cielo e Infierno, esto no tendría nada de especial a no ser que aparentemente se esta saliendo del libreto que el y su curia siempre han vendido como "verdad".

Lo cierto es que Juan Pablo II, dijo ante los asombrados e incrédulos seguidores de la Iglesia y del, que el cielo es para quienes han acogido a DIOS. Bueno eso no es nada nuevo de lo que nos han vendido por mas de dos mil años ¿verdad? Pero que tal si a eso les comento, que el agrego que el cielo NO existe como un lugar físico, allá arriba entre las nubes ó donde se diga queda el supuesto y mitológico lugar llamado "cielo", el máximo cura dijo que el cielo, es solo el estado resultante entre una relación viva del humano y su relación con dios (?).

Por si no fuera poco el reconocer que el cielo en realidad no existe, y lo digo con mucha conmoción sintiéndome mal por todos aquellos "creyentes" que aguantaron todo en esta vida y siguieron al pie de la letra los "mandamientos" impuestos por milenarias tradiciones, bueno ellos esperaban ir a retozar al cielo, entre angelitos y quizás ser hasta uno de ellos, gozar, olvidar para siempre el dolor, solo felicidad etc. ¿entonces que? ¿todo para nada? Bueno de acuerdo al Papa, deben de conformarse con solo una relación viva y personal con dios (?) a nivel espiritual (?).

Pero para todos aquellos que han sido delincuentes de los mandamientos, que no solo no los han seguido sino hasta los han quebrantado dolosamente, les tengo noticias, cuídense de la ley terrenal, ya que de la "celestial" que supuestamente los enviaría a ese otro lugar mítico y horripilante en donde todo es llanto y rechinar de dientes, fuego, azufre, dolor etc. pues no tienen que preocuparse ya que también el Papa ese mismo día, dijo que el infierno NO existe como un lugar físico, que mas bien es el estado de aquellos que libre y definitivamente se separan de dios... uff!

Luego el diplomático del Vaticano subrayó que la condena eterna no puede atribuirse a dios (a su dios), que no es un castigo de dios, que es la consecuencia del pecado mismo, ó sea que el hombre es el responsable.

No quisiera penetrar mas a este enredo teológico que ha desatado los demonios de la controversia, en lo personal creo que el Papa esta por fin diciendo la verdad, que todos esos rollos de cielos e infiernos, son un simple estratagema doctrinal para mantener a sus borregos con miedo ó con alguna esperanza después de esta vida (?).

Esto me hace recordar al ex-Abad de la Basílica de Guadalupe en México que causó polémica entre los creyentes pero sobre todo entre los manipuladores igual a él, cuando declaró públicamente su opinión sobre la "supuesta" aparición de la virgen de Guadalupe al indígena Juan Diego, ahora santo al vapor por gracia Papal.

Es decir, posiblemente por una vez en sus vidas han dicho la verdad, es decir, que todo eso que ellos han estado vendiendo como verdad, en realidad no lo es del todo!.

Como esto "cuesta" literalmente hablando a la Iglesia Católica que de por si pierde adeptos en cantidades Indústriales día a día, pronto se dieron a la tarea de desmentir al Sr, Shulemburg, ahora ex-abad de la citada Iglesia sitio de peregrinación y fé de millones de seres humanos.

Le costó el puesto ya que salió así corriendo por sus polémicas declaraciones de poner en entredicho todo lo referente al "milagro Guadalupano" ¡pero como no! Se les estaban yendo por el drenaje, potencialmente millones de dólares anuales producto de ingresos al santuario que creyentes donan en sus visitas.

El Vaticano no solo destituyó a este "mal servidor" que dicho sea de paso, se fue bastante rico del puesto del cual vivió y lucró luego puso en entredicho. Ahora como para darle fuerza a la mitología Guadalupana, ya hasta canonizó al indígena Juan Diego. Ya es un nuevo santo de la Iglesia Católica, como para desmentir al ex-abad y darle credibilidad a todo este rollo Guadalupano.

Viendo todo lo anterior, tal vez podamos pensar y concluir como posible, que estos dos señores representantes de la Iglesia Católica uno a nivel Mundial como el Papa y el otro a nivel de la Curia Mexicana, por una vez en su vida se sinceraron ó se les "salió" su verdadera opinión sobre lo que predican.

Basta de eso, solo diré que no pretendo decir nada que no sea de la opinión publica y nada de lo que no puedan Uds., cotejar u investigar su veracidad al respecto de lo comentado.

Ciertamente que en lo personal, no creía en ese paradisíaco lugar llamado cielo, como tampoco en ese pestilente y lóbrego sitio denominado infierno, pero muchas personas ¡si! ¿Que será de ellos ahora? ...no lo se pero en todo caso, como suelo decir ...¡allá ellos!

Entonces ahora ¿en donde estará el "premio" a las buenas obras? ¿ó el castigo a los que se "porten mal"? Como que no veo mucho atractivo ahora para mucha ¡gente ...suerte!, Casi olvido comentar así de pasadita, entonces si no existe el cielo ó el infierno, ¿que de los ángeles, querubines y malandrines de todas las jerarquías, otro cuento?

Volviendo a nuestro asunto de la "evangelización" de otros mundos, la Iglesia (s) de todas las denominaciones colores y sabores que pululan por doquier en este mundo, buscarán comprar los derechos de "evangelizar" a los habitantes de otros mundos, que ...¡claro esta! Están esperando a los misioneros blancos como sucedió con nuestros indígenas, para en nombre de dios ...de su dios, evangelizar a los seres extraterrestres. Pero no consideran que posiblemente esos seres ya tengan su propio dios ó quizás sean tan avanzados que ya descubrieron que ese ser sobrenatural y todopoderoso solo sea cuestión de seres poco evolucionados como el humano...no lo sabemos, esperemos a que esto que suena a ficción sea algún día aclarado y deje de ser como tema de novela de ficción, al fin y al cabo, que todo lo que nos dicen las religiones es eso, solo cosas sin sustento, cargadas de mitología, como lo que aquí compartimos en este libro mientras no se muestren pruebas concretas, por tal razón simplemente les invito a tener mente abierta no a creer en nada!. Al menos no lo crean literalmente, sean cautos, investiguen, tengan mente abierta.

Dentro de todo lo anterior, veo algo que va implícita en la postura papal, el aceptó tácitamente la existencia de otras criaturas vivas e inteligentes en el universo, cosa que se negaba sistemáticamente por la Iglesia Católica, que hace pensar que el ser humano es el único ser inteligente, la máxima creación de dios? .. ¿su dios

Volviendo a nuestros dibujos rupestres, que por fortuna están libres del cancer ideológico de cualquier denominación manipuladora creada por el ser humano para satisfacer su ego, su vanidad, sus deseos de manipular a los demás.

Por otro lado y tal vez inconscientemente, agradecer a nuestros creadores que nos plantaron aquí, y que en reminiscencias de nuestros recuerdos, sabemos que provienen de las estrellas, por eso siempre decimos que dios esta en el cielo.

Existen pinturas rupestres en Navoy, dentro del territorio de lo que fue la Unión Soviética, que representan a unos seres provistos de lo que parecen ser mascaras de oxigeno anti-gas, observando a un objeto de forma de campana.

En Fergana, una pintura muestra a un ser vestido con extraña Indúmentaria, todo indica que es la representación de un traje espacial del que sobresalen unas antenas, a un costado de este ser, se aprecia una objeto de forma circular.

El mejor ejemplo, el mayor testimonio del descenso de naves procedentes del espacio exterior y sus tripulantes, lo podemos ver en TASSILI, en los montes del mismo nombre en Argelia.

Se puede ver aquí, a un ser portando una especie de casco, tanto interés ha cobrado esta pintura rupestre que ya se le conoce mundialmente como el "marciano de tassili", se sabe por ejemplo de que el logotipo, emblema de Yury Gagarin el primer astronauta Ruso de la era moderna, fue creado tomando como emblema dicha pintura rupestre.

Existen otras pinturas en Argelia en la región de Tafalelet, que representan a criaturas provistas de botas de cosmonautas, cinturones anchos, guantes etc.

En América existen también muchos vestigios de visitantes estelares, los Indios Hopi del suroeste de los Estados Unidos, conservan figuras que podrían ser claras alusiones al arribo de entidades inteligentes venidas a nuestro planeta desde algún rincón del espacio infinito que desconocemos.

Sus leyendas nos hablan de seres insólitos llegados del "cielo".

Los "Lapones" en Alto territorio de Noruega, poseen un conjunto pictórico rupestre, considerado como el mas grande de Europa, tan importante que la Unesco lo proclamó patrimonio de la humanidad en 1985.

Consta de mas de 3,000 pinturas repartidas en cuatro secciones, la primera de las cuales esta datada con fecha de hace mas de 5,600 a 6,200 años antes de cristo, situados entre los 8.5. a 26.5 metros sobre el nivel del mar.

En estas pinturas antiquísimas como valiosas, se aprecian símbolos inexplicables, contornos humanoides, se ve un enorme ojo de dimensiones casi gigantescas que vigila a los cazadores, así como se aprecian figuras humanas claramente, también se ven otras figuras antropomórficas pero no bien claras como los seres humanos que si dibujaron claramente estos artistas de tiempos de las cavernas. ¿Quienes eran? ¿A quienes representaban? Ya que no se parecen a las figuras humanas.

¿Astronaves en Monasterios?

Les llevaré en mi máquina del tiempo que requiere solo del combustible de la imaginación de su mente abierta a Yugoeslavia (ó lo que antes era ese pais ahora cercenado por la guerra fraticida), sabemos ahora dividida territorialmente y diría yo, en todos los sentidos.

En algunos monasterios de esta enigmática región, se aprecian en sus paredes máquinas voladoras en las que se aprecia claramente dentro de ellas…a sus tripulantes!, y no me salgan ahora con que el espíritu santo viajaba ¡en ovnis!

Efectivamente, son muy famosos los "frescos" del monasterio de VISOKI DECANI en Yugoslavia, uno de los cuales muestra a unos ángeles (?) que parecen volar ó transportarse en extrañas naves voladoras espaciales.

En uno de los Frescos, una criatura sostiene un volante ó timón, mira hacia tras, pendiente de lo que hace su compañero en otra nave semejante y volando detrás de él.

Los dos navíos voladores poseen una forma aerodinámica y se ven acompañados de lo que semejan ser ondas que nos hacen pensar en la velocidad a la que marchan dichos vehículos.

A un costado de uno de los aparatos voladores, el tripulante se ve con los ojos cerrados, tapándose los oídos, posiblemente a causa del ruido atronador de los motores de estas extrañas máquinas voladoras. Se que algunos fanáticos religiosos dirán que es un ángel con otitis que le provoca dolor de oídos…que piensen lo que les venga mejor a sus intereses!.

En otro mural, de acuerdo con el periodista y Científico Trifun Mickovic que describió fielmente la pintura que se encontró en este mismo monasterio al que los monjes le llaman el de la Crucifixión, sobre un fondo azul, en los ángulos superior izquierdo y superior derecho de la cruz, donde se presenta a Jesús, y detrás de el , los antiguos maestros pintaron dos objetos que en lo que concierne a la forma y tamaño y aparente movimiento, podrían interpretarse como naves voladoras de las que conocemos actualmente, pero pintadas hace siglos en los que aun no se conocían aparentemente?

Primero se creyó que representaban al Sol y a la Luna, pero estudios posteriores han mostrado que esta hipótesis es errónea.

Las figuras representan a figuras claramente humanas, semi-sentadas, como se podrían representar esquemáticamente a cosmonautas u astronautas piloteando una nave espacial.

El fresco, la pintura, retrata sin duda dos naves en pleno vuelo, el de la izquierda tiene una proa achatada, roma, con seis rayos horizontales de longitud desigual, mientras que el de la derecha, posee un frente triangular del cual se proyectan tres rayos.

El hombrecito de la nave de la derecha esta sentado en la dirección del recorrido, mira hacia la nave de mostrada a la izquierda que parece seguirlo a cierta distancia.

En otro rincón de Yugoslavia, para no variar, en otro monasterio este ubicado en el monte Athos, se ve un fresco, en el que se observa la figura de

San Juan, en un paisaje insólito, dictando textos sagrados (?), a un joven discípulo, sobre la cabeza de ambos, se distingue un enorme objeto de forma ovoide, a diferencia del descrito ubicado en Decani, este objeto no tiene en apariencia un tripulante.

"Globos" con la virgen Maria en Rumania, exactamente en la pared exterior del monasterio de Lainici, pese a la acción del tiempo, de los vándalos, ignorantes e irrespetuosos, se ha conservado casi intacto la escena pintada en el pórtico.

Esta recuerda al Arcángel Gabriel en actitud de traer a la virgen Maria "la buena nueva", bien, pues sobre sus cabezas se observa un extraño vehículo volador, que algunos dicen es una nube, otros un globo, este enigmático objeto volador, termina en un tubo del cual parecen escapar puntos rojos que son absorbidos por una tira semejante a una nube. Enigmático e invitador a pensar sobre los que posiblemente representa **si se tiene mente abierta** ¿verdad?

CAPITULO IV

EL SER HUMANO….. ¿Resultado de experimentos genéticos?

Una larga cadena de mutaciones provocó en la noche de los tiempos, que algunos "primates" se irguieran sobre sus dos extremidades traseras, desarrollaran herramientas complejas y se organizaran socialmente.

Mientras que los antropólogos atribuyen aquellas transformaciones a "casualidades" de índole natural, otros científicos ven en ellas el "fruto" de un bien planeado *experimento genético* efectuado por entidades biológicas más inteligentes que el humano venidos de algún lugar del cosmos, obviamente allende las fronteras del planeta tierra.

El Ramapithecus especie de mono de talla pequeña, evolucionó dando origen a los primeros homínido primitivos hace aproximadamente 8 millones de años. Esto ocurrió en el valle del "Rift" en la frontera entre Malawi y Mozambique en el continente negro de África.

Aparentemente allí se gestó el género humano tal y como lo conocemos hoy en día, ó al menos eso es lo que especulan y algunos hasta aseguran que ocurrió. Hablamos obviamente de los paleontólogos y antropólogos más ortodoxos auxiliados por los arqueólogos y otros eruditos.

Lo cierto es que ninguno de estos científicos especialistas en ciencias del saber humano logra clarificar sin dejar dudas sobre el origen del ser humano. Estos expertos no se ponen todavía de acuerdo en como explicar los interrogantes que rodean la aparición del hombre sobre la faz de la tierra.

Una de esas interrogantes, sin duda de las mas acuciantes e interesantes se refiere al período en el que se produce el "salto" evolutivo de los pequeños ramapithecus a los homínidos de los géneros "Australopithecus" y "Homo".

Este espectacular "salto" coincidió, además, con el inicio de la ultima era glaciar, en pleno Plioceno, una época difícil que transcurrió hace aproximadamente 12 a 13 millones de años y en el que la tierra vivió su período de mas baja población. Las condiciones para el sostén de la vida resultaban prácticamente imposibles. Esos tiempos eran realmente difíciles para la vida del ser vivo en general, pero en forma especial para nuestros ancestros. No como estos días principios del milenio, que a pesar de ser difíciles, en nada se parecen a los primitivos, aunque aun así los pesimistas se quejarán de cualquier cosa por el placer de hacerlo.

Pues bien, aquel ambiente hostil de extremas temperaturas, nuestro pequeño "Ramapithecus", sufrió una radical y violenta mutación que le hizo aumentar de talla, creció, aprendió a erguirse, a pararse sobre sus dos patas traseras. Aprendió a manejar toscas herramientas con sus otras dos extremidades, a desarrollar una capacidad cerebral sin precedentes, todo esto, al parecer, como consecuencia de una larga cadena de *"casualidades" (?)...*naturales según algunos científicos.

LA VIDA EN UN ASTEROIDE

La evolución así planteada, ofende creo sinceramente a la razón, a la inteligencia de muchos seres humanos como Ud. y como yo; pero eso en opinión de los supuestos poseedores de la verdad a nivel científico es como sucedió.

Pero pensemos que no fueron "casualidades" los cambios evolutivos. Todo está debidamente asentado en nuestro código genético, en nuestro DNA; son pasos planeados, definidos en opinión de otros.

Dicen los indígenas, aborígenes u autóctonos de Camerún sobre su propia versión acerca del origen del hombre lo siguiente:

Hace mucho tiempo, una especie de piedra gigantesca u asteroide, cayó del cielo.

Según la leyenda, sus antepasados se protegieron en esa roca de inmenso tamaño caída del cielo para huir de otras tribus hostiles.

Al internarse en las cuevas de esa enorme mole sideral, una ...araña gigantesca cubrió la ciclópea piedra con su "tela" protegiendo a esos "escogidos". Tiempo después, aquellos primitivos nativos, rompieron la tela de la araña saliendo al exterior pero ...¡ya no eran los mismos!

Habían evolucionado convirtiéndose en los primeros "Bantúes" que luego se extendieron por el continente negro de África.

Ud. dirá estimado lector que es solo una leyenda fantástica mas de un pueblo primitivo e ignorante, una tradición mas, como miles que existen en todo el planeta. Sí pero al mismo tiempo se esfuerzan por buscar la respuesta a esa pregunta añeja que el ser humano siempre se ha hecho sobre el origen de nuestra especie. Paradójicamente la diversidad de este tipo de tradiciones, del folklore de todos los grupos étnicos del orbe, es comparable en numero y vastedad a la cantidad de "teorías" científicas, antropológicas que buscan hasta ahora infructuosamente ó por lo menos no tan convincentemente de responder a los mismos interrogantes sobre nuestro **Génesis** de nuestra especie.

BUSCANDO AL PRIMER SER HUMANO

Los enigmas en torno a esta interrogante, comienzan a gestarse hace ya unos 3,500 millones de años aproximadamente. Científicos reconocidos mundialmente como **J. Williams Schopf** profesor de la Universidad de California y máxima autoridad mundial en el estudio de microfósiles, han mostrado su sorpresa ante la evidencia de que las primeras formas de vida terrestre encontradas hasta ahora, eran ya organismos de compleja estructura.

El estudio de estos microfósiles, de acuerdo a Schopf, revelan que ya poseían la capacidad de sintetizar clorofila, es decir, ya estaban aptas para realizar la fotosíntesis igual que las que conocemos hoy en día y que hasta el mas neófito sabe que casi todas las plantas y algunas bacterias pueden realizar.

Por otra parte, en un periodo muy posterior, hace ya de eso aproximadamente unos 600 millones de años, también aparecieron en los océanos del planeta varias especies de moluscos, peces y plantas.

Para el **Dr. Heribert Nilsson**, Profesor de Botánica de la Universidad de Lund (Suecia), resulta incomprensible que estas especies apareciesen y desapareciesen tan "bruscamente", como si hubieran "sido arrojadas" y "recapturadas" de nuevo de la misma tierra, tras un "aparente" experimento controlado por inteligencias superiores " no terrestres".

Así pues, ó la vida se inició en la tierra muy poco tiempo después de su formación como planeta hace aproximadamente al menos 3000 a 4000 millones de años (años mas, años menos, quien puede precisar a favor ó en contra) en condiciones muy elementales y primitivamente precarias, ó por el contrario, las primeras formas de vida…llegaron aquí (?) procedentes del espacio exterior, "sembradas" por el azar (?) ó bien por inteligencias desconocidas que controlaron dicho experimento y que posiblemente siguen haciéndolo hoy en día.

Todo lo anterior, desembocó en el proceso de aparición de la vida. Quizás esos experimentos en los que requirió su intervención periódica dieron origen al "HOMO SAPIENS". Algunos Premios Nóbel como Francis Crick apoyan esta posibilidad al igual que científicos reconocidos y revolucionarios en sus conceptos como **Timothy Leary**.

Esta fascinante, revolucionaria y basada en hechos teoría sobre el origen del hombre, supone que cada uno de los famosos "eslabones perdidos" que plantea la teoría de la evolución de la vida primero, y de la aparición de la inteligencia en nuestra especie posteriormente (aunque en algunos casos …sigue sin aparecer no lo cree?) formaría parte de una cadena de mutaciones minuciosa e inteligentemente *"Programada"*.

Leary afirmó que la vida fue *"sembrada"* hace miles de millones de años, mediante modelos de "nucleótidos" que contenían el anteproyecto de una evolución gradual.

Leary es una autoridad en materia de fármacos sintéticos. Tan osada afirmación, no es solo una especulación reciente. Incluso dentro de algunas corrientes esotéricas y filosóficas, han insinuado esa posibilidad sin sonrojarse, como en una obra del maestro del "sufismo" Gurdjieff. En ella se narra como algunas inteligencias ajenas a nuestro planeta, intervinieron reiteradamente sobre nuestros ancestros para planear su evolución brillantemente planeada y plasmada en nuestro código genético, fruto de esas "manipulaciones" genéticas…¡surgió la vida humana tal y como es hoy en día!

Los Sumerios, por otra parte, dejaron este punto extraordinariamente claro en algunas tablillas cuneiformes rescatadas por arqueólogos.

Según refieren dichas tablillas, el dios "Enki", acudió a África en la noche de los tiempos en busca de una especie animal que pudiese servirle como "esclavo" con inteligencia. Se llevo con el a la diosa "Ninti" (que significa literalmente la señora de la vida). Luego escogió a un primate poco evolucionado al cual le extrajo sangre y esperma, luego lo mezcló con sangre y esperma de los dioses y gesto así una nueva criatura… ¡El ser humano!

Como podemos ver aquí fácilmente, estamos ante la narración primitivamente clara en su descripción, de practicas de ingeniería genética, de hibridación, de fecundación artificial, de nuevas formas de vida, pero no perdamos de vista que esto ocurrió hace miles de años, que fue descrito por antiquísimas culturas, no por científicos de este siglo. Esto es extraordinario ¿no lo cree así?

Para **Zecharia Sitchin**, profundo conocedor de la lengua Sumeria y traductor y científico reconocido mundialmente, además de traductor de un buen numero de esas tablillas cuneiformes poseedoras de informes extraordinarios, estos relatos esconden algo parecido a un moderno código que narra procesos de ingeniería genética efectuado con sofisticados procedimientos científicos y laboratorios muy avanzados equipados con tecnología entonces imposible de poseer por el ser humano.

Junto con el sofisticado equipo es de sobra señalar la capacidad neuronal sin duda, de las entidades que tenían a cargo dichos experimentos.

Según Sitchin, la diosa "Ninti", extraía la sangre por que en Sumeria se creía que en ella se encontraba la "personalidad" del sujeto, es decir los elementos que hacen a una persona diferente de los demás, y que hoy en día, con un poco de conocimientos en biología genética, fácilmente imaginamos de inmediato a los "genes".

Pues bien, una vez que Ninti obtuvo una semilla de aquel nuevo ser, es decir el resultante entre las mezclas de las sangres y espermas de "dioses" con la del primate. De ese ser primitivo ancestro poco evolucionado del humano, quizás un mono ó algún pariente, el dios Enki "depositó" en el vientre de su esposa la diosa Ninti aquella mezcla genética que posterior a una gestación, terminó dando a luz al esperado "esclavo" al que llamaron "Adamu", nombre que para algunos, es una clara alusión al Adán que luego se conocería en el génesis bíblico…Extraordinario!.

Pero si fuese poco interesante y extraordinario lo que recién comentamos sobre este tema, les narraré lo que en la cultura Indú se ha dicho desde tiempos inmemoriales, que seres muy avanzados intelectual y tecnológicamente hablando:

Llegaron del espacio y se mezclaron con una raza de seres pequeños y de tez oscura. Algo que a primera vista hace factible esta idea es que los antiguos dioses Indúes, al igual que los dioses de las mitologías de origen Indoeuropeo e IndoAria, seguramente inspiradas en la religión Indú, tenían una gran relación con los seres humanos. Según los relatos, eran por decirlo de alguna manera, de carne y hueso, es decir aparte de comer y beber, mantenían sin problema alguno relaciones sexuales con los seres humanos y de hecho, héroes y semidioses protagonistas de los libros sagrados como por ejemplo Arjuna, ¡eran hijos de los dioses y de seres humanos!

En los Vedas (los libros más antiguos que se conocen), se describen muy a menudo los vicios de los dioses que se intoxicaban con cáñamo Indú. Hay que decir que de hecho se parecían tanto a nosotros los humanos que se pasaban los días peleando contra los asuras ó demonios (sura significa dios, asura significa no dios).

En cuanto a la presunta "llegada" de estos presuntos dioses, desde el espacio interestelar, esta parece sugerida fehacientemente en el Bhaghavad Gita, la biblia de los Indúes, donde podemos leer:

"Los siete grandes sabios, y antes que ellos, los cuatro grandes sabios, y los manus (los progenitores de la humanidad), provienen de mi, han nacido de mi mente y todos los seres vivos que pueblan los diversos planetas descienden de ellos… Existen infinidad de Universos e infinidad de planetas. Dentro de cada universo y de cada planeta, están llenos de diferentes variedades de población"

Otros relatos parecen señalar que los dioses fueron ayudados por una raza de "seres" de piel oscura (?), feos (?), bajitos (?), con los que posiblemente se habrían unido sexualmente.

Quizá extrapolando demasiado, existe una historia que apunta a esta hipótesis.

Se trata de la protagonizada por un personaje del **Ramayana** Indú llamado **HANUMAN**, representado como un "mono" y que ayuda a Rama el protagonista del Ramayana y encarnación de Visnu, a recuperar a su mujer Sita, la cual había sido raptada por el ogro Ravana que vivía en la isla de Lanka (Ceilan).

Este Gigante se había llevado a Sita en un "cohete" ó "carro volador"(?), llamados "Pushpaca", mismo que había robado al dios Kuvera, el guardián del Norte.

Hanuman, la localizó, quemó el reino de Ravana y ayudó a Rama en la batalla final, pudiéndose recuperar incluso la "nave" que el gigante había hurtado.

En nuestra opinión, *Hanuman*, el MONO, *representa a la raza primitiva de la tierra,* el pre-homo sapiens, siendo el homosapiens el fruto de la unión con los dioses. En el caso de Hanuman, su padre fue Vayu y la madre …¡una hembra de mono!

MITICAS CARROZAS AUTOPROPULSADAS

En cualquier caso y a juzgar por los textos sagrados de los "dioses" iban y venían a su "antojo" con sus carros voladores (?), atemorizando a los humanos con sus poderosas armas y su increíble forma de desplazarse.

Brillante dios de los siete rayos se dice del dios del fuego Agni. En el libro sagrado de los Vedas:

Cuan múltiples son tus formas reveladas a nosotros: ahora contemplamos tu cuerpo hecho de oro y tu radiante cabellera llameando desde tus formidables cabezas cuyas bocas, dientes y mandíbulas de fuego, devoran todas las cosas. Ahora con mil cuernos relucientes y destellando tu esplendor por un millón de ojos, te diriges a nosotros en una carroza dorada.

Esta es una de las impresionantes descripciones de los artefactos voladores y sus armas, que debieron surcar los cielos de la antigua India, pero no es el único relato al respecto, en la cultura Indú, encontramos muchísimos relatos semejantes al anterior como por ejemplo:

Cuando Indra sale a buscar a su hijo, Arjuna le manda su "aeronave" a la que denomina su carro "volador" conducida por un experto piloto llamado "Matali".

Los textos son tan explícitos que sabemos incluso el nombre del fabricante de estos artefactos ó carros voladores, se distinguen incluso diferentes clases de "naves".

Por un lado está el nombre genérico de las monturas de los dioses a las que les llamaban "Vahanas", por otro lado se encuentran las "Vimanas", que en sánscrito se escribe "vimaana", es una aeronave en forma piramidal, y por ultimo, las naves en forma de cohete llamadas PUSHPAKAS…

Las naves aéreas también pudieron ser percibidas por los hombres de aquel entonces como pájaros misteriosos y sagrados, como el ave mítica Garuda en la que solía montar Visnu.

Por si aun le quedan dudas de estas reveladoras narraciones sobre la cultura Indu, que les parece ahora saber sobre las descripciones de las "moradas" de los dioses, también conocidas como el "cielo de Indra", llamada en Indu Indraloka. Es realmente la descripción de una estación espacial en orbita que era visible desde la tierra. Según el GITA, era autoluminoso y en los relatos sobre la Indraloka, como una estación espacial interplanetaria en la cual habitaba el dios Indra. Según los Vedas, el "ardiente señor de los cielos y el rayo", sugieren que había mas naves saliendo de esta nave mayor ó nodriza a manera de estación espacial.

En la mitología Hindú, además de esta estación espacial, se habla de un lugar móvil que no solo podría tratarse de una aeronave móvil de dimensiones mas pequeñas, se habla de que esta otra aeronave servia para "recargar" la energía de propulsión de la nave mayor y el resto.

Se trata del Monte Meru, que en realidad era una enorme Vimana, que estaba cargada de Shiva, y que como se dice en el Bhagavad Gita, " a veces se mueve mientras los Himalayas jamás se mueven". Junto con estos enigmáticos relatos, se habla también de armas posiblemente de origen nuclear que servían para guerrear en los cielos de la India. Como siempre, les sugiero no creer, pero no negar simplemente por parecer increíble. Pero deben de reconocer que antes de que en los tiempos modernos se hablara sobre aeronaves, estaciones espaciales, mísiles etc., en esta cultura ancestral ya se mencionan estas cosas que si lo analizamos en el contexto de su tiempo en el cual fueron escritas, no nos deja lugar a dudas de que los antiguos Indúes fueron testigos de fenómenos increíbles anteriores a los tiempos de los aviones a reacción, a los mísiles atómicos, a las estaciones espaciales, lo que resulta interesantísimo, como para que Uds. se interesen en leer mas al respecto.

Esto, estimados amigos, no es para que crean ó nieguen nada. Es simplemente para que cuestionen sus conocimientos y creencias sobre el origen de nuestra especie, así como este tipo de creencias reveladas en vestigios antiquísimos para que hoy en día lo analicemos, estudiaremos muchos otros mas que le harán cimbrar de emoción por lo increíbles y potencialmente posibles de su veracidad, si le damos el derecho de la duda y con mente abierta los analizamos.

Muchos otros ejemplos de estas tradiciones heredadas por pueblo antiguos al hombre contemporáneo sobre el aparente origen de nuestra especie, interesantes, reveladores, fantásticos, son los comentarios que daremos a las creencias de pueblo y culturas ancestrales que han buscado respuestas a las interrogantes sobre nuestro origen.

Estos testimonios están hechos a la manera de los pueblos antiguos, con lenguaje figurado, con los "conocimientos" científicos y "tecnológicos" propios de esos tiempos, rudimentarios y primitivos, pero honestos y transparentemente claros con los que intentaban explicar lo que les acontecía, dejar testimonios para la posteridad de eventos sucedidos que afectaron sus vidas a ellos y a sus ancestros. Estos testimonios hoy en día nos dan la pauta sobre muchas teorías, que posiblemente nos lleven en un futuro a concluir sobre nuestro *Génesis,* sobre el origen del hombre.

Así es que seamos cautos en lo que creemos sobre el tema, tanto sobre lo aceptado por los ortodoxos del conocimiento, como por los revolucionarios del mismo, lo que nos permite deducir que las grandes verdades ó postulados aceptados de hoy, el día de mañana serán las grandes equivocaciones (¿mentiras?) del mañana.

El tiempo nos dará ó les dará a quienes vivan para saberlo, la razón ó no de las diferentes teorías al respecto, tal y como ha ocurrido en muchas otras actividades del quehacer y del saber humano que sigue evolucionando por lo menos intelectualmente.

EL PARAÍSO TERRENAL ¿EN TANZANIA?

Las crónicas Sumerias en cuestión cobraron una inquietante actualidad, cuando un equipo de científicos especializados en genética de la Universidad de Berkeley avecindada en California, anuncio resultados de una investigación sobre las "placentas" donadas por 147 mujeres que habían dado a luz, a las que se pretendía rastrear en sus cadenas de DNA, el origen de la primera "Eva humana".

La investigación conducida por la Doctora Rebeca Caan, extrajo abundantes muestras de DNA, de la mitocondria de las células placentarias, rastreando, buscando, investigando, hurgando sobre el origen de nuestra especie, hasta encontrarse con la huella genética de una nueva "Eva" de piel negra y aspecto fornido que vivió en África hace unos 200,000 años.

Lo sorprendente de esa investigación es que esa "Eva mitocondrial" como se le bautizó, se convirtió en el genero "Homo Sapiens", en un solo lugar y en una sola generación. ¿Que clase de mutación tan radical se produjo en África hace 200,000 años? Es acaso el relato de Ninti en Sumeria?, ¡el nebuloso y vago recuerdo de una manipulación genética artificial conducido sobre la Eva mitocondrial a la que se refiere la Dra. Cann y su grupo de genetistas?

Según algunos antropólogos y lingüistas muy prestigiados y respetados en el mundo científico Internacional, sobre las descripciones de las tablillas sumerias, el experimento genético que dio origen al homo sapiens, tuvo lugar en las inmediaciones de lo que hoy conocemos como Tanzania, cerca del lugar en donde la famosa antropóloga, Mary Leakey encontró algunos vestigios de algunos de nuestros primeros y mas remotos ancestros. De hecho no está lejos de allí el valle del Rift, esa enorme herida en el terreno, que se extiende desde el sur de Mozambique y Malawi, hasta el extremo meridional de Turquía…¡Cuna de la humanidad!

Hace millones de años, el continente Africano comenzó a resquebrajarse lenta pero inexorablemente y sus gigantescos fragmentos se alejaron unos de otros a causa de las fallas geológicas que dieron lugar al valle del Rift, cuyas dimensiones son variables. En algunos puntos mide 80 kms. de ancho por 300 mts. de profundidad.

La formación de este Valle, supuso cambios extraordinarios a altitud, lo que dio como resultado, un mosaico heterogéneo de hábitats bastante complejo.

Es posible, según opinan algunos científicos, que esa variedad de ambientes, fuese un "Jardín del Edén", que contribuyó eficazmente a la aparición del primer homínido erguido. Aunque a ciencia cierta, nadie puede probarlo con certeza, pero tampoco nadie puede negarlo por carecer de pruebas en contra ó diferentes y contundentes que nos hagan pensar otra posibilidad.

MUTACIONES CEREBRALES

Una de las grandes interrogantes de la evolución humana, reside en el espectacular aumento del volumen del cerebro de los primeros homínidos, esto en comparación con sus antecesores animales inferiores.

El homo habilis aparece en escena con una capacidad craneal de 800 cms. cúbicos, el doble del de un chimpancé.

Durante el siguiente millón de años, el homo erectus, subió la capacidad cerebral a 1000 cm. cúbicos, luego en otros 100,000 años se situó en 1360 cm. cúbicos que dio pie al hombre moderno.

Actualmente el proceso de crecimiento cerebral, parece haberse detenido así como también su estructura. Según el Profesor Julian Jaynes de la Universidad de Princeton, hasta el año 2000 a.c., el homo sapiens vivió con un cerebro "bicameral", muy diferente al cerebro de dos hemisferios que poseemos hoy en día.

Aquel órgano primitivo y antiguo le impidió desarrollar una conciencia de si mismo. Según Jaynes, esto le impidió distinguir entre sus mensajes cerebrales internos y externos, dando pie a la creencia en "dioses" que guiaban su vida a través de voces que escuchaba "internamente" en su cabeza. Jaynes no sabe que clase de procesos transformaron el cerebro de aquellos lejanos antepasados nuestros. Aunque aquella ultima y mas reciente mutación, terminó dando lugar a un homínido mas escéptico, mas racional, mas depredador y adaptado a su medio.

LA TEORÍA DARWINIANA

Cuando el 27 de Septiembre de 1831, el teólogo y naturalista **Charles Darwin** zarpaba del puerto de Plymouth a bordo del buque de guerra "H.M.S.Beagle" hacia Sur América, no sabía un comino del Valle del Rift en el continente Negro de África. No sabia lo que Uds. que han estado leyendo esta obra a este punto, ya leyeron y saben sobre ese Valle tan especial, tampoco imaginaba ni un poco la trascendencia mundial generacional, que sus estudios lograrían durante aquel singular viaje de expedición y estudio.

En 1859, publicó sus conclusiones en su celebre obra titulada *"El origen de las especies"*, provocando en aquel entonces y aun hoy en día, a comienzos del siglo veintiuno, una verdadera revolución intelectual, conceptual, ideológica, teológica, existencial etc. Todo eso lo causaron sus conclusiones del libro que escribió sobre la creación del hombre.

De hecho, su gran mérito fue ser el mismo a pesar de sus detractores y enemigos que vieron amenazadas sus "creencias" sin sustento y ambiguas. Pero el fue diferente, autentico, honesto y sobre todo, atrevido al encaminar a los investigadores que le sucedieron a rastrear fósiles y restos prehistóricos, para intentar hacer una cadena con los eslabones evolutivos que el propuso.

Según Darwin, esa cadena tiene como eslabones al hombre mismo y al mono, que descienden de un mismo tronco común. Dicho tronco se separó ó ramificó por razones y circunstancias desconocidas, hace seis u ocho millones de años (aunque algunos congéneres aun no se dan cuenta de esta cambio, pues se comportan como ellos, con poco cerebro, como auténticos primates poco evolucionados ¿no lo creen ?). Tras esta división, según Darwin, se originaron dos especies de chimpancés, una de gorilas y los homínidos de los cuales descendemos.

Sus interesantes y revolucionarios planteamientos siguen dando dolores de cabeza a muchos hipocritoides e ignorantes que se rasgan las vestiduras ya que atentan con sus creencias religiosas, pero que no aportan nada en el terreno científico. Pero a ser honestos, sigue siendo una interesante TEORÍA. Pero quienes nieguen esta posibilidad mas les valdría tener pruebas sólidas que avalen lo contrario ó lo que ellos promueven ó algo diferente, ó encontraran también que se metieron a ese maremagno de teorías, especulaciones, dimes y diretes sobre el origen del hombre.

Volviendo a Darwin, aun los científicos modernos, no han podido encontrar los restos de ese hominido primigenio al que se le conoce popularmente con el sugestivo nombre del "eslabón perdido". (En lo personal, creo que NO hemos querido reconocerlo, ya que lo vemos muy frecuentemente, basta con voltear a la izquierda ó a la derecha, adelante u atrás, allí están, abundan, no solo uno son miles, millones, justo lo buscado y supuestamente no encontrado, sin querer ser peyorativo ó que algunos vean en mi comentario algún vestigio racista ó discriminatorio ó despreciar a nadie, yo veo a muchos congéneres con mas semejanza al mono, que a otros humanos, me incluyo en ese grupo al verme al espejo cada día!), El famoso y huidizo eslabón perdido seria el Ramapithecus, simio de costumbres omnívoras, dotado de pequeña dentadura similar a la humana., ó posiblemente ya hablando muy apegado a la ciencia, este pequeño Mono el Ramapithecus es lo que mas se parece a nosotros los seres humanos de hoy día. Esto me hace recordar a ese ser de piel oscura y feo (HANUMAN) que se describe en el Ramayana Indú que fue "utilizado" por los dioses venidos del espacio, para mezclar sus gametos y crear una nueva especie... ¿el ser humano acaso?

De hecho, la teoría de que el homo sapiens es el producto de la evolución homogénea y ordenada de una especie a otra, cada vez resulta mas débil. Constantes descubrimientos paleontológicos apuntan en otra dirección. Varias especies de homínido coexistieron en alguna etapa del pasado. La pregunta a responder es: ¿por que razón entonces sobrevivió solo una de aquellas estirpes prehumanas?

Según estudios paleontológicos, la diversidad de los hábitats en el valle del Rift, llevó a que un tipo de simios, descendieran de los árboles y comenzaran a adentrarse en la sabana, alzándose sobre sus cuartos traseros. Fueron capaces de ver por encima de los arbustos teniendo un mayor radio de dominio del medio, lo que le debió de ser de suma utilidad para defenderse de la fieras y de sus enemigos y hasta de las suegras.

Además podían transportar sus crías y herramientas primitivas. Al dejar sus extremidades superiores libres podían ejercer otras actividades que le permitieron su subsistencia. Así nació el hombre bípedo (erguido sobre dos extremidades, útiles para su locomoción), gestándose así en definitiva nuestra raza actual.

Sin embargo, los descubrimientos arqueológicos y los paleontológicos, han permitido descubrir fósiles rescatados de las sabánas y montañas africanas. Apuntan a que hace aproximadamente un millón de años el "homo habilis", descendiente directo del "australopitecos", dió paso a un nuevo homínido el "homo neanderthalis" y en algún momento de la historia, erectus sapiens y neandertal coexistieron.

Solo uno de ellos logro generar y evolucionar. El género sapiens se logró imponer sobre los demás por razones obvias; tenia mas masa cerebral que utilizó mas que la fuerza bruta para sobrevivir, relegando al olvido a los demás.

Algunos criptozoólogos como **Ivan T. Sanderson**, han especulado con que algunos supervivientes del género de los neandertal, son quienes se esconden tras las leyendas de los famosos Yetis, big-foot, patas grandes u hombres de las nieves. Por alguna razón, no evolucionaron pero que sin embargo han podido sobrevivir aun hoy en nuestros días en las que las condiciones climatológicas son mas benignas, si las comparamos con las prehistóricas que debieron ser inclementes y difíciles.

Respecto a las leyendas sobre esos personajes un tanto cuanto mitológicos a los que se les llama genéricamente los hombres de las nieves, creo que en realidad si dieron un pequeño paso evolutivo, muy pequeño y sutil, hasta convertirse en abogados, políticos, policías, militares, narcotraficantes, lideres religiosos etc. Aunque no tengo manera de probarlo, tómenlo como una teoría mas al respecto, pero no se molesten en intentar buscar datos que logren despejar esta interrogante, basta con ver como se comportan esos entes, como auténticos primates en etapa de evolución.

EXPERIMENTOS CON HOMÍNIDOS

La tradición maya sagrada, plasmada en el libro conocido como el **POPOL-VUH**, nos da algunas pistas sobre esta insólita proliferación de especies hominidas distintas.

Según refiere el texto sagrado Quiche, los "creadores" fabricaron tres clases de hombres antes de dar con el modelo "ideal".

El primero dice los textos sagrados Mayas, fue esculpido en lodo, pero se deshacía muy rápido y fácilmente. (He aquí una analogía con otras teorías que hablan sobre la creación del ser humano a partir de una masa de lodo con forma de "bola" como se habla en algún libro sagrado en el cual creen millones de seres humanos en el mundo.)

Les tengo noticias, ni siquiera esta alegoría para explicar el origen del hombre es "original" de la biblia de la que se sabe ha sido creada entre otras cosas con conceptos ya manejados en otras creencias mas antiguas como la de los Mayas y otros pueblos ancestrales.

El segundo ensayo de ser humano según la tradición maya, se formó de maíz, el tercero de madera de Tzite, el árbol de la Pita. Aquellos experimentos según cuenta el Popol-Vuh, fracasaron por que las criaturas resultantes de esos intentos primigenios por crear a un ser humano, no supieron "adorar" a sus dioses creadores. Añaden los textos que solo quedaron unos cuantos vestigios de aquellas criaturas, los monos que son parecidos al ser humano. El mono es muestra de una generación de hombres hechos a manera de muñecos de palo de Tzite.

La pista del Popol-Vuh, no es en absoluto desdeñable, tras la metáfora de que los tres primeros intentos de hombre que se crearon no "veneraban" a su creador, se esconde otra de las incógnitas de la evolución, del origen de la raza humana.

El origen del lenguaje, a fin de cuentas es nuestro empleo el mismo lo que nos diferencia el resto de las especies animales y la característica que nos ha permitido evolucionar al punto actual.

Desafortunadamente, ningún antropólogo ha podido responder, mucho menos descifrar el enigma de cuando los homínidos comenzaron a comunicarse con palabras y que fue lo que esto estimuló, aunque por doquier se lanzan teorías al respecto.

Lingüistas muy reconocidos como Noam Chomsky, dicen que la facultad del lenguaje hablado, es innata en el ser humano, forma parte de su código genético, es decir, fue provocado por la misma cadena de mutaciones que dieron pie a la aparición de nuestra especie.

En un informe de la Academia de Ciencias Norte Americana, elaborado por científicos e investigadores muy reconocidos de la prestigiada Universidad de Stanford, Penn State, a partir del análisis del DNA humano, concluyeron que el paso del homo erectus a homo sapiens se produjo muy probablemente en África como ya lo habíamos apuntado hace entre aproximadamente 100,000 a 200,000 años como consecuencia de una radical mutación. Para llegar a esta conclusión tan importante, los científicos analizaron una clase de genes denominados "microsatélites", que tienen un índice de mutaciones mas alto que el resto de los componentes del DNA.

Sus conclusiones son - las diferencias raciales se originaron en una pequeña fracción de todos los genes que conocemos. Dicho en términos mas comestibles al intelecto común, significa que una mutación genética, convirtió al homínido en Hombre. Pero ¿que ó quien causó esa mutación?

Ya se anticiparon a esta posibilidad algunos lideres religiosos diciendo que aun si esta teoría evolucionista fuese cierta… (no la aceptan, pero ..), sería simplemente por que dios... su "dios" probablemente creó al Ramapithecus ó cualquier otro pariente cercano ó lejano del hombre actual. Ó sea como quiera que sea la verdad, ellos, los fanáticos religiosos buscan siempre tener la exclusividad sobre la "paternidad" del origen del hombre. Son como las gentes del estado de Jalisco en México que reza que cuando "pierde, arrebata"; es decir ganan de cualquier forma no importa que sea lo que no entienden ó no saben, siempre tienen, según ellos, la razón. Quieren para ellos la paternidad de la creación de todo, en forma especial el hombre, ya sea por origen divino, por evolución ó cualquiera que se diga ellos, los fanáticos religiosos, serán los primeros en explicar a su manera y conveniencia la "mano de dios" de su "dios" en dichos eventos. ¿Es el supremo creador acaso solo de un grupo de humanos? ó por el contrario ¿pertenece a todos y no es de nadie al mismo tiempo? Dios, el Dios con mayúscula, ¡no es de nadie y es de ¡quien lo quiera!

Los antropólogos de Malawi, **Cristopher Lhawanda** y **Lovermore Pem-**

ba dicen que la explicación a estas mutaciones, hay que buscarlas ...¡*fuera de la tierra!* Los indígenas autóctonos de esa región, están convencidos que fueron creados por intervención de unos "seres que vinieron de las estrellas" en un pasado remoto, leyenda que por cierto no es exclusiva de los habitantes de cuna Africana. Como ya hemos estado analizando, son muchas las culturas en todo el planeta que piensan cosas semejantes, que creen que el ser humano es creación de seres inteligentes procedentes de las estrellas.

Para terminar esta disertación que para muchos llevaría días y obras completas, les sugiero amables lectores, se pregunten sobre las creencias que hasta ahora Uds. Tienen. ¿Somos producto de creación divina?, ¿acaso de la evolución? A este punto no deseo aun profundizar en otra tercera teoría sobre el posible origen NO terrestre de nuestra especie, pero quiero compartir con Uds. algo que les dará un poco en que pensar cuando de este tema tan espinoso se trata.

En el año de 1984, hace ya algunos años, pero no tantos como para que no se pueda considerar como "reciente" el hecho que les comentare, tuvo lugar en el Museo de Historia Natural de New York, una insólita exposición. Mas de cincuenta cráneos fósiles, que representaban la "flor y nata" de nuestros ancestros, estuvieron seis meses a la disposición del interés y curiosidad publica.

Durante aquel tiempo, frente a las puertas del museo, cada Domingo, un grupo de "creacionistas", es decir estos seres humanos fanáticos y cerrados de mente que comulgan y promueven la teoría de origen "divino" del hombre. Bueno, pues estos "entes" de vista miope, se manifestaban con pancartas, gritos, panfletos, en contra de "tan horrenda y blasfema muestra del Museo"

Es obvio que este grupo de fanáticos anencefálicos manipulados por pseudo lideres que ven temblar sus egoístas intereses que se sostienen con alfileres debido a lo cuestionable de sus "dogmas". Se sienten amenazados cuando alguien cuestiona ó propone cosas diferentes a las vendidas por ellos; bueno, aun así, estas demostraciones aberradas y sin razón, no fueron suficientes como para detener dicha exhibición.

Según dichos "creacionistas", la citada exhibición, atentaban contra las verdades (?) de la Biblia. Argumentaban que si el Génesis, asegura que Adán y Eva, fueron hechos a imagen y semejanza de "dios", y "dios" según ellos, definitivamente no es un mono, así que la teoría evolucionista es una blasfemia incalificable (?).

Me hubiera gustado preguntarles si es que nos dirigimos literalmente a lo que en ese libro se dice sobre la creación, como es que si Adán fue el primer ser humano creado y de una de sus costillas se creo a Eva y de allí se inició la procreación para "poblar la tierra". Esto suena tan imposible como estúpido. No podemos pensar sensatamente en que una solo pareja dió origen a los miles de millones de seres humanos que en el tercer milenio habitamos en la tierra.

No tiene sentido, es incongruente, tonto, imposible etc.

Por lo visto, estos mequetrefes fanáticos de la religión no tienen el menor concepto sobre principios básicos de embriología, genética etc.

Seriamos solo una mezcla informe de mutantes debido a la mezcla de hombres y mujeres parientes entre si. Esto es una aberración como muchas que se mencionan en casi todos los libros pseudo sagrados.

Hoy en día, los textos de teología Católica afirman (?) que el génesis es una "verdad" revelada por "dios" y que la evolución es solo una teoría, una hipótesis que no ha sido probada científicamente.

Como podemos ver, unos y otros se creen poseedores de la verdad y ninguno en todo caso aporta pruebas reales. Hablo de pruebas reales, no de las pragmáticas, demagógicas, fanáticas en un caso, ó las hipotéticas en otro caso. Pensemos que el término medio, el respeto a unos y otros, cargados de una buena dosis de tolerancia, deberían ser los ingredientes para una convivencia pacifica y respetuosa ya que nadie tiene pruebas contundentes a favor u en contra.

Sin embargo, creo que es sano que se busque la "verdadera" verdad. Aunque suene estúpido escribirlo así, creo que al buscar dicho conocimiento en varias vías, será mas factible llegar a la meta, al objetivo de saber la realidad, siempre y cuando se haga con mente abierta sin cerrarnos a posibilidades por aventuradas que parezcan ó bien conformarse con lo que se vende en el mercado ideológico ya existente y vegetar intelectualmente sin preocuparnos por esas "pequeñeces".

EL ORIGEN EL UNIVERSO

El ser humano de todos los tiempos, de todos los lugares y todos los ámbitos siempre se ha preguntado por sus "orígenes".

Es como una morbosa y profunda curiosidad, heredada desde el principio de los tiempos hasta nuestros días que nos impele a remontarnos mas allá de lo que nuestros abuelos y bisabuelos pueden contarnos.

Mucho mas allá de lo que los primeros historiadores jamás hayan testimoniado.

¿Cuál es el origen del Cosmos? ¿Cómo fueron nuestros primeros pasos como seres vivos? ¿De donde viene la conciencia?, ¿Nuestras células?, ¿Los montes?, ¿Los Valles?, ¿Las estrellas?, ¿Las galaxias?... ¿Han estado en su lugar desde siempre?, ¿Ó tuvieron algún origen? ¿Cómo se creo todo? ¿Cuándo fue? ¿Cómo fue?, ¿Quien ó quienes lo crearon? etc., etc., etc.

Hoy podemos especular con ciertas bases científicas confiables, que al menos el mundo físico tuvo un principio, que toda la materia nació en un determinado momento de la historia del Universo. Paradójicamente, a este instante, tanto los científicos, como los filósofos y teólogos y hasta los agnósticos lo denominan con el mismo nombre…¡*La Creación ...* **el Génesis!**

En realidad, el instante de la creación, no es mas que una metáfora porque nadie ha podido todavía imaginar como fue, que le ocurrió a la primera partícula en el segundo inicial de su existencia.

Es curioso comprobar dice **Paul Davies**, uno de los físicos teóricos mas respetados e importantes de los tiempos modernos, que la gente religiosa que insiste en atribuir un papel estelar protagónico a entidades divinas, encuentre solo tres vacíos de conocimiento donde invocar la influencia directa de dios: el origen de la vida, el origen del alma (?), y el origen del universo.

Son los tres limites de la ciencia, donde muchas personas buscan infructuosamente encontrar a "dios".

La primera pregunta es cómo y cuándo fue creado el universo, aunque para algunos estudiosos como el desaparecido y brillante científico **Carl Sagan**, seria más inteligente preguntarse si es que alguna vez el Cosmos fue creado, o siempre ha existido

El filosofo y pensador **John Brockman** dice:

> *Efectivamente mientras algunos cosmólogos sugieren que las leyes de física podrían explicar el origen del universo, el origen de las leyes mismas es un problema tan insondable que raramente es discutido.*

De esta falta de discusión, ha nacido una mentalidad científica como "tercera cultura", esto en los Estados Unidos de Norteamérica. Se trata de una corriente de pensamiento que pretende recuperar para la ciencia el sentido de la trascendencia que le han arrebatado la filosofía y la religión.

En esta corriente, se encuentran verdaderas luminarias del conocimiento humano contemporáneo. Solo citare algunos para que se den idea de la importancia y magnitud de estos seres humanos brillantes, **Gell -Mann, Martin Rees, Stephen Jay, Roger Penrose, Alan Gauth**. Para quienes nunca han escuchado hablar de ellos, así como para quienes ya les conocen, solo diré que son eminencias, eruditos en ciencias como matemáticas, física, biología, antropología, algunos de ellos son ya *ganadores del premio Nóbel* en sus respectivos campos debido a sus trabajos, y otros son candidatos a ser reconocidos con el mismo galardón. Así es que estamos hablando de seres humanos ¡excepcionales! que con mayor ó menor éxito caminan en la orilla del turbulento rió ideológico de los límites de la ciencia que descubrió Paul Davies.

En cuanto a la primera pregunta, el origen del Cosmos, parece estar mas ó menos clara la situación. Viendo objetiva y fríamente el cúmulo de teorías al respecto, lo único que sabemos, es que el universo nació de un estado de la materia incandescente y muy densa, de esto se calcula ocurrió especulativamente hace aproximadamente entre 8,000 a 25,000 millones de años.

Se sabe que desde entonces las galaxias se esparcen por el cosmos de manera no aleatoria, mas bien sujeto a ciertas normas que imponen que en algunos lugares se acumulen muchas de ellas, mientras que en otros...están inmensamente desolados, vacíos.

Además desde los años setentas se piensa que la evolución cósmica debe de estar condicionada por la presencia de la misteriosa y súper abundante materia "oscura" (el 90% de todo el mundo material) de cuya composición poco ó nada sabemos.

Tras estas ideas mínimas, sabemos que el conocimiento se vuelve tedioso, nebuloso, oscuro. Los expertos no son capaces de siquiera sugerir con matices de verdad cuando se puso en marcha todo el tinglado del *Génesis*, como se hizo y que destino le espera al universo.

Parece como una maldición del mismísimo Newton, quien en el siglo XVII fue capaz de dar una explicación al movimiento de los planetas alrededor del sol mediante las leyes de la gravitación. Pero declaró públicamente la imposibilidad de saber por que los planetas siguen esas orbitas y no otras. Según su opinión de hombre de ciencia, ser humano brillante y con conocimientos y tecnología avanzada para su tiempo, dijo que eso... pertenecía a la esfera de las decisiones divinas (?). Bueno, muchos hoy en día siguen diciendo lo mismo cuando no encuentran una explicación a sus cuestiones.

Hasta en el siglo XXI de hecho, la cuestión de los orígenes cósmicos sigue siendo en muchos casos mas cosa de teólogos que de físicos. A los teólogos les basta y se conforman con pensar y creer que todo es atribuible a dios. A los físicos después de darle mil vueltas y no encontrarle cuadratura al circulo, ponen pies en polvorosa y mejor dedican su tiempo y neuronas a cosas menos complejas.

Paul Davies dice que hace 20 ó 30 años, lucubrar sobre el mecanismo físico del nacimiento del universo, no se consideraba pertinente ni aconsejable para nadie! Sin embargo en 1970, **Roger Pen Rose** y **Stephen Hauking** demostraron matemáticamente lo que 40 años antes, había intuido Edwin Hubble:, El universo se expande desde un punto original muy denso llamado *BIG-BANG*. Les recuerdo que S. Hawking esta considerado como uno de los mas grandes genios vivos del siglo XX y por suerte sigue vivo en el XXI.

Curiosamente, la teoría del Big-Bang fue mejor recibida entre los teólogos de mejor manera de lo que cabria esperar, por lo menos inicialmente. El Papa Pió XXIII expresó su confianza en que la teoría del Big-Bang fuera la confirmación de ideas del *Génesis* bíblico (que otra cosa se podría esperar de los jerarcas eclesiásticos si no cobijarse bajo sus dogmas que vendan mas sus religiones.) Mas recientemente el Papa Juan Pablo II se he referido a esta teoría como "muestra de la mano divina" (?); mientras todo sea auspiciado por el espíritu santo ó alguno de sus espíritus varios, pues todo estará bien!

Otros sectores más papistas que el mismo Papa dentro de la iglesia católica, los llamados creacionistas de los cuales ya algo les he hablado, pusieron el grito en el cielo (¿pero es que acaso podían ponerlo en otro lado?), negando cualquier posibilidad de veracidad a la teoría del Big-Bang. El medio informativo órgano oficial de los "creacionistas" en nuestra lengua castellana es el *"Génesis"*, editado en la Península Ibérica. En el se pueden leer cosas como esta:

Debería ser evidente que el Big-Bang es muy diferente a lo que dios ha revelado (¿de verdad?) acerca del origen de todas las cosas en su "palabra" a la humanidad; el Big-Bang, no es mas que un montón de especulaciones.

Cualquiera pudiera pensar al leer el *Génesis*, la publicación de estos fanáticos llamados "creacionistas, que el mismo ente divino al que ellos se refieren como dios, escribe el editorial de su periódico ó por lo menos un articulo de cuando en cuando.

Este grupo de los denominados "duros", fanáticos, oscuracionistas y retrógrados, representantes de algún grupúsculo de intolerantes cristianos, niega incluso validez al hallazgo que realizara el satélite "Cobe" en 1992 y que para la comunidad científica, para los estudiosos e investigadores, los que si razonan, que tienen neuronas activas y sobre todo que las utilizan, supuso un paso definitivo para confirmar la teoría del Big-Bang.

Por primera ocasión, se detectaron irregularidades en la radiación cósmica del fondo, arrugas en la huella de la primera explosión, que explicaría el por que las galaxias se arraciman unas con otras, creando grandes espacios vacíos en los que solo materia oscura es posible exista!

Para la revista *"Génesis"* de los creacionistas de mente cerrada, simplemente fue falso el descubrimiento, ya que según los creacionistas el supuesto hallazgo, fue hecho con instrumentos y equipo que no tenía la sensibilidad suficiente para observar diferencias de temperatura en la radiación del fondo, lo cual pondría en evidencia a muchos teólogos que se han visto impelidos a creer en el Big-Bang en contra de la revelación divina, los creacionistas como Santo Tomas, hasta no ver y tocar, no creer.

Muy posiblemente aunque vean, no cambiarán su cerrada manera de pensar. Tal vez no quieran ver simplemente por que no les conviene a sus intereses que les reditúan poder y ganancias económicas.

Me atrevo a sugerirle a los Creacionistas deberían "utilizar" el mismo sofisticado equipo usado para "comprobar" las verdades que tanto defienden y que promueven asegurando que son verdad, aunque como evidencia solo tienen dogmas y fe.

Mas les valdría no tirar piedras al tejado ajeno, sabiendo que el propio es de cristal. En otras palabras, ven la paja en el ojo ajeno, sin ver el tronco de árbol que tienen en sus ojos miopes.

CREER Ó NO CREER EN EL BIG-BANG

A muchos hombres de ciencia, también les resulta incómodo creer en el Big-Bang; integrismos aparte, lo cierto es que la cosmología moderna no necesita acudir a la Biblia para poder poner en entredicho a la actual formulación de la teoría del Big-Bang, que en opinión de algunos eruditos estudiosos de la ciencia, pues no las trae todas consigo.

Antonio Rananda, catedrático de física teórica de la Universidad Complutense de Madrid en España, dice:

A muchos científicos les produce una extraña inquietud la idea del B-B, porque en el tiempo cero, en el momento exacto en que se produjo la explosión, se da lo que en matemáticas se llama una "singularidad", una situación incómoda, en la que algunas magnitudes como la temperatura y la densidad se hacen infinito. No pueden decir nada sobre ese punto, se limitan a aplicar sus teorías ó lo que ocurrió "después" del gran Bang.

Pero ni siquiera esta limitación les sirve para ponerse de acuerdo. Parece como si estuvieran empeñados en preguntarse….¿y después que?, ó mejor dicho, ¿después de cuando?. El famoso y reconocido Cosmólogo de Cambridge, **Martin Rees**, lo ha resumido con propiedad: Tengo una confianza sustancial en lo que sabemos del universo tras su primer micro segundo de existencia, pero en cuanto retrocedemos mas allá, nos encontramos con ideas, teorías, de las que no sabemos lo suficiente.

Tal desconocimiento ha llevado a algunos cosmólogos a defender la idea de que *el universo no tuvo "principio", ni tendrá "fin", simplemente que es eterno y siempre ha existido y seguirá así por siempre ya que es eterno.*

Esta propuesta contraria a cualquier acto "creador" apadrinado por muchos lideres religiosos manipuladores. Se basa en el principio de **Copérnico** de que el universo es homogéneo, es decir, su aspecto es el mismo desde cualquier punto en que se observe, aun por alejado que pueda ser este.

Como en cosmología, cuanto mas lejos se observa, mas se viaja en el tiempo. Esta idea implicaría que el cosmos siempre fue igual, que nunca nació.

Hoy en día, esta teoría choca con las mediciones mas recientes como el hallazgo de irregularidades en la radiación de fondo, pero ha sido sutilmente corregido por tres cosmólogos que la defienden y que son: **Herman Bondi, Thomas Gold, Fred Hoyle**. Los tres explican que el cosmos no tiene origen, que sus irregularidades son provocadas por mini-big-bangs producidos por agujeros negros, que van "rellenando" de manera imperceptible, los huecos que la materia deja en su evolución.

Junto a ellos, una pléyade de cosmólogos iconoclastas que no termina de dejarse convencer por el Big-Bang, y mucho menos con las teorías creacionistas ó religiosas.

El origen del cosmos no es un límite, es mas bien el ambiente ideal en el que se desarrolla su trabajo.

Wendy Freedman, por ejemplo atrajo la atención mundial en 1994, cuando interpreto a partir de unas imágenes del telescopio espacial Hubble, que la edad del universo debería de ser de menos de 10,000 millones de años (supongo años mas, ó años menos, no alteraría la propuesta ¿verdad?).

Su trabajo cimbró teorías, limpió de polvo antiguas ideas asentadas de la cosmología: que la edad del cosmos se puede medir utilizando la constante de Hubble, que básicamente e intentando explicarla para los poco enterados como quien esto escribe, la podemos entender como una relación matemática entre la distancia de las galaxias y la velocidad a la que se separan de nosotros.

Freedman, fue la primera en levantar la voz y abrir la puerta a ideas nuevas y poco ortodoxas, descabelladas en opinión de algunos ultra-conservadores de la ciencia, sobre los orígenes del Cosmos.

¿Seria posible que la física se equivoque al medir la gravedad? **Bertolami**, ha según él, encontrado otra explicación. Según él, *las leyes de Newton* funcionan en el nivel de estrellas y galaxias de manera distinta lo que lo hacen en el nivel del sistema solar (?).

En otras palabras, de acuerdo a su teoría…. ¡hay varias leyes de Newton! Si Newton se pudiera levantar de su tumba, dice Bertolami, simplemente el modificaría sus leyes gravitacionales.

Lo cierto es que en este maremagnum de dimes y diretes de los científicos, en los que mañana pueden proponer teorías mas ó menos interesantes con semántica de la ciencia correspondiente, pues se puede ser parte de esta ensalada especulativa ya que nadie podrá con bases decir lo contrario. Así es que Uds. decidan si intentan apostar a favor ó en contra del Big-Bang ó bien lanzar su propia teoría sobre el origen del universo.

Por si esto que ha leído en líneas anteriores no le ha parecido suficientemente subversivo, **Robert Oldershaw**, del Amherst College de Massachusetts, cree que el universo debe de ser como una infinita sucesión de muñecas Rusas, las conocidas como "Matruskas", que encierran en su vientre otra de menor tamaño y esta contiene otra y así sucesivamente.

Este astrónomo considera clave el hecho de que los ladrillos fundamentales del cosmos, solo se dan en determinadas escalas de tamaño (átomos, estrellas, galaxias).

Oldershaw, cree que esta jerarquía afecta también a niveles mas allá de los limites de nuestra capacidad de observación (¿quien puede probar lo contrario?).

¿Tendrá algo de cierto?, ¿ó simplemente se trata de los efectos de una sobredosis de otra controversial teoría conocida en el medio científico como *"Teoría del Caos"*.

Sea como fuera estas especulaciones tan diferentes como radicales que los cerebros mas activos de la humanidad nos lanzan a carretadas cada día, sobre el supuesto origen del universo, todas son útiles. Son alternativas, que en conjunto solo intentan buscar la verdad respecto al **Génesis** del Universo. Posiblemente algún día, una de esas teorías ó la conjunción de algunas de ellas, nos permitan saber la verdad.

Incluso, en el caso de que el Big-Bang se pudiera confirmar, la teoría quedaría ligeramente incompleta.

Para que el universo se expanda a la velocidad que lo hace y algunas galaxias exteriores roten tan de prisa como lo hacen, es necesario que exista un 90% mas de materia de la que conocemos en el cosmos.

Ese vació se llama "materia oscura" y no sabemos su composición, aunque de nuevo, sobran los supuestos conocedores de la verdad que dicen que su composición pudiera ser de objetos compactos y masivos de Halo. Descifrar este enigma, nos llevaría a confirmar que el universo tuvo un origen explosivo y violento conocido como el famoso y controversial pero muy posible Big-Bang!.

En defensa de la teoría del B-B, sabemos que el universo se expande como lo descubrió **Edwin Hubble** al observar como las galaxias se alejan cada vez mas de prisa, lo que sugiere que en el pasado estaban juntas, comprimidas. Además dejan huellas como las que descubrieron en 1965 **Arno Penzias** y **Robert Wilson** al rastrear y descubrir la radiación cósmica de fondo, el rastro que deja el cosmos en su "expansión" y que demuestra que en su origen sufrió una fase de calor y densidad extremas, que además esta huella se mueve, como detecto el "Cobe" al detectar en 1992 irregularidades en la radiación de fondo, es decir las semillas en la formación de las galaxias tras la ultra Mega explosión denominada Big-Bang.

Con todo lo anterior he querido caminar lentamente al lado de Uds. buscando lo que hasta ahora la ciencia nos aporta en la búsqueda de los orígenes del universo.

Hemos leído como los reaccionarios intelectualoides defienden también sus posiciones de "poder" mas que de la razón, de la verdad y del saber, Ud. y yo, poco a poco sabemos mas hipótesis que le ayudaran a buscar sus propias conclusiones.

Así como hemos compartido conceptos científicos aceptados por la ciencia moderna, también es necesario beber en las fuentes del conocimiento menos formales ó por lo menos "apadrinadas" ó socorridas por la ciencia formal, pero sin embargo mas antiguas y sumamente sugestivas que por doquier, en todos los puntos cardinales del planeta se conocen sobre el origen del hombre y del universo mismo.

Ud. amable lector, será el único en darle veracidad ó negársela a todo lo que aquí lea, pero antes de llegar a esa encrucijada existencial, le sugiero lea, investigue con mente abierta.

Esta es una obra de apoyo, de investigación en muchos ámbitos del saber humano.

Con equipo sofisticado como el telescopio HUBBLE, el ser humano entra en el tercer milenio escudriñando el universo en busca de respuestas. Esta magna obra de la ingeniería del hombre, captó el choque de dos remotas galaxias y su consecuencia: el nacimiento de mas de 1000 brillantes grupos de nuevas estrellas.

La explosión celeste captada por el Hubble, ocurrió hace millones de años, es decir, el tiempo que tardo la luz portadora de esa imagen en recorrer 63 millones de años luz de distancia que nos separan de dichas galaxias llamadas "Antennae". Para el común de la gente esto llevó nuevamente a pensar del Hubble como una maquina increíble a pesar de su miopía inicial y de la "cirugía" correctora que posteriormente se le hizo en un alarde de tecnología y manejo del ingenio del saber humano.

Para los astrónomos es cosa "normal", ya que saben que las imágenes se forman cuando la luz que viaja a una velocidad de 300,000 Km x segundo, incide en el telescopio (ya sabían todos Uds. eso ¿verdad?), ó en la retina de nuestros ojitos verdes, cafés u azules.

De modo que la luz de cualquier estrella que hoy observemos, ha tenido su origen en cualquier momento de un remoto pasado.

La luz solar tarda 8.3 minutos en llegar a la tierra, lo que quiere decir que cuando vemos el sol, lo vemos realmente como era hace 8.3 minutos atrás en el pasado temporal.

Las distancias astronómicas se miden en años luz, el trayecto que recorre la luz en un año.

Por lo tanto, las imágenes del "reciente" choque intergaláctico captado por el telescopio espacial Hubble, sucedieron hace realmente muchísimo tiempo. Las imágenes del Hubble muestran galaxias como eran hace 10,000 millones de años, ¿cómo serán hoy en día? Solo un astrónomo que tenga la suerte de vivir dentro de 10,000 millones de años ¡lo sabrá!

Ó bien hasta que el cerebro humano, logre superar a la ciencia y tecnología actual, que le permita descifrar incógnitas, que suponen un abismo casi infranqueable y sin aparente solución…al menos eso es lo que algunos suponen. En lo personal creo que esto es simplemente una forma mas de miopía humana al considerar que todo esta dicho y hecho, sin darnos cuenta de que, por fortuna, aun estamos iniciando nuestro infinito camino evolutivo, *que las llamadas "verdades" de hoy, serán las grandes mentiras del mañana,* ó por lo menos las grandes equivocaciones, ya que el ser humano no puede ni debe auto imponerse limitaciones cuando apenas estamos iniciando nuestra jornada evolutiva.

De acuerdo a nuestros conocimientos, a nuestra ciencia, a la tecnología actual de principios del siglo XXI, muchas cosas "suenan" como posibles, cosas que posiblemente hace solo unas décadas se conceptuaban como difíciles ó imposibles, hoy son toda una realidad.

Así mismo, lo que a principios del XXI nos parece imposible, seguro estoy que será posible, que será una realidad, sobre todo confiando en el trabajo intelectual de muchos seres humanos que en la discreta clandestinidad de sus laboratorios, sin aspavientos ni de histrionismos falaces y vacíos, trabajan para hacer mas grande a la raza humana, para hacer de su existencia algo placentero, de calidad, de cantidad.

Estos seres humanos positivos, pensantes y actuantes, que buscan ayudar a que la humanidad trascienda, son factores definitivos para que muchas preguntas sin respuesta muy pronto queden con solución, al menos en décadas futuras, pero ya no se piensan como antaño, como cuestiones imposibles, ahora se confía mas en la capacidad de estos seres humanos que trabajan para el resto de la humanidad.

Para ejemplificar tenemos al Telescopio Hubble, este increíble y sofisticado aparato, es una joya del intelecto humano. Es una prueba del genio e ingenio del hombre de principios del nuevo milenio, orbitando a 600 kilómetros de la tierra desde 1990 en que se lanzó ó que se colocó en orbita, aun con sus problemas y deficiencias mismas que han sido reparadas y superadas en complicadas misiones técnicas espaciales, nos ofrece un valioso auxiliar en la búsqueda de la verdad sobre los orígenes del universo. Al captar las colisiones intergalácticas, apoya teorías que muy pronto en los años por venir, nos lleven a certezas, a afirmaciones que antes eran solo teorías revolucionarias y hasta medio míticas ante la imposibilidad de su comprobación sobre el *Génesis* del genero humano y del universo mismo.

SIRTF que se lanzó en el año 2001 pudiendo detectar entre otras cosas el "calor" antes que la "luz" visible, un súper telescopio espacial infrarrojo, espiará y presenciará el nacimiento mismo de las estrellas, buscará agujeros negros en nuestra galaxia y en otras mas. Díganme Uds. amables lectores si no es esto un ejemplo palpable, concreto, cierto de que el ser humano esta buscando llegar allende las fronteras del planeta tierra, buscando nuevos lugares de asentamiento para proseguir nuestro devenir, pero ahora en otros lares lejanos de nuestro nido original.

Esto no es solo buscar nuestros orígenes, es decir respondernos de donde venimos, mas importante diría yo, es saber a donde irán las futuras generaciones de seres humanos.

Por cierto el telescopio Hubble, oficialmente terminara su "trabajo" al servicio de la humanidad en el año 2005, es decir dentro de muy poco tiempo, luego se le "reacondicionará" con nuevos aditamentos tecnológicos que lo "actualicen", como por ejemplo se le colocara un sofisticado y de ultima generación equipo de espectrografía, así como una cámara de ultima generación.

Los científicos esperan que estos "arreglos" sirvan para que el Hubble siga operando con eficiencia y eficacia hasta por lo menos el año 2010. Así pues el Hubble seguirá siendo el vigía de la esperanza, nuestro ojo escudriñador aun en sitios recónditos e inimaginables, al menos eso es lo que algunos ignorantes y miopes pesimistas decían antes, y no dudo que muchos hoy en día. En el nuevo milenio sigan siendo pesimistas y pensando que la ciencia, que el avance tecnológico es solo en detrimento de la humanidad, ó como otros ignorantes y negativistas que creen que todo tiempo pasado fue mejor ó que todo esta dicho ya…¡allá ellos!

Sigamos investigando, indaguemos huellas por minúsculas que parezcan, por poco interesantes que estas se crean al principio. Quizás la respuesta se encuentre en quienes nos "sembraron" aquí en este planeta, que indudablemente debieron y deben por ende ser infinitamente mas avanzados en todos los sentidos conocidos y en otros que ni imaginamos.

Esta vía del conocimiento, posiblemente nos lleve al *Génesis* Universal, ó por lo menos de nuestro "universo", sobre nuestro origen, nuestro destino acaso sea estudiando con mente abierta, lo que nuestros congéneres ancestros vieron y dejaron plasmado en múltiples y variadas formas, posiblemente para que las generaciones venideras las interpretáramos, las descifráramos, las tomáramos en cuenta, para aprender de ellos, de sus experiencias y para posiblemente no cometer sus errores, pero si sus aciertos.

Muy posiblemente la respuesta a muchas incógnitas sobre nuestro origen, sobre nuestros creadores este en esas manifestaciones legadas a nosotros por antiguas civilizaciones, posiblemente este allí codificado ó quizás tan claro como el agua pero que no hemos querido " ver" ó aceptar. Posiblemente en alguno de esas manifestaciones escritas ó pictóricas, arquitectónicas este la respuesta que nos diga muy posiblemente que venimos de algún lugar que No es este planeta, al menos me refiero en los inicios de la especie humana, posiblemente nos digan, que estamos aquí, para aprender, para evolucionar de tránsito al lugar de donde venimos ó donde seremos los terraformadores del futuro.

La visita de entidades biológicas inteligentes de origen extraterrestre a nuestra planeta se han manifestado desde hace miles de años, muy posiblemente desde que nuestra especie pudo plasmar de alguna manera las insólitas visitas de estos seres.

Antiguas civilizaciones humanas que nos han precedido en la población de este planeta, nos han dejado miles de rastros sobre la visita, presencia e influencia de dichas criaturas venidas de algún lugar del cosmos.

Dichos rastros los podemos observar en aspectos culturales, arquitectónicos, y hasta en conocimientos científicos, religiosos etc.

Los relatos, los mitos, las leyendas de los pueblos antiguos hablan de una "humanidad" proveniente de las "estrellas".

Hablar de los ETs, como posibles integrantes de nuestra realidad humana en este planeta es un concepto sumamente antiguo, mucho mas que el controvertido y publicitado incidente de Roswell en Nuevo México en los Estados Unidos en el año de 1947. Posiblemente el caso de Roswell sea acaso el mas conocido por factores múltiples entre otros la desinformación y el desprestigio del fenómeno mismo, ya que se aprovechó este caso para "deformar" la supuesta verdad hasta el grado de que se conocen múltiples y variadas versiones sobre dicho caso, haciendo muy difícil distinguir la verdad de la mentira, la objetividad de la exageración, lo razonable, lógico congruente, de lo inventado por razones de notoriedad y sobre todo de la comercialización de dicho incidente.

Así pues les recomiendo, NO olvidar este caso, pero no tomarlo ni tan siquiera como el mas claro ejemplo sobre el tema, solo como uno mas. Pero con mente abierta, buscar en miles de casos menos "deformados y camuflajeados" para evitar saber la verdad, y cuando digo la verdad, no me refiero necesariamente a la que algún grupo quiera escuchar como la verdad, a favor ó en contra de la implicación extraterrestre en el caso, ó de las grandes mentiras que rayan en lo estúpido que oficialmente se han dado sobre el mismo y me refiero a todas esas "verdades" que creen millones de gentes en el mundo.

Deseo mas que nada invitarles a que analicemos evidencias múltiples de la influencia de "ellos", en civilizaciones antiguas de la humanidad.

Casi todos los textos religiosos y mitológicos de la antigüedad, hacen referencia a los "ET's", ó "EBE's", (Extraterrestres- Entidades Biológicas Extraterrestres), solo que obviamente hay que leer, investigar para constatarlo, ó caeremos en manos de charlatanes que exageren y deformen dichas evidencias.

Encontramos referencias en textos bíblicos, en especial los del Pentateuco, en la cultura Sumeria como el Gilgamesch, en antiquísimas culturas como la Indú que en sus libros como el Dzyan, el los Vedas, y muchos mas que comentaremos mas adelante en esta obra.

Los Mayas en su libro sagrado como el Chilam-Balam de Chumayel y en las crónicas de Garcilaso de la vega, sobre mitos y leyendas, también comentaremos sobre, Incas, y otras civilizaciones de la zona Andina Sudamericana.

La gran mayoría de las referencias acerca de la colonización de la tierra por ETs, hablan acerca de como ciertos grupos de ET's, encontrando que la tierra, nuestro planeta otrora azul, era un lugar adecuado para la vida en general de todas las múltiples especies y en forma concreta para la vida animal inteligente. Fue así como inicio la colonización del planeta en ciertos lugares seleccionados por sus cualidades geográficas, climáticas etc.

Como concretamente el Valle del Rift.

Clima y temperaturas agradables. Esto debió de haber influido para la selección inteligente del lugar. Recordando cosas obvias, en la antigüedad, no había seres humanos contaminando su ambiente, asesinando lentamente su entorno ecológico. Tampoco había guerras ni competencia por lugares "específicos" como hoy en día en las grandes Urbes superpobladas, contaminadas, inhumanas, cloacas del género humano.

Estas narraciones que nos hablan de colonizaciones de seres provenientes del espacio exterior, hablan de por lo menos cuatro grupos diferentes de seres que ahora consideramos humanos, que de acuerdo a su aspecto y apariencia exterior lo que después se englobaría como características raciales particulares que "colonizaron" nuestro planeta.

De acuerdo a la mitología antigua estos cuatro grupos raciales son: la raza blanca ó caucásica, la negra, la amarilla u oriental, y la roja propia de los nativos de Norte América.

De acuerdo a la mitología antigua, de estos cuatro grupos dos de ellos, aparentemente dos de ellos entraron en situaciones conflictivas (cualquier parecido a situaciones actuales son solo coincidencia), dando origen, lugar a que uno de esos grupos, tuviera que dejar el planeta aparentemente e irse a otro lugar en el espacio ó quedarse y perecer a manos de sus enemigos poderosos y gobernante. Les repito esto es lo que dicen algunos textos antiguos.

Es posible que debido a esto, los mitos, relatos y leyendas de la antigüedad están llenos de referencias a los conflictos, a las batallas y combates que se dieron entre los "dioses" de la antigüedad.

Los relatos míticos nos refieren que los "dioses" eran digamos bastante humanos aunque su aparente procedencia fuese algún lugar del universo nada que tuviera que ver con la tierra, ó del cielo u las estrellas como se suele referir al origen de nuestros ancestros primigenios…a "ellos". Esto lo analizaremos cuando comentemos sobre la Cultura Indú y la Maya entre otras.

Con el establecimiento de moradas para los "dioses" como fueron las zonas del hemisferio Norte y en sus extremos mas norteños como el famoso y mítico Monte Olimpo en la Grecia antigua, aparentemente, los "dioses", "ellos", se establecieron para permanecer por largas temporadas, y en otros casos para quedarse en apariencia para siempre entre nosotros.

Es por eso que los mitos, tradiciones, leyendas de todo el orbe, hablan invariablemente de "dioses" venidos del "cielo", y de las relaciones de " ellos" con seres humanos comunes como Ud. y como yo, como los seres humanos tenían que "quedarse" y los "dioses" podían viajar a su antojo de nuestro planeta al lugar de su procedencia el cual desconocemos.

Los humanos tenían que quedarse y luchar con las condiciones inclementes del clima reinante en el planeta, mientras que "ellos" con su adelantada tecnología eran sumamente mas avanzados que el humano, simplemente eran "colonizadores" que a su gusto establecían comunidades bastante avanzadas y hasta dejaban "misioneros" que compartían sus conocimientos con dichas comunidades pero sin interferir al mismo tiempo en su evolución (Oannes, Viracocha, Quetzalcoátl, Jesús etc.)

Los "dioses" vivían con todas las comodidades que su ciencia y su tecnología les permitían, posiblemente eran lo que algunos llamaron " la humanidad gloriosa", proveniente de algún otro mundo, lo que nos hace especular hoy en día sobre la posibilidad de "estos" seres humanos de origen extraterrestre.

Lo anterior, Ud., que me hace el favor de continuar en la lectura de esta obra, es una teoría mas de entre las muchísimas que intentan especular, teorizar sobre el origen del hombre, así es que no lo tome tan seriamente, pero como NO podemos probar lo contrario, pues no deja de ser una posibilidad mas, sobre todo visto a la luz de la mente abierta.

Así los "dioses" provenientes del "cielo" y que mostraban maravillas a sus descendientes humanos, no tenían mas misión que la de "establecer" una "colonia" de seres humanos, primaria, primitiva, para que fuera tomando su natural rumbo evolutivo, hasta alcanzar los niveles de desarrollo cultural, tecnológico, científico que hemos alcanzado hoy en día en este siglo XXI.

Hay quienes piensan que el origen de nuestra especie no es el "divino", tampoco se conforman con el "evolutivo". Hay quienes piensan y creen que el ORIGEN de nuestra especie esta en el pensar que iniciamos "fuera" del planeta, en el cielo, en las estrellas como lo afirman miles de historias y leyendas en todos los puntos del planeta tierra, en casi cada una de las culturas ancestrales que han existido desde el principio de los tiempos.

Todos estos conceptos sobre el origen del ser humano, sobre la tierra, sobre el Universo mismo, se han estudiado con sumo cuidado y rigor científico por eminentes científicos como los Rusos **Agrest** y **Schlovsky** a mediados del siglo XX, y de otros autores digamos menos formales ó poco apegados al rigor científico, pero interesantes en sus ponencias como **Eric Von Daniken**. De una manera sensacionalista y comercial le han valido las criticas de los "puristas" de la ciencia formal, Von Daniken habla sobre la "venida de los dioses", sobre astronautas de la antigüedad y sobre otras especulaciones poco convencionales, pero repito muy interesantes y nada despreciables en su concepto, si acaso, creo un poco carentes de mas sustancia en su propuesta, pero dignas de tomar en cuenta si se profundiza en el estudio de los casos.

Lo mismo podemos decir de **Richard Mooney** y **Jean Sendy** que entre muchos otros proponen el origen extraterrestre del ser humano.

Un poco mas adelante en esta obra, como ya les he venia apuntando, compartiremos algunos conceptos, conocimientos, creencias de culturas ancestrales de todos los puntos cardinales de la tierra, que nos refieren en sus códices, en sus manuscritos, en sus pinturas rupestres, en sus petroglifos, etc. sobre el origen de sus respectivos grupos étnicos y el hombre mismo...Ud. no tiene que creer obviamente nada de esto, pero le reitero mi respetuosa invitación a que con mente abierta vislumbre otras posibilidades sobre el *Génesis* del hombre, de nuestra especie. Ud. tiene, como siempre, la ultima palabra; Ud. decidirá. Nosotros solo le presentamos elementos que le darán mas riqueza a su acervo cultural y con un poco de optimismo, posiblemente hasta a forjar su muy particular punto de vista al compartir algo de lo que aquí ha leído, ó simplemente asegurando con convicción lo ya sabido con anterioridad al ignorar por completo lo que aquí se le ha ofrecido.

Para aquellos puristas, que no comparten el principio antropológico *de "fundar" ó de "colonizar" otros mundos,* los relatos que encontramos en los mitos y leyendas de la antigüedad, hablan de una humanidad proveniente de las estrellas, como ya lo hemos dicho. Según algunos estudiosos e investigadores parecen acordar y confirmar algunas "analogías", semejanzas, constantes entre los pueblos del planeta al referir que *"NO ESTAMOS SOLOS",* que venimos de algún lugar que NO es la tierra y que hemos estado siendo visitados por entidades biológicas inteligentes de origen NO terrestre, quienes muy *posiblemente nos "sembraron" como un macro experimento genético.*

Para aquellos que no comparten el principio antropológico de fundar por todo el universo, lo relacionado con la "realidad humana", es decir este principio explica que la realidad humana, la condición del hombre, esta en la posición de entender al universo. Esto posibilita en gran medida la existencia de otras civilizaciones humanas en algún lugar del universo. ¿Alguien puede comprobar lo contrario? De igual manera que quienes esto proponen, no pueden esto mismo comprobar.

Los que no "comulgan" con el principio antropológico de "fundar", ven como imposible ó muy poco probable, que existan seres humanos ó tan siquiera humanoides habitando otros planetas. Consideran que este concepto de "fundar", es la mas fiel concepción del paroxismo, del antropocentrismo humano extendido por el cosmos.

Ellos, los detractores, piensan que en el caso de existir mundos habitados, los seres que allí vivan, deben de ser totalmente diferentes a nosotros los humanos, ó a cualquier otro animal ó planta conocidos.

Pero lo que no es eludible y nos sirve de guía para conocer posiblemente nuestros orígenes y como eran ó son (?) los seres humanos(?) fundadores de la humanidad "terrestre" son las incontables y bastas leyendas al respecto que abundan en todo el planeta. Basta estudiar, buscar, ver con objetividad lo que se narra por nuestros ancestros.

El concepto el humanos originándose en lugares no específicos del universo, no solo es un concepto antropocéntrico, sino que demuestra que la existencia posible de la conciencia e inteligencia avanzada, teóricamente solo se puede dar entre criaturas "semejantes" en el universo. Aunque en este punto discrepo bastante, ya que tan solo en nuestro planeta podemos ver la increíble variedad de criaturas viviente, por que entonces en el universo, las únicas inteligentes (?) que pudiésemos encontrar, se deben parecer a nosotros ó nosotros a ellas, lo bueno es que esto no dejan de ser solo especulaciones, …¡por fortuna!

Por las anteriores consideraciones hipotéticas vertidas libremente que se convierten en una gota mas del inmenso océano de las especulaciones que intentan explicar nuestro origen, podemos con mente abierta especular que muy bien pudieran existir entidades biológicas inteligentes de origen no terrestre…viviendo entre nosotros, pues de acuerdo a algunos científicos NO puristas y de mente abierta, serian casi idénticos a nosotros, los integrantes de la raza humana.

Por consecuencia "ellos" serian seres humanos que se originaron en otro planeta, dicho planeta con semejanzas a nuestro planeta la tierra.

Se dice que para que se haya desarrollado una civilización lo suficientemente avanzada y así poder viajar por el espacio sideral "visitándonos", para saber como estamos evolucionando y llevar a cabo misiones de exploración e investigación científica utilizándonos como "conejillos de Indias" a los humanos, manipulándonos genéticamente, buscando una "súper-raza" con la mezcla de sus genes con los nuestros es que están aquí. Bien podría ser esto solo parte de la verdad, pues supongo existen muchos otros objetivos.

Otra posibilidad es que nos estén *visitando* no solo seres humanos completamente "humanizados", también otras civilizaciones inteligentes NO humanas, con un tipo de evolución "diferente" al nuestro, nos visitan con frecuencia y por ende, deben de ser sumamente INTELIGENTES.

Estos seres han sido reportados por testigos que los han visto, como de apariencia humanoide y con estatura y rasgos anatomofisiológicos de menor proporción al humano promedio.

Pero también se asegura por parte de algunos testigos, haber visto seres de grandes proporciones, casi gigantescas (¿acaso los antiguos "jayanes" de los que habla la Biblia?); supuestamente resultantes de la mezcla entre "ángeles" y hembras de origen humano.

Es de la visita de esas "entidades" biológicas no terrestres la que nos lleva a la elaboración de esta obra…¡por fin! Aunque tarde, supongo ya se habían dado cuenta del objetivo de esta obra aun sin mencionarlo ¿verdad?

Hablaremos tanto de las supuestas entidades parecidas a nosotros los humanos, como de aquellas que por mucho distan de tener alguna semejanza con nuestra especie, al mortal común, pero que al fin y al cabo, unos y otros de aparente origen extraterrestre, que son descritos por pueblos antiquísimos. Supongo con optimismo, al finalizar de leer esta obra, Ud. tendrá una idea mas objetiva y panorámica, pero sobre todo, mas fundamentada sobre nuestro origen y sobre la posibilidad de si estamos ó no solos en el Universo.

¿Será acaso que estas entidades biológicas inteligentes avanzadas nos "sembraron" aquí? ¿Que nos están "utilizando" en complicados estudios genéticos tendientes a reproducirse con nosotros ó crear una "nueva" especie que cuente con lo mejor de ellos y de nosotros para que estos sean los que "funden" ó colonicen nuevos mundos?

¿Será acaso que esos "dioses" mitológicos de los que se habla en muchas culturas son el resultado de manipulaciones genéticas que dieron como resultado seres "híbridos" ó mutantes?

Sigamos adentrándonos en esta lectura, nademos en este maremagnum de teorías, hipótesis, especulaciones, crónicas, leyendas, mitos, etc. No para que Ud. crea, mas bien para que Ud. se cuestione sobre el auténtico origen del ser humano. Posiblemente solo sabiendo de donde venimos, podamos intentar especular sobre a donde vamos. Estos enigmas existenciales siempre han preocupado a la humanidad de todos los tiempos, y para no variar, en estos años de principios del siglo XXI seguimos como hace siglos, solo comprando lo que existe en cantidades industriales y para todos los gustos en el mercado ideológico mundial, siendo victimas de la ignorancia, la superstición, la manipulación, los intereses creados por vividores que se aprovechan de la apatía, de la flojera mental de millones de seres humanos que a fin de cuentas se "conforma" con las verdades (?) que otros inventan para las masas…Todo bajo imposiciones dogmáticas sin fundamento, anacrónicas, apoyadas en cimientos de cristal que algunos pomposamente solo atinan a llamar Fe para evitar su cuestionamiento. Por fortuna la mente es libre y cada quien puede creer en lo que le venga en gana, siempre y cuando respete otras maneras de pensar, y no solo atacarlas por considerarlas diferentes.

BERESHIT BARA ELOHIM

En el siglo cuarto, Jerome, uno de los "padres" del cristianismo antiguo, tradujo de los textos originales escritos en Hebreo antiguo las tres primeras palabras del *Génesis* al Latín.

Bereshit Bara Elohim en hebreo antiguo, lo tradujo al Latín como: " In principio Creavit Deus Caelum et Terram", que traducido a nuestro idioma, significa: En un principio Dios creo el cielo y la tierra.

La palabra *Elohim*, palabra de origen Hebreo, masculina, plural, ha sido "dolosamente e ignorantemente" traducida en forma equivocada.

La palabra *Elohim*, es clave en este enredo conceptual, semántico, filosófico y hasta teológico mas lo que Ud. le apunte y agregue ó quite al respecto.

Para no ser tan rudo, diré que este "error" de traducción que ha dado origen a incongruencias interpretativas por las razones que a continuación analizaremos.

Elohim, como ya les dije, palabra de origen Hebreo utilizada para las formas gramaticales en plural, fue traducida al Latín como " Deus" en Singular!!

En el idioma hebreo, el singular de *"elohim"* es *"Eloha"*, en Hebreo la terminación *"im"*, indica siempre *plural*, NO existe ninguna excepción en todo el idioma Hebreo.

La Biblia transmite la idea de la existencia de UNA entidad divina en forma única y singular, que literalmente debía de haberse traducido en *"plural"* por *"DIOSES"*. **La traducción de DIOS al singular, es no solo una equivocación grave y dolosa, es una franca traición a los textos originales.**

Pero como Ud. y yo sabemos amigo lector, de "errores" voluntarios ó involuntarios, que más da. Al fin errores esta plagado este y casi cada libro de los considerados "sagrados" que son seguidos por millones de seres humanos que no cuestionan, que como "borregos" solo siguen al pastor que los guía, mismo que en muchas ocasiones es tan neófito como aquellos que le siguen, por fortuna para él sin cuestionar.

Las traducciones y las diferentes versiones que de la Biblia se han hecho en el correr del tiempo, han hecho de esta fuente de "información" divina (?), una obra "mutante", híbrida, ¡deformada! que ha sido utilizada al libre albedrío, a la libre interpretación, de quienes se ostentan como "dirigentes autorizados" de la religión. En cambio existen otros mas papistas que el Papa, que siguen al pie de la letra, con punto y coma lo que en ese libro se dice. Estos "fundamentalistas", supongo ya saben algo que el resto de la humanidad no, ¡espero que algún día lo comprueben!

Lo cierto es que todo esto ha desencadenado errores, contradicciones, imprecisiones, dolosas manipulaciones que han terminado con una ensalada religiosa dudosa y cuestionable como todas y cada una de las religiones que ha inventado el ser humano para encontrar explicaciones a su origen, para manipularnos, para oprimirnos, para mantenernos en el oscurantismo vendiendo conceptos arcaicos y míticos.

Todo este "amasijo" de lo espiritual solo beneficia a los manipuladores de las conciencias que rigen los destinos de rebaños de mansos creyentes.

Ellos venden hechos insólitos, sobrenaturales, y hasta paranormales como si fueran verdaderos y hasta intentan que alguien con unas cuantas neuronas que se digan inteligentes, crean tan solo por fe u dogma, en esas historias dignas de Hollywood y su mundo ficticio de glamour y oropel.

Estos "manipuladores" les recuerdo, pertenecen y fueron creados para el "equipo" de los amos aparentes el Universo, ó por lo menos de nuestro mundo en el que Ud. y yo vivimos, mismos manipuladores que no "aceptan" cuestionamientos, no sin pena de ser blasfemo, impío, enemigo de la verdad.

Todo según ellos, debe aceptarse sin titubeos, sin cuestionamientos. ¿Como es posible tanta aberración?...¡no lo se!

EL TERRAFORMING DE LA BIBLIA: EL GÉNESIS

El término terraforming significa básicamente "organización" de un planeta y la "implantación" de la vida en el. En términos más llanos, significa la colonización de nuevo lugares.

- Al principio los elohim (el grupo de los que vinieron del cielo), crearon el cielo y la tierra (génesis 1-1): viniendo del cielo, los elohim, descubrieron la tierra.

- Los elohim vieron que la luz era buena...(génesis 1-4): para poder implantar la vida en la tierra, era importante saber si los rayos solares, no eran nocivos para la vida.

- Hubo una noche y hubo una mañana, ¡el primer día! (génesis 1-5): el día corresponde al periódo durante el cual el astro rey , el sol, se levanta bajo el mismo signo, el día del equinoccio de primavera.

- Elohim separó las aguas que hay debajo del firmamento, de las aguas que hay encima del firmamento...(génesis 1-7): después de haber estudiado las radiaciones cósmicas por encima de las nubes, descendieron por debajo de ellas, pero permaneciendo por encima de las aguas que cubrían la tierra, entre las aguas de encima, las nubes y las aguas de abajo, el océano.

- Que las aguas de debajo de los cielos, se acumulen en una sola masa, y aparezca suelo seco...(génesis 1-9): después de haber estudiado la superficie de los océanos, exploraron el fondo de las aguas y se dieron cuenta que no era demasiado profundo, esto obviamente gracias a su avanzada tecnología e intelecto superior y súper-avanzado, mediante explosiones dirigidas, hicieron brotar los continentes.

- Que de la tierra brote verdor, hierba, árboles que tengan semilla dentro según su especie...(génesis 1-11): entonces "ellos" los elohim crearon la VIDA sobre este gigantesco y magnifico "laboratorio" que era la tierra a partir de elementos químicos, todo esto gracias a la síntesis de elementos como los aminoácidos, piedra de construcción proteínica. Luego gracias a la manipulación del ADN, los científicos crearon todas las formas de vida existentes sobre la tierra.

- Que haya luminarias en el firmamento de los cielos, para separar el día de la noche (génesis 1-14) y que sirvan de signos de las temporadas, para los meses y los años sobre la tierra, lo que serviría para regular la vida sobre este planeta.

- Que abunden las aguas, de una cantidad de animales vivientes y que las aves vuelen la tierra (génesis 1-20): después de la vida vegetal, crearon los animales acuáticos, siempre con una gran visión, conocimiento y preocupación del equilibrio ecológico, una especie, no debía destruir completamente a otra aunque si servirse los unos de los otros interactuando, en ocasiones sirviendo de alimento.

- Que la tierra produzca animales vivientes según su especie (génesis 1-24): la creación científica de los Elohim desarrollaron formas de vida inimaginables y muchas de ellas aun desconocidas para el hombre mismo en este siglo 21, *y luego nos decimos arrogantemente que no existe vida en otros planetas, cuando ni tan siquiera conocemos las formas de vida en nuestro planeta.*

- Ya que dominan a la perfección la creación de vida, es muy atractivo para "ellos", los Elohim, comprobar que son capaces de hacer ó crear formas de vida semejantes a ellos mismos; hagamos al hombre a nuestra imagen y semejanza, que dominen sobre los peces del mar, sobre las aves de los cielos, en los ganados, en todas las bestias salvajes, en todo reptil, sobre la tierra…(génesis 1-26)

- Los Elohim hablaron de crear un ser lo mas parecido a ellos mismos. La diversidad de las razas nos habla de la capacidad y versatilidad así como diversidad, como posiblemente son ellos mismos, los creadores que muy posiblemente son muy diferentes y variados aunque con muchas semejanzas comunes.

- De cualquier árbol del jardín puedes comer, mas del árbol de la ciencia del bien y del mal..no comerás, por que el día que comieres de el..¡morirás! (génesis 2-17): poner a prueba las "nuevas"criaturas, al ser humano de principios de la creación, era una prueba de su programa de creación de la vida sobre la tierra, el conocimiento según los Elohim, debía de ser paulatino, prudente, poco a poco. Hay quienes piensan que los avances en materia de Ingeniería Genética actuales en este Siglo XXI, es de alguna manera analógica la "nueva tentación", pero ahora mas actualizada y sobre todo … avance ¡científico y tecnológico irreversible!

Así pues el terraforming, es la organización de un planeta y la acción de crear vida, colonizando nuevos planetas, al leer libremente todo lo anterior, sin ataduras convencionales, sin prejuicios, objetivamente y sin deformarlo. Estoy convencido de que el *Génesis* nos habla claramente de una extraordinaria, planeada e inteligente labor de Terraforming, al cuestionarnos sobre seres venidos del espacio, los *Elohim, "ellos",* seres inteligentes que viniendo del espacio sideral, nos "plantaron", en este planeta, que siguen viviendo entre nosotros. Hay otros solo visitándonos y observándonos, quizás vigilándonos en nuestra evolución, en nuestro devenir como raza…se me hace harto posible y nada descabellado.

Ellos, nuestros creadores aunque nos dieron libre albedrío, muy posiblemente están dispuestos a intervenir si fuese necesario para evitar nuestra destrucción, en este caso de su ¡creación misma!

Quizás estas entidades biológicas inteligentes avanzadas que nos crearon, sean las que nos visitan constantemente y cuyas naves portentosas e increíbles que reflejan una tecnología ni siquiera entendible por nuestra inteligencia y conocimiento actual, a las que solo atinamos denominar OVNIS, genéricamente llamados así por no saber en realidad que son, quien los tripula, de donde vienen etc., léase objetos voladores no identificados.

Quizás esas entidades biológicas inteligentes de muy probable origen no terrestre, sean esos mismos seres mitológicos que muchas historias de pueblos antiguos, recogen en la noche de los tiempos, dándoles jerarquía de "Dioses", como lo podemos atestiguar en relatos, leyendas, difíciles de creer, pero que muy posiblemente encierren medias verdades, ya no digamos con medias mentiras, posiblemente con las deformidades que causa el tiempo y los múltiples relatores que se encargan de divulgarlos de múltiples maneras, exagerándolos ó minimizándolos ó poniendo en ellos ya no la "verdad" original, si lo que ellos creen como cierta.

Después de todo, los hechos que se relatan, debieron ocurrir hace miles de años, entonces es natural tal deformación, exageración y hasta mentiras incluidos en ellos. Lo importante es saber "ver", lo que puede ser verdadero por mínimo que esto pueda ser.

Pero sigamos comentando sobre el *Génesis* bíblico.

- Y el espíritu de Elohim planeaba por encima de las aguas.. (génesis 1-2): Antes de poder iniciar su labor de terraforming en este planeta tierra, hubo necesidad de estudiar, de analizar las condiciones atmosféricas del planeta, así fue como antes de "ellos" venir, enviaron numerosas "sondas" ó vehículos robot, naves no tripuladas, para analizar las condiciones del planeta que deseaban utilizar como su enorme granja de experimentación, querían conocer su configuración, su geografía.

- ¿Que acaso no hacemos lo mismo nosotros hoy en día? Enviando naves no tripuladas a nuestro satélite natural, al planeta Marte, Júpiter u a otros para analizar las posibilidades, la viabilidad de establecer una colonia de seres humanos en ellos, no esta sucediendo otra cosa que no sea lo que aquí sucedió previamente. La historia se repite. Estamos aunque algunos no lo acepten, en los principios de otro "terraforming", de sembrar la semilla primigenia de la vida. Aunque en este caso, el nuestro, sea de una manera diferente al simplemente llevar al hombre mismo, ya que a este punto, nuestra ciencia no es tan avanzada (posiblemente en el futuro), como para crear vida a partir de los elementos esenciales que la recrean y la hacen posible, aunque ya creamos vida, a partir de la vida como sucede en la clonación.

- ¿Y no es en realidad con la idea de buscar condiciones de vida favorables para el ser humano que le permitan colonizar esos mundos nuevos? Por que entonces parece tan descabellado ó monstruoso para algunos miopes intelectuales de hoy en día, sobre todo califican de blasfemo, que de igual manera pudo haber iniciado la vida en nuestro planeta, tal y como nosotros los seres humanos del tercer milenio, pretendemos hacer en otros lares allende las fronteras de nuestro planeta tierra.

¿Será acaso que este deseo de ir mas allá de nuestras fronteras planetarias es una orden codificada en nuestro DNA como parte de nuestro proceso evolutivo? ¿Será ir a otros planetas y colonizarlos parte del plan original de los Elohim?.

Así como ellos trajeron la vida a este planeta, ¿nosotros debemos llevarla a otros?

Después de que "ellos" los Elohim vinieron aquí al planeta tierra, vieron el potencial para su macro experimento de vida, después de adecuar la "granja" a sus necesidades, iniciaron entonces su "operación terraforming", es decir, organizaron una misión científica. Estos seres inteligentes extraterrestres tuvieron el objetivo de crear vida aquí en nuestro planeta, muy posiblemente semejante al lugar del cual proceden. ¿Quién se atreve con hechos, con pruebas a intentar siquiera contradecir esta interesante y muy posible teoría?

Eso significa que en algún lugar del cosmos, existan muchos otros lugares en donde el ser humano, en donde la vida en todas sus manifestaciones conocidas por nosotros sean posibles.

Lo cierto es que lo mas probable es que ni los que estamos a favor ó los que estamos en contra de esta u otras teorías igual de revolucionarias y nada convencionales lo veremos, solo las generaciones en los años por venir sabrán si esto que les comparto fue algo atrevido y sin fundamento, ó bien algo de cierto hubo en ellas…. afortunados los que vivan para saber la verdad ¿no lo creen ?

- Y el verbo se hizo carne… Las labores de ingeniería genética que brillante e inteligentemente les permitía manipular los códigos genéticos, los elementos químicos que conjugados adecuadamente dan origen a la vida, les permitieron concebir seres vivos increíbles y variados que hoy en día habitan la tierra, y muchos otros que el ser humano a diezmado ó aniquilado por su egoísmo, por su egocentrismo, por su falta de visión de pensar en el futuro. En las nuevas generaciones que solo conocerán muchas formas de vida gracias a la fotografía ó a las películas, serán la única y lamentable forma de conocer algunas formas de vida. Aunque por otro lado, gracias a los avances como la clonación y la ingeniería genética, aunque rudimentaria y primitiva del ser humano del tercer milenio, ya le permite algunos "milagros" científicos como para preservar los códigos genéticos que los mantenga vivos y sin peligro de extinción.

- De allí que no fue difícil para "ellos", crear vida, y como les comentaba, hoy en día la ciencia nos da la razón, que utilizaron una mujer "virgen", eso hoy en día no parece ya tan producto de un milagro, simplemente nos habla de una clara alusión a técnicas de inseminación artificial súper avanzada. Pero que en aquellos tiempos solo podía atribuirse a hechos sobrenaturales y portentosos como a espíritus no tangibles y de clara procedencia no terrícola, ya que dichos acontecimientos, no podían ser obra del ingenio humano muy poco desarrollado a esas fechas.

- Después de crear formas de vida elementales, creadas a partir de la síntesis de ADN, se dieron a la tarea de crear formas de vida mas complejas y avanzadas, en primer termino de origen vegetal.

- Los esfuerzos de los Elohim, de su privilegiado intelecto, fueron dirigidos hacia el campo de la reproducción de nuevas formas de vida, después de los vegetales, los animales acuáticos fueron su segunda elección, luego las aves etc.

- La conjugación de inteligencia, sensibilidad, creatividad de los Elohim hicieron posible que sobre la faz de la tierra apareciese todas las formas de vida extraordinarias que se conocen y ¡muchas que ignoramos sobre la faz de la tierra!

- Hagamos al hombre a nuestra imagen y semejanza…después los animales terrestres, algunos científicos sentían la necesidad de reproducir (a pesar de supuestas ordenes estrictas superiores), un ser de formas y comportamientos humanos. Esas labores eran efectuadas con sigilo y casi en clandestinidad, en reserva absoluta, las cuales terminaron en ¡éxito rotundo! Después de múltiples "ensayos" con prototipos, eso escandalizo a la opinión pública del planeta del cual procedían los Elohim, al descubrir que habían dado a Luz a un nuevo ser, producto de su avanzada capacidad intelectual, a su tecnología, habían creado nada mas ni nada menos que…. ¡al ser humano!

- Aquí la opinión pública de aquellos tiempos, al igual que la actual, se escandalizaron con los avances científicos. Acaso no esta sucediendo lo mismo con lo poco que se ha liberado sobre la manipulación genética. Si la clonación de ovejas, causó revuelo, imaginen si se supiera la verdad que muy posiblemente es de mayor envergadura que lo que se filtró deliberadamente para "sentir" y medir la opinión pública mundial, así sucedió cuando "crearon" al ser humano los científicos Elohim.

- La opinión publica del planeta de procedencia de los Elohim hubo de aceptar que los primeros seres humanos "fabricados" eran una realidad. Entonces este tipo de trabajos científicos que eran practicados clandestinamente por científicos con amplia visión, tuvieron que ser "abiertos" y apoyados por la sociedad siguiendo así una línea oficial aceptada y pública, con una aparente y general orden súper estricta: mantener en la ignorancia a las nuevas criaturas sobre su ¡origen real!

La creación científica de la vida: Un circulo inmutable y repetitivo en el infinito.

En esa época del inicio de la vida sobre este planeta, los científicos elohim, aunque visionarios, ni ellos con mucho optimismo, supieron proyectar los alcances de su obra maestra. Fue mucho mas que haber hecho nacer unas criaturas inteligentes en un plan científico planeado. Realmente ellos no hicieron mas que repetir un ciclo firme en el cosmos: *¡el creado, se vuelve un* *día creador!* Aunque para algunos es blasfemo, para algunos descerebrados ó para algunos con miopía intelectual no es posible e increíble, lo cierto ¿es que no acaso esta ocurriendo algo semejante en la actualidad? ¿Recuerdan el escándalo originado por la noticia mundial sobre la clonación de Dolly la oveja? ¿No es este evento de nuestros días como para que por lo menos vislumbremos una repetición de sucesos ya ocurridos en el inicio de los tiempos?

Posiblemente nuestra humanidad actual, producto de la un día creada originalmente y sembrada en este planeta, al adquirir la "capacidad" de crear vida a partir de la vida, *¿no estaremos acaso preparándonos para un nuevo proyecto de "terraforming" de otros planetas que ahora simplemente estamos investigando mediante el envió de sondas espaciales no tripuladas?*

Los clones de los seres actuales bien pudieran ser los pioneros en otros mundos, que pueblen lugares recónditos e inimaginables del universo, y con ellos hacerse acompañar de otras formas de vida conocidas u otras que se "fabriquen" ex-profeso para las nuevas condiciones del planeta en cuestión. ¿Quién se atreve a desmentir esta posibilidad sin caer en demagogia y retórica barata propias de los que se dicen poseedores de la verdad absoluta?

Suena fantástico ó quizás fantasioso como algunos lo calificaran. Es poco menos que UN HECHO, pésele a quien le pese, sobre todo me refiero a esos retrógrados anencefálicos que solo aceptan sus "verdades" sin sustento, frágiles, de cristal; acepto, que muy posiblemente como estas revolucionarias posibilidades que les planteo, SIN intentar que las acepten, mucho menos que las crean. Solo les invito a que con mente abierta pensemos en ellas, en su viabilidad.

Los seres humanos actualmente estamos iniciando como les dije en líneas anteriores, ya el *terraforming*, la colonización. Aunque estemos en fase aun muy elemental, ya se cuenta con estaciones espaciales, solo como el escalón anterior a la llegada a nuevos mundos. Si aun esto no le convence cosa que en lo personal no intento, pero lo digo en sentido figurado simplemente, no sé que será lo que abra esas cabezas duras de algunos seres humanos.

Las generaciones terrícolas del futuro sabrán que los logros de los que ellos gocen, nacieron ó se iniciaron muchísimos años antes de que ellos nacieran. Como les repito la estación espacial internacional es ya un a realidad desde el año 2000, pero los planes de la misma iniciaron hace muchísimas décadas con los primeros pasos del hombre intentando volar por los aires, así como los megaproyectos para colonizar la Luna, crear una base de "paso" hacia otros cuerpos celestes como Marte o las lunas de Júpiter u otros lugares.

*CRECED Y MULTIPLICAOS

También después de que los primeros hombres se hubiesen dispersado sobre la superficie de la tierra, y que la presencia de los Elohim no fue mas indispensable, "ellos", nuestros creadores, se fueron para permitir a los humanos desarrollarse, multiplicarse, como se dice en el **Génesis**.

Aunque nos dejaron "misioneros" para compartir algo de su sabiduría, mismos conocimientos esenciales con los que ha crecido el ser humano, gracias a seres como Oannes en la Antigua Babilonia, Quetzalcoatl en México y Centro América, Viracocha en Sur América y siendo aun más concreto, muy posiblemente el mismísimo Jesús, Buda etc.

- Todas las grandes religiones que profesa la Humanidad, han sido invariablemente "fundadas" por " misioneros" ó embajadores escogidos por los Elohim…en cada época, en cada etapa del devenir del ser humano, en todos los continentes, en todos los pueblos y civilizaciones, "ellos", nuestros creadores, nos han proporcionado guías que nos han ayudado discretamente.

- Dichos "Misioneros" les mostraban enseñanzas que les permitieron ser mejores, recordarles reglas indispensables para elevar el nivel de conciencia de cada ser humano, que les permitiera la convivencia pacifica, armónica, que les llevase al desarrollo, a su evolución. ¿Que no hacemos exactamente lo mismo nosotros los humanos enviando a "misioneros" a compartir las bondades de la tecnología moderna, con pueblos menos avanzados tecnológicamente y pobres de nuestro propio planeta?

- Los traductores de los tiempos bíblicos, no pudieron ó no quisieron comprender ó interpretar adecuadamente la epopeya relatada en la Biblia, las versiones actuales de la misma. Están hechas en función de los traductores, copistas y manipuladores de cuello blanco, que desde siempre, no tenían el lenguaje ó las palabras que pudieran explicar los eventos que alguien, muy humanamente "redactó", de acuerdo a su muy particular manera de ver y saber cosas ocurridas muchísimos, pero muchísimos años antes de ser escritos, habiendo deformado y mutado el conocimiento original, para luego mediante dogmas y fe, prácticamente obligar a creer en dichos eventos a quienes se dicen parte de tal ó cual creencia. Eso acontece con casi cada uno de los supuestos libros sagrados.

- Los conceptos lingüísticos limitados, además de la carencia de lenguaje técnico ó científico hicieron que a ciertos fenómenos hoy posiblemente de fácil explicación, ó por lo menos de no tan fantasiosa ó sobrenatural origen, se les diera connotación de manufactura propia de '"dioses".

- Estos eventos que "alguien" por supuesto muy humano algún día redactó con mas emoción y fantasía que con hechos, eran simplemente la muy "particular", pero nada objetiva historia bíblica.

El lenguaje limitado, los conocimientos casi nulos sobre temas mas allá de lo atribuible a "dios", no son mas que el obvio reflejo del desconocimiento de ciertos fenómenos nada comunes en esos tiempos. Por ende se le dejaba al dominio de lo teológico todo lo que no se entendía. Simplemente se le atribuía a las alturas y a sus habitantes. Por cierto y en este comentario no se les hace interesante y hasta sospechoso pensar que miles de años antes de la Biblia, otros libros sagrados hablan de "dioses" venidos de las estrellas, de los cielos? ¿O por que la misma Biblia hace referencia al cielo como el hábitat de su máxima deidad? …¡Para pensarse!

Pudiera ser simplemente la alusión al lugar de donde vinieron los Elohim y muchas otras criaturas que nos visitan desde siempre. Les recuerdo que los Elohim son simplemente unos habitantes mas del Universo, ni los mejores, ni los únicos, posiblemente y simplemente nuestros creadores, mas no los únicos!

Retomando el tema de los escribas bíblicos. Ellos explicaban con sus limitadas palabras los eventos pasados increíbles. Ellos le daban su muy particular punto de vista de los eventos que nunca vivieron ni tan siquiera conocieron de primera mano, sino hasta después de muchas generaciones, siglos después. ¿Entonces como darle tanta credibilidad …solo haciendo esto dogmático, infalible, tema de fe, etc, etc, etc.

Pero dígame, alguno de Uds. mis lectores estoicos, ¿como un escribano de esos tiempos hubiese podido hace 2004 años describir un ovni? Solo diciendo que era producto de "la gloria del señor", ó como referirse a un evento perfectamente posible y normal hoy en día como la técnica de inseminación artificial. Simplemente era mas fácil decir que ángeles ó espíritus eran los responsables de tales y tan increíbles eventos. A fin de cuentas muy posiblemente, estos seres a los que nos referimos con nombres bíblicos, posiblemente eran simplemente "ellos", los elohim y algunas otras criaturas procedentes del cosmos a las que antes se les llamaban ángeles, dioses, etc., y ahora simplemente los englobamos bajo en calificativo de extraterrestres pues no pertenecen a nuestro planeta.

¿Cómo narrar un embarazo producto de ingeniería genética avanzada en mujeres senéctas, post-menopáusicas, como se narra en múltiples ocasiones en la Biblia? Solo diciendo que era obra "divina", ya que no había manera de decirlo de otra forma, ni la ciencia, ni la técnica, ni el lenguaje propio lo permitía a ese tiempo.

Como siempre, no para que crea nada, solo para que piense, para que reflexione, para que investigue, para que busque por lo menos su verdad basada en hechos no en dogmas sin sustento.

Lo interesante es que independientemente de la connotación que se le de a "ellos", a fin de cuenta están presentes en cada episodio de nuestra historia. Las razones son obvias al ser nosotros el producto de su creación, solo lo que varia es la connotación que se le aplica a "ellos", cuestión que depende de cada persona.   Por fortuna si Ud. quiere pensar que "ELLOS" son dios ó ángeles ….respetable es SU opinión, como debe de ser la de los que creen que "ellos" son solo seres extraterrestres, de igual manera el pensar que son buenos ó en ocasiones nos utilizan para sus mezquinos fines…eso por fortuna también es al libre pensamiento de cada quien, ¡así es que Ud. decida!

Pero les invito a seguir buscando evidencias que nos "conecten" con nuestros creadores siderales.

CAPITULO V

ELLOS entre NOSOTROS

SU INFLUENCIA E INTROMISIÓN EN LA VIDA DEL HUMANO

El extraño, intrigante e interesante caso del Galeno **Eugenio Torralba**. Lo que a continuación leerán, es parte muy representativa de la historia Ibérica, concretamente del llamado siglo de Oro Español.

Aunque realmente se ha escrito poco sobre este asunto que considero importante, lo que si es cierto, es que no cabe la menor duda sobre la existencia del personaje motivo de esta referencia, sobre todo de sus increíbles hazañas en las que se vio inmiscuido el Galeno en cuestión.

Uno de los personajes que atestiguan la existencia del mencionado Galeno Torralba, es nada menos que el mismísimo Don Miguel de Cervantes, gloria de las letras Españolas y de la literatura mundial, que a decir a Don Quijote subido en su clavileño:

"Acuérdate del verdadero "licenciado" (en medicina), Torralba a quien llevaron los diablos en volandas por el aire, caballero en una "caña", cerrados los ojos, y en doce horas llego a Roma y se apeo en la torre de Nona….

Vió todo el fracaso, asalto y muerte de Borbón, por la mañana estaba de vuelta en Madrid ya, donde dio cuenta de todo lo que había visto; el cual así mismo dijo que cuando iba por el aire, le mandó el diablo que abriese los ojos y ¡los abrió! Y se vio tan cerca a su parecer del cuerpo de la luna, que le dio la sensación de poder tocarla con la mano y que no osó mirar a tierra para no desvanecerse."

Como podemos ver amigos lectores, Cervantes el Glorioso Manco de Lepanto, gloria de las letras Hispanas, permitiéndose alguna licencia literaria posiblemente una inexactitud histórica al explicar los hechos, se refiere al Doctor Eugenio Torralba, Famoso Galeno Español del siglo XV y XVI, que después de haber vivido en Roma bastantes años y después de haber ganado allí gran fama por sus artes curativas se traslado a las cortes Españolas y se relacionó con toda la nobleza, cortesana y con las altas Jerarquías eclesiásticas, lo cual indica que aparte de ser un excelente médico a decir de mucha gente de ese entonces, también era un gran estratega diplomático y nada tonto ya que se codeaba solo con los poderosos de entonces.

El Dr. Torralba era originario de Cuenca y a su vuelta a España, paso la mayor parte del tiempo en Valladolid, en donde mayormente radicaba la corte de los Reyes ya que Madrid aun no se había afianzado en ese entonces como la Capital de España.

Allí era famoso no solo por sus extraordinarias curaciones que realizaba, también lo era por contar con un "extraño" amigo que tenia llamado "Zequiel", del que se decía y corría la voz, **no era un ser de este mundo.**

He aquí algo de lo que describe Marcelino Menéndez y Pelayo en su historia de Heterodoxos Españoles:

…..Se le apareció al Doctor como Mefistófeles a Fausto, en forma de joven gallardo y blanco de color, vestido de rojo y negro y le dijo:

"yo seré tu servidor mientras vivas", desde entonces le visitaba con frecuencia, le hablaba en Latín y en Italiano y como supuesto espíritu del bien, jamás le aconsejaba nada contra la fe cristiana ni contra la moral; antes le acompañaba a misa y le reprendía mucho todos sus pecados (?) y su avaricia profesional. Al menos en este punto podemos ver que la profesión médica desde ese entonces y hasta nuestros días, en lamentablemente muchos de los casos, primero se fijan en el: "bolsillo" del paciente, antes que fijarse en su padecimiento para tratar de ayudarle ..¡que pena!.

Pero sigamos con nuestro Galeno, el ya para entonces muy famoso Dr. Eugenio Torralba, "Zequiel" le enseñó al Dr. Torralba los secretos de Hierbas y animales con los cuales alcanzó el galeno en cuestión, portentosas curaciones increíbles para ese entonces, y por si fuera poco, Zequiel le daba dinero al Dr. Torralba cuando este se encontraba apurado por recursos, le revelaba de antemano los "secretos" de los políticos y de estado.

En este caso concreto los "secretos" de los políticos son a "voces", antes por lo menos eran discretos ¿verdad?

Continuando con esta extraña pareja del Dr. Torralba y su "protector", el hasta ahora enigmático ser al que solo se le conocía como "Zequiel", les comentaré además que el Dr. Torralba supo muchas cosas "antes" de que estas acontecieran. Muchos de estos hechos que así sucedieron, el ya los sabia por boca de Zequiel. Por ejemplo el Dr. Torralba supo de la muerte anticipada de Don García de Toledo en los Gelves y de la de Don Fernando el católico, cosa que comunicó al cardenal Cisneros, así como el encumbramiento de este cardenal, que luego de conocer a Torralba y saber de sus extrañas fuentes de información, quiso conocer a "Zequiel" de quien Torralba le comentó podía predecir con exactitud el futuro.

No contaba ni Torralba ni el Cardenal con lo libre y voluntarioso del espíritu de Zequiel, quien se daba el lujo de "escoger" a quien ayudar y el cardenalito no estaba entre sus preferidos, ni tan siquiera lo pudo convencer Torralba de conocer en persona al cardenal Fray Francisco Cisneros. Así de especial era Zequiel.

Estoy seguro amables amigos lectores, que Uds. ya habrán observado que ya de por si, el nombre de "Zequiel", con el que se autopresentó al Dr. Torralba este ser extraño y misterioso ser, se da ya el primer paralelo entre el y esos seres no terrestres, esas entidades biológicas inteligentes que no son originales de nuestro planeta, el nombre muy semejante a los usados por los "ángeles" que terminan en "el".

Generalmente estas entidades "escogen" para si nombre muy diferentes a los usados por el humano común, en ocasiones adoptan nombre muy parecidos a los de algún personaje conocido ó relacionado con el humano que "contactan".

En la España del siglo XVI, había que estar muy claro en cuanto la ortodoxia, y sobre todo en cuanto a la carencia del trato con el demonio, ya que la "santa" inquisición amenazaba con la espada desenvainada dispuesta a matar a cualquiera del que se dijera trataba con este ser del averno el rey.

No era esto que le sucedía a Torralba, broma ó motivo de sentirse ufano, pues el hablar ó reconocer la "existencia" de seres como Zequiel ya que de levantar sospechas, de decirse tener tratos con seres como Zequiel, iría a parar a las lóbregas húmedas y pestilentes "santas" mazmorras, prisiones de la "santa " inquisición de Ia iglesia, el órgano represor, en donde se torturaba hasta la muerte a muchos infelices de los cuales se sospechaba ó se decía tenían tratos con entes no aceptados por la infalible iglesia (?).

Posiblemente Zequiel se nombró a si mismo ante Torralba con un nombre que nos recuerda a uno de los Arcángeles, seres con los que da la impresión, Zequiel quería ser relacionado para cortar cualquier sospecha de relación alguna con Satanás, ó posiblemente quería que se le relacionara con el profeta Ezequiel, otro enigmático ser que se dice vio portentosas apariciones en los cielos a las que el denomino la "gloria del señor".

La descripción que el Dr. Torralba hace de Zequiel coincide con la moderna descripción de muchos" contactados" que nos comentan sobre estas "entidades" biológicas, inteligentes de origen no terrestre. Que son de piel blanca, pelo rubio, altos, cualidades físicas externas que coinciden con la moderna descripción de los ETs denominados por algunos como los "nórdicos". Muy posiblemente en otros tiempos eran conocidos como "ángeles" por su supuesta "belleza" externa; pues bien estos seres, generalmente se dice de ellos que son buenos ó positivos, que los entendidos en la materia han calificado como entidades interesadas en solo el bien del ser humano (?).

Les recuerdo que se habla de muchísimas descripciones de esos seres llamados ETs, pero posiblemente la mas conocida en los anales del estudio del fenómeno ovni, es la que se hace de los seres feos, de cabeza enorme, piel oscura ó gris, enormes ojos en forma de almendra de color negro supuestamente negativos al humano, conocidos genéricamente como "grises"

El primer contacto del Dr. Torralba con Zequiel, fue indirecto, ya que este, es decir Zequiel con quien se comunicaba era con un Fraile Dominico que vivía en la ciudad de Roma y al que se le "aparecía" de ordinario en fechas relacionadas con las fases de la luna.

Un buen día, el Fraile Dominico le preguntó a Zequiel, si tendría algún inconveniente en tomar bajo su tutela al Dr. Torralba, a quien el Fraile Dominico le estaba muy agradecido por haberle sanando de un molesto padecimiento. Zequiel le contesto que no tendría ningún inconveniente en tomar bajo su tutela al citado Galeno, sobre todo bajo su "protección".

Fue así como quedo pactada la relación, la amistad que los uniría de por vida. Hoy en día, en los primeros años del nuevo milenio, del tercero de nuestra era moderna, sabemos de lo importante de estar bien "apadrinados" ¿verdad? Imagínese Ud. mismo amigo lector, que un ser de características extraordinarias y poderosas le tomara bajo su protección…no harían falta cartas de recomendación, ni influencias de políticos, curas, militares, ó demás mequetrefes manipuladores de los que conocemos hoy en día para salir adelante……¡como para envidiar al galeno Eugenio Torralba!

Por supuesto durante toda la vida de Torralba estaría "protegido" por Zequiel, ya que este ultimo al parecer y juzgar por sus manifestaciones, continuaría viviendo por mucho tiempo sino es que para siempre.

Ya que tenemos informes de que Zequiel vivía mucho antes que Torralba y muy posiblemente siguió viviendo muchísimo tiempo después y no me sorprendería dada la naturaleza de este ser, que hoy día siguiera viviendo.

Como ya hemos visto, el Galeno Torralba, debido a sus muchos conocimientos en materia médica, tenia abiertas todas las puertas de la corte. Su fama llegaba hasta el extranjero de donde venían enfermos a consultarlo.

En el año de 1525 fue nombrado Médico de la Corte de Doña Leonor, Reina Viuda de Portugal, pero su estancia en aquel país Lusitano fue corta, aunque se dice obro maravillas.

No solo sus conocimientos en medicina lo hicieron famoso, el Dr. Torralba era sumamente culto. Su conocimiento en materia de teología era realmente digno de un erudito, pero esto se debía a que su "protector" Zequiel le instruía sobre el tema. Así pues Torralba le encantaba platicar con personajes del mas alto nivel de la curia Católica que quedaban maravillados de los profundos conocimientos del Galeno, en otras palabras, los "apantallaba". Saludando con sombrero ajeno, ya que realmente el conocedor era Zequiel.

Los Cardenales y algunos otros especímenes clericales de menor jerarquía lo adoraban por su erudición, amén que supongo era medio simpático el doctorcito. Pero recordemos que Torralba no era ni con mucho nada que tuviera que ver con la religión, solo era digamos afín a los curas por cuestiones de poder, pero no era un profesional de la teología, como lo debieron de ser sus interlocutores de sotana y demás "vestidos" afeminados y ostentosos.

Siendo "apadrinado" por Zequiel, el Dr. Torralba gustaba de "presumir" sus vastos conocimientos sobre casi cualquier materia de la que se preguntara. En cierta ocasión un tal Camilo Ruffini, natural de Nápoles, Italia, le pidió a Torralba que le pidiese a Zequiel una formula infalible para ganar en el juego. Zequiel que en otras ocasiones se había negado rotundamente a este tipo de mezquinas peticiones, pero en esta ¡cedió! Le dio una formula que consistía en una letras cabalísticas; Torralba se le dio a Ruffini y este jugó con ellas y ganó una fortuna nada menos que 100 ducados…toda una fortuna para esos tiempos.

Pero Zequiel le advirtió a Torralba que debía advertir a Ruffini de no jugar al día siguiente debido a que era "luna menguante" y perdería.

En Roma, Torralba guardaba gran amistad con no menos de 10 Cardenales, los cuales en variadas y múltiples ocasiones acudieron a él para pedirle que "intercediese" por ellos ante su "protector" Zequiel, pidiéndole "favores" para estos aspirantes al trono de San Pedro.

Un detalle curioso, es que Zequiel reprendía a su protegido Torralba por que este cobraba mucho por sus servicios profesionales. Le decía que no debía de ser tan materialista ya que él (Zequiel) le enseñaba como curar lo incurable para la ciencia de esos días haciéndole ver como un genio. Además no le cobraba por enseñarle. Por si fuera poco, le censuraba cuando le veía triste por falta de dinero, pero invariablemente, después de reprenderlo, Torralba encontraba en su cama ó en algún otro lugar visible e inesperado, grandes cantidades de dinero que sacaban de cualquier apuro económico al Galeno, le solucionaba cualquier problema financiero en que estuviera su protegido.

Con el paso del tiempo la confianza del Dr. Torralba con Zequiel y el complejo de superioridad que en Torralba fue formándose, le llevo a ser menos "discreto" en su relación para con Zequiel, sobre todo pensando en la opinión pública, en lo malévolo de la "pseudo santa inquisición".

El galeno se hizo mas descarado, menos cuidadoso de ciertos portentos que con la ayuda de Zequiel podía hacer y presumir ante los demás.

Se olvidó en su arrogancia, de la envidia que sus "habilidades" despertaban en muchos que le rodeaban y que se servían de ella, sobre todo de las envidias generadas entre los representantes de la Iglesia que querían para ellos los servicios únicos y en exclusividad de Zequiel pero que se les negaba por este mismo.

Así inicio una serie de ardides, de desventuras de chismes y envidias en contra del galeno, que para su desventura llegaron a oídos de la Santa Inquisición que a fin de cuentas era representada por ellos mismos los que se sentían despreciados por Torralba y sobre todo por su protector Zequiel.

Estos negativos y manipuladores seres humanos representantes de la iglesia, ante la negativa por parte de Torralba de "ceder" los derechos de protección de Zequiel ...¡optaron por enjuiciarlo! Si en esos tiempos hubiese habido el termino comercial de las "franquicias", creo que esos tipos se hubiesen conformado con una sucursal de los servicios de Zequiel.

Y es que el GALENO Torralba ya no se media le gustaba lucirse, ser el centro de atención de las reuniones, el bufoncito de las fiestas, era simplemente descarado. Le daba por "apantallar" a los demás en las fiestas con sus prodigiosas habilidades como con sus "predicciones" que invariablemente siempre resultaban ciertas!

Presuntuoso, exhibicionista y descarado el galenito, se olvido de darle su pastel de "importancia y protagonismo" a la curia, y esto lo perdería posteriormente.

Uno de los episodios que más puso en "guardia" a los envidiosos inquisidores fue la detallada descripción que hizo del famoso "saqueo de Roma", que tuvo lugar el 6 de mayo de 1527.

Torralba, ante un grupo de personas muy prominentes, describió con lujo de detalle dicho acontecimiento histórico aun ¡antes de que este sucediera! Describió minuciosamente los detalles del saqueo como el "degüelle" del Condestable de Francia Don Carlos de Borbón, el encarcelamiento del Papa, el entonces y en turno sucesor de San Pedro en el castillo de Santángelo.

Alguien le pregunto que como él sabia todo eso con tal lujo de detalles a lo que Torralba contestó sin medir sus palabras y las consecuencias de estas lo siguiente:

"Por que yo he estado allí", no se midió el Galeno en su arrogancia. ¡Le puso mucha sazón a la comida ó como dirían en México, mucha crema a sus tacos! Y eso precisamente ¡lo perdió!

Sus dotes médicas y paranormales eran envidiadas por muchos, y si no podían tener la protección de Zequiel, tampoco Torralba la tendría ya que decidieron enjuiciarlo. La falta de discreción de Torralba fue lo que desato su cacería.

Cuando tras varias semanas de su predicción, llegaron las noticias "oficiales" (recordar amables lectores, que en ese entonces no existía ninguno de los medios actuales y extraordinarios así como rapidísimos medios de comunicación de los cuales sabemos hoy en día no solo de su existencia, también gozamos de su utilidad.) Siendo así que la "corte" confirmó hasta el ultimo detalle que Torralba ya había comentado previamente con mucha anticipación, ante estos "hechos", la santa inquisición le llamo a declarar.

Esto como ya habrán imaginado, fue el principio de sus muchos y posteriores males del galeno por "cremoso" y presumido. Su arrogancia y la carencia total de discreción le llevaron ante los tribunales mas aberrantes de entonces... los de la iglesia!

Luego de tres años de penoso y largo encarcelamiento en los que se preparaba el acta de su proceso (tan lenta entonces como hoy en día la impartición de justicia), fue sentenciado a sufrir tormento (a manos de la versión antigua de la actual policía judicial). Sus amigos(?) se volvieron contra el. Sus otrora compañeros de parrandas y correrías, los eclesiásticos y políticos de entonces llamados prominentes de la corte, se le aproximaban solo para "exigirle" que les cediese la protección de Zequiel.

Que descarados e hipócritas, le estaban juzgando por ciertos poderes que su "protector" Zequiel le había dado, cosa que según esos remedos de seres humanos criticaban y condenaban, sin embargo querían para si mismos ese protector y por ende sus favores... ¡que incongruencia!

Los que le censuraban, ardían en deseos de poseer la protección de Zequiel, nada que se compara a cosas de la actualidad es tan solo meras coincidencias ancestrales que se heredan como males históricos aun hoy en día.

¡Por ejemplo el Cardenal Volterra y otros entes eclesiásticos le habían suplicado, que les presentase a Zequiel al fin y al cabo que el encarcelado de nada le serviría! Le pedían a Torralba intercediese por ellos para convertirse en los protegidos de Zequiel, recordar que otro Cardenal, Cisneros, también quería los "favorcitos" de Zequiel.

Pero algo que aprendió muy bien el galeno sobre todo en su vida en prisión, es que no existen amigos, pero sobre todo que esos buitres de vestido negro y sus compinches los políticos manipuladores aspiran al poder de los demás para solo ellos ser los amos únicos.

La manera muy peculiar así como extraña en que el Dr. Torralba explicaba sus "viajes" ante la fuerza represiva de la santa inquisición se asemeja mucho a las explicaciones que contactados de nuestros días suelen narrar, y muchísimos mas a lo que hemos leído y sabido sobre las "supuestas" brujas.

En una ocasión en el año de 1520, estando en Valladolid le dijo a Don Diego de Zúñiga su gran amigo en apariencia quien luego le denunció (chismoso y chivatón el pseudo amiguito verdad?) a la inquisición, que iría a Roma "por los aires" cabalgando en una "caña" y guiado por una nube de fuego, cosa que posteriormente y a juzgar por los escritos sobre el caso, en realidad si hizo.

Al día siguiente de comentarle a su "amigo" sobre su singular viaje y sobre su tan peculiar manera de transportarse, ya se encontraba en Roma, les vuelvo a recordar a Uds. mis amables lectores que en ese tiempo era cosa diabólica el tan solo pensar en "volar", ya no digamos en decir que podían volar, eso era ya simple y sencillamente cosa del demonio de acuerdo a esos ignorantes religiosos y demás borregos que les seguían en sus tonterías conceptuales.

Así pues como al día siguiente de decirle a su "cuate" que iría a Roma como si esta estuviera a la vuelta de su casa, y luego efectivamente encontrarse en Roma, sin contar con aviones, helicópteros, ni tan siquiera con la idea de la existencia posterior de estos inventos, ¿como es que Torralba se transporto tan lejos y tan rápido?

Me permito hacer una reiterada precisión que pudiera sentirse fuera de lugar, cuando se olvida ó no se toma en cuenta el tiempo en el que vivió el galeno Torralba…¿cómo le hizo?

Pero si lo hasta ahora relatado le ha parecido interesante, aun más lo será la descripción del viaje de ida y vuelta de Valladolid a Roma en 1527, he aquí como lo cuenta el docto y erudito Historiador Menéndez y Pelayo:

Salieron de Valladolid en punto de las 11 y cuando estaban a orillas del Pizuerga, Zequiel hizo "montar" al Galeno en un "palo" muy recio y nudoso (?). Le encargo que cerrase los ojos y que no tuviera miedo, luego los envolvió una niebla oscurísima y después de una "travesía" fatigosa en la que el doctor mas muerto de cansancio que vivo, unas veces creyó que se ahogaba y otras que se quemaba, amaneció en la torre de Nona en donde vieron la muerte del Borbón y todos los horrores del "saqueo".

A las dos ó tres horas, no recuerda Torralba exactamente, estaban ya de regreso en Valladolid…antes de separarse, le dijo Zequiel a Torralba " desde ahora debes creerme todo cuanto te diga".

En los anales de la Inquisición en donde se narra todo su proceso, existen muchos "detalles" que nos dan derecho a pensar que el Dr. Torralba fue un autentico contactado con seres de otro tipo, diferentes al humano, solo que lo que al le aconteció fue en el siglo XVI. Mucha gente ignorante en la actualidad se concreta y contenta en creer que este tipo de fenómenos coincide ó se inician con el caso de Roswell en Nuevo México, USA. en el año de 1947...¡cosa inexacta!

Como estamos leyendo, este tipo de fenomenología ya se da desde hace mucho como lo podemos ver con el Dr. Torralba.

Naturalmente las circunstancias en las que el Galeno Torralba vivió, son las que condicionan la descripción de todo el fenómeno, estando por obvias razones ausentes las descripciones de detalles técnicos, como por ejemplo de instrumentos, equipo, vehículos espaciales voladores etc.

En cambio si se hace "curiosamente sospechosa" la mención de un "palo" para cabalgar sobre él, a la más pura "usanza" clásica del supuesto vehículo volador de las 'brujas' como lo señalan las tradiciones y cánones sobre el tema.

Lo que lógicamente tenia que hacerse sospechoso para los aspirantes a inteligentes dirigentes de la inquisición, al igual que el uso de formulas cabalísticas ó la relación de estas con las fases de la luna y hasta la aparición repentina de un "pequeño ser" sucedida a instancias de Zequiel en Madrid.

De este y muchos otros detalles podríamos seguir escribiendo para que Uds. lean en una obra única y exclusiva alusiva al Galeno Torralba, pero deberá ser hasta posiblemente en futuras obras ya que este polarizaría la idea original de solo mencionar cosas extraordinarias de ciertos casos específicos como el del galeno ampliamente citado.

Por supuesto que la "ciencia oficial" representada en este caso por otro reconocido galeno, psiquiatra de especialidad, el Dr. López Ibor, no cree que los hechos narrados por su colega sean verdaderos, cosa que cualquiera con dos neuronas activas pudiese haber pensado también, lo que este émulo de Hipócrates nunca dijo, es como explicar lo que muchas personas vieron respecto a sus poderes de premonición, de la descripción detallada de eventos y lugares.

Bien sabemos que lo que la ciencia no sabe y no entiende, solo lo ridiculiza ó lo hace a un lado, así es que la docta (?) opinión del Galeno López Ibor, resulta tan eficiente como un caballo en alta mar ...¡para maldita la cosa!

Además los hechos fueron "admitidos" por la santa inquisición como "reales". Pero aun así el Dr. López Ibor, califica a Torralba su colega como un gran embustero y loco. Dice de Torralba que eso que a él le pasó, le sucede a los que están acostumbrados a mentir con frecuencia. Además de calificarlo de necio, caprichoso, ó victima de locuras perniciosas, como vemos, este colega de Torralba no era precisamente su defensor, pero tampoco alguien que extendiese un verdadero juicio objetivo al análisis objetivo de hechos, de investigación que muy posiblemente le hubiesen llevado al mismo diagnóstico y veredicto, ó posiblemente a pensar menos negativamente.

En otras palabras mis amables lectores, el caso Torrralba es tan real que existen miles de hojas escritas sobre el, sobre su vida y obras, pero hay que leerlas y luego hacer un juicio, no solo a priori y de oídas decir que fue un orate sin antes haber analizado nada sobre el caso,

Obras completas se han escrito sobre Torralba, a favor y en contra de él, de sus supuestas dotes, desde entonces y hasta nuestros días en que seguimos intentando analizar lo sucedido a tan singular personaje real, de carne y hueso, no producto de la ficción.

Discrepo total y radicalmente del diagnostico que el Dr. López Ibor, hizo sobre su colega Torralba,

la psiquiatría practicada con honestidad, en un futuro nos dará respuestas reales, objetivas sin atavismos científicos, ó sin "prejuicios" religiosos de quienes la practican.

Una vez mas la ciencia se auto-incapacita. Esos pseudo-científicos como el Dr. López Ibor, miopes intelectualmente hablando, es parcial, nada objetiva, atiende a intereses específicos no inherentes a la ciencia misma. Existen ciertos campos en los que los hombres de ciencia, los investigadores, tienen que seguir sus indagaciones sin preocuparse por el "que dirán" de la ciencia oficialista, ya que la ciencia formal será como siempre, la última en enterarse de la verdad ó en aceptar algo que ellos. Los que se dicen poseedores de la verdad, no entienden, no se permiten estudiar ó investigar por considerarlo imposible ó ficticio, algo que ellos no apadrinan ó que no inventan ó descubren, difícilmente lo aceptaran ya no como verdad, tan solo como posible.

Existen muchos relatos extraordinarios como los del Dr. Torralba, a los que la psiquiatría del futuro, dará una respuesta mas enterada y objetiva que la dada por el Dr. López Ibor sobre el caso de su colega el Dr. Torralba.

Si el caso Torralba fuese el único en narrar este tipo de experiencias con seres extraordinarios, creo que todos, incluyéndome a mí mismo, ya estaríamos pensando en que el galeno Torralba tenia problemas patológicos mentales graves.

Ó que por lo menos tenia una mente creativa, imaginativa, fantasiosa, con una capacidad para la ficción envidiable dignas de los mejores guionistas de Hollywood.

Pero lo cierto es que a lo largo de la historia de la humanidad y aun en los inicios de este siglo, innumerables seres humanos, hombres, mujeres, jóvenes, niños, ancianos, ricos, pobres, cultos ó analfabetas de todas las naciones del planeta y de todos los tiempos nos cuentan cosas igualmente extraordinarias de supuestos encuentros con seres no humanos; o todos son unos mentirosos, mitómanos, locos ó inventores deseosos de atención, aunque esta en la mayoría de los casos sea para considerarlos "anormales" como se les califica indebidamente e ignorantemente al desconocer, al no investigar sus vivencias, sus experiencias etc.

¿Son pues todos ellos orates? ¿ó bien algo ha estado pasando desde siempre y hasta nuestros días que nuestra miope soberbia no nos permite ver ni aceptar …. que muy posiblemente ¡NO estamos solos en el universo!

Es una verdadera pena, que la ciencia cierre sus puertas a "pruebas" no tradicionales como las que ellos consideran como válidas. Solo para ya entrar en la recta final del caso Torralba, me permitiré comentar a Uds. a quienes doy las gracias por abrir sus mentes a este tipo de casos, no para creerlos, pero tampoco para negarlos, solo para prudentemente y objetivamente analizarlos e investigarlos, sin aceptar ó negar nada, solo poniéndolos en la balanza que da derecho favor ó en contra, que da derecho de la duda seria del escéptico.

Por los mismos tiempos de lo relatado sobre el Dr. Torralba, pero en la región de Navarra y la Rioja en España, se decían cosas muy parecidas acerca de un cura, el titular de Bargota, cerca de Viana, se decía de este singular ser humano, que podía "viajar" por el aire, pero siempre y cuando fuese con algún propósito benéfico (?). Igual como el que supuestamente salvó la vida de Alejandro VI de manos de unos conspiradores ó el de presenciar la batalla de Pavia solo "por curiosidad", lo que me resulta altamente suspicaz del curioso curita, bueno todo eso lo podía hacer gracias a su "espíritu familiar" (?) cuyo nombre nunca hemos podido saber a pesar de haber intentado investigarlo en múltiples ocasiones.

Obviamente que como era cura, todos estos portentos de acuerdo a la inquisición solo podían ser obra de espíritus del bien, y no del mal como en el caso del Dr. Torralba como concluyeron los manipuladores y asesinos de la santa inquisición.

Y por si alguno de Uds. mis estimados lectores, llegasen a pensar ó creer que todo lo anterior es solo producto de mentes fantasiosas ignorantes de pueblerinos, permítanme comentarles algo mas:

En el año de 1527, un año antes del encarcelamiento de Torralba, la Inquisición de Navarra celebraba un juicio en contra de 29 supuestas brujas a las que a fin de cuentas condenaron por delitos de "hechicería" y derivados de la misma (?), entre los que estaban entre otros, ¡el volar por los aires! Para que no sea parcial mi juicio, les relataré lo que el sapientísimo **Menéndez** y **Pelayo** dice al respecto:

El juez inquisidor quiso "certificar" la verdad (?) sobre el caso y ofreció el perdón, el indulto total y pleno a cualquier bruja que en su presencia y la de todo el pueblo, se untase sus ungüentos mágicos y ascendíera en su escoba por los aires.

Esta oportunidad de oro que no siempre brindaba la inquisición, pues generalmente asesinaba y luego preguntaba, la tomó una de las 29 brujas "indiciadas" como hechiceras. Una de estas féminas de ocultos cultos aceptó el reto a cambió del perdón ofrecido por el tribunal inquisidor.

Frente a toda la concurrencia morbosa incluyendo la de los inquisidores... se elevó por los aires ante la mirada atónita de los presentes, tanto se elevó que apareció tres días después en una comarca vecina.

Es decir, según las actas, se elevó realmente delante de todos por los aires y por 'allá' anduvo ¡nada menos que tres días!

Pero en vez de estudiar seriamente como es que pudo esta persona tamaña hazaña, esta singular proeza ó de otorgarle una medalla como la primer mujer astronauta de la historia, …lo digo sarcásticamente es obvio, los "jueces" poseedores de la verdad hicieron que las demás brujas fuesen azotadas y encarceladas.

Es decir, como siempre se fijaron en las formas no en el fondo, a fin de cuentas ignorantes a pesar de ser los dirigentes de ese entonces.

Para los inquisidores, elevarse por los aires era una baraúnda, así de prejuiciosa puede ser la ciencia desde siempre hasta nuestros días, por suerte ya no existe la inquisición, pero ahora los manipuladores se valen de estrategias mas sofisticadas como la manipulación y desinformación, el ocultamiento de la verdad, las conspiraciones que permiten los medios de comunicación mundial para desprestigiar, minimizar, ridiculizar a quienes los amos aparentes del planeta deseen, solo por no ser ó pensar como ellos, ó por no prestarse a sus dudosos fines.

Sobre todo cuando factores religiosos, económicos, políticos, el fanatismo, etc., se mezclan con eventos diferentes ó extraordinarios, se tiende generalmente a repudiar, a mofar de lo que no conocen y mucho menos aceptan.

Pero curiosamente lo que estos entes humanos "patrocinan" es tan difícil de aceptar y creer como este tipo de relatos que acaban de leer, mas sin embargo, ellos, los dueños del planeta esperan que muchos borregos crean en sus "historias" aún sin mostrar pruebas de nada, esperando que se crea todo sin "chistar" solo por decretos, cánones dogmas ó simple fe…. En todo caso se les debe de medir con la misma vara que ellos miden ¿ó no?

Ya para terminar este caso, las brujas de Navarra tuvieron mucha suerte en este caso muy concreto que les he contado, solo las apalearon y encarcelaron, en cambio otras "colegas" de profesión en Zaragoza fueron "relajadas en el brazo secular", manera técnica de decir que las quemaron vivas en la hoguera en el año de 1536.

Al parecer los jueces no se ponían de acuerdo entre que debía considerarse de características malignas ó benignas, así es que para no equivocarse ¡las rostizaron!

Si Uds. están pensando peyorativamente de estas historias reales, que sucedieron, que han quedado escritas en archivos que se pueden consultar hoy en día, ¡es su privilegio! Pero déjeme decirle que hoy mismo, en nuestros días, siguen sucediendo cosas muy peculiares y semejantes a las anteriores que merecen nuestro tiempo y atención.

En el hermoso País de Portugal, en una región llamada "Ladeira do Pinheiro", una vidente de nombre **Maria de Conceicao**, se eleva a voluntad, delante de miles de fervientes que rezan el rosario.

154

Se habla de decenas de ocasiones en que han visto a esta mujer elevarse ya no solo "levitando" un poco por sobre el suelo, la han visto realmente perderse entre las nubes. Si Ud. desea consultar mas al respecto, existe muchísima información al respecto de este caso; le invito a hacerlo. Nosotros no podemos quedarnos tanto en este tipo de casos, mas que solo para considerarlo como importantes y mencionarlos de acuerdo a los intereses de esta obra.

Viene a mi mente un caso mas de un "paracaidista" que tras haberse lanzado del avión al vacío …. tardó ¡tres días en llegar a tierra! sin recordar en donde había estado todo ese tiempo.

Espero que Ud. desee continuar con la lectura de estos casos, que le este resultando tan amena como interesante. Pero dispóngase a seguir leyendo casos aun mas impactantes que lo van a dejar tan intrigado que querrá saber mas y mas sobre estos temas. Así es que con su permiso, continuemos con ¡mas casos extraordinarios!

MASCOTAS EXTRATERRESTRES CRIPTO ZOOLOGÍA INCREÍBLES

Posiblemente muchos de Uds. amables lectores, al leer este caso, duden de la veracidad del mismo, pero debo de decirles que fue investigado y corroborado antes de presentárselos a Uds.

Hace unos años, hechos como este eran los que hacían perder credibilidad en estos temas a los interesados, y a los investigadores que se consideraban así mismo "científicos".

Hoy en día, los investigadores más "despiertos" y en cierta manera la opinión pública está ya mas abierta, mas preparada para aceptar este lado paranormal del fenómeno ovni; también se van convenciendo del aspecto parafísico que intriga y hasta enfada a los conocedores de las ciencias físicas formales. Aunque debo aceptar y reconocer que la mayoría de personas que se dedican a la divulgación del fenómeno OVNI y el mundo de lo paranormal, son ignorantes y charlatanes que buscan llevarse unos dólares a su bolsa engañando a crédulos que no les piden pruebas mas allá de palabras o videos apócrifos hechos con dolo para engañar.

El caso ocurrió hace ya casi 5 décadas, la persona que será conocida como *Julio* tenia menos de 10 años de edad, vivía en una región conocida por su gran actividad de avistamientos de OVNIS.

Pues bien, Julio vió un extraño objeto que "flotaba" en el aire como a unos 20 metros de altura.

Como ya habrán pensado Uds., nuestro testigo no tenía a esa edad, ni idea de lo que era aquello, nunca en su vida el había escuchado lo que era ¡un ovni!

La ingenuidad de este entonces niño campesino, junto a la natural curiosidad de su edad lo impulsaron a investigar que era aquella cosa tan rara que flotaba en el aire.

En vez de huir, de asustarse, se dedico a observar. Al cabo de un rato sintió que lo alzaban desde arriba, en pocos instantes se vio dentro de algo que él creyó era una habitación circular, con una luz "que no era como la del sol", rodeado de cosas, objetos que no solo no eran familiares ó conocidos, eran totalmente distintos a todo cuanto él había visto hasta entonces en su corta vida y en su entorno reducido y paupérrimo de niño campesino.

Aun no había salido de su asombro cuando vio a una niña como de unos 6 años que fue hacia el muy sonriente y en un ademán que él interprete como "vamos a jugar", camino en dirección de ella. Efectivamente enseguida ella empezó a mostrarle unos raros juguetes que en esa "casa" tan rara había.

Julio observaba con mucha atención, y aunque se daba cuenta de que estaba viendo cosas nada comunes, nada parecidas a lo visto antes en su humilde vivienda ó en la de otros amiguitos de juegos de su localidad. No estaba atemorizado y si tenia un real interés por "aquello", todo lo que le estaban enseñando.

La niña que no tenía apariencia nada diferente a otras que el hubiese visto antes, seguía mostrándole sus "juguetes", hasta que llego a uno que es objeto de esta narración.

El "juguete" era una caja de approx. 20x20x10 cm. Y no tenía externamente nada que indicase nada extraordinario. Pero lo increíble de esta caja, es que apenas la niña ponía sus manos tocando esta caja, enseguida se formaban en la parte superior de la misma, una especie de vapor, luces que giraban vestiginosamente hasta que, casi de repente, aparecía ante ellos una criatura pequeña, humanoide en su conformación anatómica externa, como de un metro de altura y la inteligencia como la de un mono. No hablaba y parecía como muy extrañado y contrariado por el lugar en el que estaba, como si lo hubiera llevado en contra de su voluntad.

La niña era capaz de sacar de la caja cuantas criaturas quisiera, bastaba imponer las manos sobre la caja ocurrió ese fenómeno de luces y humo increíbles! Todas las criaturas eran semejantes entre si y todas le obedecían sin chistar, incluso cuando los volvía a meter, haciéndolas desaparecer dentro de la caja, de a misma manera misteriosa como las había sacado.

Primero las convertía en una especie de vapor que de pronto se precipitaba como succionado por una extraña fuerza, hacia una pequeña rendija ó apertura en la caja que daba la impresión de "devorar" a las criaturas que previamente habían salido de esta extraña "caja". A Julio le parecía poco menos que increíble el que tantas criaturas pudiesen caber dentro de aquella pequeña caja, que daba la impresión de no poder dar alojamiento ni tan siquiera a una de esa criaturas que de ella salían, menos a tantas que el había visto salir y luego entrar. Sucedía algo así como un fenómeno de " desmaterialización" molecular de esas extrañas criaturas.

Julio pasó un buen tiempo en ese lugar, conversando con la niña y viendo muchas cosas extrañas que ella poseía, hasta que llegó el momento de que él quiso regresar a casa, debajo de esa increíble y portentosa nave en la que plácidamente jugaba después del temor inicial superado.

La niña que había resultado no solo una buena anfitriona, también una compañera de juegos bondadosa. Le pregunto a Julio si deseaba quedarse con la "cajita" a la que Julio había mostrado tanto interés, ya que a Julio le había parecido increíble como salían esas criaturas en tal cantidad y de igual manera increíble como regresaban dentro de la misma con aparentemente solo "tocar" la caja como lo hacia la niña extraterrestre.

Julio obviamente no lo pensó dos veces, le dijo que si aceptaba tan singular obsequio y le agradeció sinceramente el presente y el buen tiempo que le había hecho pasar en su compañía.

De la misma manera increíble y misteriosa como fue llevado, pero ahora en sentido inverso, Julio fue bajado a su campo en el cual estaba antes de su experiencia, y he aquí que Julio poseedor de "algo" que desde aquel momento se convertiría en el centro de atención para toda su vida.

Naturalmente que por instrucciones de sus anfitriones espaciales, prometió guardar el secreto de su visita así como de su obsequio. Por un tiempo si guardó celosamente ambas promesas, guardó naturalmente con extremos cuidado y secreto su misteriosa cajita y su visita y a la nave así como la entrevista con esos supuestos seres semejantes a los humanos en apariencia externa.

Escondió la "cajita" de todo aquel que pensó no seria bueno que supiera de su existencia. Aunque niño al fin, cedió a la tentación de presumir su juguete nuevo, su promesa se vio violada por su mentalidad infantil e inmadura.

Gozaba mucho de "presumirla" a sus amiguitos aunque generalmente lejos de la mirada inquisitiva de los adultos.

Organizaba una especie de "circo", espectáculo por el que cobraba un centavo la entrada. Eso me recuerdo años de mi infancia en que al lado de mis queridos primos solíamos hacer algo semejante en cuanto a espectáculos de supuesta magia, nada comparable con lo que Julio poseía con esa increíble caja mágica., lo nuestro era solo imaginación y diversión pura de niños traviesos.

Volvamos con Julio, en el espectáculo que ofrecía a sus pequeños espectadores. Ante el asombro de sus amiguitos de travesuras y correrías propias de la infancia, Julio sacaba a esas singulares así como desconocidas criaturas que asustaban y divertían a la concurrencia infantil que acudía al espectáculo.

Aunque llego a oídos de los mayores tan singular espectáculo, generalmente como suele suceder, solo se reían de la gran imaginación de los niños ó de sus mentiras como suelen calificar a hechos, que nunca investigan, solo atribuyéndoles a una mente muy creativa y fantasiosa.

Si alguno de los pequeños espectadores le comentaba a sus papás sobre ese espectáculo increíble de Julio sacando esos seres nunca antes vistos por ellos, simplemente reían y hasta amenazaban con castigar por mentir e inventar historias de ese tipo, otros menos acomplejados padres, solo reían ante la imaginación exagerada propia de la edad infantil.

Aunque Julio jamás "sacaba" una de estas criaturas delante de un adulto, esto contribuyó a que los adultos con un poco de burla dijeran que eran cosas de "muchachos".

Pero sucedió lo inesperado, la niña que obsequió a Julio la 'cajita' le explicó instruyéndole en como sacar y como meter las criaturas a la caja, pero aparentemente Julio no aprendió este curso intensivo de instrucciones superiores a su comprensión de niño humano, y a pesar de que Julio intentaba de "regresarlas" al lugar de donde las había sacado instantes antes ….no lograba meterlas de regreso.

Las criaturas, en cuanto salían de su asombro inicial, se quedaban por unos instantes junto a la caja como esperando órdenes de Julio, pero dando muestras de gran nerviosismo, cuando Julio intentaba regresarlas a la caja y no lo lograba, estas criaturas de pronto salían huyendo a velocidad asombrosa y vertiginosa en dirección del bosque cercano.

Estas criaturas pronto se convirtieron en una preocupación para Julio, por que lejos de desaparecer huyendo como se consideró inicialmente, comenzaron a molestarlo y a amargarle la existencia.

Cuando Julio "imponía" las manos sobre la cajita, hacia salir esas extrañas criaturas, aunque no salían tan fácil con el, como el había visto hacer a la niña que se la obsequio. Muy al contrario, cuando las criaturas salían y se materializaban delante de el y sus pequeños espectadores, las criaturas se mostraban muy contrariadas, molestas, como si hubiesen sido traídas a la fuerza procedentes de otro sitio y comenzaban a mirar en todas direcciones y a dar señales de gran intranquilidad solo viendo por donde huir, y de hecho lo hacían en cuestión ¡de segundos! con unos movimientos algo así que Julio denominaba como "eléctricos" sin que se dejasen tocar por nadie.

Mas bien se mostraban hostiles al ser humano, a los niños en este caso, pero sobre todo a los animales como los perros, que al ver a estas criaturas huían aullando despavoridos de la escena.

Al cabo del tiempo estas criaturas que habían huído, al Julio no poder retornarlas al lugar de donde las había traído, comenzaron a acercarse a la casa de Julio, a todas horas merodeaban por los alrededores, en ocasiones se acercaban a él, solo a el, ¡nunca a nadie mas!

Cuenta Julio que llegaban a tocarlo con muy poco respeto (?), hasta le hacían bromas un poco ingenuas ó bobas, diría primitivas acordes a su inteligencia., (de las criaturas). Durante años, cuando Julio iba de una lado a otro por el campo, las criaturas lo acompañaban aunque generalmente a cierta distancia.

La gente no las veía a las criaturas, pero los animales se alejaban enseguida, los perros u otros animales como caballos, daban muestras inequívocas de inquietud y de miedo en opinión de Julio y los niños que eran testigos de estos incidentes.

Julio nunca supo que hacer. Con el paso de los años, este problema se convirtió en su calvario. Ese regalo fue lo peor que el jamás pudo haber recibido; este hecho marcó miserablemente su vida pues le hizo desdichado y hasta enfermizo.

Aunque en la actualidad Julio no posee esa caja misteriosa consigo; ya que la arrojó al mar amarrada de una enorme piedra muy lejos de la orilla.

Cuando se dio cuenta de que lo que en realidad atraía a esas criaturas era la caja en si, no él, como llego a sospechar por un largo tiempo. Sin la caja cerca a él, Julio no volvió a ver por lo menos no tan frecuentemente a las extrañas criaturas…no mas visitas que le atormentaban.

Julio comentó que muchas veces deseo morir a lo largo de su vida, todo por culpa de estos seres, se sentía culpable, con un gran peso moral y emocional pues el era el único responsable de la materialización de esos entes desconocidos en nuestro planeta.

Julio suele decir que hoy ya en su vida adulta, ya no quiere ver cosas extrañas, ya no quiere tratos ni mínimos con esas criaturas, desea descansar de ellas.

Julio dice que esas criaturas, esa situación, que se género a raíz de su visita a la nave que lo elevó por los aires llevándole a su interior en donde conoció a esa niña extraterrestre, que le dio la caja "mágica", de donde sacaba esas criaturas, fue un regalo que al principio le dio placer, después solo dolor.

Julio da la impresión de que no quiso decir todo lo que en realidad sabia sobre esas criaturas, esta cansado de vivir y eso es terriblemente trágico, nos hace pensar y especular un poco sobre esas criaturas y su presencia en algún lugar de nuestro planeta…..¿Que sabe mas que no quiso compartir Julio?.

Sin embargo dejo entrever ciertas cosas graves sobre estas criaturas que quedaron "sueltas" por no poder haberlas regresado a su caja de donde las saco, Julio relaciona a estos entes, con ciertas desgracias que han sucedido en la región, cree que ellas, las criaturas, son capaces de hacer mucho mal y que de hecho ya lo hicieron muchas veces a los habitantes de la región.

Según parece, estas criaturas en la actualidad aun merodean cerca del lugar en el que solía habitar Julio, y en donde el escondió temporalmente la caja intentando liberarse infructuosamente de esas criaturas. Julio se dio cuenta de que era peligroso para los humanos acercarse a ese lugar sin riesgo de ser lastimados por esas criaturas, por eso se hizo el propósito de poner en el fondo de las profundidades marinas dicha caja.

En un arranque de honestidad y de culpa, que reflejaba dolor y preocupación, Julio habló sobre varias muertes extrañas sufridas por animales y lugareños humanos habitantes de la región, dichas muertes atribuidas a los animales salvajes, pero que el sospecha con cierta convicción que bien podrían ser obra de esos entes venidos de algún lugar del cosmos; y de alguna manera el es el único responsable de eso ya que el trajo la caja y el las sacó de ella y el no supo como regresarlas nuevamente.

Aunque hace ya varios años que el dejó salir la última criatura de la caja, da la impresión de que vive eternamente preocupado, apesadumbrado por las mas de 100 criaturas que el calcula dejó salir de la caja, mismas que ahora le hacen pensar que son ¡una amenaza pública!

Se siente y con sobrada razón, culpable por haberlas traído a este mundo, se ve en las narraciones anteriores sobre el caso, que las criaturas venían como forzadas a nuestro mundo en el cual obviamente se deben de sentir fuera de su sitio normal y no saben como regresar a su lugar a su mundo original, ya que Julio nunca aprendió como regresarlos dentro de la caja.

Julio dice no solo haber tenido estas experiencias relatadas a Uds., también asegura haber tenido experiencias de todo tipo, como la que refiere que ha sido "forzado" (?), en repetidas ocasiones a mantener relaciones sexuales con lo que el llama mujeres extrañas, que aunque parecidas a humanas, no son exactamente como nuestras hembras humanas.

Para los que ya están esbozando sonrisitas de burla e incredulidad, debo de decirles que Julio tiene testigos de sus experiencias, muchos de esos niños que acudían al espectáculo increíble que el ofrecía por un centavo, ahora son ya hombres maduros que no se prestarían a la burla y el escarnio gratuitamente.

Muchos de esos entonces niños que acudían al espectáculo de circo ofrecido por Julio no les gusta ser entrevistados mucho menos que se rieran de ellos, pero accedieron algunos de ellos a las entrevistas.

Para iniciar la mujer de Julio y sus hijas, platican con lujo de detalle sobre un artefacto volador increíble que pasó en forma lenta a pocos metros de su casa, vecinos atestiguan lo mismo.

En cuanto a los seres de apariencia humanóide que vagan en algún lugar de este planeta y que fueron sacados a la fuerza de su "lugar" de origen. Algunos testigos de mas de 60 años de edad en la actualidad, pero niños en ese entonces, dicen sobre el "circo" de Julio cosas increíbles y maravillosas, mueven nerviosamente la cabeza de un lado a otro incrédulamente y suelen decir:

"Aquel cabrón (textual), no se como le hacia, tenia una caja como de zapatos de la que sacaba unos "monos", la primera vez que los vi delante de me dijo otro entrevistado, me hice ¡en los pantalones! del miedo y de la emoción; fue algo ¡realmente increíble!"

Uno de esos testigos que refirió que vio a las criaturas en dos ocasiones diferentes, hace de eso mas de 50 años y le dieron tal miedo que durante mucho tiempo el tuvo pesadillas por la noche y despertaba llorando sobresaltado, luego corría al cuarto de sus papás, les contaba a estos lo que Julio hacia y por supuesto nunca le creyeron, pero para evitar los problemas de insomnio le prohibieron ver a Julio y su espectáculo.

Dice otro de los testigos entrevistados, que las criaturas eran tan altos como ellos, les recuerdo que entonces eran solo niños. Refiere que eran feos, muy feos, con orejas terminadas en punta y se movían a velocidad increíble. Dice que en ocasiones se desaparecían de la vista. Era como si fueran "eléctricos" (?). Nadie sabía a donde se largaban una vez que Julio los sacaba como a la fuerza de la caja, además refieren que normalmente de niños no se hacen preguntas inteligentes como ahora las piensan de grandes, solo se limitaban a maravillarse, no se preocupaban de si eran malos ó no, ó de las acciones de estos.

En otras palabras amigos lectores, lo narrado por Julio y corroborado por personas adultas que le conocieron de niño y que ahora son abuelos ó bisabuelos, que nadie les contó este extraño episodio en la vida de un humano como Julio, y de ellos que también les toco vivir algún episodio con estas criaturas, confirman que el, Julio, ¡no inventó nada!, que todo fue verdad, es mas muchos de ellos tienen décadas sin saber nada mas sobre el.

En otras investigaciones nos enteramos con gente del lugar mismo, que muy a propósito hemos mantenido en el anonimato aun si no lo creen. La razón debe de ser obvia para Uds. No saben de él, ni de sus criaturas ó mascotas siderales como algunos les llamaron, otros dicen que sí han visto criaturas raras no conocidas por ellos.

Me pregunto y les invito a pensar y a especular una teoría sobre estas criaturas, no serán acaso las precursoras del extraño ser denominado como el ¿"chupa cabras?", aunque posiblemente nada tienen que ver entre si, pero bien pudiesen ser este tipo de seres y otros de los que se habla, las "mascotas" de seres extraterrestres que se les han escapado ó los han obsequiado a algún ser humano como en este caso a Julio. *¿a Ud. nunca se la escapado algún animalito?*

CHUPASANGRE EXTRATERRESTRE
VAMPIROS SIDERALES

Existen fuertes evidencias de que entidades biológicas no humanas buscan la sangre tanto de animales inferiores, como la de los seres humanos misma.

En ocasiones no solo el tejido hemático succionan de sus victimas, también órganos vitales como las vísceras.

En ocasiones lo hacen de manera indirecta, encubriendo sus "investigaciones" con otros hechos concomitantes y no visibles al menos no tan notoriamente. En otras ocasiones, en cambio son francamente descaradas, como buscando que todo el mundo se dé cuenta de sus atrocidades, que realmente no deja dudas ni al más recalcitrante opositor del tema ovni, de cabeza dura y obstinados de corazón y razón.

Es sabido que algunos tripulantes de los ovnis acostumbran con cierta periodicidad, llevarse determinadas vísceras, y sobre todo grandes volúmenes de sangre que extraen de manera precisa de sus víctimas animales preferentemente bovinos machos y hembras.

Estos animales los sacrifican en donde quiera que los encuentren ya sea granjas enormes ó pequeñas. Se ha sabido que en ocasiones hasta de pequeños gallineros han hurtado para sus desconocidos usos alguna gallinácea de pequeñas casas campestres.

Generalmente este procedimiento sanguinario suele ocurrir durante la noche, ya que a las sombras no pueden ser detectados tan fácilmente y pueden obrar con cierta impunidad. Esto ha ocurrido prácticamente en todo el mundo y las autoridades de unos cuantos países, avisados por los ganaderos afectados, han intervenido activamente para dar infructuosamente con los responsables de los asesinatos. Pero lo cierto es que a la fecha nunca han dado ni tan siquiera con alguna pista que sea congruente, lógica y medianamente convincente que explique el hecho.

Si nosotros nos atrevemos de alguna manera a relacionar esos hechos con el fenómeno ovni en esta obra, es debido a que tenemos razones de peso para hacerlo. Esta relación de esas muertes, de esa extracción perfecta solo por conocedores de ciencia muy avanzada, que cuentan con equipo sofisticado para dichas cirugías es solo posible de atribuir a algunas entidades biológicas inteligentes de origen no terrestre. No es producto de suposiciones ni de la casualidad. Es resultado de serias investigaciones de hechos reales, de sucesos que se pueden comprobar debido a que están seriamente documentados hasta por autoridades. Aunque obviamente las conclusiones finales del caso de estos representantes de los manipuladores mayores, sea tan pueril como increíble…causados por ¡animales salvajes!…como si estas fieras contaran con equipo sofisticado como para alimentarse de sus victimas utilizando equipo de precisión para hacer una incisión en alguna parte de sus victimas.

Si Ud. estimado lector, es de los que lee por primera ocasión sobre este tipo de casos que nos habla de esta conducta difícil de entender de algunos tripulantes de esas naves voladoras desconocidas, posiblemente hasta pensará que son leyendas ó cuentos. Solo que en este caso no es así. No se trata de hechs para cuya investigación se haya recurrido a las investigaciones orales ancestrales, ni siquiera a escritos antiguos, solo hay que tomarse el trabajo y el tiempo de leer los despachos de las modernas agencias de noticias del mundo entero, que publican noticias al respecto en los periódicos de todo el planeta.

Ante un hecho tan extraño, si el lector aun no esta convencido, le invito respetuosamente a que la próxima ocasión que lea una noticia alusiva a esta referencia, a este tipo de extraños fenómenos, a que acuda personalmente y vea con sus propios ojos, que ponga sus dedos en los bordes precisos, exactos de la incisión por donde sacaron los órganos internos de las victimas y se convenza de que un animal salvaje no puede hacer un trabajo tan limpio y exacto, tan selectivo de tomar solo ciertos órganos y dejar el resto intacto, de succionar hasta la ultima sangre de la victima, como si hubiese utilizado un aspirador de gran poder. ¿Ó es que acaso los predadores ya cuentan con "popotes" altamente tecnificados como para hacer orificios y extraer hasta la ultima gota de sus infelices victimas?.

En los Estados Unidos (USA), cobraron notoriedad estos extraños casos sobre todo en la década de los 70's, tanto que hasta se publicó una revista conocida como "Mutilations", que exclusivamente se dedicaba a reseñar este tipo de incidentes extraños y de causa desconocida.

Es de sobra conocido que tales matanzas han ocurrido en casi todo los países del planeta y siguen ocurriendo aun hoy en día, pero ya dejó de ser noticia y se han acostumbrado a ello a fuerza de repetirse los afectados.

En algunos países como Francia, Brasil, Sudáfrica, cuentan que al igual que en los Estados Unidos se tienen informes, documentados, precisos, investigados fruto de largas horas de trabajo profesional, en las que se ha llegado a ninguna conclusión lógica sobre el hecho.

En la Península Ibérica, en el País Español, los principales periódicos publicaron noticias acerca de muertes masivas de ganado en las regiones de Aragón y Navarra, y para darles una idea de lo que en ese País esta sucediendo, me permito transcribir textualmente una nota aparecida en el diario " El País" en la región de Zaragoza y firmado por el Periodista Rafael Ortega.

Centenares de cabezas de ganado muertas por un animal (?) desconocido en Navarra y Aragón, Un Animal (?), desconocido ha matado entre 700 y 1000 cabezas de ganado lanar, de ovejas en diversos rebaños de la comarca de las cinco Villas, desde hace mas de un mes ha sembrado inquietud y miedo entre los ganaderos y vecinos del lugar, la misteriosa(?), fiera, ha atacado en al menos cinco municipios de Zaragoza y en algunos de las Bardenas en Zaragoza.

El hecho de que el supuesto animal nunca haya sido visto a ciencia cierta por nadie ha dado pie a todo tipo de especulaciones y se habla ya de la "Fiera de las cinco Villas".

El articulo continua conjeturando sobre cual puede ser la causa de la muerta de los animales, pero por supuesto no llega a conclusión alguna digna de tomarse en serio. Por ejemplo, no menciona de si se les practicó a las ovejas victimas un examen post-mortem u necropsia por parte de algún patólogo animal de reconocida capacidad profesional y solvencia moral como para que determinara las posibles causas de la muerte de algunos especímenes victimados.

En esos casos, al igual que en muchos mas, hubiesen encontrado que los cuerpos de esas pobres ovejas victimadas, no tenían una solo gota de sangre en su cuerpo.

Otros periódicos sensacionalistas venden ejemplares como pan caliente especulando con marcado amarillismo circense sobre estos sucesos, pero no se preocupan por hacer una seria labor de investigación, honesta objetiva y buscando la verdad.

Si las matanzas de animales no son admitidas de buena gana, siendo que los cientos ó miles de cadáveres se quedan allí esperando su estudio serio y profesional que de luz al misterio aparente que las rodea, mucho menos lo es, que seres humanos como Ud. ó como yo, que son raptados, son llevados en contra de su voluntad y utilizados, en ocasiones desangrados y utilizados en experimentos de laboratorio como cualquier animal... igual que el humano hace con especies consideradas inferiores.

Y no es admitido y mucho menos reconocido por que en general los hechos de esta índole son por fortuna menos abundantes aunque no escasos, hoy en día. Cuando se dan, generalmente ocurren en zonas apartadas, lejos de la maquinaria publicitaria masiva actual. Así es que se queda en el anonimato y las contadas personas que se dan cuenta del hecho ante la falta de ayuda y seriedad en este tipo de sucesos, prefieren callarlo, olvidarlo.

Por ejemplo recuerdo que en el año de 1977 en al Cd. Mexicana de San Luis Potosí se supo de un caso de esta naturaleza, un niño recién nacido se encontró muerto...totalmente desangrado!.

Pero este caso no fue aislado, se sabia de mas casos semejantes, las circunstancias generales afines eran mas ó menos estas:

Ordinariamente, se trataba de recién nacidos ó neonatos, solían presentar hematomas y laceraciones en la piel. Como si a través de ella, se les hubiese extraído por osmosis, mediante una fuerza suctora, todo el tejido hemático, su sangre.

El común denominador era que los pequeños cuerpos estaban en términos llanos, "exprimidos", es decir sin una sola gota de sangre. En otros caso, parecía como si el vital tejido, hubiese sido extraído por la boca, no había heridas, no había "marcas" delatoras, no signos externos de violencia, no traumatismos, no hematomas…solo la total falta de sangre en sus pequeños e inocentes cuerpos de niño, utilizados por no sabemos quien, para no sabemos que!.

Es común también en el patrón estudiado de estos casos, que la madre de los infantes asesinados de esta extraña manera, refieran que estaban bajo un pesado sueño letárgico muy profundo al lado de sus bebés, cuando alguien mas descubría horrorizado el incidente, dicen las mamás que desertaban de un sueño como si hubiesen sido drogadas por alguien mientras ocurría lo terrible a sus vástagos.

Mientras ellas dormían, alguien ó algo (?), se dedicaba a desangrar a sus bebés…suena estúpido pensar que alguna extraña secta satánica ó de esas que tienen seguidores con mentes retorcidas y patológicas se dedique a estas actividades. Pero lo menciono para que nadie quede libre de sospechas y no se le de connotación e sobrenatural a eventos que bien pueden ser atribuibles a humanos con solo heces en la cabeza que se dedican a lastimar al prójimo.

Volvamos al caso de los bebés "exprimidos". A algunas de las mamás de estos pequeños víctimas, tardaron varios días en despertar de ese sueño, de volver en si, solo para después darse cuenta de que sus bebés habían sido asesinados, se sentían extremadamente débiles, hay quienes especulan que fueron atacadas durante su sueño, y en ocasiones descubren estas madres que tienen múltiples laceraciones en su cuerpo y hematomas como si hubiesen peleado con algo ó alguien ó simplemente las golpearon sin recordar nada al respecto.

Aunque estos hechos no tienen nada que ver con la mutilación del ganando, existe una relación, un gran paralelismo en cuanto a la extracción de sangre tanto del ganado, como de los infantes.

Una de esas extrañas cosas que alguien enterado sobre el fenómeno ovni le dirá antes que yo lo señale, es el hecho de que por esos días en que ocurrieron estos lamentables hechos, se vieron "luces" que se movían constantemente en los cielos del lugar, algunas de esa luces daban la impresión de que se paraban sobre algún cerro del lugar ó hasta sobre la copa de algún árbol y hacían movimientos raros. La gente humilde de estos lugares, acostumbrados a este tipo de fenómenos solo acierta a denominarles como las "brujas". Les provocan tanto miedo que practican rutinariamente cierto rituales para protegerse(?) de ellas.

Posiblemente Ud. crea ó no lo que esta leyendo, no es dogma de fe ya se los he estado mencionando reiteradamente, en todo caso eso lo dejo a su criterio que espero lo juzgue con mente abierta, que no crea por creer, ó que no niegue solo por que le place. Le invito a investigar a saber mas sobre estos u otros hechos y luego con mas elementos posiblemente estará preparado para darse a Ud. mismo una respuesta ó una posición al respecto de este y otros fenómenos poco convencionales que suceden al humano desde siempre.

Realmente lo que intento compartir con Uds. en este capítulo, ya no es tan solo la posibilidad ó la realidad de que existan los ovnis y sus tripulantes; creo que eso es solo parte del asunto. Lo que realmente intento compartir en esta obra entre muchas otras cosas, es que partiendo de la premisa de su real existencia de estas entidades no terrícolas, muy al contrario de lo que la mayoría de los que si creen en el fenómeno como algo real, pero que creen que vienen a salvarnos y a ayudar a la humanidad, YO pienso todo lo contrario. Ó por lo menos creo que **no** todos esos "visitantes" tienen buenas intenciones para con nosotros los humanos.

Estoy convencido apoyándome en la investigación de cientos de casos ocurridos a humanos y a animales, de que estos ETs, que viajan en sus portentosos vehículos voladores, poseedores de una ciencia y tecnología muy superior a la nuestra, no vienen necesariamente a salvarnos, a compartir sus avanzados conocimientos. Muy al contrario, debemos de ser cautelosos, pues posiblemente son tantos y tan variados estos visitantes estelares ó creadores nuestros, que muy posiblemente sus "intenciones" sean tan variadas y heterogéneas como ellos mismos. Posiblemente algunos de ellos si desean ayudarnos como lo hemos visto con algunos de estos misioneros galácticos. En cambio otros nos manipulen, nos utilicen para fines no buenos para nuestra especie humana, que son negativos al hombre. Así pues, no pensemos con ilusión inocente y cándida que "ellos", los Ebes, los ETs, vienen a fortalecer el avance humano. Aunque no debemos caer en el extremo opuesto de la paranoia contra "ellos", lo cierto es que nos dan tantos y tan variados mensajes que realmente no sabemos que quieren de nosotros los humanos. Pues sabemos que en ocasiones nos ayudan, en otras nos perjudican y generalmente nos ignoran olímpicamente, como si no existiéramos para ellos, como si solo vigilasen nuestra vida cotidiana. Aunque les recuerdo que hay que estar atentos, no patológicamente preocupados de una manera constante, pero si no caer en la conclusión de que son todo los bueno y positivo que generalmente se dice de *ellos*. Las personas que han sido utilizadas por "ellos" en sus investigaciones de laboratorio, no están que digamos muy contentas con *ellos*. Realmente los usaron a la fuerza, sin su consentimiento. Además les fue "implantado" un sensor que los monitorea, que les impide su vida privada, que registra desde su ubicación hasta su conducta misma que puede ser dirigida por ellos para estudiar sus reacciones.... tal y como el ser humano lo hacemos con especies inferiores cuando deseamos investigar sus hábitos, su migración etc. Todo con la "buena" intención de favorecer su reproducción, su supervivencia, y no sé cuantas pseudo-justificaciones que nos dan "derecho sobre los animales a los que consideramos nuestra propiedad, que nos da libre albedrío de utilizarlos como nos viene en gana ¿ó no? Lo digo con sarcástico respeto para quienes piensan así.

Consecuentemente, si "ellos" nuestros creadores ó bien simplemente seres superiores a nosotros intelectualmente, tecnológicamente nos utilizan como a ellos les viene en gana, supongo que aunque sus códigos éticos deban de ser diferentes a los nuestros, igual su escala de valores, justificaran" todo lo que con nosotros hagan pensando que somos "inferiores" a ellos, esto tal y como nosotros consideramos a los animales y los utilizamos como mejor nos place. ¿Como podemos entonces sorprendernos de que en algunos casos bien pudiéramos nosotros ser considerados como objeto de experimentación al ser considerados "inferiores"?. Supongo que la arrogancia de sentirnos los únicos y mas inteligentes del universo nos hace pensar así. ¿Verdad?

INFLUENCIA DE *"ELLOS"* EN SERES HUMANOS
CASOS PÚBLICOS CONOCIDOS MUNDIALMENTE

En las siguientes paginas Ud. amable lector, podrá recrear mediante la magia de la lectura, lo que yo creo son claros ejemplos de la patente influencia de entidades ajenas al ser humano en su vida, en sus decisiones que a fin de cuentas influyeron en la historia de quienes en forma directa ó indirecta se ven "tocados" por estas que en muchas ocasiones son malévolas "entidades" no humanas.

Intentaremos hacer algunas consideraciones de tres hechos históricos que son conocidos mundialmente por ser del dominio publico, que no tienen explicación lógica, a menos que intentemos verlo bajo la perspectiva que hemos manejado en esta obra, de que existen entidades inteligentes no humanas que nos manipulan, que son aunque algunos no lo crean y menos lo acepten, los verdaderos dueños del planeta y muy posiblemente nuestros creadores.

Mientras que los líderes humanos que en apariencia nos dirigen, son en realidad y nosotros junto con ellos, simples marionetas sin voluntad ni capacidad para sacudirnos esta influencia que en algunos casos es desconocida y en otros es ignorada y en otros aceptada por quienes son "tocados" por "ellos" los dueños de nosotros y el planeta. Con esto me expongo a ser considerado desde conspiranoico, extravagante, posiblemente esquizofrénico ó mínimo paranoico.

Muchos políticos, militares, religiosos, economistas, comunicólogos etc, toda esa fauna que integran los manipuladores, los dueños aparentes de la masa que compone nuestro planeta, son en realidad dirigidos, manipulados como títeres de un enorme teatro guiñol por este tipo e seres mas avanzados que nosotros.

EL PUEBLO JUDIO.... LOS AZTECAS PARALELISMO INTRIGANTE Y MISTERIOSO

El pueblo judío representa una interesante muestra del anacronismo histórico de muchos pueblos de la humanidad.

Por un lado vemos que estos seres son aferrados a tradiciones antiquísimas, y con todo respeto y sin ánimo de ofender, a cual mas de absurdas como fuera de lugar y tiempo (dietas, vestimenta, corte de pelo etc.).

Pero por otro lado, este mismo conglomerado humano tan especial, esta a la vanguardia en materia de avances médicos mundiales, en inventos, en tecnología ...difícil de entender!

El hecho de que el estado de Israel posea un arsenal atómico listo a vomitarse cual cascada mortífera sobre sus enemigos. Es esta tecnología junto a su acendrado fanatismo de líderes y pueblo es algo que debemos de pensar ya que causa gran inquietud. No tiene lógica, sobre todo debe de inquietar a los demás pueblos de la comunidad mundial.

Si a esto le agregamos el hecho increíble pero real de que la nación mas poderosa del mundo, los Estados Unidos, esta en buena parte a nivel político-económico en manos de Judíos, ya sean nacidos en territorio de USA, ó bien nacionalizados. Esto hace que el peligro sea latente y aun más grande de lo que muchos se atreven a tan siquiera imaginar.

El pueblo Judío, perseguido, masacrado, vilipendiado en múltiples ocasiones ha logrado milagrosamente sobrevivir de manera admirable. Y no solo eso, en la actualidad, en gran parte es el que domina o influye enormidades en la banca internacional, en la economía mundial.

El "fenómeno" Judío totalmente inexplicable desde algunos puntos de vista, tiene sin embargo una clara explicación en opinión de algunos analistas, sobre todo si lo intentamos explicar desde la perspectiva que hemos venido planteando en esta obra, sobre esa "posibilidad' que hemos lanzado al ruedo de la vorágine humana de las especulaciones. Con cierta lógica y sentido, no es mas que la historia exacta del pueblo de Israel aunque contemplada desde otro ángulo y viendo en sus protagonista supra-humano, no al dios único, sino a uno de estos, a uno de "ellos" seres extraterrestres ó dioses con letras minúsculas de los que estamos intentando descubrir mas sobre su influencia y presencia en la historia de la humanidad.

Todo lo que *Yahvé*, es en mi opinión humilde y de mucho estudiosos, es solo un "dios" con minúscula y no el Dios universal como el nos presumía y se ostentaba. Se "aparecía" en una nube a *Moisés* a la vista de todo el pueblo de Israel, luego desde aquella "nube" (?) y valiéndose de una cajón ó instrumento llamado "Arca de la alianza" (que había que manejar con cautela y colocar en un lugar apartado del pueblo y cuyo acceso solo estaba dado al caudillo, al líder, en este caso Moisés).

Mediante esta "caja" que mas bien nos hace pensar en un aparato de comunicación de alta tecnología, Yahvé le dictaba a Moisés su voluntad, al mismo tiempo que le confería poderes para "apantallar" y convencer a su pueblo de que siguieran sus órdenes con fe ciega y fidelidad absoluta al mas puro estilo de los grandes lideres-dictadores de la época moderna.

Esto fue mas ó menos así como lo he planteado, palabras mas, palabras menos el origen de la religión Judeo-Cristiana y de las cualidades tan únicas, tan peculiares que el pueblo Judío y en parte el Azteca como veremos mas adelante. Pero por ahora, centremos nuestra atención en el Pueblo Judío; esta ha sido parte representativa de su historia hasta la actualidad en que siguen muy de cerca a sus ancestros en cuanto a sus creencias y practicas religiosas.

He aquí, amable lector, *un claro ejemplo histórico de la "intromisión" en plan grande, de una de estas misteriosas entidades no humanas en la vida del hombre* en este caso representado por el pueblo Judío.

Naturalmente que tanto Judíos como Cristianos absolutizan el hecho y lo convierten en algo trascendental y único, negándose a aceptar ó negando que solo sea un hecho mas de esta naturaleza.

Para ellos los Judíos, dios solo se ha comunicado "oficialmente" una vez y fue con el pueblo judío, el llamado pomposamente pueblo elegido. Esta comunicación personal y directa con los Judíos fue mediante las manifestaciones de Yahvé en la nube y más tarde, para los cristianos cuando mando a su único hijo conocido mundialmente como Jesús el Cristo.

Bueno al menos eso piensan y creen a pie juntillas los Judeo-cristianos, y ni siquiera en esto están demasiado de acuerdo. Ya saben Uds. el motivo ¿verdad? Lo cierto es que un ser humano libre pensador como quien escribe esto, excento de fanatismos, los Judeo -Cristiano es solo una mas de las tantas religiones con las que los humanos hemos estado siendo engañados a lo largo de los siglos. Mil disculpas, no pretendo ofender susceptibilidades. Es solo y simplemente mi opinión, así como la tiene todo mundo de pensar lo contrario u otro tipo de cosas. Así es que no tienen por que aceptar ó creer esto que les comento, lo mas es analizarlo con cautela y objetividad.

Debemos de considerar el hecho en si, prescindiendo de todo contenido ideológico y de todo lo que en torno a esta creencia han inventado y fabulado cuatro mil años de fanatismo, de ignorancia, de manipulación de superstición, cuidado que no estoy hablando solo de la era moderna que conocemos y que coincide con lo que se dice de la "venida" de Jesús el Cristo.

Los no cristianos, tanto si les agrada ó no la idea, tienen forzosamente que reconocer y aceptar que el Judeo-Cristiano ha marcado profundamente el curso de la historia del planeta en que habitamos, para bien ó para mal, ¡pero ha influido! Es un hecho, una realidad. Puede Ud. intentar analizar este hecho desde cualquier punto de vista, pero es un hecho demostrable bajo cualquier perspectiva si se hace objetivamente y sin apasionamiento.

Ahora bien, estamos ante un hecho 'clarísimo' de la interferencia de entidades inteligentes no humanas en la vida, en el devenir de todo un pueblo, de los millones de Judíos que hoy en día y desde hace siglos practican el Cristianismo.

Es cierto que gran parte de la humanidad, incluidos millones de Judeo-Cristianos, nunca han creído que Yahvé sea el dios universal, sobre todo cuando analizamos las "barbaridades" que les mandaba a hacer a Moisés y a la vista de su ciego apasionamiento por el pueblo de Israel de su ignorancia, de su desprecio por otros pueblos el planeta.

La sana razón, la lógica, nos dice que un dios universal, no puede concebirse como injusto, absurdo, ilógico como resulta al análisis YAHVÉ. Ante esto surge nuevamente una pregunta... ¿quien era entonces aquel ser...ó seres (?), que se presentaban en una nube (nave camuflajeada con un nube?) visible a los ojos el pueblo de Israel?

Es muy fácil decir que todas las manifestaciones de Yahvé no son sino una leyenda tejida a lo largo de los siglos, aumentada, exagerada a manos de los manipuladores ideológicos que vieron en esta leyenda una oportunidad de tener poder, riqueza, etc., a costa de sus manipulados que suelen solo creer, no cuestionar.

Es muy fácil y aventurado decir que toda la vida de Cristo con todo y sus hechos en apariencia extraordinarios, fue solo invención de sus biógrafos. Es muy fácil pero no es justo ni mucho menos inteligente hacerlo... otros lo harán por mí.

Si estos dos hechos fueran los únicos en la historia de la humanidad, no tendría ó en lo personal inconveniente alguno para desecharlos por falsos ....pero resulta que en otras religiones y culturas mas antiguas que la Judeo-Cristiana, nos encontramos con "otros" dioses universales y con "creadores" del cielo y la tierra, que les han "hablado" a su pueblo"elegido" desde las "nubes" ó desde montañas ó desde dentro de sus cabezas mediante voces extrañas. Así pues nos encontramos con "múltiples" hijos de dios (!!??), y de "redentores" que dicen haber venido a este mundo para salvarlo, que incluso murieron en la cruz para salvarlo (?) .... ¿de quien ó de que?.

Por muy fanáticos e ignorantes que sean los seguidores de todos estos "dioses", y por mucho ó poco que conozcamos estas creencias englobadas en lo que se conoce como religiones, los hechos que las motivaron, es decir la aparición de "espíritus" y de "dioses" a los fundadores de las diversas religiones, siguen vigentes en las paginas de los muchos "libros sagrados" que hablan de dioses "únicos" y que han influido en la historia del género humano.

Un hecho se puede negar, pero es que existen tantos que ¡resulta imposible! Además están testimoniados no solo por documentos escritos, también por monumentos pétreos que han desafiado el paso el tiempo. No se pueden negar, pero requieren explicación no solo creencia ciega ....¿quien entonces era (n) ? ¿Quién se presentaba al pueblo Judío? ¿Quién lo incitó y condicionó para que su historia fuese lo que fue y lo que sigue siendo?...una anacronía modern-izada y salpicada de alta tecnología con creencias absurdas y obsoletas.

ANALOGÍAS ENTRE EL PUEBLO JUDÍO Y EL AZTECA

Por ejemplo, Yahvé del que algunos piensan que es el dios único del universo, líder sobrenatural el pueblo judío, hizo caminar a Moisés con sus miles de seguidores ¡durante cuarenta años! hasta encontrar la famosa tierra prometida.

Mientras a los Aztecas, su dios los obligo a realizar una caminata de características epopéyicas de mas de tres mil kilómetros, hasta encontrar una pequeña isla ó islote en donde verían a una águila devorando una serpiente y esta ave, posada sobre un nopal todo esto en medio de un lago.

Este era el símbolo de la tierra prometida que por fin un día los aztecas encontraron después de penosa y larga travesía a pie.

Andreas Faber Kaiser al hablar sobre los increíbles paralelismos entre Judíos y Aztecas que comienzan con la personalidad misma de los protagonis-tas, a saber Yahvé (ó Jehová) por los Judíos, y Huitzilopochtli por los Aztecas (dios del sol).

Ambos dioses, querían ser considerados como protectores, incluso como padres, pero eran tremendamente exigentes, implacables, castigadores, además de que se irritaban fácilmente. Estas características son comunes a las dos deidades en cuestión.

Ambos, Yahvé y Huitzilopochtli les indicaron a sus pueblos "elegidos" que abandonasen la tierra que habitaban. A ambos pueblos los acompañaron "ellos" personalmente, protegiéndoles durante su peregrinaje.

Yahvé lo hizo en forma de una extraña y enigmática nube ó columna (?) de fuego y humo que les procuraba luz de noche (?) y ¡sombra de día! y que además les señalaba el camino a seguir. Amigo lector, por unos momentos permítase pensar con mente abierta y sin atavismos convencionales ni ide-ológicos, sin dogmas caducos ancestrales y sin fundamento que nos obligan a creer cosas absurdas....Acaso lo descrito anteriormente ¿no le hace pensar en una "nave' que desde las alturas guiaba a estos antiguos pobladores de Israel? ...nubes de fuego, desplazamientos aéreos, luz de noche, sombra de día....¡Por favor! No me obliguen a hacerme una auto-descerebración al tener que creer en esas fantasías. ¿Por que no permitirnos por lo menos otra igual de absurda como lo del ovni que guió a este pueblo? Al fin y al cabo son igualmente de difícil creencia y menos comprobación.

Disculpen mi incredulidad, mi sarcasmo, pero esto no lo puedo deglutir intelectualmente ni con mucho que lo intente.

No lo podría digerir ni tomándome el océano completo de agua. Perdón pero se me atora en mi sentido común, en mi lógica, en mi inteligencia. No me es posible tragarme este bocado histórico-religioso sobre ese suceso, y eso que no hemos hablado aun del famoso alimento "maná" que desde las alturas nutria al pueblo Judío. Los peregrinos judíos con todo el respeto que me merecen, fueron alimentados como hoy en día hacen algunos humanos con su ganado.

Cuando las condiciones climáticas son adversas ó por comodidad en algunos extensos ranchos se "lanza" desde helicópteros el alimento que han de consumir las cabezas de ganado. ¡Desde "el cielo" les cae la comida! ¿Por que no pensar que alguna nave tripulada por ETs daba de comer este supuesto manjar a ese pueblo, que "ellos" querían cambiar de ubicación en forma masiva? ...Solo piénselo con mente abierta, no se ponga nadie a la defensiva, no se ofendan por favor. Es una simple y personal especulación de lo que hoy mismo se puede hacer y de hecho hacemos con la tecnología actual.

¿Que acaso cuando algunos pueblos humanos requieren ayuda y no se puede llegar por tierra, acaso no les lanzan aviones alimentos en paracaídas para que al llegar a tierra se lo distribuyan entre ellos mismos?

En el caso de los Aztecas, su dios Huitzilopochtli a su vez acompañaba a su pueblo los aztecas, en forma de una pájaro (?). La tradición afirma (?) que fue una águila ó una grulla blanca, que les iba indicando la dirección en la cual debían de caminar sobre la tierra desde las montañas de lo que ahora son los estados de Utah y Arizona, hasta lo que hoy en día es la urbe mas poblada del planeta tierra, la Cd. de México, capital del otrora imperio Azteca, hoy en día de la hermosa República Mexicana.

Esto como les apunte en líneas anteriores, me hace recordar por asociación de ideas que nos permita ejemplificar mas objetivamente, el hecho de muchos propietarios de ranchos ganaderos ya no emplean como antaño a numerosos vaqueros para "arriar" el ganado, para dirigirlo a los campos con pastizales nutritivos para su cría. Hoy en día, utilizan helicópteros ó aviones pequeños que hacen las veces de "cowboys" para llevar a grandes manadas ó grandes "rebaños" a lugares distantes. Perdónenme mi comparación un tanto cuanto en apariencia irrespetuosa, pero si muy descriptiva en lo literal. Que no pretende ofender a nadie, pero si las religiones nos dicen que somos "ovejas", rebaños etc., creo que en ese sentido me permití utilizar literariamente la comparación, cualquier otra connotación ya es al libre albedrió de cada quien y muy respetable.

Así es que si algunas religiones nos comparan con ganado lanar, sea muy posiblemente por que desde tiempos inmemoriales nos dejamos "conducir" como estos mamíferos, cuadrúpedos que dan la impresión de no tener voluntad, que son dóciles. Por que no pensar que desde tiempos remotos, nos hemos dejado "manipular ó "conducir" por extrañas criaturas y sus portentosas naves voladoras a las que confundimos con nubes, con columnas de humo, con glorias del señor, con pájaros, con grullas ó águilas? ...Para analizarlo con mente abierta, posiblemente "ellos" y sus naves, nos guiaban, nos alimentaban, nos llevaron a donde sus intereses les convenían, y al no podernos transportar masivamente, pues utilizaban este tipo de ardides que les funcionaron. Pregúntese si hoy en día en el que el ser humano ha avanzado en todos sentido, nos comiésemos tan fácil eso de que todos a caminar hasta encontrar X ó Y cosa y un ¡pájaro ó una nube los guiara! ...para morirnos de risa ¿ó no? Pero funciono en aquellos tiempos debido a las características de evolución que mostraban los pueblos, en los que la ciencia y la tecnología eran sumamente rudimentarias y en los que cualquier evento extraordinario era atribuido a los dioses.

Lo más "curioso" de todo esto, es que tanto Los Judíos como los Aztecas, es decir los dos pueblos, transportaban una especie de "caja sagrada", que para los dos pueblos revestía una extraordinaria importancia y que servía nada mas ni nada menos que para "comunicarse" (?) directamente con sus "deidades...que les parece esta similitud y en si el hecho de este aparente radio comunicador que les permitía recibir instrucciones desde las "alturas".

Los Israelitas cargaban con su famosa "Arca de la alianza" y los aztecas un "cofre", esto ultimo sobre el cofre, lo cuenta un religioso de nombre Fray Diego de Duran, historiador contemporáneo de la conquista de México.

Lo narra mas ó menos así: Cuando llegaban a algún lugar para quedarse por un tiempo, lo primero que hacían era construir un templo en el que alojaban el "cofre" en el que llevaban a su dios.

Estas son otras de las mas sobresalientes analogías entre estos dos pueblos tan distantes unos de los otros como diferentes, que en tiempos antiguos se vieron en hechos similares ordenados por sus dioses.

EL GENOCIDA Y SANGUINARIO DE AD-OLFO HITLER...EL NAZISMO

Y LA INFLUENCIA DE *"ELLOS"*

Un autentico caso contemporáneo y totalmente del dominio público, es el de este ente vergüenza del genero humano.

Si analizamos racionalmente a este negativo personaje, es totalmente inexplicable su poder, su conducta su dominio sobre las masas, hablemos sobre Hitler, sobre la Alemania dominada por el Nazismo.

¿Cómo es posible que todo un pueblo, una Nación tan avanzada como la Germana, se haya permitido engañar, subyugar, manipular por un ser tan repugnante y alucinado como Adolfo Hitler?.

¿Cómo es posible que millones de seres humanos inteligentes, ingeniosos, emprendedores, se haya dejado llevar como borregos al matadero de la segunda guerra mundial?

¿Como es posible que dirigentes, políticos, militares, economistas, religiosos etc, de occidente que dicen y se creen muy avanzados, los más exitosos del mundo, no hayan sido capaces de evitar aquella matanza espantosa en la que "científicos" pusieron al servicio de la paranoia militar sus mejores inventos, su capacidad plena.

Los historiadores y sociólogos intentan sin mucho éxito darnos mil razones que intentan infructuosamente de explicar lo inexplicable.

Pero… 16 millones de muertos en los campos de batalla, los 2 millones y medio de Polacos, Los 6 millones de Judíos, los 520 mil gitanos asesinados, los 29 millones de heridos y enfermos, los 3 millones de civiles muertos en los bombardeos y los 24 millones de damnificados a causa de las bombas, los 15 millones de evacuados ó deportados, los 11 millones de seres humanos recluidos inhumanamente en campos de concentración……Todo esto no es exageración. Ud. puede confirmar los datos. Lo cierto es que esto forma parte de uno de los episodios mas tristes y vergonzosos de la humanidad, no solo de los Pueblos involucrados directamente.

Son demasiados seres humanos, millones de dramas e historias. Son demasiados incidentes como para "atribuir" a un solo individuo de mente patológica como el causante de tanto mal. Es como darle mucha importancia a este "hombrecito" insignificante, acomplejado, impotente sexual como el individuo al que deban de atribuirse todas estas atrocidades.

Una posible explicación tan increíble si Ud. quiere así juzgarla como las supuestas causas de su poder dadas por biógrafos expertos en el tema. Seria con la connotación que hemos estado manejando en anteriores casos, la intromisión de entidades no humanas inteligentes no terrestres en este caso.

Una teoría ó especulación seria el pensar de que Adolfo Hitler sin quitarle su culpa para que no se piense que estamos "disculpándole", bien hubiese podido ser únicamente una marioneta, un títere, un peléle sin voluntad propia. Hay quienes piensan que Hitler simplemente recibía "poder" de otros y Hitler solo era el instrumento ejecutor de las órdenes que oscuras entidades no humanas le dictaban.

No tiene Ud. amable lector que estar ni siquiera un poco de acuerdo con este punto de vista sobre la patológica personalidad de este engendro del mal llamado Adolfo Hitler. Pero antes de enviar al cesto del olvido esta teoría sobre este energúmeno, le invito a que se documente mas sobre este ente que nunca debió de haber nacido. Le aseguro que después de leer mas sobre el, tendrá una opinión que por lo menos le haga dudar sobre esto que a continuación Ud. leerá.

La mayor parte de sus biógrafos obviamente que no creen en "inteligencias" extrahumanas, pero a pesar de eso, no dejan de señalarlas por lo menos en forma literaria ó en otras de una manera mas explicita haciendo eco de lo que este orate llamado Hitler solía decir:

El se decía anticristiano y Ateo, pero curiosamente ó paradójicamente se decía y creía un "instrumento" de la providencia, entendiendo su particular concepción de la *providencia* como todo un conjunto de fuerzas misteriosas del " mas allá ", con las que supuestamente había aprendido a ponerse en contacto en sus largos años de aprendizaje en la secta secreta "Thule", y en muchas otras sociedades iniciaticas secretas a las que perteneció.

Estas fuerzas del mas allá eran supuestamente las que lo dominaban y lo manipulaban hasta engañarlo de que lo que hacia era correcto. Pero al mismo tiempo estas fuerzas le daban un poder extraordinario.

¡Soy enviado de la providencia! Esto solía decir con gran frecuencia este demente esquizofrénico, como dirían algunos enterados respecto de la patológica personalidad de este monstruo pseudo humano. Pero lo cierto es que Hitler realmente estaba convencido de que la providencia era su protector. En sus múltiples y frecuentes arrebatos de locura y frenesí (aunque suene a canción romántica bohemia, es solo pura coincidencia literaria), desmedida solía decir: ¡seguiré con la precisión de un sonámbulo el camino que la providencia me ha señalado (?) Creo que he sido llamado por la providencia para servir a mi pueblo con ufano orgullo solía decir.

Para que Ud. amigo lector vea hasta que punto esta idea de que Hitler era manejado por fuerzas extrañas a el, está presente en todos sus biógrafos. Aunque sea en una forma alegórica de describir su personalidad, si me lo permiten, compartiré con Uds. algunos extractos de algunos de sus biógrafos, que han escrito sobre este ser pusilánime, controversial, negativo…pero con un ¡increíble poder!, con un carisma, con un liderazgo nada común y solo explicable mediante medios no convencionales, nada ortodoxos, fuera de lo tradicionalmente aceptado por lo "puristas" de la ciencia.

Walter Stein, compañero de estudios del engendro llamado Adolfo Hitler en Viena dijo:

En el había entrado una "entidad" extraña, como si el propio Hitler oyera dentro de si a esa entidad que había tomado posesión de su alma.

Y cuando esa entidad dejaba de dominarlo, se derrumbaba en su asiento agotado, como un ser inmensamente solitario, caído desde las alturas de un éxtasis orgiástico y bruscamente abandonado por aquella fuerza carismática que un momento antes le había dado poder y dominio sobre si mismo y sobre el auditorio que le escuchaba embelesado y absorto dejándose llevar por esa personalidad avasalladora de Adolfo Hitler.

Kubizek dice:

¡Era presa de furiosos demonios!

Paul Le Cour en su libro " Le drame de l' Europe", dice que cuando Hitler hablaba, era como si recibiese una corriente magnética que lo inflamase.

El **Dr. Otto Dietrich**, Médico que lo atendió en su Bunker dijo de el:

Su voluntad se hallaba habitada por un "demonio" que al fin de cuentas, también poseía su cuerpo.

Werner Masser escribió :

Hitler nunca emprendía una acción sin haber sido invitado a ello por una orden ó por indicación expresa de la "providencia" (?); sus voces "interiores" le indicaban cuando marchar a la acción.

Andre Brissaud escribió sobre Hitler lo siguiente:

Con frecuencia daba la impresión de encontrarse alucinado y de ser manejado desde fuera por un ser terrible…¿Que pacto había firmado con el Mas allá?.

Andre Rivaud comenta:

En sus momentos de furia, este peléle cínico era terrible, de pronto de un ser informe e insignificante, se tornaba, se transformaba en una criatura aulladora y terrorífica, que asustaba hasta a los más valientes. Se convertía en una especie de poseso dispuesto a matar inmediatamente a quien se le resistiese… ¡un poseso sin lugar a duda!.

A todas estas apreciaciones de algunos de sus muchos biógrafos, se pueden agregar las abundantes que:

F. Ribadeau-Dumas, escribió en su libro "El diario secreto de los brujos de Hitler", lo siguiente:

Entonces estaba en su segundo estado, el de trance, en esos momentos ya no dependía de si mismo, para llegar a ese desdoblamiento de personalidad, se había ejercitado en dominarlo.

Para lograrlo, se basaba en el juego de una energía diez veces superior procedente de la voluntad y del concurso de "fuerzas" supraterrestres.

Se trataba de ritos secretos de sociedades "mágicas" antiquísimas, así como otras de origen Nórdico ya desaparecidas.

Seres "extraterrestres" enviaban a los "iniciados", energías irracionales de un terrible poder, destinadas supuestamente a la liberación (?) de la humanidad, incluso mediante el uso de la violencia.

Absorto en sus "voces interiores" más oscuras e inquietantes, parecía Hitler desplazado a otro mundo, en el que una voluntad infernal le "dictaba" órdenes …. solía permanecer horas absorto en una extraña contemplación , en un éxtasis profundo, hasta mas allá de la media noche en su chalet, interrogando a sus "voces' interiores ó a las estrellas (?), acerca de las decisiones que debería de tomar. Hitler mismo dejo entrever que padecía la influencia de una "energía" cósmica, se comparaba con un "imán " humano, pero siempre se negó a hablar de esa supuesta energía que le ayudaba en sus tareas, de esa energía que movía al imán que era representado por el mismo. De acuerdo a F. Ribadeau, Hitler tuvo conciencia (?) de que había sido engañado por …..¡*Un genio del mal!* (?).

El mismo Ribadeau Dimas comenta que Himmler solía decir de Hitler lo siguiente:

Estaba poseído por una fuerza oculta que se escapaba por completo de su control, era el mismo demonio que lo tenia en su poder, el que le obligaba a cometer sus horribles crímenes. ¡El burro hablando de orejas! De acuerdo a Himmler, el demonio había tomado posesión de Hitler desde hacia mucho tiempo.

El poder casi mágico e hipnótico que ejercía sobre las masas, ha sido comparado con las practicas ocultistas de los brujos africanos ó con los chamanes de Asia …..solía otro biógrafo de Hitler decir: Asistimos a la metamorfosis de un hombrecillo insignificante hasta convertirse en un hombre todopoderoso; esto se le atribuye a **Otto Strasser.**

Se ha planteado con frecuencia el origen de la fuerza de la persuasión extraordinaria que permitió a Hitler conquistar el poder inmenso que tuvo siempre por medios digamos "legales"; esto lo escribió **Andre Brissaud.**

Rene Alleau escribió a propósito de la metamorfosis de Hitler lo siguiente:

De un pusilánime, se transforma en un ser súper eufórico y convincente líder, se detienen generalmente sus biógrafos en un limite infranqueable; aquel en donde comienza el orden espiritual con fuerzas universales, otras fuerzas no humanas pueden entonces deteriorar la naturaleza del hombre.

Andre Francois Poncet, embajador de Francia ante Alemania tuvo ocasión de observar a Hitler muy de cerca, cuando fue a visitarlo en su refugio de los Alpes en Berchtesgaden después del acuerdo de Munich y dijo al respecto:

Hay días, en que ante un mapamundi pone patas arriba a naciones y continentes, la geografía y la historia como un enloquecido…tan extraño que parece que nunca se llegara a esclarecer completamente el enigma de su vida…como si la clave sobre su vida ¡estuviera en otra parte!

Elizabeth Ebertin famoso vidente de Munich, amiga de Hitler escribió sobre el:

En el "estrado" tiene toda el aspecto de un poseso, de un médium, el inconsciente instrumento de potencias superiores.

Trevor Ravenscroft famoso historiador, se extraña de que en el juicio de Nuremberg nadie haya hablado de las practicas de brujería y de pactos satánicos de todos los que allí eran juzgados. Citar al diablo que ellos invocaban en la secta del Thule, hubiera sido cómico para aquellos jueces, y sin embargo paradójicamente todos eran en su mayoría anglicanos, católicos, Judíos, masones etc. convencidos en su gran mayoría de la existencia de Satanás o de otras entidades intangibles nunca vistas, pero consideradas como reales.

Lo mismo que les pasaba a los jueces de Nuremberg, que no querían oír del demonio, le sucede a nuestra sociedad actual de principios del siglo XXI, inicios de nuevo tercer milenio, tan tecnificado, tan avanzado científicamente…. No quiere mucha gente oír hablar de "entidades inteligentes no humanas" a pesar de que en el caso de los jueces de Nuremberg, tenían sentadas en el banquillo de los acusados a las "victimas" manipuladas por esos entes que habían convertido a la sociedad Europea en un Infierno real, debido a las estrategias de estos mismos seres diabólicos, solo que en los tiempos actuales de principios del siglo XXI, les hemos cambiado el nombre, ahora les decimos Extraterrestres, Pero que a fin de cuentas son los mismos de siempre que nos manipulan. Esto corroboraría lo que ya iniciamos en capítulos anteriores a dejar entrever, "ellos" quienes quiera que estos sean y cual fuese su aspecto agradable ó no al ojo humano, y su nebulosa procedencia, muy posiblemente los hay "buenos" y "malos", otros simplemente nos ignoran y ¡no se meten en nuestras vidas! En el caso de Hitler, Ud. sacara su conclusión al respecto, aunque parece obvia la respuesta, pero que no solo afectó a Hitler, a Alemania, a Europa de ese tiempo, ¡marco a la humanidad entera para siempre!.

Edourd Calec dice:

Que uno de los muchos brujos que Hitler tuvo a su lado aseguraba que "Al Fuhrer le producía un gran placer cuando Krafft (no la mayonesa), así se apellidaba uno de sus brujos "asesores", le aseguraba y comentaba que había "leído" (?) en los cielos, que aterrorizar a las gentes por medio de las matanzas y la destrucción era un "entretenimiento" de los ¡dioses!

Aquí queridos lectores, seguro estoy que muchos de Uds. sobre todo los aficionados ó conocedores de temas digamos no convencionales, habrán leído ya ó escuchado que "ellos", los extraterrestres, se nutren de nuestras energías, ¡y si son producto de las masas mejor! Hay quienes aseguran que "ellos" promueven en gran parte las guerras para nutrirse de nuestras energías negativas ó simplemente para servirles de juego y diversión. Acaso nosotros los humanos ¿no hacemos lo mismo con animales, con otros humanos viéndoles pelear, gozando que se lastimen?

La matanza y destrucción es un entretenimiento para los dioses. Muchos pueblo prehispánicos solían ofrece los corazones de seres humanos en rituales para mantener "contentos" a los dioses.

Hitler solía decir de los dioses que estos eran malos y les gustaba la guerra.

Otro aspecto importante de la vida de Hitler que nos convence en nuestra teoría de su "dependencia" de estas entidades no humanas, es su "manía" por la sangre. La idea de la sangre obsesionaba a Hitler por ende, y en sus discursos, reglamentos, emblemas etc., con gran frecuencia, siguiendo las normas del mismísimo Fuhrer y de los "iluminados" que le rodeaban se hacía mención explícita de ella como por ejemplo: ¡Somos la SS que marcha por tierra roja, entonando un himno del demonio, que nos maldiga todo el mundo, ó que se bendiga nuestra sangre!

Así solían cantar los temibles y temidos jóvenes fanáticos del nazismo pertenecientes a las juventudes de la SS, cuya divisa distintiva era "sangre y honor".

Ribadeau-Dimas escribió:

El rito de la sangre, viejo como el mundo, fue inculcado por Hitler a la SS con singular misticismo. Los caballeros de la orden negra debían de saber realizar el sacrificio de la sangre, ritual atroz de las poblaciones primitivas por el cual la vida, exigía la muerte. Para Hitler tal ritual procedía de su magia negra y de sus invocaciones satánicas.

¡Esta manía por la sangre entronca casi perfectamente con lo que nos encontramos en casi todas las religiones, por no decir que en absolutamente en TODAS las religiones!

Son muy posiblemente las religiones su obra maestra, su instrumento manipulador perfecto sobre todo de algunas de esas entidades que son "negativas" al humano, esas entidades maléficas que se entrometen en la vida de nosotros los humanos.

En casi todas ellas, si excluimos solo al budismo, la Sangre juega un papel fundamentalmente importante. Lo vemos por ejemplo en el cristianismo sublimado a su máxima expresión en el centro de su "dogma" y de su liturgia: La sangre de Cristo, sangre verdadera, vertida por él en la cruz, es la que redime al género humano.

Los pseudo teólogos y pseudo conocedores de todo lo posible por conocer y que lo que no conocen... lo inventan para ser conocido, me refiero a los teólogos. Quizás se rían al escuchar sobre extraterrestres, sus naves etc., pero se le olvida pensar sobre el gran "mito" que han montado con la sangre de un pobre hombre crucificado por los Romanos hace ya mas de 2000 años según se dice.

He aquí otro claro ejemplo de la intromisión de estas inteligentes y malévolas criaturas en la marcha de la historia de la humanidad, como grandes directores de un teatro de títeres. A Hitler lo alzaron, ese pobre muñeco de trapo al que hicieron aullar como energúmeno y lo enloquecieron y junto con él a media humanidad poniéndonos a pelear hasta destrozarnos. Es muy fácil, muy conveniente, sobre todo que así deslindamos responsabilidades culpando solo a un solo ser humano, a ese mequetrefe llamado Adolfo Hitler. No nos damos cuenta de que millones de personas fueron manipuladas directa e indirectamente por Hitler como instrumento de fuerzas superiores.

¿Pero cuantos sujetos como Hitler han existido? ¿Cuantos de estos "perros rabiosos" con aspecto externo de humanos ha tenido que soportar la humanidad y tendrá que seguir soportando? Carlomagno, Atila, Napoleón, Gengis Khan, Fidel Castro. Augusto Pinochet, Sadam Hussein, Osama Bin Laden y otros dirigentes en países del mundo entero que Ud. etiquetara seguramente como criminales, algunos de no tanto renombre y hasta secundarios pero igualmente salvaje y bestiales como los que causaron la guerra en los Balcanes, en Colombia, en Nicaragua, en África, etc. ¿Acaso no se ha preguntado el por que siempre estamos en guerra los seres humanos?

En el pasado y por desgracia en el presente y podemos vislumbrar en el futuro. Caudillos megalómanos glorificados por historiadores patrioteros y la ignorancia y fanatismo del vulgo papanata, así es que siempre el peligro latente de otros Adolfos Hitlers ¡está presente en la humanidad!

Si Ud. amigo lector investiga objetivamente en la historia de su propio país, le aseguro que encontrará en su propia casa la versión de este lunático, algún alucinado que se sintió mejor que los demás, que impuso con la "razón" de la fuerza del fusil sus retorcidas ideas. Les aseguro que todas las comunidades humanas, tienen ó han tenido uno de esos entes émulos de Hitler que han lastimado, dañado a sus semejantes en mayor ó menor grado de lo que Hitler hizo. La humanidad no habría aprendido su lección si permite dejar crecer nuevamente a otro de estos mal nacidos. ¡Hay que aprender a reconocerlos y detenerlos de inmediato a cualquier costo!

Pero volvamos con otros ejemplos clásicos de la intromisión de "ellos" en la vida de los humanos:

Si a los cristianos clásicos se le "apareciese" en el aire **Santiago Matamoros**, dándoles ánimo, incitándolos con ardor al combate contra los Sarracenos, a estos a sus oponentes los Sarracenos, se les aparecía su protector, otro misterioso "jinete celeste" al que llamaban el *"profeta"*, tal y como sucedió en la batalla de los Álamos en el año 1195, el profeta (?) los animaba a pelear contra los cristianos. Aunque no le den crédito a esto, pueden consultarlo. Esto no es obra de ficción, casi cada evento que se le comente aquí, Ud. pueden recurrir a otras fuentes y corroborarlo.

¿Quiénes eran estos pseudo-lideres celestiales que animaban a sus fanatizados seguidores a pelear a muerte contra sus semejantes? Si Ud. es justo, y analiza objetivamente estos hechos históricos, caerá en la cuenta, que no podemos precisamente enmarcarlos dentro de esa categoría de seres espirituales que predican el amor y la concordia. ¿No lo cree así? ¿Entonces quienes eran?

Si estos seres malévolos que se divierten manipulándonos, poniéndonos en contra a unos de otros, poniendo al hombre en contra de su propio hermano. Y esto para desgracia del género humano, no solo ocurrió en el pasado, sigue ocurriendo en la actualidad, en el nuevo siglo XXI, las guerras fraticidas en muchísimos lugares del planeta, organizadas por el poder, el egoísmo, los intereses de algunos seres egoístas y egocéntricos, y aunque no "requerimos" ayuda externa para matarnos y abusar los unos de los otros, muy bien seria posible que esto fuese "auspiciado" bajo el patrocinio de "ellos" los seres invisibles al ojo humano, pero cuyas intervenciones en nuestras vidas son tan obvias que ya no se pueden ni deben negar.

Estos macabros y de mal gusto juegos de los "dioses", son las ayudas que estas misteriosas entidades de otros planos dimensiónales otorgan a sus "elegidos" para que siembren la discordia entre la humanidad. ¿Como es posible, con tantos adelantos científicos y tecnológicos con los que el ser humano bien pudiese vivir en armonía, con paz, con felicidad y concordia suficiente para todo el género humano, sin hambre, sin violencia etc. sigamos sin embargo rigiéndonos por ideologías inhumanas como el capitalismo, el neo-liberalismo, el socialismo, el comunismo y demás aberraciones ideológicas y político, económicas pseudo-justas.

¿Como es posible que tengamos que soportar a malos gobernantes ó a sus partidos que por décadas han oprimido a países, que los han empobrecido, que los mantienen en la ignorancia?... ¿Será acaso cierta aquella máxima que reza que el pueblo tiene el gobierno que merece? ¡Ud. decida!

Lo cierto es que abundan por doquier los malos dirigentes, grupos nefastos, gobiernos y lideres mezquinos y ladrones, pero poderosos que se apoyan en una inmensa maquinaria de lacayos parásitos que se nutren del pueblo mismo famélico y sin esperanza.

Responsables de que cada año mueran niños de hambre de desnutrición, que continué el analfabetismo, la miseria, la desperanza, casi que hasta con todo y que piensen que soy un exagerado y muy negativo, me atrevería a decir que potencialmente habita dentro de nuestros corazones un Hitler dispuesto a manipularnos, pero posiblemente un Mahatma ó un Buda ó un Jesús que también llevemos dentro lo impida. Esa lucha, esa dualidad, esa ambivalencia entre el bien y el mal, puede ser manipulada por "ellos" si nosotros lo permitimos.

Si en lugar de que algunos países se armasen hasta los dientes, gastando miles de millones de dólares, se invirtieran en fuentes de empleo, de escuelas, de hospitales... otra humanidad seria la que viviera con mas esperanza en el futuro.

181

¿Por que tanta violencia, tanta maldad, odio, dolor muerte y sangre, mucha sangre en la historia de la humanidad?

No será que como solía decir este ser abominable llamado Adolfo Hitler, los dioses son malos y les gusta la guerra?

Y si de los lideres políticos y militares nos damos una vueltecita para ver a los lideres religiosos, estos no son ni con mucho mejores a los anteriores.

Generalmente nos encontraremos con el mismo fenómeno, aunque arropado con "palabrerías" mística, apuntalados con imponentes tinglados doctrinarios pero con techo de cristal frágil.

Rama, Krishna, Buda, Confucio, Zoroastro, Mahoma, Jesús y demás "profetas" y lideres religiosos que apunto del pasado y por venir, solo fueron títeres ó marionetas de entidades suprahumanas que nos gobiernan, nos manipulan, nos dominan desde las sombras.

Todos los lideres ó fundadores de religiones conocidas "oyeron" voces (al igual que Hitler), voces que estos lideres religiosos pensaban que venían "directamente" de "dios", pero que en realidad eran voces de estos "dioses" entrometidos, malévolos, los espíritus de las "alturas". *Cada uno engañado con una "revelación" diferente, aunque todos a fin de cuentas convergen a lo mismo, ¡pedir sacrificios, dolor, sangre!*

Para muestra basta un botón. ¿Que piensan del máximo símbolo cristiano ejecutado en el ritual de la misa, la sangre de Jesús? ¿Que piensan de su crucifixión? Dirían los entendidos…resume las exigencias de los "dioses" sacrificio, dolor, sangre, muerte, exigencias de los dioses que siempre piden al humano ¡desde siempre!

Otro caso del dominio publico mundial que compartiré con Uds. para su análisis visto desde otra perspectiva no convencional, es el relativo a la doncella de Orleáns.

JUANA DE ARCO…LA DONCELLA DE ORLEÁNS

Este es otro clásico ejemplo histórico de la intromisión de este tipo de "entidades" en la marcha del genero humano.

Muchísimos profesionales reconocidos, han estudiado a fondo, investigado todos los pormenores de la vida, hazañas y caída de esta singular jovencita.

Lo que a estos "eruditos" se les ha olvidado por ignorancia ó dolo, es ver un poco mas allá de los hechos que de ella se relatan.

Es cierto que se quedan con el ojo casi cuadrado, pasmados, asombrados y agréguele Ud. mas calificativos …Pero no se explican como una jovencita de 17 años, analfabeta, nacida en un villorrio casi perdido de la Lorena y que lo único que había hecho hasta ese entonces era estar al cuidado de sus animales como una pastorcilla mas de ese tiempo para ayudar a sus padres en las labores del campo, pudo sin embargo realizar una hazaña tan increíble y en tan poco tiempo para liberar a su país.

Por supuesto que la mayoría de sus biógrafos, a los que habría que agregar, médicos, religiosos, psicólogos etc., es decir una pléyade del saber humano, han realizado un profundo estudio de su personalidad basados en abundantes documentos de los "procesos" a los que fue sometida esta joven por adivinen quien...¡exacto! La Santa Inquisición.

Creen que Juana de Arco tenia una *personalidad psicótica* y se fundamentaron para esta conclusión en que *ella decía "oír voces"constantemente,* que decía provenían de San Miguel, Santa Catalina, Santa Margarita además de sus espíritus protectores......¡órale! Vaya que tenia un equipo celestial de primera línea a su servicio. ¿No les parece?

Los historiadores creyentes, por el contrario, creen que en realidad estas voces si eran de San Miguel y sus santas protectoras y que el mismísimo dios era el que la enviaba y la guiaba para salvar a Francia. Es decir un bando decía que estaba "chiflada" por escuchar voces, otro bando decía que si era cierto esto de las voces.

Sea cual sea la interpretación del origen de sus voces y de sus visiones, lo cierto es que en el "proceso inquisitorio" que se le siguió...¡fue por hereje! ¡Aunque Ud. no lo crea! Los jueces y las autoridades estaban convencidos que la joven tenia poderes sobrenaturales y que solo mediante esta explicación era posible comprender las proezas que se le atribuían a esta joven campesina.

El problema principal que a ellos los "jueces" mas les interesaba era dilucidar si aquellos "poderes" de Juana, provenían de ¡dios ó del diablo!.

Lo curioso del asunto es que no estaba en tela de juicio el que si escuchaba ó no dichas voces, solo querían saber a quien pertenecían *al bien ó al mal (?).* Como podemos ver, se parte de la premisa de aceptar como un hecho tales voces.

Las envidias, celos, intrigas políticas concluyeron que esas "voces" eran provenientes ¡nada menos ni nada mas que del diablo! Sentenciaron así a Juana a la hoguera en la que pereció el día 30 de mayo de 1431.

Se estarán preguntando amigos lectores, en que me apoyo para atreverme a especular y posiblemente hasta concluir que Juana de Arco es un caso claro de la intervención de los "dioses" en la historia humana, las razones me parecen obvias y claras. Al igual que Hitler y los "contactados" ó *channelings* modernos, que también dicen escuchar "voces" de entidades que generalmente les dictan ciertas cuestiones a hacer (o que padecen alguna patología mental grave al escuchar voces internas que les dan órdenes).

Bueno haciendo una sinopsis de las posibles razones para concluir lo anterior sobre Juana de Arco iniciare:

En primer plano señalaré aunque sea solo de pasadita el gran paralelismo existente entre la vida de Juana de Arco y la vida de Jesús el Cristo.

- Ambos tenían como misión "redimir" y salvar al pueblo, ella a Francia, él ¡al mundo entero!

- Ambos estaban en constante contacto con...y fueron ayudados por... entidades suprahumanas para realizar su tarea que les había sido asignada.

- Ambos realizaron proezas asombrosas imposibles para un ser humano considerado como normal.

- Ambos estaban dotados de poderes suprahumanos.

- Ambos fueron traicionados, entregados, y muertos en el suplicio.

- Ambos fueron glorificados después de su muerte.

Como ya habíamos apuntado en líneas anteriores, este paralelo podría extenderse a muchos otros héroes fundadores de religiones.

Para los no muy versados en historia, estarán ya preguntándose que fue lo que hizo Juana de Arco, sus grandes hazañas ¿verdad?

Para darse entera cuenta de ellas, hay que conocer a fondo el lamentable estado en que se encontraba la Francia de entonces.

Pero como el objetivo de esta obra ya se habrán dado cuenta después de la segunda línea de lectura de esta libro no es la historia de Francia, seré muy breve al comentarles que por aquellas fechas Inglaterra dominaba a Francia en una gran parte de su territorio.

Muchos de sus nobles eran partidarios encubiertos del rey Inglés y otros habían pactado en secreto con él. Por si fuera poco, los que no estaban de parte del "enemigo" el rey de Inglaterra", simplemente se negaban a obedecer al rey de Francia acobardado en sus tímidos intentos de expulsar a los ingleses de su territorio, intervención que duraba ya casi cien años.

El rey Carlos VII, débil mental, casi imbécil, angustiado por tantos males superiores a sus fuerzas intelectuales y bélicas, se desentendía del gobierno y se refugiaba en las francachelas palaciegas que sus degenerados y prostituidos corruptos "consejeros" le organizaban con frecuencia.

Por todas partes del territorio Francés, reinaba el desánimo, la pobreza y la desesperanza, las fuerzas armadas, desorganizadas y desanimadas. Los nobles rivalizaban entre ellos mismos, cada uno con sus ejércitos privados peleando entre si, como fruto de este caos, la miseria, la pobreza del pueblo.

Agobiado por tantas calamidades y viéndose realmente impotente, lleno de deudas el propio rey había pensado en huir a Escocia ó a Castilla. La desesperación se apodero de este pelele que no podía controlar ni mejorar la situación de su reino. Esta era mas ó menos la situación, a groso modo explicado, de la Francia en la que le tocó vivir a Juana de Arco, aquella pobre adolescente campesina analfabeta que quería salvar a su país.

Si solo hubiese dicho que escuchaba voces, posiblemente nadie hubiese hecho caso, por que oír voces es una vieja enfermedad de la mente con la que médicos de todos los tiempos han estado familiarizados.

El asunto es que *Juana no solo "oía" voces, también decía "veía" cosas extrañas,* tal y como le sucede a muchos "iluminados' y "escogidos" fundadores de religiones. Tenia poderes y ante esto, las multitudes se le rendían.

Ante esto, muchos privilegiados se sentían celosos, humillados, por los hechos de una niña campesina, y conspiraron e intrigaron en su contra. Sin embargo sus hazañas eran patentes y la gente sin maldad se rendía ante el-las.

Debido precisamente a estas intrigas de las que el débil Carlos VII, estaba rodeado por todas partes, es que Juana de Arco tuvo que esperar varios días antes de poder ser recibida en audiencia por él.

Los nobles cortesanos no querían que él la viese por que presuponían la gran impresión que ella causaría en el idiota Rey fácilmente impresionable, de carácter muy débil y al fin pusilánime.

Cuando no pudieran ya impedirlo por mas tiempo, prepararon una "trampa" para desacreditarla ante la corte.

Organizaron una gran fiesta palaciega en medio de la cual Juana de Arco debería presentarse por primera vez ante el rey a quien no había visto nunca.

Este a modo de broma y convencido fácilmente por sus "asesores", fue aconsejado a insistencia de ellos a esconderse mezclándose entre la concurrencia y permitió que otro personaje designado, ocupase su lugar en el trono solo para la representación de esta farsa contra Juana de Arco.

Cuando Juana apareció, cuando la doncella se presento, toda la multitud presente en la fiesta, calló a unos por la gran admiración que hacia ella sentían, otros esperando el gran momento en que se hincaría ante el falso rey para celebrarlo con una sonora carcajada.

El silencio era tenso y solemne. Juana avanzó unos pasos y paro. Miro al trono e inmediatamente sus ojos se apartaron de él y se dirigieron al lugar exacto en que el rey estaba semi-escondido.

Avanzo entonces resueltamente hacia él, mientras la multitud cortesana le abría el paso en silencio. Se hinco ante él y cuando el rey se inclinó hacia ella para hacerla levantar, Juana aprovechó para decirle casi al oído cosas que le conmovieron visiblemente pues hacia tiempo que le atormentaban la conciencia.

Cuando Juana acabo de hablarle, el Rey había cambiado por completo de semblante. Su ánimo siempre deprimido y taciturno amén de indeciso, se había llenado de valor y determinación.

Había sentido que estaba frente a un ser extraordinario que no solo conocía sus mas secretos pensamientos, sino que además era capaz de ayudarlo en la difícil tarea de unir a los franceses y de expulsar a los invasores ingleses de sus dominios.

A partir de este momento comienzan una serie de hechos que no tiene explicación humana:

La organización de un ejercito que hasta entonces había permanecido divido por el gran odio que se profesaban sus diversos jefes, la serie de batallas y de triunfos sobre él ejercito Inglés mucho mas fuerte, numeroso y organizado y, sobre todo, el gran dominio que Juana logró tener sobre una soldadesca brutal, salvaje, anárquica que hasta entonces se había negado a combatir y obedecer a sus jefes.

Las "voces" le decían a Juana como tenia que distribuir los diversos batallones, donde tenían que ponerse las ballestas y las piezas de artillería, por que flanco tenían que atacar y cual era el lado débil del enemigo.

Cuando alguno de los generales iba ser herido, ella se lo anunciaba, al igual que dijo de la víspera de ser herida ella misma por primera vez: "mañana saldrá sangre de mi cuerpo".

En pleno combate, se ponía con el estandarte en la mano en el borde del foso en un lugar bien visible y desde allí rodeada de una nube de saetas y proyectiles disparados contra ella, arengaba a las tropas y daba órdenes. Sus "amigos del cielo la defendían".

En un año, a partir de su entrada en escena, es decir de Juana de Arco, el panorama político de Francia ¡cambio por completo! Los Ingleses estaban en retirada y el deseo de recobrar la independencia de la patria estaba vivo en todos los rincones de Francia.

Y todo esto logrado en apenas unos meses por una pobre muchachita campesina, simple e ignorante.

La segunda parte de su vida, es decir, su prisión, juicio y ejecución en la hoguera por las autoridades eclesiásticas es otra confirmación mas de que Juana era solo un instrumento mas de los "verdaderos" manipuladores de este mundo.

A pesar de toda la falta de lógica que se aprecia en su caída repentina tras una ascensión fulgurante, hay sin embargo un gran paralelo con lo que les ha sucedido a tantos "salvadores" empezando por el mismo Jesús el Cristo.

El abandono a última hora por parte de sus "guías"es una cosa muy frecuente entre los " escogidos". El porque de este abandono es algo que se nos escapa a los mortales, pero es algo que vemos repetidamente sobre todo entre los llamados "redentores" y fundadores de religiones que terminaron muriendo en la cruz, fusilados ó quemados (fusilados como en el caso del fundador de los mormones ó de los Bahaí y entre los místicos y "contactados" que acaban sus días enfermos ó locos y sin saber que pensar de todas sus experiencias al ver que la mayoría de las promesas que sus "protectores" les hicieron no se cumplieron).

Juana, debido a las envidias de los generales y de los nobles, fue traicionada y vendida por dinero a los Ingleses, un paralelo mas con cristo.

Durante su cautiverio fue golpeada y pretendieron violarla, no solo los soldados que la custodiaban sino varios generales y nobles,

Con una argolla de hierro a cuello, semidesnuda, hambrienta y aturdida, encerrada en una estrecha jaula, fue paseada en ciudad.

Durante todos esos meses de cautiverio, las "voces" seguían hablándole, le daban ánimos (?), para seguir aguantando las vejaciones y sufrimientos, para soportar los interrogatorios, los tormentos de los tribunales eclesiásticos.

Pero no la liberaron de sus penas, antes al contrario, la engañaron diciéndole que seria "liberada" en una ¡gran batalla que nunca tuvo lugar!

Aquellas "voces" que la habían "dirigido" hasta en los más mínimos detalles, que le habían advertido peligros que la acechaban en los momentos cruciales, no la previnieron de la celada que le habían tendido para hacerla prisionera.

Ingenua hasta el fin, no se quejó cuando se vio enjaulada y sujeta con grilletes de hierro, entregada como estaba totalmente en manos de sus "espíritus protectores".

Así pues amigos lectores, como podrán haber leído, este es un caso claro de la influencia de entidades extrañas no humanas, inteligentes y en este caso malévolas que intervinieron en la vida de algunos seres humanos a los que hacen blanco de sus caprichos, de sus conductas difíciles de entender por nosotros los seres humanos.

Quedan cordialmente invitados a leer mas sobre la doncella de Orleáns. Entre mas lean, menos entenderán como fue que una jovencita como ella, fue protagonista en la vida de toda una nación, a menos que con mente abierta acepte que fue "utilizada" por entidades superiores no humanas que desde las sombras del anonimato fueron sus guías.

SÓCRATES....... Brevemente comentaremos sobre otro caso sucedido a otro personaje conocido y reconocido mundialmente. Sócrates era otro "iluminado", fue también a ultima hora abandonado por su "Daimon" que tan fiel le había sido durante toda su vida.

He aquí sus palabras tal como las narra Platón en su apología de Sócrates:

Mi Daimon, el espíritu divino que me asiste, me permitía hasta hoy oírle muy frecuentemente, aún a propósito de cosas de muy poca importancia, en todo momento en que iba hacer algo que no me convenía. Sin embargo hoy, cuando me sucede, como veis, algo podrá considerarse, no solo no se a dejado oír al salir yo de mi casa, ni cuando estaba yo ante el tribunal, sino que ni tan siquiera para prevenirme cuando he tenido que hablar.

Sin embargo en otras ocasiones mucho menos graves, me ha obligado a callarme aun en contra de mis intenciones.

Hoy en cambio, ni un solo instante, mientras estaba ante el tribunal me ha impedido hacer ó decir lo que yo quisiese, ¿a que debo atribuir todo esto?.

Los sabios contemporáneos de principios de este siglo XXI, con supuestos conocimientos muy avanzados sobre el funcionamiento de la mente humana, realmente saben mucho menos de lo que presumen. Sin embargo no tienen empacho ó reparo en "tildar" de histérica a una pobre joven ignorante y analfabeta, Juana de Arco. Sin embargo no tienen las "gónadas", no se atreven a juzgar al inteligente de Sócrates con la misma vara ya que quedarían como imbeciles frente a la brillante capacidad de razonamiento de este Insigne representante del genio humano.

Pero lo curioso es que a Sócrates le sucedía "exactamente lo mismo" que a la pobre Juana de Arco que terminó "asada" en la hoguera. ¿Prejuicios?, ¿Machismo?, ¿Discriminación?, ¿Ignorancia? ¡Todo lo anterior y más posiblemente!

Siguiendo una pauta de comportamiento de esas extrañas entidades extrahumanas, las "voces" la animaban a que siguiera "sufriendo". Hablo de Juana de Arco, y esto se repite con Jesús.

Sufre con paciencia, no te inquietes por tu martirio (?) solía escuchar Juana. Sufrir es progresar, es elevarse (?) y la pobre chica fue abandonada por todos. Fue a pie firme rumbo a la pira de leña verde que conformo la hoguera que la mato hasta calcinarla entre gritos frenéticos de la chusma que antes la aclamaba por sus victorias en las batallas… ¿Les recuerda esto a alguien mas? Algo si bien no igual si ¿muy semejante?

Aun antes de morir y con ya muy pocas fuerzas que le quedaban, grito a obispos, frailes y demás hipócrita y manipuladora chusma eclesiástica acompañada del vulgo enardecido y vociferante… ¡Lo único que he hecho... fue obedecer a dios!

Pobre muchachita, una víctima mas de los juegos maquiavélicos de los "espíritus de las alturas" de "ellos".

Juana de Arco es algo así como el símbolo personalizado de la humanidad entera que por siglos ha seguido "ciegamente" las voces divinas que les llegan a "carretadas" por intermedio de sus iluminados contactados por estas entidades superiores, para luego fundar religiones para todos los gustos, colores y sabores, de esas que se hacen al vapor, que crecen como hongos, a cual mas de manipuladora y falsa.

A fin de cuentas en los inicios del nuevo siglo en que vivimos, hemos sido defraudados, no nos han permitido evolucionar con libertad, nos enfrentan unos con otros por la gran diversidad de creencias en las que todo el mundo se siente el poseedor de la verdad única.

Aunque Juana de Arco fue reivindicada después de haber sido "asada" en vida en la hoguera, esto fue realmente un ajusticiamiento sin sentido, un salvaje asesinato tramado por la Iglesia y su represora forma de pensar desde siempre.

La farsa representada por la Iglesia que reivindicaba a su victima, es solo una forma de expiación hipócrita de esta institución dirigida por hombres muy falibles que en nombre de dios..su dios, han cometido infamias al por mayor desde siempre y hasta nuestros días.

Los "dioses" ellos, solo se reirán de lo que nos obligan a hacer, algo así supongo como cuando obligamos a dos gallos de pelea a matarse poniéndoles uno al frente del otro. Su naturaleza, su instinto esta siempre dispuesto a lastimar al adversario, pero quienes realmente disfrutan de esta pelea, son los organizadores del enfrentamiento que se recrean y hacen apuestas, que gozan de la muerte, la sangre, la agresión, y así podemos hacer mas analogías con peleas de perros, corridas de toros, con peleas de humanos etc.

Así que la próxima ocasión que alguien común y corriente, algún conocido le comente que "escucha" voces, antes de creer que es un orate, que padece alguna patología mental, recomiéndele un profesional de la medicina especial-izado en enfermedades de la mente, pero lo ultimo que le recomiendo es que se ría ó minimice su problema. Y si aun le queda en su cerebro una neurona que no se deje convencer con los rollos rígidos y aun en vías de conocerse plenamente, falibles por la naturaleza de sus practicantes. Bueno si esa neurona le permite tener una porción de su mente "abierta" a lo no tradicional, no convencional, sea indulgente y vea por lo menos como una "posibilidad" que lo ocurrido a Hitler, a Juana de Arco, a Sócrates y muchas personas mas que no se han atrevido a hablar sobre este tipo de fenómenos por la represión social, cultural, familiar, religiosa etc. bien pudiesen ser ciertos, y merecen su estudio serio, su investigación no solo la burla y el escarnio como generalmente se hace.

Hoy en día posiblemente los modernos contactados sean unas victimas mas de "ellos", pero nadie les cree, por eso no se atreven a hablar de sus ex-periencias. Pero a estas personas les recomiendo buscar a otros que no sean tan cerrados de "mollera". Existen muchas personas que estarán dispuestos a escucharles respetuosamente y a ayudarles; no están solos, habemos perso-nas que creemos mas allá de lo que la ciencia formal es capaz de permitirse pensar.

Les recuerdo que todo lo que ha leído en este capitulo no debe Ud. de creerlo solo por que aquí lo leyó, pero respetuosamente también le invito a no desecharlo gratuitamente. Como continuamente le solicito... investigue, estudie, no compre cualquier cosa que le vendan en el gigantesco mercado ideológico. Sea Ud. su mejor aliado en la búsqueda de la verdad.

Capitulo VI

OVNIS EN LA ANTIGÜEDAD

S inopsis investigativa de múltiples casos.
La historia de los avistamientos de objetos volantes no identificados y de la variada fenomenología que los acompaña puede dividirse en dos grandes etapas:

-*una* que engloba los avistamientos habidos desde épocas prehistóricas hasta nuestro siglo XXI

-*y otra* que recoge los avistamientos contabilizados en la época tecnológica, desde aquellos nueve discos volantes que avistara Kenneth Arnold el 24 de junio de 1947 junto al monte Rainier, en Washington, hasta hoy, casi cumplido el cuarto año del siglo XXI del tercer milenio. En el capítulo que sigue voy a resumir la fenomenología de la primera de estas dos etapas. Aquella en que ninguno de los objetos avistados podía proceder de la humanidad terrestre conocida. El crédito de tan magistral trabajo se lo asignó a **Andreas Faber K.**, increíble buscador de la verdad y docto en ciencias y cultura como poco seres humanos contemporáneos.

SIEMPRE HAN ESTADO

Desde los albores de la humanidad como tal, el hombre acepta como lógica la existencia de fuerzas inteligentes, de seres supuestamente no humanos — dioses, ángeles, demonios y un sinfín de intermediarios que intervienen directamente en el curso de nuestra vida sobre este planeta.

Los textos y legados que en el curso de los tiempos han ido reflejando el acontecer de la historia de la humanidad están salpicados de testimonios que ilustran la presencia permanente de objetos volantes que evolucionan de forma inteligente a baja altura sobre la superficie terrestre. La lista de tales avistamientos en todo el mundo y en todas las épocas prueba que la actuación y la intervención de una o de varias inteligencias distintas de la nuestra forman parte integrante y continuada de la historia de la humanidad.

Si prestamos oídos al bioquímico inglés **Francis Crick** - Premio Nóbel en 1962 por haber descubierto la estructura del DNA, habríamos sido creados por una supercivilización del espacio que en una época remota infectó al planeta Tierra con un microorganismo destinado a desarrollarse en el tiempo hasta llegar a ser lo que hoy somos los seres humanos.

Otros científicos secundan este supuesto, como por ejemplo **Vsevolod Troitsky**, de la Academia de Ciencias de la URSS, para quien la Tierra es un campo de experimentación de nuevas formas de vida, controlado por seres superiores y desconocidos para nosotros.

Los más antiguos legados de la humanidad parecen refrendar estos supuestos. Aportaré solamente dos ejemplos.

En el Popol Vuh, el Libro del Consejo de los indios mayas quichés, de la gran familia maya, se dice: «*Y los Maestros Gigantes hablaron, así como los Dominadores, los Poderosos del Cielo: Es tiempo de concentrarse de nuevo sobre los signos de nuestro hombre construido, de nuestro hombre formado, como nuestro sostén, nuestro nutridor, nuestro invocador, nuestro conmemorador. Haced pues que seamos invocados, que seamos adorados, que seamos conmemorados, por el hombre construido, el hombre formado, el hombre maniquí, el hombre moldeado.*»

Algo similar recoge la Epopeya de la Creación, cuando pone en boca del dios creador y solar babilonio Marduk las siguientes palabras: «*Produciré un sumiso Primitivo; "Hombre" será su nombre. Crearé un Obrero Primitivo. En él recaerá el servicio de los dioses, para que ellos puedan descansar tranquilos.*»

Sigamos pues la pista histórica de la presencia de estos supuestos dioses en realidad, nada más que seres inteligentes tecnológicamente superiores a nosotros en la atmósfera terrestre.

LOS TESTIMONIOS MAS ANTIGUOS

El volumen II de la *Introducción a la Ciencia Espacial*, publicado por la **Academia de la Fuerza Aérea** de los Estados Unidos, incluye un capítulo de estudio de los OVNIs. Se afirma allí literalmente que «*los OVNIs son objetos materiales que están, o bién pilotados, o controlados por control remoto por seres que son de fuera de este planeta*». Y también se afirma que «*las visiones OVNI parecen extenderse a lo largo ya de muchos siglos*»

El testimonio acaso más antiguo que relaciona a los supuestos dioses con los objetos volantes no identificados sea el que transmiten los aborígenes de los montes Kimberley en el noroeste de Australia. Cuentan que en tiempos remotos sus dioses trazaron sobre las rocas unos dibujos antropomorfos de notable tamaño, los Wandjinas, con rostros carentes de boca y rodeadas sus cabezas por uno o dos semicírculos en forma de herradura, con finas líneas que irradia el círculo exterior. Después de ello y de instruir a los nativos, los wandjinas o dioses se transformaron en serpientes míticas y se refugiaron en lagos cercanos. Cuentan los nativos que de vez en cuando se les puede ver de noche en forma de *luces que se mueven a gran altura.*

A gran altura debió moverse también un desconocido aparato volador, inteligentemente guiado, hace ahora unos 11.000 años. Así se desprende de los datos recogidos en los *mapas de Piri Reis,* que se conservan en el museo Topkapi de Estanbúl. Fueron trazados en 1513 por el almirante de las flotas turcas Piri Reis, y muestran fielmente los accidentes geográficos de las costas americanas, incluyendo los de la Antártida. Con la notable peculiaridad de que en ellos el extremo Sur de la Tierra de Fuego enlaza por medio de la estrecha lengua de tierra con la Antártida, allí en donde hoy en día las aguas del estrecho de Drake enlazan entre sí a los océanos Atlántico y Pacífico. Cotejados los mapas con las fotografías infrarrojas aéreas que reflejaban el perfil submarino, se llegó a la conclusión de que realmente había existido este puente de tierra entre el continente sudamericano y la Antártida a finales de la última glaciación; o sea, hace ahora unos 11.000 años. Piri Reis había reseñado en sus mapas con asombrosa exactitud costas, islas, bahías y montañas que en parte hoy ya no son visibles, sino que están cubiertas por una considerable capa de hielo. El propio almirante Piri Reis indicó en los textos explicativos de sus mapas, que para su confección se había servido de otros mapas anteriores, entre ellos uno requisado a un marino que había formado parte de las tripulaciones de Cristóbal Colón, y que fue capturado en aguas peninsulares ibéricas. Debemos concluir que alguien trazó con perfección la orografía terrestre de aquella zona del globo hace 11.000 años. ¿Quién fue? El cartógrafo americano Arlington H. Mallery afirmó hoy día que *no podemos imaginarnos como se trazó un mapa tan preciso sin el concurso de la aviación o la tecnología satelital.*

ARTILUGIOS VOLANTES EN LA ANTIGUA INDIA

Vimos anteriormente como en su libro sagrado *Popol Vuh,* los indios quichés de la gran familia maya decían de nuestros creadores que éstos eran unos constructores. Damos ahora un salto en la geografía y nos vamos a la India, en donde podemos leer en la gran epopeya sánscrita del *Mahabharata* que precisamente Maia, el constructor, el ingeniero y arquitecto de los asuras, diseñó y construyó un gran habitáculo de metal, que fue trasladado al cielo. Era solamente uno de muchos habitáculos similares. Cada una de las divinidades Indra, Yama, Varuna, Kuvera y Brahma, disponía de uno de estos aparatos metálicos y voladores.

El gran sabio de la antigua tradición, Narada, explica que la ciudad volante de Indra se hallaba ininterrumpidamente en el espacio. Estaba rodeada de una pared blanca, que producía destellos de luz cuando el vehículo se desplazaba por el firmamento.

Otros aparatos automáticos se desplazaban libremente bajo agua y en las profundidades de los océanos de una forma similar a los modernos submarinos. El texto sánscrito del *Mahabharata* se refiere normalmente a los aparatos volantes con el nombre de *«vimanas»*.

Pero habla también de grandes ciudades —colonias— espaciales, de grandes ciudades submarinas, y de ciudades subterráneas.

Arjuna, una de la divinidades, disponía de un indestructible vehículo volador anfibio, pilotado por su ayudante Matali.

Todas estas construcciones y aparatos voladores, submarinos y subterráneos, están descritos en la epopeya del *Mahabharata* con gran lujo de detalles, con detalle de sus medidas y descripción de sus características.

También Valmiki, el autor de la otra gran epopeya hindú, el *Ramayana*, nos habla con absoluta naturalidad de los vehículos que, a voluntad de su piloto, volaban libremente por el aire. También eran metálicos y brillaban en el cielo.

OBJETOS VOLANTES INTELIGENTEMENTE GUIADOS, EN LOS TEXTOS BIBLICOS

Leemos en los textos bíblicos cómo el profeta Ezequiel nos narra su encuentro con un vehículo volante, que se le acercó junto al río Quebar, en la inmediaciones de Babilonia, que incluso vio a uno de sus tripulantes, el cual le habló a él personalmente.

Esta visión que Ezequiel tuvo, y que está descrita con lujo de detalles en los textos bíblicos, fue detenidamente analizada por el ingeniero de la agencia espacial norteamericana, la NASA, Josef Blumrich, quién concluyó que lo que vio el profeta fue efectivamente y sin ningún género de dudas una nave volante. Tanto es así, que dicho ingeniero, director de la Oficina de Construcción de Proyectos de la NASA, rediseñó el aparato descrito por Ezequiel y patentó algunos de sus elementos.

También en la *Biblia*, la destrucción de las ciudades de Sodoma y Gomorra refleja con precisión los efectos de una explosión atómica, anunciada a Lot por dos emisarios que bajan de las alturas y comen alimentos en casa de su anfitrión.

Finalmente, en muchos pasajes de los textos bíblicos, comenzando por el libro del *Exodo,* se describen con detalle "nubes" inteligentemente guiadas. En el caso del libro citado, una de estas nubes luminosa de noche y en forma de columna de humo de día, guía al pueblo de Israel en su huída de Egipto. Esta nube indica el camino a seguir, proporciona alimento, e incluso desciende hasta el suelo para que sus tripulantes (en este caso el mismo Yahveh) pueda dar órdenes verbales al caudillo de los hijos de Israel, Moisés.

EL OVNI DE BELEN

La estrella de Belén, cuya aparición está tan íntimamente ligada al fenómeno Jesús, es como se puede repasar en los Evangelios, una «*estrella*» que se mueve y que, además, tiene la facultad de detenerse. No es extraño que una estrella esté aparentemente «parada» en el firmamento, como parece que lo están todas las que vemos normalmente, ni tampoco que una estrella se mueva, como es el caso de las estrellas fugaces o de los cometas. Lo que sí se sale realmente de lo usual es que haga ambas cosas: moverse y pararse. Y que, además, demuestre ser inteligente: «*Salieron, y la estrella que habían visto en Oriente*» podemos leer en los Evangelios «*iba delante de ellos hasta que se detuvo encima de donde se hallaba el niño.*»

Se le ha querido dar una explicación astronómica a este fenómeno de la llamada estrella de Belén, aduciendo que se habría tratado de la tercera conjunción por aquellas fechas de los planetas Júpiter y Saturno. En dicha conjunción los citados planetas se juntaron ópticamente en dirección Sur de tal manera que los magos de Oriente, en la ruta que seguían de Jerusalén a Belén, siempre tenían a estos dos planetas que formaban una sola estrella, delante de ellos. La estrella iba efectivamente, como dicen los Evangelios, precediéndoles.

Hasta aquí, todo correcto. Pero si hubieran caminado siempre en la dirección que les indicaba esta conjunción de Júpiter y Saturno y dado que se trataba de un fenómeno extra atmosférico que por lo tanto, por mucho que avanzasen los magos, siempre habría estado situado por delante de ellos a donde habrían llegado es a las aguas litorales del mar Rojo.

Pero no: se detienen a 7 km escasos de Jerusalén. ¿Por qué? Porque no iban en pos de la conjunción Júpiter-Saturno, sino de un objeto brillante que finalmente se detuvo a baja altura encima del lugar encima del lugar en el que se hallaba el niño: Jesús. Un objeto volador que se movía inteligentemente dentro de nuestra atmósfera.

LOS HIJOS DEL CIELO

Los antiguos habitantes de China se autodenominaban «*hijos del cielo*». Y su literatura clásica proporciona una abundante selección de observaciones de objetos volantes desconocidos, con especificación muy concreta del momento histórico en que apareció cada uno de ellos.

Una de las referencias más antiguas que podemos hallar figura en la obra *Ciencia Natural*, que en el capítulo X reza: «*Bajo el reinado de Xi Ji*» —hace aproximadamente 4.000 años— «*fueron vistos dos soles en la ribera del río Feichang, uno de los cuales subía por el este, mientras que el otro bajaba por el Oeste. Ambos producían un ruido como el trueno.*»

En época mucho más reciente, el escritor Wang Jia, que vivió bajo la dinastía de los Tshin, relata en su libro *Reencuentro* una historia acaecida en el siglo IV antes de JC: «*Durante los 30 años del reinado del emperador Yao, una inmensa nave flotaba por encima de las olas del mar del Oeste. Sobre esta nave, una potente luz se encendía de noche y se apagaba de día. Una vez cada 12 años, la nave daba una vuelta por el espacio. Por esto se la denominaba* Nave de Luna *o* Nave de las Estrellas». En su obra *Observaciones del Cielo*, otro historiador, que vivió entre los años 960 y 1279 nos da una imagen todavía más clara de esta nave del cielo, afirmando de ella: «*Había una gran nave voladora expuesta en el palacio de la Virtud bajo la dinastía de los Tang. Medía más de 50 pies de largo, y resonaba como el hierro y el cobre, resistiendo perfectamente a la corrosión; se elevaba en el cielo para retornar después, y así continuamente.*»

Por su parte, el historiador Zhang Zuo, autor de la *Historia del Poder y de la Oposición*, escribe también que «*el 29 de mayo del año 2 bajo el reinado del emperador Kai Yuan, durante la noche, apareció una gran estrella móvil, del tamaño de una cuba, que volaba en el cielo del Norte, acompañada de otras estrellas más pequeñas; esto duró hasta el amanecer*».

Otro texto, el *Nuevo Libro de los Tang*, reza en su capítulo XXII, dedicado a la Astronomía: «*El año 2 bajo el reinado del emperador Quian-fu, dos estrellas, una roja y la otra blanca, que medían como dos veces la cabeza de un hombre, se dirigieron una junto a la otra al Sudeste. Una vez paradas en el suelo, aumentaron lentamente de tamaño y lanzaron luces violentas. Al año siguiente, una estrella móvil brilló de día como una gran antorcha. Tenía el tamaño de una cabeza, habiendo llegado del Nordeste, sobrevoló dulcemente la región, para desaparecer finalmente en dirección Noroeste.*»

En otro pasaje de este mismo libro podemos leer: «*En marzo del año 2, bajo el reinado del emperador Tian Yu, cierta noche una gran estrella surgió de la bóveda del cielo. Era cinco veces más grande que un celemí y volaba en dirección del Noroeste. Descendió hasta treinta metros del suelo. Su parte superior lanzó luces de fuego de color rojo anaranjado. Sus luces llegaban a más de cinco metros. Se desplazaba como una serpiente, rodeada de numerosas estrellas pequeñas que desaparecieron en un abrir y cerrar de ojos. Se vio una especie de vapor que subía muy alto hacia el cielo.*»

Esta es solamente una brevísima selección de cuanto puede leerse en los textos clásicos chinos acerca de los OVNIs.

TRAFICO AEREO EN LA LITERATURA CLASICA DE LA CUENCA MEDITERRANEA

Autores como **Plinio el Viejo, Plutarco, Dio Cassio, Séneca, Cicerón** o **Julio Obsequens** fueron en mayor o menor grado conscientes de que los dioses estaban guiando a los hombres sobre la Tierra. Sin ir más lejos, en el libro octavo de la Eneida, **Virgilio** habla de «*ruedas que transportaban rápidamente a los dioses*».

En el *Prodigiorum Liber* (el Libro de los Prodigios), el historiador Julio Obsequens recoge textos originales de Cicerón, Tito Livio, Séneca y otros. Podemos leer allí:

«*Siendo cónsules Cayo Mario y Lucio Valerio, se pudieron ver en diversos lugares de Tarquinia un objeto que semejaba una antorcha encendida que súbitamente cayó del cielo. Hacia el anochecer se vió un objeto volador circular, parecido en su forma a un "clypeus" (el escudo redondo empleado por los legionarios romanos) llameante, que cruzaba el cielo del Oeste hacia el Este.*»

También podemos leer allí que «*en el territorio de Spoleto, en la Umbría, una esfera de fuego, de color dorado, cayó a tierra dando vueltas. después parecía que aumentase de tamaño, se elevó del suelo, y ascendió hacia el cielo, en donde oscureció al disco del Sol con su claridad cegadora. Después desapareció en dirección al cuadrante Este del cielo.*»

Tito Livio también informa por su parte: «*Naves fantasma han sido vistas brillando en el cielo...Mientras que en el distrito de Amiterno aparecieron en muchos lugares hombres con vestidos destellantes, de lejos y sin acercarse a nadie.*»

Son solamente unos botones de muestra de la abundante literatura clásica que refiere este tipo de avistamientos.

INTERVIENEN EN EL CURSO DE NUESTRA HISTORIA

Hay momentos concretos a lo largo de la historia de la Humanidad, en que figuras u objetos que descienden del cielo, intervienen en los asuntos de los hombres, e incluso llegan a decidir nuestras disputas en uno u otro sentido. En algunas ocasiones, la ayuda ha sido favorable al signo de la Cruz, si bien el motivo de este favoritismo se nos escapa. Así aconteció en las luchas de los cristianos contra los moros, y también durante la conquista de América en las luchas contra los indios.

LA GLORIA DE DIOS

Una ocasión importante en que manifestaciones concretas del cielo ayudaron a los cristianos. Se dio en plena campaña exterminadora de Carlomagno contra los paganos sajones. Así lo explica claramente el monje **Lorenzo**, en sus *Annales Laurissenses*. Explica en esta obra histórica cómo los sajones se habían rebelado contra las tropas de los francos, y avanzaban hacia el castillo de Sigisburg para conquistarlo. La oposición de los francos fue dura, motivo por el cual los sajones no pudieron culminar su gesta. Y leemos literalmente en la obra citada: «*Entonces, cuando los sajones advirtieron que las cosas no iban a su favor, comenzaron a construir andamios desde los cuales pudiesen saltar valientemente al castillo mismo. Pero Dios es tan bueno como justo. Superó su valor, y el mismo día en que prepararon el asalto contra los cristianos que vivían dentro del castillo, la gloria de Dios apareció en manifestación encima de la iglesia en el interior del castillo. Los que lo observaron, muchos de los cuales aún viven hoy en día, dijeron que tenían el aspecto de dos grandes escudos de color rojo llameante, y que se movían por encima de la iglesia. Y cuando los paganos que estaban afuera vieron este signo, cayeron seguidamente en la confusión y quedaron aterrorizados por el pánico, huyendo precipitadamente.*»

Como consecuencia de la intervención de este poder aéreo, los sajones se rindieron y decidieron en juramento solemne su conversión al cristianismo. Por lo tanto, acatar las leyes de Carlomagno.

AMERICA: REESTRENO DEL DRAMA DE MOISES

De Europa nos vamos a tierras norteamericanas. Porque si Yahvé hizo caminar a Moisés con sus seguidores por el desierto durante cuarenta años, el dios de los aztecas obligó a éstos a una caminata de casi 3.000 km, antes de que hallasen en una pequeña isla en medio del lago Texcoco, al águila de su profecía devorando a una serpiente. Era el símbolo que les indicaba que aquella era su tierra de promisión.

Los paralelismos entre el éxodo del pueblo de Israel y el éxodo del pueblo azteca comienzan con la personalidad misma de los dos protagonistas, Yahvé y Huitzilopochtli. Ambos querían ser considerados como protectores e incluso como padres, pero eran tremendamente exigentes, implacables en sus frecuentes castigos y muy irritables. Ambos les indicaron a sus pueblos elegidos que abandonasen la tierra que habitaban. Ambos acompañaron personalmente a sus protegidos a lo largo de todo el peregrinaje. Yahvé lo hizo como ya vimos en forma de una curiosa nube o columna de fuego y de humo que les procuraba luz de noche y sombra de día, o les señalaba el camino que debían tomar. Huitzilopochtli, a su vez, acompañaba a los aztecas en forma de un gran pájaro. La tradición afirma que fue un águila o una grulla blanca, que les iba indicando la dirección en la cual debían caminar desde las tierras de Arizona y de Utah hasta el emplazamiento de la actual capital de México.

Pero lo más curioso es que los dos pueblos israelitas y aztecas transportaban una especie de caja sagrada que para ellos tenía una gran importancia y que servía para comunicarse directamente con la divinidad. *Los israelitas llevaban la famosa Arca de la Alianza, y los aztecas llevaban un cofre,* tal y como nos lo cuenta fray Diego Durán, historiador contemporáneo de la conquista: «*Cuando llegaban a un lugar para quedarse en él durante algún tiempo, lo primero que hacían era construir un templo que servía para alojar el cofre en que llevaban a su dios.*»

LOS ESCUDOS VOLANTES DE LOS INDIOS HOPI

Si Carlomagno fue ayudado por unos escudos volantes y los aztecas -procedentes de Arizona-contaron con el apoyo de una inteligencia que dominaba el vuelo, ambas circunstancias se repiten en la historia de los indios hopi -establecidos en la actual Arizona-. Según explica su jefe White Bear, contaban sus antepasados que sus abuelos habitaban unas tierras situadas al Oeste, o sea en algún punto del océano Pacífico. Al hundirse estas tierras, unos seres descendidos de las alturas -los katchinas- les ayudaron a trasladarse al continente americano, en parte sirviéndose de escudos volantes. Estos seres sabían además, tallar grandes bloques de piedra, dominaban el transporte aéreo de estos bloques, y eran diestros en la construcción de instalaciones subterráneas. Algo muy parecido a lo que nos narran según vimos los antiguos textos sánscritos.

OVNIS DURANTE LA CONQUISTA DE AMÉRICA

Alguna inteligencia seguía sobrevolando a los humanos en tierras americanas siglos más tarde. Así, **Bernal Díaz del Castillo**, cronista de *Hernán Cortés*, escribe en su *Historia verdadera de la conquista de la Nueva España*: «*Dijeron los indios mexicanos que vieron una señal en el cielo que era como verde y colorada y redonda como rueda de carreta y que junto a la señal venía otra raya y camino de hacia donde sale el Sol y se venía a juntar con la raya colorada*». Y, un poco más adelante: «*Lo que yo vi y todos cuantos quisieron ver, en el año 27*» —1527— «*estaba una señal del cielo de noche a manera de espada larga, como entre la provincia de Pánuco y la ciudad de Tezcuco, y no se mudaba del cielo, a una parte ni a otra, en más de veinte días.*»

Son, una vez más, solamente dos pinceladas de los mucho objetos volantes no identificados que —en este caso— refieren las crónicas de la conquista de América.

¿VIENEN DE SIRIO?

Cuentan **los dogones**, que habitan en las tierras de la actual república africana de Mali, que desde siempre, el elemento para ellos más importante del firmamento es una estrella pequeña que gira alrededor de la gran estrella Sirio, el brillante astro que luce en la constelación del Can Mayor. Por los estudios realizados de sus tradiciones, podemos afirmar que poseen este conocimiento por lo menos desde el siglo XII. Cuando en cambio la moderna astronomía no descubrió Sirio B que orbita alrededor de Sirio A y es invisible al simple ojo humano hasta mediados de siglo pasado. Los dogones conocían por lo menos siete siglos antes la existencia de Sirio B, siendo conscientes además de que es invisible. Pero, además, el dibujo ritual que ellos trazan para mostrar la órbita en que Sirio B gira alrededor de Sirio A, es absolutamente idéntico al dibujo que ofrece el moderno diagrama astronómico de la órbita de Sirio B alrededor de Sirio A. Los dogones saben además, que Sirio B es un cuerpo extraordinariamente pequeño. Y también aquí la astronomía oficial confirma que Sirio B es una «*enana blanca*», una estrella pequeña. También dicen los dogones que Sirio B es la estrella más pesada que existe. Y una vez más la ciencia confirma: Sirio B a la que ellos llaman Po Tolo es, en cuanto enana blanca, una estrella extraordinariamente densa, o sea, extraordinariamente pesada. Pero, además, y de acuerdo con la mitología de los dogones, Po Tolo da una vuelta alrededor de Sirio A cada cincuenta años. Y confirma también aquí, la moderna astronomía que Sirio B da una vuelta alrededor de Sirio A exactamente cada cincuenta años. Más asombroso aún: durante sus festividades rituales, los dogones rinden honores al hecho de que Po Tolo gire sobre sí mismo. ¿De donde podían saber, no los dogones, sino nadie desde hace ocho siglos que las estrellas giran sobre su propio eje?

Cuando se les plantea a ellos esta pregunta, afirman que un día llegaron unos seres procedentes del sistema de Sirio, con la finalidad de instaurar la sociedad en la Tierra. De ellos proceden sus conocimientos. Estos seres desconocidos a los que ellos llaman «*nommos*» descendieron a la Tierra en un arca que, antes de aterrizar, giraba o volteaba en el aire. El aterrizaje aconteció en el Nordeste del país de los dogones y produjo un ruido importante al descender el arca. Los dogones describen el aterrizaje de forma muy gráfica: «*El arca se posó en la tierra seca del Zorro y desplazó polvo, levantado por el remolino que causó. La violencia del impacto dejó el suelo rugoso. El arca era como una llama que se apagó al tocar la tierra.*» Era roja como el fuego y se volvió blanca cuando aterrizó.

Y MUCHO MAS...

La brevedad de una sinopsis no da para más. En el tintero se han quedado centenares de casos OVNI en la Antigüedad, en la Edad Media y en tiempos más recientes, hasta llegar a aquéllos que cité al principio, vistos por Kenneth Arnold en 1947. Para enumerar solamente a algunos de los más importantes, recordar los Objetos Volantes No Identificados vistos por Tutmosis III el Grande, por Alejandro Magno y por Timoleón (ambos en el s. IV a.JC), por Cayo Julio César y por Pompeyo (s. I a JC), y por Constantino el Grande (s. III). También la espada volante vista sobre Jerusalén en el s. I y citada por Flavio Josefo.

Ni hay que olvidar el cuadro *La Madonna e san Jiovannino* de la escuela de Filippo Lippi (s. XV), en que junto a la Virgen aparece en el cielo un OVNI, ni el OVNI citado en los anales de la Inquisición, y que transportó al Dr. Torralba en viaje de ida y vuelta de Valladolid a Roma en 1527. Deben recordarse igualmente los fenómenos OVNI citados por Pedro de Valdivia y por el cronista Pedro Cieza de León (s. XVI), y por Fray Junípero Serra (s. XVIII).

No deben omitirse los cilindros volantes vistos sobre Nuremberg en el s. XVI, la viga aérea vista por Benvenuto Cellini, los globos ígneos que sobrevolaron Basilea también en el s. XVI, la columna brillante que se presentó la víspera de la batalla de Lepanto, una vez más en el s. XVI, los OVNIs que evolucionaron sobre Cataluña en 1604, recogidos en el Diari de Jeroni Pujades, iguales portentos volantes vistos sobre el mediodía de Francia en 1621, la hostia volante que sobrevoló Braga en 1640, la bola volante que sobrevoló

Robozero, en Rusia, en 1663, y finalmente los 446 OVNIs reportados por el director del observatorio mexicano de Zacatecas, en 1883.

En absoluto puede afirmarse -a la vista de este repertorio- que los OVNIs son una invención o un fenómeno característico de nuestro siglo XXI son una realidad que exige ser tomada en serio y ser investigada por gente con cerebro y mente abierta.

Para los que ignoran ó simplemente desdeñan el fenómeno ovni, les sugiero que lo piensen dos veces antes de simplemente desecharlo. ¿Es que acaso gentes de todos los tiempos, de todas las naciones, de todas las condiciones socioeconómicas y culturales se pusieron de acuerdo para mentir?

¿Acaso todas estaban locas? ¿Acaso todas se equivocaron? Lo cierto es que nada hay mas difícil de abrir que una mente cerrada. Pero como siempre, si después de esta sinopsis creada exprofeso para Ud. que solo quiere hechos y no desea tomarse el tiempo de investigar, creemos que resultará bastante atractiva esta reseña histórica. Aunque ya algunas de estas cosas estaban apuntadas en capítulos anteriores, hemos querido hacer esta obra de tal manera diseñada, que Ud. bien puede leer un solo capítulo como si fuese una obra separada del resto, y al mismo tiempo si lo lee en forma convencional, pues encontrara que cada capitulo se relaciona.

En el futuro, habrá que añadir mil casos mas que ya se conocen en nuestra vida contemporánea pero que serán materia de otra obra, solo tengan en mente los casos de Varginha en Brasil, los múltiples casos en México, en la Florida en los Estados Unidos etc. Existe tela de donde cortar, ya no son solo evidencias aisladas, no son ya solo casualidades eventuales. Existen por fortuna y a diferencia de tiempos antiguos, nuevos elementos testimoniales que confirman el hecho del fenómeno ovni y sus tripulantes. Antes solo se confiaba en escritos, en la palabra, en dibujos etc, ahora se cuenta con equipo sofisticado que "capta" lo que los sentidos humanos en ocasiones no ven ó su mente le pudiese estar haciendo creer sobre su existencia como algunos insinúan, pero a una cámara fotográfica, a una de video, a un radar, y a otros medios tecnológicos y científicos con los que se cuenta actualmente para certificar la existencia de lo que captamos con nuestros sentidos. También acaso a estas maquinas las ¿podemos engañar?…. lo repito, nada mas difícil de abrir que una mente cerrada, nada existe mas retrogrado que el que no quiere aceptar evidencias a pesar de las miles de pruebas., La verdad esta para quien quiera verla ó desecharla por fortuna eso es libre y cada quien a fin de cuentas puede pensar lo que le venga en gana, siempre y cuando también respete a quienes disienten de su opinión a favor ó en contra de cualquier cosa en la vida ¿ó no?

Recordemos a Diógenes que sabiamente dijo que nada es verdad ó es mentira, todo es según del color, del cristal con que se mira. O como diría otra luminaria del intelecto mundial de todos los tiempos.......¡Todo es relativo de acuerdo a Albert Einstein, nada mas cierto y aplicable a este tipo de temas controversiales!

Por fortuna yo no creo que quien no esta conmigo, está contra mi, simplemente no estamos de acuerdo. Pero eso no me convierte en enemigo de nadie, simplemente diferimos en opiniones, en puntos de vista. Eso en lugar de ponernos a unos en contra de otros, sinceramente creo que nos enriquece como seres humanos en busca de la verdad. ¡Que bueno que no pensamos igual!

Seria deseable que aun teniendo puntos de vista diversos, acompañáramos nuestra posición a favor ó en contra de cualquier cosa, con algo mas que la simple aceptación ó negación de ese algo. No nos convirtamos en seguidores de nadie ó de nada por borreguísimo, tampoco en rivales de alguna forma de pensar diferente a la nuestra solo por "placer" de llevar la contraria. En este nuevo siglo, en este nuevo milenio, mas que nunca requerimos de concordia, de apoyo, de solidaridad del género humano, que nos lleve a devenir, a crecer, a ser mejores independientemente de quien fue el que tuvo la razón. Si los que creían en una cosa ó los que creían en otra, lo único importante es que todo involucre en bienestar común para el resto del genero humano.

Si alguien libremente, le place creer en Extraterrestres... ¡muy su gana! Lo mismo que si alguien piensa lo contrario...¡también muy su gusto! Pero no crucemos las espadas solo por inmadurez intelectual y mucho menos nos dejemos llevar por intereses de manipuladores que ven amenazados sus intereses, su "teatrito" de siglos ó de quienes pretenden hacer de alguna interesante teoría, una nueva forma de religión. Seamos cautelosos, nada es negro ni es blanco en la vida. Los matices intermedios son bellos, los grises en ocasiones son el contraste que se requiere para la búsqueda de la verdad. Seamos razonables, seamos justos; el tiempo dirá quien tuvo la razón sobre este y muchos otros temas mas. La historia nos ha mostrado que en muchas ocasiones la supuesta verdad... no era tanta al descubrirse nuevas evidencias que nos hablan de lo contrario. Esto no habla que alguien con dolo y premeditación mintió, solo estuvo ¡equivocado!

La ciencia purista en el pasado se equivocó muchas veces (los humanos que la dictan). Así es que en lo personal creo que la ciencia se equivoca respecto a minimizar el fenómeno ovni y todo lo que le rodea, en lugar de estudiarlo seriamente, quizá hasta de verdad concluir que es mentira ó que existen otras explicaciones a los miles y miles de testimonios que aseguran su existencia, pero como ya dije.. ¡el tiempo lo dirá! Pondrá a cada quien en su lugar, eso ¡no cabe la menor duda!

Lo importante no será entonces quien perdió ó quien ganó, será mas bien que buscando la verdad por dos caminos diferentes, se llego a la verdad en beneficio de la humanidad.

CAPITULO VII

INFLUENCIA ET EN CULTURAS PRE-COLOMBINAS

Los Olmecas de México.........¿dioses provenientes del cielo?

Tiahuanaco en Bolivia....pobladores misteriosos, enigmáticas construcciones arqueológicas

Los Barrigones de Guatemala, ¿legado arqueológico de una cultura Extraterrestre?.

Los Quimbayas de Colombia, ¡autores de joyas de orfebrería consideradas casi imposibles!

LOS OLMECAS

La civilización Olmeca floreció hace 3200 años en la costa sur occidental del Golfo de México en la Republica Mexicana en las tierras bajas, costeñas, pantanosas, calientes y húmedas de los estados de Veracruz y Tabasco.

Las guerras y las conquistas por ellos logradas les dieron fama e influencia en un extenso territorio, de tal manera que influyeron poderosamente sobre los Mayas del altiplano Chiapaneco y en la cultura Zapoteca del estado de Oaxaca.

Posteriormente la expansión cultural de los Olmecas se extiende hacia el norte de Veracruz en la enigmática y hermosísima zona conocida como el Tajín. De igual manera llegaron a tener una gran influencia sobre los ambiciosos dirigentes de la cultura Teotihuacana en el centro de la República Mexicana.

Histórica y geográficamente los Olmecas representan el centro generador de las misteriosas culturas Meso-Américanas.

Hace apenas poco más de un siglo que se descubrieron los vestigios de la cultura Olmeca, considerándose a esta cultura hoy en día como la civilización "piloto" en todo Meso-América, teniendo solo como rival en la supremacía de las culturas

"civilizadas" a los Tiahuanacos del altiplano Andino Peruano-Boliviano.

Los Olmecas, fueron los precursores directos de los Mayas mesoamericanos tanto el nivel cultural alcanzado, como por las impresionantes y bellas joyas de arquitectura que aun hoy en día siguen maravillando a quien las conoce.

Aun con todo el esfuerzo neuronal e investigativo de arqueólogos y antropólogos que han hurgado en el pasado e los Olmecas, poco, pero muy poco se sabe sobre ellos.

Solo que la cultura tuvo una poderosa influencia en Meso-América desde los años 1300 antes de nuestra era y que esta gran influencia duró hasta los años del siglo anterior al inicio de la era moderna; para luego desaparecer de la misma misteriosa manera que como aparecieron.

Las costas del Golfo de México eran zonas poco propicias para el desarrollo de una civilización como la de los Olmecas.

Son zonas bajas, costeñas, pantanosas, cubiertas por una espesa selva tropical y que se inundaba continuamente por el desborde de los ríos de la región al salirse de sus causes producto de las torrenciales lluvias propias de esa zona.

Sin embargo, fue en pequeñas islas existentes sobre las lagunas de la región en donde floreció esta gran cultura con la construcción de los primeros centro ceremoniales de características ciclópeas. Los primeros e inmensos centros ceremoniales gigantescos en Meso-América.

Hasta la fecha solo se han explorado Centros Olmecas en el sur del estado de Veracruz y Tabasco como los de Laguna de los Cerros, San Lorenzo, Tres zapotes y la Venta.

El nombre Olmeca proviene del término que le dieron los nativos a los árboles del "Hule" (ollin), muy abundantes en la zona, debido a que hay muchos vestigios arquitectónicos en la zona tan abundantes como los árboles del hule del caucho. Los nativos le dieron ese nombre, mas en realidad, se ignora el nombre en si de los Olmecas mismos, en otras palabras, solo por "asociación" entre los árboles del lugar y el saber que allí vivieron estos especiales habitantes, es que se les conoce así, mas se ignora el nombre real de ellos.

La Venta debió ser el centro religioso y ceremonial mas avanzado de toda Meso-América entre los siglos 800 y 500 antes de nuestra era. La organización política, religiosa, cultural, su arquitectura son realmente sorprendentes demostrando que existía un patrón bien diseñado que seguían en todos sus centro ceremoniales en donde influyeron.

Aquí se encontró la primera "cancha" del juego sagrado de pelota. Hay una pequeña pirámide escalonada, con una plaza cuadrangular en la parte frontal rodeadas por columnas de basalto y cerca se encuentra dos montículos que limitan la "cancha" del templo.

El complejo arquitectónico esta terminado, por lo que parece ser un volcán hecho por seres humanos, mismo que se cree era utilizado en entierros ceremoniales.

Dentro de estos edificios, seguramente utilizados en ceremonias religiosas, unas lajas de piedra, han sido descubiertas junto a altares ricamente decorados, lo más sorprendente de todo lo encontrado son unas colosales y macrocefálicas esculturas. Es decir la representación de unas grandes cabezas de un tamaño ¡realmente impresionante! Estas son algo realmente de singular belleza artística, legado de estos singulares y misteriosos seres humanos de nuestro pasado.

Por el tamaño y por las características físicas de los personajes allí labrados, siendo estos definitivamente una representación "atípica" del nativo de la región, las grandes cabezas parecen achatadas, vistas de perfil, muestran gruesos labios carnosos, nariz chata y amplia, ojos de forma ovoidal, todas estas facciones que nos sugieren a un personaje de rasgos francamente negroides. Estas facciones en definitiva en nada se parecen al Olmeca típico. Esto ha dado lugar a que se hayan formulado muchas teorías, especulaciones y conjeturas tratando de buscar una explicación lógica, congruente, razonable para explicar a quien representaron en estas esculturas, a quien vieron para tomarle como "modelo" y que les impresionaron tanto por no ser igual a ellos, a tal grado que decidieron dejar plasmada en piedra para la posteridad.

¿A quien representaban estas cabezas? Estas megalíticas esculturas ¿nos hablan de entes venidos de otras tierras?..¿de África? ¿Ó posiblemente de otros lugares ajenos a la tierra?

Hasta ahora se han encontrado 14 de estas gigantescas cabezas, que miden de 2.5 a 3 mts. de altura y pesan entre 18 y 30 toneladas métricas por cabeza.

Se supone que estas ciclópeas cabezas se trajeron en grandes balsas (?) especialmente hechas para transportar los enormes bloques cortados de canteras que se encuentran a ¡mas de 100 kilómetros de distancia!

Esto nos hace pensar que los Olmecas eran muy bien organizados socialmente. Estas cabezas no fueron hechas para ser colocadas sobre estatuas, se especula que pudieron haber sido hechas para representar a los gobernantes mas ilustres.

Otros han lanzado hipótesis mas atrevidas e impactantes que nos dicen que estos personajes labrados en piedra realmente representaban a los jugadores victoriosos del juego de pelota, ó que quizás sean las cabezas "cercenadas" de los perdedores que se labraban a manera de trofeos para el equipo vencedor. Una posible hipótesis que explique este enigma, han sido hechos por investigadores, enfocándose en la "presencia" de unos extraños "cascos" que están colocados sobre estas colosales cabezas. Se dice que estos cascos eran utilizados para proteger las cabezas de los jugadores de pelota contra posibles golpes en la cabeza de la pelota de hule macizo y pesadas de mas de 2 kg. de peso.

Otros investigadores dicen en teorías aun más atrevidas, que *las cabezas representan en realidad a "dioses" que llegaron del cielo,* que llegaron procedentes del cosmos a civilizar a los habitantes de estos inhóspitos lugares de la cuenca del Golfo de México en la Bella Republica de México.

Siguiendo con esta teoría, se dice que los nativos del lugar conocidos ahora como los Olmecas habrían esculpido estas enormes cabezas para conmemorar tan importante hecho, para dejarlo para la posteridad, para que siempre hubiese testimonio de la visita de estos seres que llegaron de algún lugar del cosmos a iluminar con sus conocimientos a los naturales del lugar.

Por esa supuesta razón crearon esos colosales monolitos de piedra, cosa que nos habla de su increíble destreza artística. Pero los Olmecas también trabajaban el jade y otras piedras preciosas con las cuales hicieron estatuillas, herramienta, armas etc.

Hacia el final de su dominio cultural, se interesaron en las matemáticas, la astronomía y se especula sobre la posibilidad de que ellos fuesen los artífices del sistema de escritura pictórico que después se atribuye a los MAYAS.

Después de haber alcanzado su más alto nivel cultural, esta civilización calculado cerca del comienzo de nuestra era (100 años antes de nuestra era), los Olmecas tal parece que sufren un colapso y.... ¡desaparecen!, no sin antes haber legado su increíble cultura a otros pueblo vecinos como los Mayas, los Zapotecas y los Teotihuacanos. Los Olmecas orgullo de México, de América y de la humanidad misma, merecen ser mas estudiados, mas ¡reconocidos!

Las circunstancias misteriosas de esta supuesta desaparición Olmeca es desconocida. Si se supiera a ciencia cierta su causa, cambiarían obviamente todas las hipótesis de desde aquellas razonables hasta aquellas que se dice atrevidas y en ocasiones descabelladas. Posiblemente nunca lleguemos a saber la realidad que nos permita con mediana exactitud de donde vinieron y a donde se fueron estos seres extraordinarios orgullo de nuestros antepasados que habitaron el suelo de México.

Este misterio se une a otros ya existentes sobre otras civilizaciones en el mundo como los Tiahuanacos e Incas, estos en Súdamerica.

Solo para finalizar esta breve sinopsis sobre los Olmecas, mencionamos líneas anteriores que ellos son considerados una civilización "piloto" en Meso América y como una analogía a su importancia, se dice que la única otra civilización que rivaliza en América con ellos debido a su importancia en las culturas precolombinas, es la que floreció en *Tiahuanaco* en el altiplano Andino en la zona de la ribera del lago Titicaca en Bolivia, en el sur del continente Americano.

La región del lago Titicaca es el lugar que vió nacer a " Manco Capac" y a " Mama Oclo", que se dice tenia un "cuerpo" en forma ovoidal (?), que salía de las profundidades (?) del lago esto de acuerdo a las leyendas Incas. (Nos hace recordar a Oannes en la antigua Babilonia.)

Manco Capac y Mama Oclo fueron los "progenitores" de los antiguos Incas.

Estos personajes representan a una simbología de padre y madre, también representan un simbolismo cosmogónico específico para los a Incas.

Es debido a leyendas como esta y otras que se han difundido sobre el imperio de Tiahuanaco que se las ha dado tanta y tan merecida fama en el mundo entero.

Los Indígenas actuales, guardan un gran respeto y veneración religiosa al lago mismo, a Tiahuanaco, Cuzco en el Perú y obviamente a Machu Pichu la joya arquitectónica más conocida en el mundo entero de esta zona del planeta.

En la actualidad, la ceremonia anual más importante que se hace en esta región Andina es la del Inti Raimi, esta es una ceremonia religiosa que se celebra par conmemorar el advenimiento del nuevo sol, ya que el astro rey posee un simbolismo tradicional entre los indígenas Peruanos y Bolivianos. Ecuatorianos y Chilenos.

El propósito de esta sinopsis histórica, es la de contribuir no solo a buscar las raíces de nuestro origen como especie, también compartir un poco de la grandeza histórica, cultural y humana de nuestros ancestros, rescatar su riqueza histórica que nos han legado a las generaciones que vivimos después de ellos y de las que vendrán después con mente abierta. Con generosidad, sin arrogancia, estudiemos, analicemos, investiguemos. No solo lo que parece lógico, normal, congruente sobre esos seres que nos antecedieron; hurguemos en las historias tradicionales que parecen insólitas ó producto de escritores contemporáneos de ciencia ficción. Lo insólito e increíble puede en realidad esconder mucho de verdad encriptada... sepamos discernir y seamos justos en nuestros juicios que nos llevaran a posiblemente acercarnos a la verdad.

TIAHUANACO

Los enigmas de sus ruinas y el misterio de sus pobladores.

Cuentan las leyendas indígenas que *los "creadores" de Tiahuanaco fueron una raza de Gigantes.* Tiahuanaco era ya un conjunto grandioso de ruinas ó de restos arquitectónicos legado a los Incas en el siglo xv de nuestra era, y ellos no sabían nada sobre los desaparecidos habitantes que construyeron ese lugar.

Actualmente, no se sabe mucho mas sobre este singular y enigmático lugar, mucho menos sobre sus fundadores y antiguos moradores.

Se sabe sin embargo y se ha concluido que han sido cinco las ciudades que se han construido una sobre otra. Es decir una encima de la otra. Lo que se puede apreciar de la quinta ciudad y ultima aparentemente construida por esta civilización tan grandiosa como enigmática. Esta ultima, es decir la quinta, es el mudo vestigio que nos habla al mismo tiempo de la grandeza de sus fundadores y constructores.

Esta ciudad se encuentra sobre una meseta por encima de los 4,000 mts. de altura sobre el nivel del mar, en el altiplano   Boliviano y prácticamente en las márgenes del Lago Titicaca, haciendo este frontera natural entre Perú y Bolivia….. aquí se encuentra Tiahuanaco.

Estos vestigios arquitectónicos fueron destruidos por fenómenos naturales como terremotos, grandes tormentas de nieve, agua, viento, sol, la erosión y el paso del tiempo que han deteriorado estas grandiosas construcciones.

Las gigantescas Piedras de estas ruinas arqueológicas atestiguan un estilo grandioso de construcción, rígido, cuadrado, ordenado, majestuoso!

Imponentes escalones labrados en una solo roca que se dirigen hacia portales monumentales.

Son portales que ahora se abren hacia las inmensidades del grandioso espacio del altiplano andino.

Gigantescas estatuas parecen mirar desde las terrazas destruidas hacia el cielo, ¡como queriendo sostenerlo para siempre!

Hoy en día, los palacios, los grandes templos se encuentran desolados, vacíos, rindiendo tributo al olvido en el que las autoridades las tienen relegadas y pagando su tributo al dios cronos.

Se sabe que Tiahuanaco no solo ha sido destruido por fenómenos naturales, desde que llegaron los salvajes, bárbaros así como ignorantes Españoles, estos mensajeros de la "cultura" Europea de una civilización pseudo más avanzada que la de América, se dedicaron a destruir cuanto elemento pétreo pudieron, con la finalidad de aprovechar las piedras para construir casas para su chusma, sus bribones busca fortunas, que vinieron a América a buscar riqueza a costa de lo que fuera, así fuera matar, pisotear cultura, religión, tradiciones, derechos humanos elementales etc, en nombre de los poderosos de ese tiempo.

Pero sobre todo esgrimiendo el nombre de "dios", el dios de los blancos, que supuestamente les envió a "evangelizar" a los paganos indígenas, a los nativos de esos lugares, a terminar con sus creencias a fuerza del mosquete y la espada.

Esto sin lugar a dudas fue el sello característico del paso del conquistador en cualquier lugar en donde por desgracia aparecieron, que hoy en día, digan lo contrario ó se justifiquen…eso son pamplinas, retórica barata que intenta justificar lo ¡injustificable!.

Volviendo a la parte histórica de Tiahuanaco, a la parte arqueológica, esta fabulosa urbe del pasado, ha sido vandalizada por vividores, buscadores de tesoros, y ha sido fuente de materiales como cantera, para construir poblaciones cercanas y esto se puede atestiguar en varios edificios que aun hoy día sobreviven en la Paz, Bolivia.

Ahora lamentablemente Tiahuanaco no es mas que un gigantesco montón de piedras, perpetuando templos majestuosos, esculturas con morfología humana muy extraña de ciclópeas dimensiones, hechas por manos de seres humanos de los que muy poco se sabe.

Pero a todo esto, aun seguimos preguntándonos…. quien fundó Tiahuanaco?….¿Quien vivió allí?….¿Durante cuanto tiempo estuvieron en esa colosal Ciudad?..¿A donde se fueron?.

Así podemos seguir haciéndonos mil preguntas mas, por desgracia sin respuesta. Aun hoy en día en este siglo XXI, se hacen conjeturas, se lanzan atrevidas hipótesis, desde lógicas y con cierto grado de razonamiento, fundamentadas en estudios arqueológicos, antropológicos, etc., hasta otras increíbles pero igualmente de interesantes.

¿Seria esta gran ciudad en el pasado un centro político, administrativo, económico, de un gran estado que logro consolidar un gran imperio en Sudamérica?

¿Seria acaso un gran santuario religioso a donde se dirigían gran cantidad de peregrinos que visitaban el lugar durante los periodos de festividades religiosas provenientes de cada rincón del altiplano Andino? …¡Podría ser!

¿Seria acaso el hogar de los "dioses" de la zona de los Andes, una especie de Monte Olimpo? Esto permitiéndome la libertad de la libre comparación con la mitología griega, en donde grandes magos eran los ministros, los cuales usaban tocados y sombreros con extrañas representaciones de aves y felinos.

Así podemos seguir especulando, intentando dar respuestas a preguntas que por desgracia seguirán sin tener una respuesta adecuada y convincente.

A diferencia de otras culturas pre-Incaicas, los moradores de Tiahuanaco, no dejaron por desgracia registros escritos. Las hendiduras y rajaduras en las estatuas, podrían "sugerir" alguna forma de comunicación pictórica. Lo cierto es que a esta fecha nadie ha podido descifrarla.

Algunas leyendas indígenas dicen que los templos y palacios que se encuentran sumergidos en el lago Titicaca en sus cenagosas y turbias aguas se podrían encontrar unas supuestas "tablillas" sagradas de oro, plata y cobre con algunas supuestas inscripciones. Pero obviamente a la fecha…no se ha encontrado nada de estas mitológicas y valiosas supuestas "tablillas" metálicas…dudando de su existencia real.

Por fortuna a los anencefálicos mercenarios españoles, no les dio por drenar el lago Titicaca para buscar las supuestas tablillas hechas con metales preciosos, no por no parecerles un aparente buen botín, mas bien por que la tecnología y su rudimentario cerebro no se los permitió ¡por fortuna! Gracias a eso y lo digo con obvio sarcasmo, el lago Titicaca, podemos gozar de el, por cierto es el lago ubicado a mayor altitud en el mundo, es decir el mas alto sobre el nivel del mar en el mundo entero.

Si los salvajes soldados Españoles hubiesen podido...hoy en día, ese lago seria solo un "hueco" seco a gran altura, pero como repito, por fortuna, los soldados conquistadores tenían poca materia gris en su encéfalo. Esos enviados de la "civilización" Española, no hicieron nada al respecto supongo que también por flojera ya que querían enriquecerse a costa de los nativos, y que estos les llenaran las alforjas sin molestarse en nada.

Los primeros "aventureros" gachupines que llegaron al lugar, respondiendo a la alianza que tenían con Carlos I de España durante el siglo XVI, de nuestra era, solo encontraron ruinas y el eco de un misteriosos y nebulosos pasado que hacia tiempo se había perdido en el olvido.

Al preguntar los españoles a los moradores del lugar sobre estas ciclópeas ruinas y sus constructores, estos les respondieron que sus antepasados habían llegado a las riberas del lago Titicaca para hacer sacrificios y que desde entonces solo esas ruinas habían encontrado, pero que no sabían casi nada ó nada sobre sus orígenes.

Encontrando el lugar deshabitado, inhóspito, misterioso, luego estos indígenas le contaron a los aventureros españoles buscadores de tesoros, que *Tiahuanaco fue construido por seres Gigantes en una solo noche después del diluvio (?)*.

Pero los gigantes descuidaron una advertencia de una profecía sobre la venida del Sol y fueron aniquilados por sus rayos (?), reduciendo sus templos y palacios a ruinas.

Los civilizados y cultos (?) españoles opinaban con gran propiedad y sabiduría (!!??) que Tiahuanaco era obra del mismo diablo, mas que de seres humanos. Esta descripción aunada a las leyendas y exageraciones de los naturales del lugar, contribuyeron junto con el tiempo, a engrandecer la curiosidad de los historiadores y de la gente misma sobre este singular lugar.

Se han formulado numerosas teorías sobre el origen y razón de ser de Tiahuanaco, algunos historiadores le han endilgado el titulo de ser el "origen" del ser humano en el continente Americano (?).

De poseer una antiquísima historia aun por descubrir, en cambio otros investigadores, han llegado a concluir que Tiahuanaco es nada mas, ni nada menos que *la capital de la Legendaria y mítica Atlántida (?)*.

Otros Investigadores y especuladores, concluyen que esta Cd. fue fundada por *seres provenientes del espacio sideral (?)* de supuesto y obvio origen ¡extraterrestre! esto posiblemente ocurrido hace miles de años. Curiosamente por descabellada que parezca esta hipótesis extraterrestre, no creo que nadie tenga pruebas de lo contrario... ¿o sí?

Simplemente no deja de ser una mas de las múltiples y variadas teorías sobre el origen de esta enigmática cultura.

Desde que llegaron los mensajeros de la cultura y la verdadera fe (?), los ignorantes mercenarios españoles a América y concretamente a esta región de Tiahuanaco en el siglo XVI de nuestra era y hasta finales del siglo XIX, no hubo solución al enigma y misterio de esta región.

Solo conjeturas fantásticas, cargadas de imaginación han creado los historiadores virreinales para describir ó intentar explicar este misterioso lugar… ¡sin ningún éxito!.

Los primeros estudiosos, historiadores que intentaron dar una explicación mas en tono científico que mítico, fueron los Alemanes Max Uhle y Alphons Stubel en 1892.

En 1894 Uhle regreso a la zona arqueológica para estudiar la extensión de la influencia de esta cultura Tiahuanaca con relación a sus vecinos, estudio basado en los rastros de cerámica encontrados en la región.

Luego en 1903 una expedición arqueológica Francesa, al mando del conde de Crequi de Montfort, llegó a Tiahuanaco para descubrir un templo pequeño, semienterrado y cuyas paredes presentaban labrados en bajorrelieve, cráneos de apariencia humana que fueron labrados en piedra de arcilla roja para posteriormente ser empotrados en las paredes con una cuna de piedra.

En 1992 el arqueólogo Norteamericano Wendell C. Bennett y su equipo de investigadores descubrieron dentro de uno de los templos mayores una estatua labrada en piedra de arcilla roja de apariencia humana da casi 8 metros de altura.

Enterrada junto a esta estatua había otra de 2.5 mts. de altura de un estilo diferente y labrada también sobre piedra de arcilla roja.

Esta segunda estatua, es la figura de un aparente hombre sonriente, con ojos circulares, nariz recta, boca de labios gruesos con bigote y barba terminada en punta.

Este descubrimiento dio la impresión de que se trataba de un dios blanco…. *¿pero un hombre blanco en el altiplano andino?…..¿y en épocas prehispánicas?….*

Esta estatua parece confirmar la leyenda de *"Viracocha"*, amén de que se cree que esta estatua representa a esa deidad.

Según la antigua leyenda Inca sobre *Viracocha, el representa al dios blanco (?), que fundó al mundo andino,* se dice que apareció sobre Tiahuanaco después del gran diluvio que duro 60 noches e inundo por completo a todas las poblaciones del altiplano Andino.

El mito de la presencia universal del "Hombre Blanco" aparece en Tiahuanaco con el descubrimiento de una estatua que supuestamente representa al dios VIRACOCHA..

Estudios mas rigurosos de la cara, de la fachada de esta escultura, de la cara anterior de esta escultura, y en opinión de algunos estudiosos, concluyen que no se trata de un bigote, ni de una barba, podrían ser en realidad una "nariguera", es decir un implemento de ornato que supuestamente resaltaba la belleza, daba alcurnia y status entre quienes lo usaban pues era de oro, esto se dice era solo posible de poseer de grandes personajes, de sacerdotes, de gente de importancia.

Sin embargo, esta como muchas otras mas, no deja de ser una mera especulación como muchas otras mas sobre los Tiahuanacos, así es que en opinión de investigadores serios, de científicos reconocidos, el misterio de Viracocha…¡continua por su falta de pruebas!

Las extrañas cabezas de forma humana y en donde varias conservan su estilo geométrico de los grandes monolitos del lugar, se cree que representaban sacrificios humanos y que terminaban con el encogimiento de la cabeza de los sacrificados.

Esto se ha conjeturado por el hecho de haber encontrado varias de estas estatuas de cabezas enterradas en patios de estos pequeños templos. Su tamaño fluctúa entre 30 a 50 cm. de longitud.

Aun con todos estos descubrimientos, no se ha podido determinar la antigüedad de la zona.

Investigadores por mucho tiempo han creído ó por lo menos creían, que Tiahuanaco era el lugar del origen de las civilizaciones Americanas. Calculan que esta civilización se fundó hace aproximadamente 14,000 años.

No fue sino hasta el año de 1958 cuando se pudo esclarecer algo sobre este enigma, algo así como un cerillo para iluminar una inmensa cueva oscura..de muy poco ha servido, pero mejor que nada. Bueno el Arqueólogo Boliviano Carlos Ponce Sangines fue quien tuvo a su cargo esta fase esclarecedora aunque pequeña sobre el enigma de Tiahuanaco, cuando dirigió una excavación ordenada, sistemática, simétrica, seria y profesional de la zona arqueológica y sus alrededores para saber mas sobre este misterioso así como antiquísimo lugar de nuestros ancestros en América.

Este Boliviano brillante, me refiero obviamente al Arqueólogo Carlos Ponce Sangines y su grandioso equipo de colaboradores después de un exhaustivo trabajo concluyeron que la construcción de Tiahuanaco desde su primera hasta su ultima fase, duró aproximadamente ¡1000 años! Sangines y su equipo también demostraron que la era de la construcción de los grandes templos, fue en la tercer fase de las cinco en las que se construyó este magno sitio arqueológico.

Otros investigadores haciendo excavaciones en los estratos de la superficie de la región, han corroborado que el actual Tiahuanaco, se encuentra sobre cuatro Ciudades anteriores como ya lo apuntaba Sangines.

Carlos Ponce Sangines, además declaró que Tiahuanaco se fundó hacia el año 200 antes de nuestra era, sin embargo y de esto no existe duda alguna.

Tiahuanaco fue construída en su fase monumental es decir en su tercera fase por verdaderos genios de la construcción, basta con observar la majestuosidad y grandeza de sus templos y palacios, el arte depurado en la escultura monumental, recubiertas con extraños símbolos, en los macroportales como el famoso conocido como el "portal del sol", que fue labrado de una sola pieza de andesita, lamentablemente dañado por la acción del tiempo, el clima la nieve, la lluvia, el viento rudo y el vandalismo del ignorante de rapiña.

Todo esto son testigos mudos del espectacular y extraordinario nivel cultural alcanzado por esta civilización singular, por estos moradores del pasado.

Para intentar descifrar todo lo que significa realmente Tiahuanaco, los investigadores modernos, se han basado en su obvia preparación y formación académica de orden eminentemente científico, en sus conocimientos de arqueología, de antropología, de historia etc. Pero también por fortuna en la tradición oral heredada de generación en generación, posiblemente deformada, también exagerada, ó quien lo puede decir, tal vez codificada.. ¡no lo sabemos!

Lo cierto es que en ocasiones estas leyendas, tradiciones, cuentos, populares, son verdaderos "hilos" que forman parte de la madeja de lo que se pudiera catalogar como la "verdad". Estos conocimientos populares, en ocasiones llevan a grandes descubrimientos que en ocasiones la ciencia formal…sonríe y juzga como "tonterías propias de los ignorantes", para pasar luego a ser parte de ¡las verdades!

Por ejemplo:

Es cierto que existen grandes templos y edificios con grandes murallas en las profundidades del lago Titicaca.

Un gran descubrimiento surgió así basado en leyendas populares solamente. En el año de 1967, una expedición de investigadores autorizada por el gobierno Boliviano, se dedicó a explorar las profundas y turbias aguas del lago Titicaca para saber si era cierto ó no la existencia de supuestas y majestuosas edificaciones.

Tal fue el caso referido por los Indígenas que referían que cuando el lago llegaba a su nivel mas bajo, ellos podían "pararse" sobre los techos inmensos de estos templos y edificios hundidos generalmente en las aguas pantanosas del lago.

En un principio, los investigadores como buenos científicos que no ven mas allá de lo que su limitada ciencia les permite concebir como verdadero, pero con una mente mas bien cerrada, eran escépticos a tales narraciones de los naturales. Pero un equipo de buzos profesional y especializados en investigación acuática a mas de 4000 metros sobre el nivel del mar y con el equipo técnico más sofisticado de ese tiempo, adecuado para explorar el turbio fondo del lago Titicaca así como peligroso por el fango. Pues bien, estos exploradores subacuaticos, descubrieron altísimas murallas recubiertas de limo y fango, pero no solo esto, también cerca de la orilla descubrieron una explanada inclinada, a modo de muelle ó atracadero de embarcaciones, esta construido con enormes placas pétreas unidas con una ¡precisión increíble!

Los buzos encontraron treinta de estas formaciones artificiales paralelas y apoyadas sobre una base en forma de luna creciente.

Se cree que este atracadero ó muelle para embarcaciones, servia para llevar a los grandes sacerdotes y reyes hacia los servicios religiosos, ó para conducir las honras fúnebres de personajes famosos que se hacían en las islas del Sol y de la Luna, ó que quizás servían para llevar y traer a miles de peregrinos para festejar las celebraciones religiosas.

Esto confirmaría una de las hipótesis mejor admitidas por los arqueólogos, que reza que Tiahuanaco era un antiquísimo centro ceremonial y religioso que era visitado por miles y miles de nuestros ancestros en peregrinaciones bien planeadas ...como se hace hoy en día para honrar a las "deidades" conceptuadas como "verdaderas" y aceptadas universalmente como ciertas (?). En fin, volvemos a ver la "viral" influencia del conquistador que debido a su ignorancia, a su intolerancia, no podía aceptar que antes de su venida, la gente de América creía en algo y alguien que debió de ser respetado, no solo imponiendo nuevos "dioses", después de todo, tan difíciles de creer unos como otros.

Curiosamente y sin embargo... no se han encontrado vestigios de artefactos domésticos ó religiosos que demuestre el peregrinaje masivo, sigue siendo un misterio y tan solo una interesante especulación.

Todos los artefactos de barro y otros utensilios de uso cotidiano son propios de la cultura Tiahuanaca, sin indicio alguno de haber tenido influencia alguna de otras civilizaciones vecinas ó remotas.

Varios estudios de fotografía aérea, así como estudios satelitales de percepción óptica remota sobre la zona, han puesto al descubierto que la zona de Tiahuanaco, no solo muestra templos y edificios monumentales, también tenia casas habitación alrededor del conjunto ceremonial, sin embargo esto no significa que vivieran grandes masas humanas en sus alrededores, ya que no se han encontrado vestigios que indiquen que vivían allí seres por largos periodos de tiempo. Se cree que solo acudían a Tiahuanaco con fines religiosos y luego retornaban a sus lugares de origen cualquiera que este haya sido.

No se han encontrado artefactos ó aditamentos que nos indiquen si se dedicaban por ejemplo a la agricultura ó ganadería, a la pesca ó a otra actividad. Esto posiblemente se explique al conocer personalmente y hoy en día, lo inhóspito, agreste y difícil del territorio del altiplano Andino a mas de 4000 mts. sobre el nivel del mar, que ya de por si, dificulta la actividad humana en cualquier expresión.

¿COMO FUE CONSTRUIDO TIAHUANACO SIN MAQUINARIA, SIN HERRAMIENTA MODERNA Y EN ESAS CONDICIONES DIFÍCILES DE LA GEOGRAFÍA ANDINA?

Uno de los enigmas mas persistentes hasta hoy es sobre la construcción de esta majestuosa ciudad. ¿Cómo fue posible que indígenas primitivos, sin herramientas, sin maquinaria moderna, pudieran cortar, transportar, colocar esos grandísimos trozos de roca?

¿Como pudieron colocar una sobre otra esas inmensas y pesadísimas moles de piedra? ¿Cómo las acarrearon desde los lejanos yacimientos de cantera ubicados a cientos de kilómetros de Tiahuanaco, para luego construir monumentales edificios?

Las investigaciones científicas hechas sobre las rocas y demás material de construcción ha demostrado que las piedras usadas en su construcción son de origen volcánico, andesita, laja de sedimento, y piedra arena.

Se tomaron muestras de piedra de los alrededores del Titicaca y en lugares montañosos de Bolivia y Perú. Gracias a este método, se descubrió de donde eran los yacimientos de donde se extrajeron las colosales piedras y sorpréndanse ….estos yacimientos están localizados entre los ¡100 a los 300 kilómetros de distancia! ¿Cómo los llevaron entonces? …es un misterio que posiblemente nunca se resuelva en el que se seguirán elaborando especulaciones desde razonables hasta locuaces.

Los investigadores de Tiahuanaco concluyeron que de algún "ingenioso" modo se acarrearon dichas piedras hasta el centro religioso con las cuales se construyeron los enormes edificios. Pero esta conclusión aparte de nada de científica resulta estúpida ya que no muestra nada en absoluto que pueda llevarnos tan siquiera a una pista, a algo con mas sustancia que simplemente decir que de algún modo ingenioso que es igual a decir NADA en absoluto. Pero no solo la distancia y el transporte nos ofrece una trama sin resolver, que les parece aumentarle al enorme peso de las piedras en si, el cortado, el transporte de las mismas desde distancias notables. Agréguele la altura a la que tuvieron que "subir" dicho material de construcción, lo escarpado de la geografía Andina, las inclemencias del tiempo, la obvia falta de tecnología etc.

Todo resulta increíble, pero debemos admitir que los constructores fueron verdaderos genios, conocedores de ciencias, de la ingeniería. Solo así podemos explicar minimamente tales prodigios de construcción, así es que nada de primitivos, como se les juzgó por los "civilizados" conquistadores. Posiblemente eran mas civilizados e inteligentes que quien los conquistó en base a la fuerza de las armas y el engaño. Esto nada debe hacer valorar mas a nuestros ancestros; su preclaro cerebro, nos invita a saber mas sobre ellos, sobre su vida, sobre su obra. No cabe duda que los creadores de Tiahuanaco eran seres humanos excepcionales, como la obra que nos legaron.

Continuando con esta increíble zona arqueológica, se han encontrado vestigios de los antiguos caminos que se usaron para transportar los materiales de construcción, pero se siguen preguntando sobre los "colosales" vehículos empleados en el transporte de las ciclópeas rocas, ó ¿como le hicieron? ¿Que artificios emplearon para transportar semejantes moles? *Quizás los Egipcios les prestaron la misma tecnología empleada en la construcción de sus pirámides ó ¿fueron los Tiahuanacos quienes se las prestaron a ellos?*

Otro enigma es el "terminado" de las piedras, como se corto con tanta exactitud cada bloque de piedra? Esto es un desafió al hombre moderno, ya no digamos intentarlo, simplemente deducir como lo hicieron ¿no lo creen?

Aun con la moderna tecnología actual de minas y canteras no se ha podido explicar con satisfacción este singular hecho. ¿Cómo lo hicieron esos seres humanos? Como reitero, esto se repite nuevamente al intentar responder el enigma de las grandes construcciones de civilizaciones del pasado en varios puntos del planeta, pero mas frecuentemente cuando pensamos en Egipto, México, Bolivia, Perú etc.

A este punto aunque le pese a los puristas de la ciencia, nadie, ni ellos que creen saber todo y que lo que no saben ellos nadie mas lo sabrá, no existen respuestas lógicas ó tan siquiera cercanas a lo razonable que expliquen estos portentos del ingenio del ser humano de esos tiempos que de primitivos e ignorantes ¡nada tenían!

¿Como explicar esos corte precisos, exactos, con que herramientas fueron hechas?

Por otro lado se cree que no utilizaron animales de carga puesto que no había fuera de las llamas, alpacas y vicuñas que solo pueden con cargas ligeras, nada como lo que se debió requerir para el transporte monumental de esas rocas inmensamente pesadas y voluminosas así como en gran numero.

Así es que sin animales de carga, sin vehículos, sin maquinas cortadoras de roca, sin explosivos, sin ruedas ya que no se conocía. ¿Cómo le hicieron?

No existe escritura de ninguna clase por desgracia, ó por lo menos nada se ha descubierto al respecto, que puedan darnos algún indicio de como estos ingenieros civiles lograron sus construcciones, suponemos existía una numerosa fuerza laboral que tuvo el merito de hacer realidad lo que ahora solo conocemos en forma mínima.

Pero…¿que tantos ciervos, esclavos, trabajadores se necesitaron para esas construcciones? Hay quienes se han atrevido a decir que los sabios constructores de Tiahuanaco usaron alguna clase de tecnología muy sofisticada como rayos de alta energía (láser), ó ultrasonido para cortar con precisión micrometrica y simétrica los enormes bloques de piedra. Acepto que es un poco atrevida tal hipótesis, pero existe alguien que pueda mostrar que no es cierto?…¡lo dudo!

Dicen además y continuando con este tenor un poco maravilloso, que luego de ser cortadas estas moles de piedra, fueron transportadas vía ¡aérea….! No con enormes aviones hércules como los conocidos hoy en día, mas bien por medio de levitación (?), ó *bien utilizando poderosos vehículos de tecnología no humana, propiedad de seres extraterrestres.* Aceptemos que esta hipótesis como muchas otras, son algo extravagantes y descabelladas, pero para los que niegan por deporte y compulsión mas que por razón, nunca se podrá posiblemente probar que esta opinión de algunos es falsa…¿ó si?

Investigadores Bolivianos pusieron en practica varias técnicas de transporte de enormes piedras, semejantes a las empleadas en la construcción de los grandes templos.

Estos investigadores Bolivianos, junto con otros procedentes de varios puntos del planeta, pusieron a prueba sus hipótesis, sus conclusiones apriori sobre el manejo de estas grandes masas, por los caminos andinos, desde los yacimientos ó canteras, hasta los lugares de construcción de los templos.

Pusieron sobre grandes lonas (¿cuales implementos siquiera semejantes pudieron haber tenido los Tiahuanacos, semejantes a lonas? …ninguno), piedras cuyos pesos fluctuaban entre los 100 a 300 kgs. (Una arena si se compara con las superpesadas, de varias toneladas utilizadas en la construcción real de los templos). Estas fueron levantadas, ó mejor dicho arrastradas por varios hombres, con cuerdas entrelazadas de la planta de totora del lago, y amarradas con cueros de llamas, de alpacas para mayor resistencia.

Estas "piedrecillas de tamaño y peso insignificante" pudieron así ser acarreadas a grandes distancias con relevos de equipos de hombres muy frecuentes que se cansaban hasta el agotamiento total con esas pequeñas moles comparadas con las reales.

A las piedras les fue puesto lodo, fango en el camino para "resbalar" las rocas al ser empujadas por grandes cantidades de hombres sobre estos caminos "preparados".

Lo cierto es que estas técnicas sirvieron para cualquier cosa, menos para explicar lo que se intentaba, es decir, concluir que así fue como se transportaron las moles pétreas desde lejanos lugares hasta los sitios de construcción. Estas técnicas "modernas", conceptuadas por científicos de esta etapa contemporánea del hombre actual, no logró explicar como los antiguos Tiahuanacos, con aparentes desventajas tecnológicas y científicas en relación con los conocimientos actuales. Ellos si pudieron y de hecho lograron este fantástico y titánica tarea de transporte de esas colosales masas, por entre montes, barrancas, y demás irregularidades del terreno, además que no fueron unas cuantas piedritas como lo intentaron los "científicos" modernos, sino que fueron miles. Entonces ya podrán estar Uds. también asombrados e intentando buscar explicaciones desde lógicas y razonables, hasta fantásticas e insólitas como todo aquel que ha intentado explicar ... ¡lo inexplicable!

Piense Ud. amigo lector, subir una de estas colosales rocas por una empinada ladera después de haber sido empujada por mas de 300 kms. La empresa se antoja muy difícil. Aceptemos que imposible, titánica, increíble, por eso es, se tiene que recurrir a hipótesis como la de ayuda de tecnología no humana ¡extraterrestre!

En este siglo XXI, con la tecnología actual, con la ciencia actual, resulta inimaginable e imposible intentar una tarea de tales dimensiones. ¿Cómo entonces fue que se construyo Tiahuanaco? ¿U otras imponentes Ciudades de civilizaciones antiguas?

Volviendo al Lago Titicaca. Se tuvo un relativo éxito, cargando piedrecillas no muy voluminosas por supuesto en grandes balsas de Totora sobre el lago, pero jamás una de tan siquiera dimensiones aproximadas a las reales.

Se cree sin embrago, que fue así como se transportaron algunas piezas no muy voluminosas, desde un lugar denominado Copacabana (no Brasil por supuesto), en el lago mismo, hasta el sitio de la construcción del templo ó el lugar escogido para la erección del templo.

Con todos los descubrimientos, investigaciones y especulaciones sobre este enigmático lugar ...Tiahuanaco, es importante redoblar esfuerzos para seguir intentando buscar respuestas. Es urgente descifrar estos enigmas que nos hablarían del pasado y posiblemente lo utilizaríamos en este presente. Al mismo tiempo, conoceríamos de donde venimos y a donde vamos como especie.

Este misterio y otros mas de muchas otras civilizaciones en el planeta, encierran posiblemente la "verdad" que hemos estado buscando los seres humanos de todos los tiempos.

Al saber quienes y como fueron estos enigmáticos constructores de esta majestuosa ciudad de Tiahuanaco, sabremos la razón de ser de estos monumentales lugares.

Al seguir ignorando a que se debió que tan grandiosa ciudad pasara a la historia como un gigante en ruinas, producto como ya lo dijimos del tiempo, de la naturaleza, sismos, inundaciones, guerras, conquistas, revoluciones internas, posiblemente problemas religiosos que hicieron perder la fe del pueblo en los sacerdotes, dirigentes etc., ó como algunos creen que el *enigma de Tiahuanaco no se va a aclarar hasta que no se compruebe la relación de este pueblo de América con seres inteligentes provenientes de otros mundos, de otros planetas.* Ya para finalizar mi comentario sobre esta increíble civilización Suramericana, es esta una invitación a seguir estudiando mas sobre Tiahuanaco, hasta lograr que la verdad emerja de la noche de los tiempos a la luz del hombre que pisa ya la luz del tercer milenio.

EL ENIGMA SOBRE LOS BARRIGONES DE GUATEMALA
¿LEGADO ARQUEOLOGICO DE UNA SUPUESTA CULTURA EXTRATERRESTRE?

La " democracia", nombre muy pintoresco como se le conoce a una pequeña localidad Guatemalteca cercana a la costa del Pacifico, conserva un insólito recuerdo de una civilización desconocida, estatuas ó esculturas de piedra de mas de dos metros de altura que representan a enigmáticos seres obesos y macrocefálicos, es decir de grandes cabezas.

Estas colosales figuras que parecen mirar al cielo, y hoy en día siguen siendo un misterio sin resolver para la comunidad arqueológica.

Desde que los arqueólogos Estadounidenses Lee A.. Parsons y Peter S. Jenson descubrieron en los años sesenta una ciudad ceremonial en Monte Alto, República de Guatemala, y en ella diez pirámides de tierra donde se supone y especula que adoraban a estos "barrigones" y a las cabezas colosales, existen muchísimas especulaciones sobre su posible origen.

Lo cierto es que dos estatuas estaban orientadas mirando hacia el sureste una, y otra hacia el noreste. La parte posterior de ambas caras es lisa y poseen una línea divisoria inclinada. Estas posiciones, nos hacen suponer que sus constructores, quisieron darnos a entender que estos monolitos pétreos miraban hacia el firmamento como viendo algo, como esperando algo de alla arriba.

Estas características coinciden con el hallazgo que se realizo en la región arqueológica Mexicana conocida como "La Venta", ubicado en el estado Mexicano de Tabasco en donde fueron encontradas esculturas monolíticas gigantes de rasgos negroides (nariz chata, orificios nasales grandes, labios gruesos etc.). Lo interesante es ver que este personaje apoya sus manos entrelazadas por detrás de la cabeza que, echada hacia atrás, observa el firmamento.

Tanto en la "Venta" como en la "Democracia" encontrar estos mudos testigos de culturas sorprendentes nos dicen que nuestros antepasados posiblemente conocieron seres cuyas características raciales, en definitiva muy diferentes a los propios lugareños que habitaron esos lares.

¿Quiénes eran? ¿de donde vinieron?, ¿Cómo llegaron a tierras Americanas?

Existen especulaciones, teorías, hipótesis de grandes investigadores que nos hablan que mucho antes que Cristóbal Colon "descubriera" al continente Americano, hubo visitas de seres humanos provenientes de otros continentes, que posiblemente llegaron a América.

Se habla de Vikingos, de estos incansables navegantes de los mares que originarios de los países Nórdicos eran aventureros y sobre todo excelentes navegantes marítimos.

Acaso Viracocha el dios Inca ó Quetzalcoatl en México, descritos como hombres blancos barbados, ojos claros, ¿eran estos personajes parte de alguna tripulación que llego a bordo de estas embarcaciones características de los vikingos y que decidieron quedarse en los que hoy es conocido como América, para compartir sus conocimientos con los nativos?

Otra posibilidad pudiera ser que sus embarcaciones sufrieron daños graves teniendo que quedarse a vivir entre los pueblos autóctonos del continente Americano, para civilizarlos, para ayudarles ...pudiera ser!

Volviendo a los Barrigones de la Democracia en Guatemala, *¿eran acaso dioses provenientes de las estrellas?* Estas coincidencias entre la Cultura Olmeca de México y las esculturas de Guatemala, han llevado a pensar a algunos miembros de la " Ancient Astronaut Society", presidida por Eric Von Daniken, que estas cabezas representan en realidad a dioses astronautas que miran hacia las estrellas, en espera de regresar a sus naves y en ellas a sus mundos lejanos.

El semblante de la cara de varias de estas megalíticas cabezas Olmecas de México, así como las esculturas de la Democracia en Guatemala conocidos como los "barrigones", reflejan en realidad una especie de "trance", en el que se supone se encuentran inmersos hasta el regreso de sus congeneres procedentes del espacio sideral.

Uno de los detalles que parecen dar la razón de esta especulación a la Ancient Astronaut Society, y que ha sido corroborada por el investigador Guatemalteco Oscar Rafael Padilla Lara, es que dos de las colosales cabezas llevan puestas sobre los ojos unos objetos semejante a lentes, ó gafas, muy parecidas a "goggles" que utilizaban los pilotos aéreos de la primera guerra mundial.

He visto personalmente estos atavíos extraños en esos monolitos y puedo atestiguar que en efecto, en las caras se pueden apreciar una especie de objetos redondeados sobre cada ojo.

¿Estamos acaso hablando de una ancestral civilización, que milenios antes de nuestra era ya poseía conocimientos ópticos suficientes como para fabricar lentes?

TESOROS ARQUEOLOGICOS DORMIDOS

El misterio también rodea la "datación" de los Barrigones, algunos investigadores, creen que son vestigios de los últimos Atlantes llegados a Centroamérica, poco después del gran cataclismo, que supuestamente hundió al mítico continente hace 13,000 años.

Mas adelante, comentaremos un poco mas sobre este mítico continente conocido como la Atlántida, lugar del que se habla en muchas culturas, civilizaciones antiquísimas de diferentes partes del planeta.

220

Solo me atreveré a adelantarles una cuestión, si como dicen muchos estudiosos y científicos puristas, la Atlántida no es mas que una leyenda mítica, agrandada por el paso del tiempo por personas de mente muy calenturienta e imaginativa…¿como es que pueblos muy antiguos hablan de esta supuesto continente perdido que nunca existió? …bueno en opinión de algunos, por lo menos eso se atreven a decir, unos que si, otros que no existió.

¿Es que acaso en realidad la Atlántida si existió?

Continuemos con la Democracia en Guatemala y sus Barrigones. Lo interesante es que los rasgos morfológicos que nos hablan de características raciales Negroides, muy diferentes a las de los habitantes de esos lugares en esos tiempos, ya que hoy en día, la influencia racial negra esta muy marcada en pueblos Centroamericanos .

La mayoría de los "barrigones" tienen carrillos (mejillas), mofletudas, obesas, gordas, ojos abotargados como alguien que recién se levanta de un intenso sueño, es decir ojos muy Hinchados ó párpados con Blefaritis, edematizados. Al mismo tiempo, los ojos son alargados ó rasgados (achinados), nariz mutilada (?), es decir el tabique nasal hendido, como la nariz de un boxeador al que le han fracturado el tabique nasal, es decir "nariz chata", labios gruesos, carnosos, las líneas de las comisuras son profundas que se prolongan hasta el mentón, las manos descansan sobre la "barriga", como lo hacen generalmente las mujeres en gestación u embarazadas, que no alcanzan a cubrir el vientre en su totalidad, por prominente y grande, a fin de cuentas las extremidades superiores, descansan sobre la "panza" de estos seres enigmáticos.

El semblante a nivel general, es tranquilo, relajado, sereno, como en una especie de trance místico.

Recordando algo de la zona Olmeca en México, se han encontrado piedras magnéticas perfectamente rectangulares, con una ranura a lo largo de lo que se puede considerar la cara.

Si se pone un trozo rectangular y delgado de madera ó algún otro material ligero que flote en el agua, actúan como una especie de "brújula". Está hecho, según algunos investigadores como un instrumento de gran valía para los Olmecas.

Este hecho según dichos expertos, explicaría el por que tantos monumentos Mayas y Olmecas están orientadas hacia el polo norte magnético y no geográfico.

¿Es esto solo una coincidencia solamente?, tantos rasgos raciales diferentes a los constructores de estas esculturas, ¿en diferentes partes del mundo?, si pensamos en las fechas en que debieron de haberse construido, no podemos mas que sorprendernos y seguir especulando al respecto, ya que no había manera de comunicarse tan fácilmente como ahora.

El misterio sobre el origen de los Barrigones sigue vigente. Esta zona cuna de los barrigones es asolada por fenómenos metereológicos naturales muy destructores, terremotos, erupciones volcánicas que con su lava, ¡cubrieron pueblos enteros!

La zona del pacífico Guatemalteco está en espera de que investigadores, de gente con deseos de desentrañar el pasado rescaten de sus misterios guardados para que nosotros conozcamos sus secretos, que nos hablaran sobre sus moradores, sobre sus vidas, su cultura.

Estos secretos que esperan ser develados por atrevidos investigadores darán mucho trabajo a arqueólogos que quieran saber mas sobre el pasado, sobre todo que nos lleve a conocer quienes eran estos seres "barrigones" que fueron dejados labrados en roca para la posteridad.

EL TESORO MÁGICO DE LOS QUIMBAYAS

¿Quiénes eran los autores de estas obras de orfebrería increíbles?

¿De donde vinieron?

¿Eran naturales de la región? ¿...provenientes de otros continentes? ¿... Quizá extraterrestres?

El museo de América en Madrid, España guarda un legendario e increíble y singular tesoro, el que se dice perteneció a los Quimbayas de Colombia, una colección de impresionantes piezas únicas, rodeadas de misterio. A ciencia cierta se desconoce quienes fueron sus enigmáticos y misteriosos orfebres. ¿Como pudieron hacer estas obras de arte?, hermosas, precisas, de singular elaboración artesanal.

Los dioses de la antigua Colombia, nos dejaron uno de los legados mas importantes, valiosos y hermosos a la humanidad: El tesoro de los Quimbayas, casi un centenar de piezas de oro, algunas de las cuales pesan mas de un kilogramo de este áureo metal. Este excepcional patrimonio exhibido en Madrid bajo medidas extremas de seguridad, acorde al patrimonio que protegen diría con mayor precisión, nuevamente nos hacen "apreciar" el buen gusto de los españoles, que decidieron "salvar" estas obras, "llevándoselas" a su tierra, para supongo "guardárselas" a sus auténticos dueños, los Quimbayas, ¡los Colombianos!

La perfección con la que fueron realizadas muchas de estas piezas de orfebrería, deja atónitos, maravillados, a profanos y a conocedores del arte de la orfebrería, calificados en el arte de "crear" obras de arte con metales preciosos.

Nadie se explica como era posible en esos tiempos aplicar técnicas tan depuradas, tan sofisticadas, imposibles de reproducir aun hoy en día, pero en el caso del tesoro de los Quimbayas, ¡los crearon hace mil ó dos mil años!

El rico ajuar funerario esta formado por varias estatuillas que representan seres humanos, cascos con relieve, brazaletes, collares, recipientes, cetros, alfileres y otras piezas increíblemente hermosas y valiosas.

Estas piezas antes de su expropiación en nombre de la cultura, de la religión, del conquistador, del poderoso, pertenecían a un pueblo singular ..¡los Quimbayas! Así es que un día antes de su "robo" en aras de la cultura y civilización, pertenecieron a este pueblo que habitaba en el valle del Cauca, en la región Nor-occidental de Colombia, entre altísimas montañas, algunas de mas de 5,000 mts. de altura, lo que hoy son tierras semidesérticas ó de escasa vegetación. Fue en la época de los antiguos Quimbayas, una tupida selva asentada sobre fértiles cenizas volcánicas.

El tesoro supone un verdadero reto para todos aquellos que lo han estudiado, no solo por la desconcertante y fascinante perfección técnica, también por su belleza estética, por desgracia no muy común en el continente Americano.

Las figuras humanoides fundidas en oro, poseen facciones que difieren de las de los otros pueblos de la zona, adornadas con insólitos atuendos, que parecen estar en actitud de "trance" ó e meditación profunda. (¿Quizás bajo los efectos de la hoja de coca?)

Mas de algún "sensitivo" ha podido percibir extrañas vibraciones al contemplar el misterioso tesoro, pero no es necesario ser un paragnosta, para dejarse embelesar por estas estatuillas de singular hermosura.

Estas piezas son capaces casi de hipnotizar a quien tiene la fortuna de verlas. Su magnificencia artística, embelesa a cualquiera, observándolas con detenimiento, irradian tranquilidad, placidez, serenidad, haciendo que nos replanteemos nuestras ideas sobre esos "primitivos" (?) pueblos y sobre las teorías que la arqueología convencional y tradicionalista, miope y pseudo conocedora pretende "vendernos". Me permitiría agregar algo: ¿que pueblo era el incivilizado?...¿el inculto?...¿el conquistado ó el conquistador?

CACIQUES ILUTRES...CENIZAS DE COCA

Los investigadores no coinciden al intentar explicar el significado de las esculturas de los Quimbayas. Tampoco se atreven a dar por sentadas las teorías que intentan endilgarnos. La causa ... son muy pocos los datos, los conocimientos sobre este Pueblo Quimbaya.

Algunas de las piezas de oro expuestas nos muestran a hombres y mujeres desnudos, varios en posición sedente, sujetando entre sus manos objetos parecidos a ramas de árbol u otros vegetales.

En opinión de algunos arqueólogos, las caras, las facciones de estas estatuillas, nos hacen pensar en un cierto aire "ausente", ó "catártico", con los ojos cerrados ó semi-cerrados, como alguien semi-dormido. En opinión de algunos de esos investigadores, esta expresión se debe a la costumbre de consumir hojas de "coca" mezcladas con cal, ó con alguna otra planta alucinógena. Bien sabemos que para los pueblos antiguos, el ingerir substancias alucinógenas extraídas de plantas, era para ellos algo normal, sobre todo con finalidades mágico-religiosas como en el caso de los pueblos antiguos de Colombia, Perú, Bolivia, México etc.

Lamentablemente otros "vividores" contemporáneos, hicieron de esto un negocio redondo, hasta ser hoy en día, uno de los males sociales, económicos, de salud mas graves de la sociedad mundial. Todo parece ser que este cáncer que mata, embrutece, minimiza a los adictos, que lastima a la familia, a la sociedad, pero sobre todo al dependiente de estas drogas, será lamentablemente una exportación al nuevo milenio.

Pero volviendo a los Quimbayas, corroboran la hipótesis del consumo de droga de este pueblo antiguo, el haber encontrado residuos de estos alucinógenos en el interior de recipientes llamados "poporos", además de personajes representados portan al cuello pequeños recipientes que supuestamente contenían estas substancias.

El uso y consumo de la coca como euforizante ó estimulante, estuvo muy extendido por casi toda América pre-Colombina. Se solía hacer una pequeña bolita de cal, envuelta en hojas de coca y luego se mantenía en la boca como quien trae un caramelo.

La cal como alcaloide, libera los jugos que se encuentran en las hojas de la coca y con estos, sus principios activos.

Otra hipótesis sugiere que en lugar de cal utilizaban huesos humanos molidos, con propiedades igualmente alcaloideas, un hecho que eleva aun mas la dimensión trascendental de esta practica ritual.

Pero... ¿quienes eran estos personajes tan ilustres? ¿....como para querer dejar para la posteridad su paso por el mundo, como para perpetuar su presencia con la representación de estas figuras de oro?

Volvemos nuevamente al terreno de las especulaciones, de las teorías de lo que se dice al respecto. Una de estas teorías, sugiere que se trataba de caciques muy poderosos, tanto hombres como mujeres; precisamente estas ultimas, las mujeres representadas en oro, simbolizaban el poder matriarcal, que desaparecería posteriormente de esas culturas.

GIGANTES Y VAMPIROS

En el museo de América y en la colección privada de Vicente Restrepo, existen estatuillas que en la opinión de Ernesto Restrepo, investigador e hijo del propietario de la interesante colección privada, son verdaderos "hombres vampiro". Los citados personajes representados en las estatuillas, tienen alas en lugar de orejas y dientes caninos muy agudos y prominentes.

Al igual que en el antiguo México, existieron sociedades secretas o cofradías de "nahuales", hechiceros que incorporaban el espíritu y la forma de algunos animales, adoradores del jaguar. Pues bien, este tipo de personajes tan únicos e interesantes, también se dieron en la Colombia pre-colombina.

Aunque en el caso de Colombia, el animal sacralizado, fuese el murciélago vampiro, bebedor de sangre animal o tal vez hasta humana.

Otras teorías sostienen que los Quimbayas eran una raza especial, un pueblo de seres gigantes.

En algunas de las tumbas se han encontrado osamentas humanas que en opinión de Ernesto Restrepo, reflejada en su obra Ensayo Etnográfico y Arqueológico de la Provincia de los Quimbayas en el nuevo Reino de Granada que escribió en 1898, estos esqueletos humanos, poseían dimensiones ¡extraordinarias! Así se puede verificar en algunos cráneos y otros huesos largos encontrados por el investigador y su equipo.

Otro misterio lo constituyen las tumbas que los cuáqueros o saqueadores de tumbas llaman "la pata sola", que consiste en sepulturas en las que los restos mortales del allí enterrado, solo tienen una sola extremidad. ¿Seria esta una amputación producto de una forma de castigo? o ¿eran estos individuos de una ¿casta especial? ¿Acaso esto representa un antiguo ritual? ... al tratarse de los Quimabayas, todo seguirá siendo solo un misterio como ¡hasta ahora!.

LLEGARON LOS INDÚES ANTES QUE COLON A AMÉRICA?

Otros investigadores como Heine-Geldern, experto mundialmente reconocido en metalurgia pre-hispánica, opina que las piezas de orfebrería Quimbaya adoptan las mismas técnicas que pueblos de Asia acostumbraban en ese mismo tipo de trabajos.

Especialmente esta similitud se puede apreciar con las técnicas de Indonesia y la India. Según Heine-Geldern, las figuras humanas de las piezas encontradas, su estética, serian de ...origen ¡Indú!, lo que probaría que este pueblo es decir el Indú, alcanzó las tierras de América mucho antes que Colón viniera a ellas. ¿Habrían podido los Indúes navegar desde tan lejos? Al decir de algunos arqueólogos difusionistas, conocidos como los malditos de la arqueología, este pueblo el Indú, desarrolló un tipo de embarcaciones que le permitió surcar los mares Indonésicos y aparte de los del Pacífico, por tanto no seria nada descabellado que hubieran llegado a América, saltando de isla en isla a través de la Polinesia.

Heine-Geldern sostiene que los Indúes llamaban a algunos pueblos del sudeste asiático SUVARNABHUMI, que significa ¡Tierra de oro! y SUVARNANDVIPA que se traduce como isla de oro.

Él cree, es decir este investigador, que esos nombres no aluden a territorios cercanos como Borneo, Sumatra o Malasia, mas bien el cree que estos nombres correspondían a algunas regiones allende las fronteras de sus mares.

Es también posible que el afán de los Indúes por el oro, hubiese impulsado a pueblos como los enigmáticos Dongson que habitaban una región entre China y Laos, a viajar transoceánicamente en busca de lugares con este preciado metal áureo. Hein-Geldern va aun más lejos, En su opinión, los contactos no eran meramente esporádicos sino que los Dongson, o al menos una "misión", un grupo de ellos, se establecieron como una colonia en territorio Colombiano. Estos grupos inmigrantes ejercieron una fuerte influencia en los pueblos antiguos de la Colombia pre-Colombina, pero quedaron rápidamente absorbidos por los mismos Indígenas, como sucedió con los colonizadores Indúes en los primeros siglos de nuestra era.

Existen pruebas que corroboran esta interesante teoría. José Pérez Barradas relata en su libro Viejas y nuevas teorías sobre el origen de la orfebrería prehispánica en Colombia editado en 1956, que encontró una perfecta cabeza de Buda en un pectoral "Calima", y otra en un pectoral de la cultura "Tolima", de estilo similar a los de Sumatra de entre los siglos VI y VIII de nuestra era d.c., que son dos claros ejemplos que dan la razón a quienes sostienen esta interesante tesis de la visita Indú a América antes que Colón.

Ambas culturas, la Calima y la Tolima, ocuparon un territorio muy cercano a los Quimbayas. En el tesoro Quimbaya, encontramos varias piezas de oro, con rasgos netamente Indúes, incluyen ornamentos similares y poporos conformados de manera semejante a los templo Indúes.

¿INFLUENCIA ALIENÍGENA?

Por otra parte, en la obra de Restrepo, se lee, que los Quimbayas colocaban los cadáveres de sus muertos con el rostro mirando hacia el oriente y los envolvían en arcilla blanca, o sea ¿mirando en dirección a su lejana patria?, o a la de sus antepasados aun mas remotos, recordemos que muchos pueblo orientales, también envolvían los cuerpos de sus muertos en arcilla.

Ya en la época de la conquista, los cronistas narraron que las entradas a las casas de algunos caciques Quimbayas, estaba adornadas por hombres de madera, de tamaño natural que miraban al oriente con expresión de espanto.

El reconocido escritor de ficción y astro-arqueología, investigador Suizo Erick Von Daniken, como es clásico en él, se arriesga y se atreve aun mas al afirmar que la orfebrería Colombiana es producto de la enseñanza e intervención de entidades alienígenas provenientes del cosmos que algún día que se pierde en la noche de los tiempos, llegaron a nuestro planeta.

Entre otras evidencias, aduce la presencia de ciertas obras de orfebrería que representan a pájaros o peces voladores en opinión de algunos; pero que otros como Von Daniken, afirman que representan aeronaves de estilo muy aerodinámico, que nos hacen pensar al verlos de inmediato, en aviones de combate actuales de diseño muy altamente tecnológico y aerodinámico, aunque algunos de estos objetos fueron encontrados en territorio Quimbaya, parecen en realidad pertenecer a la cultura Tolima.

Otro objeto enigmático y desconcertante que figura en el catálogo del museo del oro en Bogota, es un estrafalario personaje de la cultura Calima de dudosa y desconocida procedencia, se trata de un 'HUMANOIDE"; cuyo rostro se encuentra cubierto por un casco que lleva a sus espaldas una especie de mochila.

La cultura Calima, vecina de la Quimbaya, también se adscribe al limbo arqueológico, cuyas dataciones suscitan acaloradas polémicas entre los investigadores. Lo que sí acuerdan es que es una de las mas antiguas de Colombia.

El cronista español Jorge Robledo, habla en su libro de "Las Provincias de Anserma", escrito en 1542, de un objeto que algunos miembros de la "Ancient Astronauts Society" han descrito como un emulador de lo que hoy en día conocemos como micrófonos, supuestamente copiados a los dioses astronautas. Tiene los Quimbayas por bajo del labio que esta sobre la barba hechos muchos agujeros que traspasan la boca, y por allí se meten unas barritas de oro que los cristianos llaman barbas, que cuelgan en realidad hasta mas abajo de la barba. Son los agujeros tan grandes, que la comida se les sale por ellos... es esto una burda imitación de tecnología muy superior proveniente del cosmos?.

Los caciques importantes eran enterrados con sus esclavos, sus esposas y favoritos aun vivos en la bóveda subterránea que podían alcanzar los 20 metros de profundidad. Los crueles caciques no se contentaban con ordenar la muerte de sus allegados, también "mataban" a algunas de sus joyas (?). En varias tumbas se han encontrado varias piezas quebradas o rotas o simplemente dobladas a propósito, producto de un acto intencionado mas que causas fortuitas posteriores al enterramiento..

La perversidad de los Quimbayas los Indújo al canibalismo, practica por cierto muy común entre pueblos vecinos. Sacrificaban a sus prisioneros de guerra y partes de sus cuerpos eran exhibidos como macabro trofeo, relatan los cronistas españoles, que a la entrada de las casas de los Caciques, de los grandes señores, era muy frecuente encontrar cabezas embalsamadas, recubiertas de cera como símbolos mágicos de poder.

DATACIONES INEXACTAS

El mayor escollo para los investigadores del tesoro de los Quimbayas es la datación de las piezas que lo conforman.

Para la arqueología oficial, se trata de un periodo comprendido entre el 900 y el 1200 d.c. El análisis con el uso del carbono 14 es imposible, ya que este método como ya saben Uds., es solo para aquellos materiales que contengan ¡carbono!

La datación de las piezas se convierte así pues en solo hipotético. No se extrañen si deciden consultar alguna bibliografía sobre los Quimbayas donde se encuentren con autores que proporcionen fechas distintas. Solo se basan en comparación de estilos y estética de culturas vecinas, explica Salvador Rovira, conservador en jefe del museo de América en Madrid y autor junto con Mariano Cuestal del libro de "Trabajos en metal del área Andina". El autor argumenta que solo unas cuantas piezas han sido debidamente investigadas por los equipos de laboratorio, aun existen muchas en espera de su estudio, de su investigación. Es posible que la orfebrería Quimbaya mas refinada pertenezca a una época muy anterior a la que usualmente se le data. Tal vez como el propio Rovira y el Museo del Oro de Bogota, existió un periodo llamado Quimbaya temprano, que representa lo mas esmerado de su arte. Ha sido muy poco estudiado por los científicos, pero podría datarse entre los anos 200 a 1000 d.c. Esto de acuerdo a los rasgos mostrados por la cultura de Calima.

TESORO ESCONDIDO EN ESPERA DE SU RESCATE

Otro aspecto que contribuye al misterio de la cultura Quimbaya es el hecho de no haber encontrado hasta hoy en día, el mas mínimo resto de algún horno de fundición. Esto podría aclarar algunas dudas respecto de sus avanzadas técnicas de orfebrería de este pueblo. Otro aspecto desconcertante, es el de que posiblemente todos los materiales con los que fueron hechas estas joyas de orfebrería Quimbaya no son de origen ¡Quimbaya! Existen en el tesoro, en la colección, piezas de Panamá y de otras regiones de Colombia sobre todo del tipo Calima. Algunas piezas pudieron haber pertenecido a los antepasados de los presuntos caciques muertos y esto haría que su antigüedad se remonte aun más de los que ya se especula.

Curiosamente, los Quimbayas a los que les tocó relacionarse con los españoles durante la conquista, en realidad elaboraban objetos de bajo nivel artístico, aunque para estos mercenarios, lo mismo les dio lo bien hecho que lo mal hecho. Todo lo robaron y lo fundieron sin importarles la calidad artística, todo se lo llevaron, por lo menos lo que vieron.

Estos eran lo que los investigadores han llamado Quimbayas históricos, que eran posiblemente los parientes muy lejanos, pero muy lejanos, de los grandes orfebres. Así es que el pueblo Quimbaya antiguo eran los artistas, los más contemporáneos, digámoslo así. Nunca aprendieron estas técnicas refinadas de trabajos en oro de sus antepasados.

Será posiblemente urgente realizar mas trabajos de excavación en las riberas del río Cauca, en su valle para rescatar mas piezas que contribuyan a develar este misterio, que nos ayuden a reconstruir este rompecabezas histórico de los Quimbayas.

Uno de los graves problemas que enfrentan los verdaderos investigadores es que la mayoría de las tumbas, las que no fueron saqueadas, son ahora saqueadas por los carroñeros modernos, por los Huáqueros que roban lo poco o mucho que encuentran destruyendo aun aquello que no representa un valor monetario para ellos. Estos parásitos humanos han saqueado todo para luego vender las piezas al mercado negro del arte internacional, para agrandar el acervo ilegal de los grandes magnates que posiblemente ni se dignen estudiar nada sobre sus orígenes, solo los tienen para presumir entre sus allegados.

Eso seria en el mejor de los casos. Lo cierto es que la mayoría, al igual que los conquistadores, funden las piezas para borrar rastros de ilegalidad, matando así la historia y la posibilidad de saber la verdad sobre su origen sobre sus creadores.

Es muy posible pensar que aun el mayor y mejor tesoro Quimabaya este por descubrirse. Durante la conquista, los Quimbayas sostuvieron muchas guerras con sus vecinos. Según el historiador español Jorge Robledo, sobre todo con los antropófago Putimaes. Luego gracias a los mercenarios españoles, sufrieron una epidemia de viruela que los diezmo en número, especialmente en un brote ocurrido en el ano de 1592. Los pocos sobrevivientes se retiraron a las montañas en donde fueron sacrificados a manos de los Pijaos; pero antes de abandonar sus viviendas, sus chozas, extrajeron el oro de sus enterramientos para no dejar nada a sus enemigos. Por eso se dice y se cree, casi a pie juntillas, que muchos de los tesoros que pertenecieron a los Quimbayas, deben de estar aun enterrados a los pies de las cordilleras, lejos de los españoles, lejos de los Huaqueros, en espera de investigadores auténticos que rescaten su rico y enigmático pasado.

Capitulo VIII

MISIONEROS SIDERALES DE OTROS MUNDOS Y CONTACTADOS DE TIEMPOS PRETÉRITOS

ÓANNES
El enigmático hombre pez de la antigua Babilonia.

QUETZALCOATL
¿Dios ó extraterrestre?

EZEQUIEL
El profeta bíblico que "avisto" a "La Gloria del Señor"

PAKAL
El cosmonauta prehispánico del Palenque en México

Al intentar buscar explicaciones lógicas, congruentes, con sentido común, con contenido neuronal sobre el origen del hombre, no podemos ni debemos "comprar" cualquier propuesta como las muchas que nos han endilgado por siglos y generaciones los "dueños" aparentes del universo, o al menos de nuestro planeta. Es decir esos seres humanos que manipulan nuestras conciencias, aprovechándose de nuestra ignorancia, nuestros miedos, nuestra apatía mental, para imponernos sus muy cuestionables "VERDADES" que nos imponen camuflajeados en su "cáscara" o envoltura como dogmas infalibles de *Fe,* mismos que hay que aceptar aunque no se comprendan de acuerdo a los manipuladores que los venden.

Debemos de reflexionar sobre la historia de pueblos y sus culturas ancestrales, tan antiguos como el hombre mismo, que nos relatan en sus leyendas, en sus crónicas sobre su "verdad" acerca del origen del mundo, del hombre etc.

De igual manera debemos escudriñar, vislumbrar en dichos relatos la

230

presencia de seres inteligentes con habilidades y características "prodigiosas" no comparables con el humano para por lo menos "dudar" razonablemente si posiblemente fueron ellos nuestros **CREADORES**, quienes desde siempre nos vigilan desde algún lugar que pudiese ser nuestro planeta mismo o fuera de él, que están pendientes del desarrollo evolutivo de la especie humana.

Al compartir con Uds. esta tesis, esta posibilidad, descabellada para algunos, sobre todo para aquellos que ven afectados y amenazados sus intereses, vamos a conocer lo que algunas civilizaciones nos refieren sobre "seres" extraordinarios que los visitaron, y que sobre todo compartieron con ellos su sabiduría.

No pretendo convencerles a Uds. que se dignan leer esto, que es literalmente la verdad, pues bien sabemos que lo que es la supuesta verdad, se deforma por la acción del tiempo y de las connotaciones personales de cada relator de un hecho. Así es que solo les pediré como ya es reiterativo en esta obra, ¡MENTE ABIERTA!, libre de prejuicios. Conozcamos algunas referencias antiquísimas y sobre todo conocidas e investigadas, sobre estos supuestos seres "extraordinarios" que han venido a vivir, a convivir y a compartir sus conocimientos avanzados, nutriendo y enriqueciendo los conocimientos del hombre de ese entonces.

Dichos conocimientos no solo en el orden de las ciencias, también en lo moral, intelectual, en lo social, lo que permitió un desarrollo armónico del pueblo que se vió favorecido por esa especie de "misioneros" siderales. Al igual que muchos seres humanos en la actualidad, se desplazan a lugares remotos para compartir una mejor forma de vida, como hacer de su vida de mas calidad y cantidad, mostrándoles no solo asuntos meramente doctrinarios y filosóficos como antaño lo hacían los misioneros religiosos, ahora los seglares son tan o más importantes que la religión que algunos propagan. También es importante enseñarles a obtener mejores cosechas, a potabilizar el agua, a evitar epidemias etc.

Así es que teniendo en cuenta todo lo anterior, iniciemos con algunos relatos de algunos de estos personajes aparentemente no humanos que dejaron honda huella entre quienes les conocieron, de tal manera que su presencia entre los seres humanos de ese entonces quedó plasmada para la posteridad en antiguos escritos gracias a los cuales hoy dia en pleno siglo XXI conocemos sobre su existencia, sobre su visita, sobre su ¡obra!

Un suceso ocurrido en la *antigua Babilonia* cambió por completo la mentalidad, la idiosincrasia y el conocimiento del pueblo Babilonio.

Es mas, hoy día, es posible detectar la huella imperecedera que dejó el personaje del que a continuación hablaremos en la civilización Babilonia.

Siglos antes de Cristo, en un lugar localizado entre los ríos Tigris y Eufrates, se encontraba un país llamado Babilonia, lo que hoy conocemos como el país de Irak, al que visitaban gentes de varias naciones por que era muy bello, por su gente que aunque no lo crean, en ese entonces era más amable que la actual, aunque sus costumbres eran digamos un tanto "relajadas" en lo moral, displicentes y hasta licenciosas.

Estos moradores, estas gentes, según las crónicas, vivían sin orden, sin gobierno, como las "bestias" como califican algunos historiadores en sus crónicas.

En medio de aquella ignorancia y anarquía, que contrastaba con las riquezas naturales de esa región, sobre todo a nivel agrícola de esas maravillosas tierras, en donde había abundancia de árboles frutales aun no se sabía sobre riquezas en hidrocarburos ni su uso, apareció cierta vez (se habla de la primera de quince miríadas de años), un "ser" muy extraño pero sumamente extraordinario de acuerdo a los antiguos escritos.

Dicho ser, era nada menos que *mitad pez, mitad ¡ser humano!* La singular criatura surgió de pronto de las profundas aguas del mar de Eritrea, al parecer lo que hoy en día conocemos como el Golfo Pérsico, este enigmático y singular ser, se hacia llamar "**Oannes**".

De acuerdo a lo narrado por Apolodoro, el cuerpo entero del ser, era como el de un pez, que debajo de su cabeza de pez, tenia otra!…de humano, además de unas extremidades inferiores parecidos a los pies de un humano, pero unidos a la cola de un anfibio o a la aleta caudal de un pez, su voz, su lenguaje era articulado y armonioso, sus sonidos guturales entendibles como los de un ser humano común.

Es importante aclarar que la información que sobre este ser tenemos, fue transmitida por un sacerdote Babilonio que vivió en tiempos de Alejandro el Magno cuyo nombre era "Beroso", el cual escribió en Griego la Historia de Babilonia, obviamente en su propia versión, de la cual lamentablemente hoy en día solo quedan fragmentos. El resto se perdió en la noche del tiempo, posiblemente como siempre por negligencia del hombre mismo.

Se sabe también que esta historia fue documentada y fielmente basada en textos originales "cuneiformes" que se guardaban en recintos secretos de los templos más antiguos Babilonia.

Al hablar el estudioso escritor de esta historia, concluía que la civilización Babilónica ….procedía de un grupo de seres "anfibios", muy –extraños venidos de los mares, señalando que el mas conocido, mas no el único que vivió entre los Babilonios, fue Oannes, cuyas virtudes como sabio fueron conocidas y difundidas por los habitantes de la época.

La conducta, o mejor dicho, los hábitos personales de este singular ser, resultaban incomprensibles para el ciudadano Babilonio de la época. Y supongo al igual que todos Uds. que están leyendo esto, lo sería para nosotros hoy en día; creo que nos seria difícil de aceptar como "normal" este tipo de seres viviendo entre nosotros ¿o no? Aunque creo que no faltaría quien estuviese pensando en como sacar provecho de él, o hacerle una disección para saber como estaba hecho o hasta hacer un buen caldo de pescado ¿o no? ¡Ya saben como somos los humanos de todas las épocas!

Lo cierto es que Oannes tenia una conducta personal que llamaba la atención. Por ejemplo:

durante el día se la pasaba conversando con la gente. Se dice que no probaba alimentos, al menos de los que se le ofrecían siempre eran rechazados; su actividad diaria, era la de impartir (?) sus avanzados conocimientos sobre letras, sobre ciencia, artes.

Se dice que les enseñó a construir casas, templos, a recopilar leyes que les permitiese a estos semisalvajes Babilonios vivir en armonía. Les enseñó los principios básicos de la geometría.

En cuanto a la tierra, les enseñó como diferenciar los tipos de semilla, les enseñó como recolectar las cosechas, como recolectar las frutas de los árboles, les instruyó para mejorar sus modales, los humanizó, y civilizó un poco. (No se que les sucedió con sus enseñanzas ya que actualmente están, en mi opinión, casi igual que cuando apareció Oannes.) Y aunque Oannes era muy sabio en comparación de los humanos de ese tiempo, NO era mago ni obraba milagros como para transformar a esos salvajes medio brutos y desenfrenados.

Al comenzar el atardecer, Oannes se "retiraba" al mar, en donde pasaba las noches en sus aguas profundas, de acuerdo a esta versión histórica de Beroso sobre Babilonia escrita en Griego. Ahora bien, ¿quien era en realidad aquel hombre-pez? ¿De donde procedía? ¿Cómo arribo a la tierra? ¿De que manera se retiraba hasta desaparecer en la inmensidad de la superficie marina?

¿Acaso no estamos ante un claro ejemplo de un ser inteligente no terrestre? Hoy en dia, posiblemente hubiésemos pensado en un buzo con traje y escafandra, tubos, cables, tanques, etc. que le permiten "vivir" temporalmente bajo el agua. Fácilmente pudiésemos pensar en que un submarino o una estación sub-acuática le servia de morada por la noche. Pero este ser llamado Oannes aparentemente existió hace tanto tiempo, que la tecnología, la capacidad intelectual del hombre, aun no concebían ni remotamente trajes acuáticos sofisticados, ni medios de transporte submarinos. ¿Que era entonces lo que en realidad vieron los babilonios? ¿Que al no tener el conocimiento ni el lenguaje técnico para describir la extraña apariencia de ese ser, lo compararon con un hombre-pez? ¿No estaremos, mas que como una sola posibilidad, ante uno mas de los ejemplos narrados por muchos pueblos antiguos, de visitas de seres procedentes de otros planetas? Quizá nuestros ancestros, quizá con un lazo común con nuestra raza, ¿nuestros creadores? ¡No lo sabemos!

Muchos aspectos del "ente" permanecen ignorados, mas los historiadores coinciden en que bien pudiese haberse tratado de una entidad biológica de origen no terrestre que habitaba en una nave submarina en el fondo del mar, como muchos otros seres que hoy en día habitan los profundos mares sin saberlo nosotros ya que permanecen aun inexplorados en gran medida. A ello nos conduce el estudio objetivo de la civilización de la humanidad desde un ángulo abierto a las culturas del cosmos. En cada rincón de nuestro planeta encontramos ejemplos de seres extraordinarios como "Quetzalcóatl" en América, "Poseidón" en la leyenda de la Atlántida, que poseía un carro (?) tirado por delfines, "Semyaza" aquella mujer que comandaba a los hijos de Dios (?) en la torre de babel viniendo del cielo, como ellos, para unirse a los hombres y enseñarles las bases para una vida mas pacifica, culta, productiva, armoniosa y respetuosa.

La sabiduría de Oannes y de otros seres como él, únicamente pueden atribuirse a seres originarios de algún punto del universo ajeno a la tierra, de este y posiblemente de otros mundos. Misioneros partieron para ayudar a los habitantes de la tierra, conviviendo con el ser humano para sacarlos de su estado de atraso y ayudarles a florecer con el paso del tiempo.

¿Que esto no es lo que algunos seres humanos hacen por otros semejantes en la actualidad? Los misioneros laicos y religiosos, junto con el rollo doctrinario que profesan y que pretenden imponer a sus "infieles" o no creyentes por la ignorancia o por profesar otras religiones, también han aprendido que antes que religión hay que llenar los estómagos, así que les instruyen en agricultura, ganadería, construcción etc. ¿Por qué entonces, descartar la posibilidad de que seres mas avanzados hubiesen venido o siguen viniendo o estén aquí provenientes de algún punto del inmenso universo para limar y pulir el diamante en bruto que era y sigue siendo el ser humano, para ayudarle a descubrir su potencial que lo lleve al pleno desarrollo como especie y continuar la misión a la vez de convertirnos en misioneros colonizadores de otros mundos como ya lo estamos intentando en la actualidad.

Ejemplos de visitas de ET de la interacción de estas entidades inteligentes de origen desconocido pero no terrestre, ¡sobran! Ahora recuerdo y traigo a mi mente para compartir con Uds., sobre una antiquísima etnia africana de Malí, los Dogón, de la que hemos hablado brevemente en otros capítulos que conservan entre sus tradiciones, la más sorprendente crónica aeronáutica desde tiempos inmemorables.

Esta tradición de los Dogón habla de seres extraterrestres provenientes de la estrella Sirio, perteneciente a la constelación del can Mayor. Los nacidos en ella tuvieron como cuna un medio acuoso y lograron una cultura tan elevada, que la extendieron por la faz de la tierra.

Y cuando se dice que propagaron y compartieron sus grandes conocimientos por el orbe, significa que sembraron su sabiduría en lugares como Egipto y el Sudán y muchas otras partes.

En pocas palabras, los Dogón han mantenido un vivo conocimiento de unos dioses cósmicos que dieron apoyo intelectual, tecnológico etc. para que civilizaciones como la Egipcia en el valle del Rió Nilo. Es importante hacer una precisión justa, los Dogón proceden del antiguo Sudán, de un Reino que en parte fue Egipto.

De esto narra el profesor W.B. Emery en su obra "El Arcaico Egipto". En ella dice textualmente entre otras cosas, que hace aproximadamente 3,400 años antes de cristo, tuvo lugar un gran cambio Egipto. Pues este paso rápidamente de un estado de cultura neolítica, a dos monarquías bien organizadas, una que comprendían el área del delta y otra el valle del Rió Nilo.

Investigaciones actuales convergen en que todas luces existe un enigma a este punto indescifrable sobre una civilización súbitamente nacida de la nada como creada por generación espontánea; aunque los orígenes nos conducen a *"entidades" procedentes de una estrella como Sirio, seres con características acuáticas y terrestres como Oannes,* que contribuyeron a sacar a la humanidad del infra desarrollo de tiempos remotos, y encaminarlo a un futuro prometedor y halagüeño. Desde siempre el ser humano interpreta el bien y el mal de manera subjetiva, de acuerdo a su cultura a sus conocimientos, a sus miedos, prejuicios, supersticiones. Lo que unos llaman ángeles, para otros son demonios. Lo que para algunos son representaciones del bien, para otros son el mal.

En nuestro planeta existen culturas o "civilizaciones" donde sus costumbres mas respetables podrían ser toda una ofensa en otras parte del mundo.

Por eso, podemos pensar con cierto temor a equivocarnos, ya que desconocemos si los tripulantes de naves voladoras no identificadas y de aparente origen no terrícola obedezcan reglas "éticas" y "morales" que pudiesen aplicarse (?) universalmente. Esto obviamente pensando que lo bueno o malo para la humanidad, fuese igual para el ser de cualquier otro planeta, cosa de por si arrogante pensarla, pues esto no pone nuevamente como el centro de universo, cosa cuestionable.

Pero no cabe duda, que para la mayoría de las culturas, el cielo y las estrellas representan la "divinidad" y el"hogar" de los dioses. A través de la historia hemos podido comprender que el cielo es por excelencia el lugar preferido de las "divinidades" y los ángeles, ya sea para manifestarse, ya sea para vivir.

Muchos "contactados" humanos, describen en sus encuentros a sus interlocutores como seres altos, bellos, irradiando una sensación de paz, tranquilidad, aunado a sus mensajes positivos de esperanza; también a estos visitantes que en otros tiempos se les hubieses nombrado o calificado de ángeles (mensajeros), se les atribuyen capacidades "milagrosas" como volar y facultades divinas como la curación, la adivinación, telepatía, glosolalia, etc. etc. etc.

Todo lo anterior que para muchos seria, atribuible a entidades del bien, para otras personas simplemente seria la típica representación del mal queriendo engañar al pobrecito humano. Si en la actualidad es así, con todos esos avances tecnológicos, científicos etc., imagínese Ud., hace siglos, simplemente un caos conceptual.

Podríamos pensar todo lo que Uds. quieran, pero les propongo para darle forma a los amorfo, tres posibilidades. *La primera* que a los seres que en la actualidad conocemos como extraterrestres, los estamos confundiendo con los ángeles. *La segunda* que en el pasado a los extraterrestres por sus capacidades intelectuales y tecnológicas, les denominaron y conceptuaron en categoría de seres angelicales, es decir de ángeles sin serlo.

La tercera es la posibilidad de que ambas entidades independientemente de como se les *denomine* ...¡sean lo mismo! Es decir, que ángeles y extraterrestres sean lo mismo, solo cuestión de semántica y de conceptos de como se les ha conceptuado según los tiempos.

La visita de seres "celestiales" no es exclusiva de algunas culturas ni de tiempos anteriores o actuales.

Tomando por ejemplo el Popol Vuh Maya encontramos lo siguiente:

Hombres blancos venidos de las estrellas lo conocían todo y examinaron los cuatro puntos cardinales del cielo y la faz de la tierra.

En el Chilam Balam Maya encontramos:

Seres bajados del cielo en naves volantes que vuelan en aros y pueden tocar las estrellas.

Todo esto no solo se pueden encontrar en los escritos Mayas de América, concretamente de México y de Centroamérica. En la Cultura Indú, existen innumerables alusiones al tema como los que podemos encontrar en el libro sagrado el conocido Mahabharata y también en el Ramayana, con mas de cinco mil años de antigüedad, en donde se habla de dioses que se transportan en carros voladores y con una tecnología ¡impresionante!

Esto lo comentaremos en un capitulo posterior. Ud. podrá asombrarse de estos relatos que hablan de una tecnología prodigiosa, de naves voladoras, de armas súper sofisticadas... pero de hace ¡miles de anos!, aunque hemos comentado al respecto de manera somera.

En la Biblia misma, dejando aun lado los formalismos, son innumerables los casos en donde seres divinos incluso comparten con los humanos sus propios medios de transporte y hasta.... ¡su cuerpo!

En casi todas las culturas, pero sobre todo en aquellas en las que el cristianismo y el Islamismo se profesan como religiones mayoritarias, se representa a los ángeles como seres con "alas". Si uno analiza este *concepto arquetípico* para designar la capacidad de desplazarse por los aires, que mejor que compararlo con las aves ¿o no? Al profundizar mas sobre estos seres, llegaríamos a la conclusión de que son seres híbridos, mitad humano, mitad ave o por lo menos con características de ave, simplemente unos mutantes, seres monstruosos aunque los vividores que lucran con las religiones, se han encargado de hacernos aceptarlos como algo ¿¿¡¡bello y normal!!??, seres del bien, que su finalidad es ayudarnos y ser intermediarios entre nosotros los humanos y dios (?).

Pero imagine Ud. que estos seres en realidad tengan alas o que al menos así nos los presenten quienes dicen saber de su existencia. Pero también que en caso de que de verdad existan, que tal si su "tecnología" voladora simplemente haya sido representada por alas como lo apuntaba líneas arriba. ¿Que tal si en realidad tuvieran una tecnología que los propulsara en sus espaldas como bien sabemos que hoy en día existen?

Obviamente hace siglos, no había aviones, no había helicópteros ni ninguna maquina voladora en tiempos bíblicos. Suponiendo que la gente de esos tiempos en realidad vió a seres que volaban, tuvo que haber buscado en su lenguaje carente de conceptos técnicos de los que ahora gozamos para denominar este tipo de artilugios voladores. Entonces tuvieron ellos, estas personas de tiempos bíblicos, que buscar en su rudimentario lenguaje no técnico, no científico, algo conocido con lo cual pudiesen comparar a esos extraños seres voladores o que tenían algo para propulsarse por los aires. Así es que simplemente al ver estos seres volar y teniendo al mismo tiempo características morfológicas humanas, pues les fue fácil por asociación compararlo con ¡las aves!.

Eran las aves lo único que el ser humano de la época conocía por medio de sus sentidos capaz de desplazarse por los aires. Entonces fue más "fácil" ponerle "alitas" a las representaciones de estos seres plumíferos. Ya que no tenían una explicación científica técnica etc., decidieron buscar entonces una forma alegórica y arquetípica a dicho portento de volar por parte de estos seres.

Hoy en día, sabemos que existen medios tecnológicos, equipos que permiten propulsar a aun ser humano por los aires, pero en ese entonces no existía tal tecnología, tal conocimiento, tal experiencia hace siglos.

Por ende se "comparó" a estos seres alados, con otros ya conocidos como las aves y para dar una explicación digamos mas racional a su manera de transportarse.

No es difícil imaginar entonces, que para una representación gráfica de una persona, de un ser humano en apariencia (?), con la facultad de desplazarse por los cielos, tendría que hacerse de una manera conceptualmente, culturalmente entendible en cualquier lugar y tiempo ... que mas claro y explicativo así como gráfico que un par de alas, una forma arquetípica de representar la capacidad de volar en cualquier cultura, en cualquier lugar del mundo .

También se habla de seres gigantescos descritos en innumerables capítulos de libros sagrados, una particularidad de estos macrosómicos seres, es sin duda la alusión a una característica llamada "polidáctilia", que consiste en tener uno o más dedos supernumerarios, es decir de mas, de los normales cinco dedos característicos en manos y pies, estos gigantes generalmente tenían dedos de mas.

Así es que estos seres de talla desmesurada como características aparte de su tamaño, tenían generalmente 6 dedos. Por cierto, algunos extraterrestres contemporáneos como el controvertido al que supuestamente se muestra en un video en donde se le esta practicando una necropsia, se le presenta con dedos supernumerarios con seis dedos en pies y manos, concepto al semejante del que hemos hablado.

Herodoto el sabio Griego, cuenta de cierto aventurero de nombre Lyca de Esparta, que partió en busca de los restos de Orestes hijo de Agamenón, estando en Tegea capital de la antigua Arcadia. Un herrero le mostró un lugar situado detrás de su casa y le dijo que un día que cavaba un pozo, encontró un ataúd de siete codos de largo, lo abrió y encontró un cuerpo que ocupaba ¡todo el espacio del mismo!

Hallazgos mas recientes como el logrado en Braytan, Tennessee, en donde se han encontrado huellas aparentemente humanas en la roca, estos pies tienen nada menos que 6 dedos y miden ¡33 centímetros!

La explicación sobre el origen de estos seres supuestos gigantes, lo da muy posiblemente la Biblia (Génesis 6:4) que dice: por entonces y también en épocas posteriores, cuando los hijos de dios (?) cohabitaron (?) con las hijas de los hombres y estas tuvieron hijos, nacieron los ¡gigantes! a los que llamaron Jayanes.

Podemos cuestionarnos, aunque para algunos suene blasfemo (cosa que poco me importa), como es que los hijos de dios (?), bajaron del cielo y tuvieron relaciones carnales, sexuales con nuestras mujeres humanas y luego procrear unos hijos digamos muy "desarrolladitos". Entonces estos seres "divinos" conocidos como ángeles, que muchos dicen que son solo seres de luz, seres espirituales, que por lo que nos dice la Biblia, mas bien resultaron muy carnales, muy tangibles, muy materiales, nada de sutiles, nada de etéreos como son los estereotipos que nos han vendido las religiones actuales.

Son mas bien "entes" buscando aparearse, buscando reproducirse, hibridándose con nosotros, mejor dicho con nuestras mujeres, ya que curiosamente no se habla de seres humanos masculinos, gozando de los "favorcitos" de las hijas de dios (?).

Solo estos seres que tomaron nuestras hembras, acaso con fines solamente reproductivos o libidinosos? ¿O para experimentar GENÉTICAMENTE con nuestra especie? ¿Acaso para poner trabajar sus órganos reproductivos

238

por placer? Sea cual fuese el motivo y objetivo de tan disoluta conducta de los "angelitos", parece sospechosamente selectiva y digamos hasta machista la posición de estos seres alados utilizando solo a nuestras mujeres.

Pero en cuanto a los ángeles y extraterrestres, no cabe duda de que siempre de cualquier forma, representan una fascinación para el ser humano.

Sin embargo, se ha preguntado Ud. el ¿por que actualmente es mas frecuente saber sobre supuestos avistamientos de seres extraterrestres que de los conocidos como seres angelicales?, no será que el ser humano, estamos aprendiendo a develar mas conocimientos científicos, tecnológicos, consecuentemente estamos entrando en una fase de reflexión sobre como calificar objetivamente los hechos. En este caso estamos aprendiendo a no dejarnos sorprender tan fácilmente y en lugar de "ponerle alitas" a estos seres extraños, simplemente veamos la posibilidad de que si vemos a un ser que vuela, no sea un pájaro, sino que posea una tecnología capaz de transportarlo por los aires. Estaremos siendo ahora mas objetivos y en lugar de decir que fue la "gloria del señor", ahora les digamos ¿platos volantes?

Pero sigamos analizando mas tradiciones, mas leyendas, mas historias, sigamos obteniendo datos que nos permitan obtener conocimientos razonados e inteligentes, sin fanatismos sobre nuestro origen, para intentar decodificar el misterio de nuestro futuro. Veamos lo que algunos ...digamos muchos, han querido ocultar por negligencia, otros por ignorancia, quizás dolosamente al ver afectados sus intereses mezquinos, ¿no lo cree Ud. así?.

DIOS O EXTRATERRESTRE.....¡QUETZALCOATL!, OTRO MISIONERO APARENTEMENTE PROVENIENTE DE OTRO MUNDO, BENEFACTOR DE LA HUMANIDAD

En la actualidad casi toda aquella persona con una cultura mediana, ha escuchado hablar sobre otro enigmático personaje llamado QUETZALCOATL. Posiblemente no solo generalidades, pudiese ser que conozca la interesante e increíble narración que nuestros antepasados Mexicanos nos legaron sobre este singular personaje.

Aun sabiendo que muchos de Uds. saben posiblemente mas que quien esto escribe sobre el mencionado personaje, me voy a permitir compartir algunas precisiones sobre este personaje benefactor de pueblos prehispánicos, sobre todo de México.

Este misionero llamado Quetzalcoátl, cuyo nombre significa "serpiente emplumada" compartió sus conocimientos científicos y religiosos, sirviendo de inspiración a los habitantes del México antiguo así como del centro del continente Americano.

Durante miles de años, su emblema de la serpiente emplumada, es quizá este símbolo arquetípico de una nave voladora.

Por muy ignorantes que seamos, cualquier ser humano con una neurona activa, sabe que estos reptiles, que estos animales, las víboras no vuelan. Eso lo sabían ya en esos remotos tiempos aunque no fueran instruidos en ciencias, era algo de sentido común y de la experiencia de conocer a estos animales, no poseen plumas, características de las aves que si vuelan.

¿No será acaso una forma alegórica, poética, literaria, producto de la carencia de un lenguaje técnico-científico más descriptivo? Así es que simplemente relacionaban alegóricamente lo que sorprendidos veían de este personaje superior y su posible medio de transporte, con las cosas, si que sí conocían.

Muy posiblemente la forma alargada y cilíndrica de una nave voladora fue comparada con una serpiente que era algo que nuestros ancestros si conocían obviamente, y la capacidad de volar, fue comparada con una ave, en este caso el hermoso plumaje de la pequeña ave conocida como Quetzal, o por lo menos con las peculiaridades de estas como las plumas, logrando así una descripción muy poética del portento que vieron.

Es obvio que quedaron maravillados ante lo superior de este personaje por sus marcadas diferencias raciales en nada parecidas a otro ser humano que ellos hubiesen visto, así como de su increíble nave en que se transportaba.

Si alguno de Uds., decide creer que literalmente era una serpiente voladora con plumas, no podré probar lo contrario, pero me temo que será mejor buscar una mejor posibilidad menos pueril e insólita, pero continuemos con Quetzalcóatl.

Los Toltecas lo describen como un hombre justo y muy bueno, con cabello largo y brillante como el sol, así como barbado. Su indumentaria consistía en una túnica negra muy amplia y larga con mangas y cuello corto; como ya apuntábamos era de piel blanca, frente amplia, poseía una barba abundante y rojiza y ojos intensamente azules como el océano.

Al escuchar sobre esta descripción que se hace de Quetzalcóatl, sobre sus características raciales, podemos rápidamente concluir que es obvio que este ser no pertenecía a ninguna etnia propia de la región mesoamericana.

Para no dejar pasar por alto una posibilidad nada que ver con cuestiones sobrenaturales o extraterrestres sobre este personaje único, se dice que mucho antes de que Colón llegase a tierras de América, muy posiblemente navegantes más avezados y de espíritu indomable y aventurero como los Nórdicos Vikingos, llegaron a tierras de América.

Luego que Cristóbal Colon llegase y cometiera el error de creer que simplemente había encontrado otra ruta a la India, en lugar de realizar que estaba realmente en otro continente diferente y especial …¡nuestra América!

Al respecto existen varias teorías expuestas por gentes de reconocida valía intelectual como el Europeo avecindado en México y dedicado a la antropología el insigne Gutierre Tibón.

A manera de otra razonable hipótesis sobre este personaje llamado Quetzalcoátl, podríamos pensar que simplemente fue un vikingo que llegó a estas tierras estableciéndose en ellas y compartiendo con sus moradores los conocimientos mas avanzados si los comparamos con los poseídos por los naturales.

Lo anterior, para ser o intentar ser objetivos y justos sobre la posible existencia y procedencia de este personaje del que muchos aseguran llegó proveniente de las estrellas, aquí Ud. acaba de leer otra posibilidad sobre la existencia y procedencia de este ser.

Regresando a nuestra ponencia, de que quizá este personaje en realidad fue un misionero enviado por los "elohim", nuestros *"creadores",* para limar y pulir un poco el atraso intelectual, científico, tecnológico de los antiguos pobladores de México, así es que continuemos en esta línea de pensamiento...con la venia de Uds.

Su nombre, es decir Quetzalcoátl a decir de algunos historiadores como **W. Raymond Drake**, "el lenguaje de la Atlántida". Este escritor sostiene que siendo el QUETZAL una hermosísima ave exótica de plumaje verde, y al analizar la terminación "COATL", se determina que es de origen Nahuatl y significa literalmente de acuerdo a su etimología "serpiente", es decir la palabra Quetzalcoátl, esta formada por dos vocablos. Uno perteneciente al Maya que es "co" y significa serpiente y otra del Nahuatl "atl" que quiere decir alada, es decir, ¡serpiente alada!

Atreviéndome a que por enésima ocasión sea tachado de blasfemo, impío, ateo, diabólico etc., así como otros calificativos no dignos de los castos ojos de quienes lean aquí esta obra, calificativos por otro lado, ignorantes y cargados de toxinas de quienes se ven amenazados en sus negocios de manipulación en la venta de "verdades".

Habiendo aclarado lo anterior y siendo más terco que una mula, me permitiré hacer para gozo y delicia de Uds., una alegoría, una comparación entre este "dios" o extraterrestre, o quizá vikingo, ¡lo que Ud. elija! sobre la posibilidad de su origen, y el "dios" de los Judíos.

La madre de Quetzalcoátl fue una "virgen" llamada Coatlicue y su padre el sol. Los estudiosos afirman que existe una increíble afinidad con Jesús el "cristo", hecho que asombro a los conquistadores españoles, aunque a estos entes cualquier cosa los debió sorprender, ya que eran ignorantes y mas salvajes que a los que conquistaron. Imaginen, se "sorprendieron" de las masacres en las que morían seres humanos inmolados ofrendados a sus dioses, es decir los sacrificios humanos les causaron gran estupor, calificándolos de ¡salvajes! Pero ellos, los "civilizados" mataron, masacraron a la vez a estos "salvajes" en nombre de su dios, del que luego nos heredaron ...¿eso... es ser mejor que lo que criticaron?

Lo cierto es que aunque algunos ignorantes se paren de pestañas, existe una gran semejanza entre la religión Azteca y la Cristiana.

Por ejemplo YAHVÉ, tanto el dios único del universo en opinión de millones de seres humanos, hacedor el universo, hizo que caminar a Moisés con sus seguidores durante cuarenta años, hasta encontrar ¡la tierra prometida!

Mientras a los Aztecas, su dios los obligó a una caminata de características epopéyicas y más que maratónicas, de mas de tres mil kilómetros, hasta encontrar un islote en donde encontraron a un águila devorando una serpiente posada sobre un nopal en medio de un lago!

Este símbolo de la tierra "prometida" que luego de caminar muchísimo, los aztecas encontraron, es una clara alegoría, una clarísima comparación con lo sucedido a Moisés y el resto de los Judíos.

Andreas Faber Kaiser habla sobre otros increíbles paralelismos entre el éxodo del pueblo de Israel y el éxodo del pueblo Azteca, que comienzan con la personalidad misma de las dos cabezas principales o protagonistas a saber Yahvé o Jehová por parte de los Judíos, y Huitzilopochtli dios de los Aztecas, dios del sol.

Ambos querían ser considerados como protectores e incluso como padres, eran tremendamente exigentes, implacables y sobre todo muy castigadores, además de que rápidamente entraban en cólera, se enojaban con suma facilidad, esto digamos seria una característica mas bien humana, lo digo sarcásticamente, amen de que supuestamente estamos hechos a imagen y semejanza de ellos ¿o no?

Ambos, Yahvé y Huitzilopochtli, les indicaron a sus pueblos "elegidos" abandonar las tierras que habitaban, ambos les acompañaron a sus respectivos pueblos, protegiéndoles durante su larguísimo peregrinaje.

Yahvé lo hizo en forma de una extrañísima "nube" o columna (?) de fuego y humo que les procuraba luz de noche y sombra durante el día, además de señalarles el camino adecuado. Amigo lector ...por unos momentos dése la oportunidad de pensar con mente abierta, libre de ataduras convencionales, rancias y viejas y en ocasiones absurdas y ridículas.

Acaso lo que estoy describiendo para Ud. sobre estos dioses, ¿no le hace pensar en una nave que desde las alturas "guiaba" a estos antiguos pobladores de Israel? ....¿nubes de fuego? Desplazamientos aéreos? ¿luz de noche?, ¿sombra de día?...¡por favor! Disculpen mi incredulidad, pero esto no lo puedo deglutir ni tomándome el océano Atlántico completo para que no se me atore tal bocado histórico, religioso, dogmático que nos han vendido sobre dicho suceso. Y eso que no les comente sobre el "Maná", pero no del grupo rockero mexicano tan popular, me refiero a ese alimento que nutrió a estos miles de peregrinos en su caminata de 40 añitos, que desde las "alturas" les caía.

Hoy en día sabemos que existen enormes extensiones de terreno con ganado en las que resulta difícil alimentarlos vía terrestre, sobre todo por las condiciones del terreno, por lo cual se les alimenta desde el "aire" mediante helicópteros o aviones que les dejan caer alimento o pastura donde puedan comerlo.

Es mas, hoy en día esto se ve hasta con aquellos congéneres que han sido victimas de algún fenómeno natural o durante las guerras en las que el hambre se ve saciada gracias a la generosidad de la comunidad internacional. Pues bien, estos alimentos se les "envían" desde el aire, ante las condiciones accidentadas del terreno que impiden el aterrizaje de las naves como aviones.

Así es que esto del 'MANÁ' me hace recordar simplemente esto que les acabo de compartir. Sé que dirán que en ese entonces no había aviones ni helicópteros...¡es cierto! Pero de los que les estoy intentando compartir como una posibilidad es que estos dioses, pudieran haber sido en realidad seres de otros lugares allende las fronteras de nuestro planeta, con tecnología voladora que les permitió hacer esto que la ignorancia del ser humano que recibió sus beneficios, ante la imposibilidad de definir y saber que eran ellos, era mas fácil simplemente darles connotaciones celestiales, de deidades, de seres omnipotentes.

Regresemos al tema, Huitzilopochtli, a su vez acompañaba a los Aztecas en forma de un gran pájaro o de una enorme grulla blanca (?). La tradición afirma que fue esta ave o una águila quien les acompañó a los Aztecas, quien les indicaba desde las alturas la dirección por la que debían de caminar sobre la tierra, para quienes no saben de esta caminata histórica, les diré que inicio en las tierras de lo que hoy conocemos como Utah y Arizona, hasta lo que hoy es la capital de México, la antigua Tenochtitlan. Esto me hace recordar y pensar en otra analogía para ejemplificar y comparar con algo conocido hoy día.

Las grandes extensiones de terreno de muchos rancheros ganaderos, actualmente ya no son trabajadas como antaño por vaqueros para conducir los hatos ganaderos.

Los rebaños actualmente son conducidos con vehículos motorizados como las motocicletas o los mas pudientes emplean helicópteros o aviones pequeños; así los llevan a pastizales mas ricos distantes del lugar en donde se acaba la comida.

Se que la comparación no suena muy respetuosa, no lo hago con el afán de molestar. No quiero ofender susceptibilidades, pero si las religiones se refieren a sus seguidores como "rebaño" como "ovejas", y sus representantes son "pastores", entonces no soy yo quien dice que somos poco menos que ganado, y eso sin entrar en asuntos conceptuales e ideológicos que nos harían pensar mas sobre la naturaleza "dócil" y sin voluntad del ganado lanar. No será por que desde entonces nos dejamos conducir sin voluntad, sin cuestionar nada, o podría bien ser, por que en tiempos remotos nos dejamos "conducir" por extrañas "naves" aéreas que desde el espacio nos guiaban y nos proporcionaban alimento, hasta llevarnos a los sitios en los que "ellos" los posiblemente nos crearon, hasta dejarnos en el sitio designado por ellos.

Dependiendo de la religión en cuestión, para unos era una columna (?) o nube (?) de fuego, para otros era una ave majestuosa como una águila o una grulla (?).

Pero lo mas curioso, es que los dos pueblos, tanto el Judío como el Azteca, transportaban una especie de casa sagrada, que para los dos pueblos revestía gran importancia, que además servia para "comunicarse" (!) directamente con sus respectivas "divinidades". ¿Que les parece esta similitud? Los dos pueblos cargaban lo que hoy en día conocemos como radios de comunicación que permitían recibir instrucciones ¡desde las alturas!

¡Los Israelitas cargaban con su famosísima "Arca de la Alianza" y los Aztecas con un enigmático cofre! Lo referente al "cofre" de los Aztecas lo cuenta un religioso de nombre Fray Diego de Duran, gran historiador español que escribió sobre el México prehispánico. Lo narra mas o menos en estos términos:

Cuando llegaban a algún lugar para quedarse por cierto tiempo, lo primero que hacían los Aztecas era "construir" un templo, para que alojara en el, un extraño cargamento semejante a un cofre en el que ¡llevaban a su dios!

Es obvio que los estudiosos contemporáneos del fenómeno ovni, pero los realmente serios, no los papanatas que ven hombrecillos verdes cabezones en platos voladores por doquier, dan a la supuesta águila o grulla de los aztecas lo mismo que a la nube o columna de fuego de los Judíos, la interpretación de un vehículo volador. Que no siendo parte de la tecnología, parte de la ciencia de ese entonces, forzosamente nos obligan a pensar hoy en día, en visitantes provenientes de otros lugares ajenos a nuestro planeta.

Expertos en el estudio de Quetzalcóatl, sitúan a este increíble ser, en diferentes épocas, que van desde siglos antes de Cristo, hasta el 967 después de la era cristiana.

Un cronista mexicano nombrado Alba Ixtlixochitl, experto en cuestiones nativas del antiguo México, llegó a declarar que el enigmático Quetzalcóatl, fue el sucesor de los antiguos gigantes derrotados, que vivió durante la tercera era.

Se le conocía como el sol del viento y se contemporiza con la legendaria Lemuria, sabia civilización levantada en el medio del océano Pacifico, de la que al estar a punto de destruirse como sucedió con otra mítica civilización ...¡la Atlante!, varios Lemures emigraron a lo que ahora se conoce como América.

Se dice que formaron grandes colonias en la parte Central, en la que por centurias conservaron la cultura solar sobre la faz de la tierra.

Para otros como el español Antonio Ribera, gran estudioso de la casuística ovni, Quetzalcoátl es simplemente el dios de la vida, benefactor constante de la humanidad, que después de haber creado al hombre con su propia sangre, busco la manera de alimentarlo descubriendo el maíz que tenían guardadas las hormigas dentro de un cerro. El mismo Quetzalcoátl se transformó en hormiga, se robo el grano de cereal, para luego obsequiarlo a los hombres para su cultivo.

Quetzalcoátl, mostró a los naturales de la región, como pulir el Jade y otras piedras preciosas. Este ser fue fundador de una ciudad increíblemente hermosa, importante y esplendorosa que se le conoció como Teotihuacan o ciudad de los dioses.

Por otra parte, es enigmáticamente interesante saber que Quetzalcoátl es el signo que contiene la revelación del origen celeste del ser humano. Nosotros podemos lanzar una hipótesis, que si bien resulta poco menos que increíble, no está de menos el estudiarla seriamente. ¿Pero en que consiste esta hipótesis?

Mientras que Jesús el cristo, difundía su rollo filosófico, difundía su mensaje de amor y confraternidad en el mundo conocido de ese entonces, otro personaje, en este caso Quetzalcoátl, hacia lo propio en lo que ahora conocemos como el nuevo mundo, que como vemos de nuevo o de descubierto no tuvo nunca nada, ya que siempre estuvo aquí, me refiero al continente Americano.

Cabe señalar la naturaleza contemporánea del paso de ambos personajes en este plano dimensional, y en este mismo planeta tierra.

Acaso Jesús y Quetzalcoátl y muchos otros personajes como Oannes de la antigua Babilonia o Viracocha en Sur América bien pudieron ser misioneros procedentes de otros planetas de otros mundos que llegaron para auxiliar al humano, mas no para intervenir directamente en sus determinaciones dejándole al hombre el famoso libre albedrío del que hablan algunas religiones.

De tal manera que aunque ayudaron a facilitar la vida del humano, no intervinieron en su evolución. Cabe señalar que los Aztecas al ver a los españoles, sobre todo después de descubrir que las bestias que ellos montaban y la cabalgadura eran cosa diferente, no como al principio creyeron lo cual les asustó, pues no conocían los caballos, así que al verles montados en su cabalgadura, pensaron que eran una sola unidad, un solo ser, lo que les impactó. Los españoles sacaron provecho de este desconcierto, así como de sus armas de su tecnología, de su dolo y bajezas, para aprovecharse de la ignorancia de los autóctonos.

Volviendo al tema, cuando los aztecas vieron ya desmontados a los españoles, los confundieron con Quetzalcoátl, es decir, presentaban las mismas características raciales tanto los Europeos procedentes de la península Ibérica, como este mítico ser llamado Quetzalcóatl …¿increíble verdad?

Sobre todo debido a que este dios, este personaje hubo de irse a continuar sus misiones, pero prometió regresar algún día (¿cómo Jesús?). Por cierto y para aumentar el enigma, se dice que Quetzalcóatl se fue montado sobre una "balsa" de serpientes que ¡arrojaban fuego! ¿Acaso una manera alegórica para hablar de alguna nave voladora cuyos motores despedían fuego? Así es que al ver a los Gachupines nuevamente les vino a la memoria el famoso dios pensando que había regresado…y que tremenda equivocación, eran solo unos ladrones mercenarios montados en animales equinos que venían a masacrarlos, a explotarlos, a robarlos y a imponerles su religión con la ayuda de las armas.

Así es que al ver a los "barbados españoles" les pareció que tal vez el dios que un día se había ido, regresaba y ahora con "refuerzos" al menos esto pensaron inicialmente de estos mercenarios de relucientes armaduras y cerebro atrofiado y retorcidamente destructor.

No sabiendo que esta visita en nada seria placentera, todo lo contrario a lo que Quetzalcóatl hizo por ellos, los españoles llegaron para despojarlos, para aniquilarlos, para mancillarlos.

Retrocediendo un poco hasta la "partida" de Quetzalcóatl, ¿no les parece amigos lectores, que la descripción de la balsa de serpientes arrojando fuego, humo y truenos, fácilmente nos hace pensar en una nave propulsada por potentes motores como los ahora conocidos? Bueno respeto lo que Uds. crean al respecto, pero a mí ¡sí me lo parece! A mí sí me hace pensar en la posibilidad con mente abierta, que bien pudo ser una nave de avanzada tecnología guiada por un ente no humano, al menos no terrestre.

Les recuerdo que a falta de un lenguaje técnico ante algo desconocido, algo insólito, el hombre buscaba términos, palabras comparativas de algo conocido, para describir algo desconocido.

Entonces, confundido Cortéz y sus secuaces, su tropa de vulgares ladrones busca fortunas, con Quetzalcóatl por su apariencia física externa, nos hace pensar en la naturaleza "humana" material de estos seres que en el caso de Quetzalcóatl, considerado un dios, también muestra su naturaleza digamos semejante a la humana, tangible, material, carnal. Al igual que otros personajes de gran trayectoria e influencia para la humanidad como el mismo Jesús.

Laurette Sejourne, en su libro "Pensamiento y Religión en México Antiguo", se cuestiona si no seria Quetzalcóatl un educador, un misionero, como muchos otros, que venidos de …algún lugar del espacio exterior. Sejourne aporta datos como el de su muerte y dice:

Cometida voluntariamente (¿cómo Jesús?) con carácter de redentor. Luego el ser se elevó al cielo (igual que Jesús) en donde se transforma en el planeta Venus.

De estos testimonios escritos en antiguos manuscritos se dice que el hombre es la reencarnación de una partícula celeste.

EL OTRO………… ¡QUETZALCOATL!

Existe un pequeño y pintoresco pueblo en el estado Mexicano de Morelos, llamado Amatlán de Quetzalcóatl. De acuerdo a dataciones científicas, se estima su fundación hace ¡mas de cuatro mil años! de acuerdo a la historia, crónicas que ha recogido un estudioso de esta población tan especial, el profesor Felipe Alvarado Peralta.

Quetzalcóatl como "sacerdote" del dios supremo y considerándose hijo de él, similar a la historia cristiana de Jesús que se decía hijo del padre y se entregó a él. Bueno este ser, nació el año uno carrizo o caña que es el equivalente a (843 d.c).

Se le bautizó a nombre como Topiltzin que significa nuestro venerado niño o nuestro príncipe Tlamacazqui (sacerdote).

Se le conoció además como (Ce-acátl), que era el año en que nació, también como gemelo divino de la serpiente emplumada (Quetzalcóatl)

Bien, Ce-Acátl, Topiltzin, Quetzaltcoatl, fue engendrado por Mixcoatl, serpiente de nubes, mítico guerrero tolteca e identificado con la via lactea, mismo que descendió del cielo. En una de sus múltiples visitas conoció a "Chimalma" la tierra madre, de quien se enamoró, y "fruto" del amor entre Mixcóatl y Chimalma, nació Ce-acatl Topiltzin Quetzalcóatl nuestro personaje analizado en este pasaje.

Cabe señalar que "chimalma", también significa escudo de mano, porque puso su mano en su frente, cuando Mixcoatl la pretendía, por lo cual permaneció virgen ….otra vez la importancia de la virginidad como en otras historias que ¡Uds. ya saben!, aunque la mano estoy seguro, la puso en otro lado y no en la frente para conservar su virginidad.

De igual manera se cuenta, que Quetzalcóatl, penetró al vientre de su madre, al tragar ella un "Chalchihuitl", piedra verde preciosa. Cabe señalar que este Quetzalcóatl, no es el legendario Quetzalcóatl al que nos referimos ya en pasajes anteriores, por eso lo de "el otro Quetzalcóatl" Supuestamente este ser del que estamos hablando en estos momentos fue "enviado" por el otro, para decirlo de una manera, por Quetzalcóatl Padre, para continuar su obra o su misión. Como podemos ver, aquí otra semejanza entre Jesús Judío, y Quetzalcóatl Americano.

El estudioso Felipe Alvarado narra varias y asombrosas hazañas que se cuentan de la infancia de este "nuevo" Quetzalcóatl debido a que poseía una inteligencia extraordinaria y cualidades no propias de su edad. Debido a eso, fue iniciado en el estudio de las ciencias; al llegar a la adolescencia, fue considerado como el mas sabio maestro de la cultura tolteca y fue elegido gobernante y sumo sacerdote del dios Quetzalcoátl.

Fomentó el conocimiento entre los hombres y mujeres. Por su sabiduría, se le identificó como reencarnación viva de la serpiente emplumada; su fama se extendió por todas partes.

Se opuso a la guerra, a los sacrificios humanos, causando ira entre sus contrarios que se confabularon para derrotarlo.

También fue fundador de Tollan, hoy conocido como Tula, nombrado gobernante. Aquí edificó su casa de ayuno, de culto y contemplación, luego estuvo en Cholula donde enseñó la doctrina y filosofía que llevo a un nuevo auge y florecimiento entre el pueblo Cholulteco.

Mas adelante, el supremo sacerdote hizo una barca de serpientes. Se revistió con su atavió de Plumas de Quetzal y su mascara de Turquesa, se hizo a la mar por el Golfo de México a la altura de Veracruz. A mitad de las aguas (?) se prendió fuego, esto dolido y apenado por haber sentido que defraudó a su pueblo, cuando una noche de pasión no resistió la tentación por los favores de una representante de la belleza indígena y sucumbió ante sus carnales encantos, cosa que le gustó aunque le asusto al ser en cuestión. Así es que cayó de las alturas celestiales este abstemio, casto, sabio etc. No pudo quedarse con las ganas de intercambiar caricias y fluidos corporales con la tentación hecha mujer. De esto se aprovecharon sus enemigos para hacer caer de la gracia pública al misionero. Así es que estos casos se dan desde épocas inmemoriales entre dioses y los hombres o mujeres. Así pues un momento de gozo producto de un desliz pasional, llevaron a este Quetzalcoátl hijo del Dios Quetzalcoátl a su autoinmolación para redimir su debilidad. En el momento de su muerte, como rezan las crónicas revolotearon todos los pájaros de plumas preciosas a su alrededor y a las alturas, se elevo (?), el corazón de Quetzalcoátl. De ahí el nombre de Tlahuizcalpentecutli, o sea estrella de la mañana que anuncia la salida del sol.

Mas tarde, en el año 960, apareció entre los mayas con el nombre de Kukulcan, entre los quiches como Gucumatz y su filosofía se extendió por todo el Cemanahuac o continente que se conocía antes.

Finalmente, se dice que Acatl Topiltzin Quetzalcoátl, vivió 119 años y que es también Ehecátl (el viento) Nanahuatzin (el sol), Xolotl (estrella de la tarde), a su mismo, se le considera creador de la pareja humana, dador del maíz, héroe de mesoamérica.

De todo lo anterior, estimado amigo lector, se infiere que la realidad histórica de estos dos seres (Jesús- Quetzalcoátl) sumamente admirados y recordados, nos llevan también a preguntas en torno a ellos.

¿Fue el segundo enviado por los mismos seres que enviaron al primero?

¿Pudieron ser los dos uno mismo? ¿O el mismo ser? ¿Fueron varios redentores, salvadores, misioneros, enviados simultáneamente a la tierra para ayudar a al a humanidad?

El tiempo nos dará la respuesta, pero aun existe mucho pero mucho camino que recorrer en busca del conocimiento sobre nuestro origen y destino como raza. Sigamos descubriendo entre las pistas que nuestros ancestros de todo el mundo, nos han dejado. Sigamos bebiendo conocimientos que nos lleven a conformar una posible conclusión respecto a nuestra propia teoría, producto del estudio y análisis frió, objetivo, veraz, sin tendencias de muchísimos baluartes del conocimiento humano de todas las disciplinas del saber, continuemos analizando el conocimiento heredado por nuestros antecesores para encontrar explicaciones a enigmas de siglos.

Ezequiel, el profeta que avistó "la gloria del señor" (?) sin duda alguna, siempre será muy cuestionado al extrañísimo aparato que vio el profeta Ezequiel siglos antes de la venida de Jesús el cristo.

Una construcción a todas luces no hecha por humanos y que en la Biblia se lee en EZ. 44.4 ... "Y mire, y he aquí la gloria del señor había henchido la casa del señor.

¿Que fue lo que en realidad vió este personaje bíblico? Les recuerdo que Ezequiel es conocido como uno de los cuatro profetas mayores. Ezequiel, Israelita, de una estirpe de sacerdotes y deportado de Babilonia entre los años 570 y 579 a.c.

¿Era ese objeto visto por este personaje en verdad una manifestación gloriosa de dios? ¿O bien un portentoso y nunca visto por él, vehículo espacial proveniente del espacio exterior? Quizá el nunca lo supo, nosotros mucho menos, pero eso no resta interés por analizar este pasaje bíblico vivido aparentemente por este profeta.

Venia esa aparición a todas luces celeste, con ángeles a bordo, o como les llamamos en estos tiempos del nuevo milenio …¿extraterrestres?

Innumerables investigaciones sobre este acontecimientos de diverso carácter se han realizado, los resultados son increíblemente polémicos, ya que la ciencia continua su investigación aportando datos técnicos que obligan a la reflexión seria, objetiva, sin prejuicios sobre este supuesto avistamiento de tan portentosa aparición.

Tomas Doreste, dice en su obra " Y si los ovnis Fuesen un Mito", que por primera vez nos explica como eran los OVNIs del antiguo testamento se explica como eran en realidad aquellos carruajes divinos que ya se veían por aquellas épocas.

A manera de historia recuerde que Ezequiel había sido "conducido" a la cuidad de Babilonia, para sufrir el cautiverio con el resto de sus paisanos.

"Y sucedió que el año treinta, en el mes cuarto a las 5 días de este mes, estaba Ezequiel a orillas del Río Qbar, con otros cautivos, cuando el "señor" (?), se manifestó de manera muy extraña, pues llego del norte un viento tormentoso, seguido por una nube de fuego y luz, en el centro de la cual brillaba algo. El hombre (Ezequiel), vió unas figuras humanas, cada una provista de cuatro rostros (?), y cuatro alas(?). Debajo de las figuras asomaban unas manos y unos pies de hombres. Aquellos entes iban rodeados de fuego y relámpagos, como Jehová cuando se apareció ante el pueblo hebreo por encima del Monte Sinaí.

Y no llegaron solos, surgió una rueda (?), junto a cada criatura, que caminaba al mismo tiempo que los extraños. Debo recordarles nuevamente amigos lectores que este personaje, al igual que muchos otros, carecían de un conocimiento técnico-científico que les permitiera describir entre algo hecho por entidades no terrícolas o divinas. Pues posiblemente no había manera de atribuir a unos u a otros que lo que se veía, ya que posiblemente extraterrestres y seres divino sean lo mismo. Ante todo evento extraordinario y desconocido, siempre le atribuían origen divino. Hoy en día no es tan fácil atribuir a los dioses fenómenos con explicación que nos da la ciencia, el conocimiento, la experiencia, la tecnología producida por el cerebro humano.

Volviendo a Ezequiel y su visión, si es que vió algo extraño y extraordinario, así como diferente, fue más fácil para él por sus limitados conocimientos y su obvia tendencia religiosa, atribuir a dios esa "visión", sin contemplar por su falta de experiencia, de conocimiento, otras posibilidades que ahora analizamos aquí. Pero continuemos con tan singular visión:

….Y no llegaron solos, surgió una rueda, junto a cada criatura que caminaba al mismo tiempo que los extraños, cuando se elevaban ellos del suelo, los imitaban las ruedas formando una solo unidad.

Cito textualmente a Doreste en la obra referida para añadir luego, que fue obvio que el principal testigo cayó postrado y aterrado.

Así mismo cita que de su visión se hicieron muchas versiones aumentadas y deformadas por todos los testigos que al igual que Ezequiel, tuvieron la oportunidad de ver la "Gloria del Señor".

Con estas exageraciones y deformaciones del hecho, él mismo pasó a ser parte de solo un relato mas, al catálogo de eventos y prodigios contemplados por Judíos prominentes como Ezequiel, Moisés etc.

Recordar que Moisés escuchó y vio cosas prodigiosas en el Monte Sinaí que nos recuerdan fácilmente a eventos vividos por Ezequiel, como las "zarzas" ardientes que no se consumían, truenos, nubes, (¿algo parecido a los de Quetzalcoátl?), voces estridentes que le daban órdenes detrás de extrañas nubes (?) en las que bien pudieron estar camuflajeados los seres extraterrestres y sus vehículos.

Lo interesante y curioso es que solo a ciertos seres humanos "elegidos" es a quienes se les aparecían y a los cuales "ellos" les daban instrucciones u órdenes, algo muy parecido a lo que ocurre hoy en día con los supuestos "contactados" modernos.

No solo Ezequiel tuvo la oportunidad de ver estos portentosos fenómenos. En el libro de Habacuc, se habla de carros de la victoria que abordó (?) Jehová, así como las consecuencias de su paso por la tierra. En los libros de Zacarías, regresan los carros de fuego. En este libro, capitulo VI explica que fueron cuatro los vehículos, mismos que salieron de entre unos montes y un ángel dijo a Zacarías que los carros aparecían en el cielo después de presentarse ante el "señor".

Erick Von Daniken, estudioso, investigador y escritor de fama mundial ha hurgado en temas y "hechos" bíblicos, igual que Tomas Doreste.

En su libro " Todos somos hijos de los dioses", Von Daniken nacido en Suiza en 1935, sostiene que fueron tantos los detalles descritos por Ezequiel sobre el extraño objeto que avistó y aterrizó ante sus ojos, que hace palidecer por lo descriptivo, por lo detallado a cualquier reportaje hecho por profesionales de la comunicación de hoy día.

Ezequiel, explica Von Daniken, claramente interpretó acorde a nuestra visión moderna las partes integrantes de la extraña nave, distinguiendo alas, ruedas, ojos, algo ardiente (que bien pudo haber sido el motor), y el estruendo producido cuando se levantó de la tierra. Digo….por muy incrédulos y cerrados de mente, ¿no es esta acaso la descripción de una nave aterrizando, despegando etc.?

De igual manera Ezequiel refiere que dicha "gloria" aterrizó en un monte elevado.

Este extraordinario relato bíblico de Ezequiel, ha despertado la atención de científicos de renombre, quienes a través de profundos estudios, han concluido que es inobjetable que la visión del profeta, de lo que él denominó la gloria del señor, en realidad corresponde a ¡una nave espacial!

El destacado Ingeniero de la NASA **Josef Blumrich**, inspirado en la visión del profeta Ezequiel, llevó hasta el tablero de los proyectos y dibujó lo que él conceptualizó como la posible "nave" que vio el profeta.

El resultado es sorprendente, pues corresponde fielmente a los "planos" para construir una nave con tecnología "no" humana, de las que los enterados en la casuística ovni, conocen como de "enlace", con forma de trompo, que servía de medio de intercomunicación entre una estación terrestre de base (la que vendría siendo el supuesto templo o santuario al que se refiere el profeta), y lo que conocemos como una nave "nodriza" o madre orbitando en el espacio.

Otro científico, el Ingeniero **Hans Herbert Beier**, ha llegado a reconstruir, basándose en los textos bíblicos que hablan sobre Ezequiel, el famoso "templo o santuario", apuntando que dicha construcción o edificación consistía en nada menos que ....¡una plataforma de aterrizaje!

Obviamente se servia de aterrizaje y de despegue con todos los elementos técnicos realizados con estricto apego a la metodología científica actual, solo equiparable a las plataformas que se construyen para los modernos cohetes contemporáneos hechos con la mas avanzada tecnología humana para enviar naves al espacio.

Es decir, por un lado, se encuentra finalmente que la visión bíblica de Ezequiel, no era otra cosa que un objeto volador no identificado procedente de otro mundo, tripulado, mientras que el "templo", no era otra cosa que un plataforma de aterrizaje y despegue de la misma, de ascenso y descenso de una nave voladora procedente como es obvio suponer, de otro mundo. Les recuerdo amigo lectores, que no tiene Ud. que creer nada. Lo mejor que yo pudiera esperar de Ud. seria que investigara, que estudiara este caso, que reflexione con mente abierta.

Pero tiene Ud. que aceptar que si lo creemos de una manera simplista como lo sugieren los cánones religiosos, cuentan estos relatos tan increíbles como las hipótesis que le he propuesto.

Cuando se leen las escrituras de supuesto origen divino, se pide creer sin cuestionar, sin hacer olas. Pero a ser sinceros, las versiones son tan fantásticamente increíbles y ...risibles, dicho con respeto, sin querer herir susceptibilidades, simplemente dicho con objetividad, entonces ¿como si se cree en estos relatos fantásticos de difícil o imposible comprobación? En cambio si se busca una interpretación digamos libre de los mismos relatos, y se habla de posible influencia no humana, de seres más inteligentes, de tecnología avanzada de otros mundos, los fanáticos pegan de brincos y de gritos diciendo ¡blasfemia, blasfemia! En cambio, esperan que uno crea como en este caso del profeta Ezequiel, en que él vio "La gloria del señor" algo que no nos dice ¡absolutamente nada! Pero que debemos de aceptar que vió seres con varias caras, con alas, que hacían ¡extrañas maniobras! Esto es no tan solo nada razonable, es a todas luces una manipulación de las gentes que creen en los libros escritos por el hombre a los que se les da connotación sagrada.

Hablemos ahora sobre otro tema afín, igual de controversial e increíble. Comentemos sobre el combustible que posiblemente uso esta nave que vio Ezequiel. Es importante mencionar, que los trabajos de estos científicos, de estos ingenieros que decidieron darle forma a los relatos de Ezequiel, cada uno trabajó por separado. En un principio, Blumrich terminó la construcción de su nave espacial para comprobar que posiblemente así era la nave que vio el profeta Ezequiel. Esto fue en el ano de 1971.

En cambio Beier inició sus tareas investigativas en el ano de 1976. Gracias a Erik Von Daniken estos dos genios se conocieron y unieron sus esfuerzos.

La aportación de datos fue abundante. Hay que reconocer que en otros niveles intelectuales y científicos, a la par que laicos, ya se presentía y se especulaba, que el increíble aparato volador posado ante el Israelita del antiguo testamento, no podía tratarse estrictamente de una mera manifestación del que se piensa por muchos, es el único y supremo creador del universo.

Conforme avanza la tecnología, ahora con la experiencia de innumerables viajes al espacio, de satélites que en gran cantidad orbitan nuestros cielos girando alrededor de nuestro planeta, con sondas espaciales enviadas a otros cuerpos celestes a "inspeccionar" las condiciones de esos cuerpos estelares, permiten la busca de otros mundos, de vida inteligente.

Si hemos de ser sinceros, esta visión bíblica de Ezequiel, nos parece simplemente la recreación de un suceso que alguien mas pudiese estar viviendo en algún otro planeta, al ver las naves espaciales tripuladas o no, enviadas por el ser humano, por su tecnología desde nuestro planeta tierra. Buscando sitios en donde colonizar con vida humana nuevos mundos.

Lo que Ezequiel pudo haber visto, no es otra cosa que una nave voladora que posiblemente seres inteligentes enviaron a nuestro planeta para conocer sus condiciones, para estudiarnos, pero ....¿No es eso acaso lo mismo que en la actualidad esta tratando de hacer el ser humano? ¿Entonces por que lo vemos como algo tan imposible o insólito?

Muy posiblemente estas "inteligencias" superiores nos "sembraron" aquí, nos vigilan, nos supervisan en nuestro desarrollo, en nuestra evolución etc. y todo con medios tecnológicos muy avanzados que aun el ser humano no comprendemos como funcionan y que solo ocasionalmente y de manera muy confusa podemos ver en estos días y eso apoyados con tecnología como cámaras de video o fotográficas etc.

Pero sigamos con nuestro relato sobre los estudios de nuestros científicos que decidieron recrear y darle forma a la visión de la "gloria del señor" vista por Ezequiel, esto acontecido muchos años antes de la venida de Jesús el Cristo, que hemos concluido ya que bien pudo haber sido el avistamiento de lo que hoy en día conocemos como una nave espacial de allende las fronteras del planeta tierra.

Estimado lector, surge una cuestión importante a resolver:

¿Cómo se propulsaba esta nave, esta maquina voladora? Blumrich sospecha que la energía que la alimentaba era derivada de un reactor nuclear operado con combustible, obviamente de origen nuclear, semejante al que hoy en día el ser humano utiliza para operar los submarinos.

De esta manera el veredicto de los dos científicos en cuestión y de muchos otros mas, convergen en concluir que la aparición avistada por Ezequiel fue una nave espacial y que hoy en día simplemente conocemos como un

OVNI.

Un vehículo en este caso de enlace, mientras que lo que el profeta denominó el templo, corresponde a una "rampa" de mantenimiento, de ascenso y descenso de la "gloria del señor" es decir de la nave voladora.

Finalmente añadiré que este extraordinario y enigmático navío espacial confundido por un buen hombre, pero carente de conocimientos mínimos y muy fanatizado en cuestiones religiosas al que solo atinó en llamar la Gloria del Señor, tal y como lo registra la Biblia, simplemente corresponde a una nave de procedencia extraterrestre, que desde el principio de los tiempos nos visitan, como ocurre hasta nuestros días, muy posiblemente tripuladas por nuestros "creadores", que siguen muy atentos, vigilantes de su magistral proyecto genético transformado en una magnífica Obra que sigue evolucionando.

Los investigadores que han tomado este pasaje bíblico de la visión de Ezequiel para explicar en términos actuales, lo que el profeta aparentemente vio, han encontrado que en la civilización egipcia existe una representación simbólica de un carro del fuego de Ezequiel al que él llamó la gloria del señor. Con la única diferencia que esta representación era jalada por dragones alados que llevan el carro al cielo.

La representación técnica de las extrañas piernas o soportes de este insólito navío aéreo, parecen elásticos, terminando en una especie de discos, unos y otros hacen las veces de amortiguadores y aseguran el equilibrio y balance de la nave al posarse en el suelo de la superficie terrestre.

El detalle más extraño de este aparato son sus pies y piernas como lo describe textualmente Ezequiel, rectas resplandecientes como bronce "bruñido", ya que este hombre no conocía nada sobre este tipo de avanzadas tecnologías voladoras como con la que se topó.

Ud. está pensando amigo lector ¿cómo lo conceptuaría un ser humano de nuestro tiempo? Es decir, al ver lo que nosotros hemos concluido ¿que era una nave espacial? Bueno esa conclusión la tomaríamos precisamente debido a nuestros conocimientos actuales, a nuestra ciencia, a nuestra tecnología, a la experiencia previa de haber visto otros vehículos espaciales ¿verdad?

Pero les recuerdo que lo que Ezequiel vio, fue hace siglos. El tipo era posiblemente un buen hombre, pero también un gran ignorante, dicho sea con respeto para el y todos los que en ese tiempo vivieron, ya que no conocían la tecnología que nosotros ahora tenemos la fortuna de conocer. ¿Cómo explicaría un campesino, un guerrero, un sacerdote de esa época ese tipo de increíbles y desconocidos prodigios voladores? ....solo les quedo el darle una explicación "celestial" a tan portentosa aparición.

Pero posiblemente hoy en día, algunos seres humanos ignorantes, incultos, prejuiciosos, sin capacidad de razonamiento y con una mente más cerrada que cantina en día de elecciones, que suelen decir de algo que no conocen simplemente que es algo diabólico si no les conviene, o si creen que pueden sacar provecho o que no les hará daño, simplemente dirán que es de origen celestial.

Estos juicios nunca son procesados por un cerebro analítico, no investigan la naturaleza del hecho o del evento. Lo peor es quien se atreve a contradecirles, se expone a ser juzgado como blasfemo, como ateo, como ser demoníaco etc.

Saque Ud. amigo lector su propia conclusión respecto a este relato que acaba de leer, y continuemos con otro igual de interesante y controversial.

PAKAL ....El "cosmonauta" del Palenque

Una enorme placa pétrea, es decir una loza de piedra con extraños grabados, yace sobre la tumba del rey Pakal en el templo del Palenque, Chiapas, México.

En ella, se muestra a un hombre aparentemente sentado frente a lo que parece un tablero de mandos en posición de vuelo ….en una obviamente nave voladora.

Acaso ¿llegó este navegante aéreo de otro mundo? ¿Es esta acaso la representación de un hecho ocurrido y no queriendo dejarlo al olvido, decidieron dejarlo grabado para la posteridad mediante un dibujo grabado en bajorrelieve, en roca dura para que perdurara y que las generaciones por venir se dieran cuenta de tamaño acontecimiento? ¿Un testimonio fiel, obra de los artistas de la época, que decidieron dejarnos un legado de un insólito hecho?.

Otros grabados encontrados en el mismo templo, muestran figuras portando una especie de traje espacial, muy parecido al utilizado por los astronautas contemporáneos …¿pero en ese tiempo?.

Existen también grabados que sugieren que este cosmonauta prehispánico, no llego solo, es decir no fue visto solo uno de estos extraños seres vestidos de manera tan extraña y ajena a las costumbres de los naturales. Así pues, el grabado del rey Pakal, en el templo del mismo nombre, bien pudiese ser la representación de un ser proveniente del cielo en una nave. Los grabados y dibujos en piedra son una fiel constancia de que ellos, quien quiera que sean estos "entes" no humanos, ¡estuvieron aquí!

El cosmonauta del Palenque terminó con el que se le conoce a este grabado en el mundo de la antropología, de la arqueología moderna, es como se le conoce también al rey Pakal, cuya tumba desde siempre llama la atención mundial de los investigadores y estudiosos, que bajo la perspectiva de la astro-arqueología, analizan cada uno de los grabados que rodean la figura del personaje en cuestión.

La loza, la piedra que cubre la tumba, muestra grabados en "bajo relieve", posiblemente como los vió quien decidió dejarlos para la posteridad.

De las preguntas inquietantes e interesantes que pudiesen derivarse de este extraordinario hecho, es entre otras cosas si este "ser" perteneció a una escuadrilla que utilizando un termino marítimo para ejemplificar la teoría que manejaremos en adelante, digamos "naufrago" en nuestro planeta o vino exprofeso a visitarnos a la tierra con bien definidos propósitos después de un posible largo viaje sideral.

El Ing. norteamericano Hugh Harleston, después de un minucioso examen, encontró aproximadamente 20 semejanzas entre la postura de la figura grabada del rey Pakal, y un piloto contemporáneo de alguna aeronave hecha por tecnología del hombre ....¿pero en aquellos días?

El enigmático rey Pakal viste un traje muy parecido al utilizado por pilotos. Dicho traje tiene "remates" en tobillos y muñecas, que muestran unos brazaletes que "ciñen" dichas partes. Quizá para evitar que entrasen por esas zonas elementos nocivos u extraños para ellos. Si Ud. ha visto trajes espaciales de los astronautas de hoy día, sabrá obviamente que estos trajes súper especiales y espaciales, son herméticos, son presurizados, entre otras cosas para conservar la temperatura y oxigeno del cuerpo humano.

El hombre representado en la lapida de la tumba del rey Pakal, parece vestir un traje o un uniforme, muy similar al de los ¡astronautas de hoy día! Los arqueólogos que han estudiado las tumbas de Palenque afirman que se trata de una cruz foliada, es decir, cubierta de hojas de maíz; sin embargo Harleston afirma que el artista no quiso mostrar las hojas de maíz como se puede sugerir en el grabado con la cruz foliada, mas bien afirma que el artista quiso semejar *fuego*, llamas despedidas por la nave espacial al irse, al elevarse por los aires, como uno mismo pudiera hoy en día posiblemente describir el fuego de un motor de ese tipo de naves aéreas como un cohete o un avión sofisticado de combate, cuyos motores arrojan gran cantidad de fuego al iniciar la ignición y despegue del navío. Solo que en ese tiempo, pues lo conceptualizaron comparándolo con hojas de maíz, como cuando uno intenta "pelar" la mazorca, el elote con las hojas aun verdes y se "jalan" hacia abajo. Las hojas si Ud. lo ve con cierta alegoría y un poco de sentido poético, pudieran parecer realmente " llamas" de fuego ¿o no?.

En dichos grabados, el cosmonauta del Palenque, tiene un "tocado" o un turbante extrañísimo en su cabeza, parecido a un "casco", conectado con una especia de maraña de cables que simulan pertenecer a un aparato de radio transmisión.

En la parte posterior, un efecto pictórico que nos hace pensar en humo, en llamas, saliendo de la nave, también se puede observar un extraño "tubo" saliendo de su cara, como el que cosmonautas modernos utilizar para llevarse el oxigeno de los trajes espaciales modernos y que también son estabilizadores atmosféricos.

Frente al "piloto" se aprecian dos rostros encerrados en un circulo cuya expresión parece ser la de dos personas, la de dos "seres" sometidas a cierta fricción de vuelo acelerado, como asomándose por unas ventanillas o escotillas.

Alexander Kazantzev, reconocidísimo investigador Ruso ha concluido que la figura grabada en la lápida que cubre la tumba del rey Pakal, pertenece a un "piloto" espacial. Cuando se analiza objetivamente esta obra artística, ya que nos muestra una tecnología muy avanzada para esa época en la que ni se sospechaba siquiera en la posibilidad de volar o de tener una nave que nos llevase por los aires.

Los parámetros entre naves actuales y los de la nave que se ve en ese grabado son muy semejantes, mas allá de la simple coincidencia, se identifican plenamente elementos de vuelo.

Los grabados en bajorrelieve fueron hechos pensando fielmente por lo visto por aquellos artistas de la antigüedad, que al no poseer conocimientos de maquinas voladoras, como aviones, cohetes etc. plasmaron aquello que vieron con la mayor fidelidad de que fueron capaces, pero de acuerdo a sus propias limitantes científicas, culturales, tecnologías, ya que desconocían por completo la posibilidad de poder construir una nave espacial una nave que surcase el cielo azul de su entorno.

Supongo que nadie se atrevería a decir que nuestros ancestros del sureste de México ya conocían los aviones ¿verdad? Entonces lo que este pueblo vió fue algo realmente insólito y portentoso como para querer recordarlo y decirlo a otros por venir, mediante el grabado.

Lo más importante es que estos antiguos pobladores Mexicanos lograron heredarnos este testimonio para ver y reconocer en él y en otros más semejantes grabados y dibujos, lo que vieron y vivieron en tiempos pasados.

La figura de Pakal, sin duda fue transcrita a la piedra tal y como lo vieron en esos remotos tiempos del enigmático así como sabio pueblo Maya.

El cosmonauta, sentado sobre un sillón en el que claramente se observa un revestimiento que nos hace pensar en un acojinado especial, o un acolchado asiento, cómodo para largas jornadas de viajes interespaciales, detrás del mismo se encuentra un soporte con lo que parece ser unos engranes de seguridad.

Se puede apreciar en la zona media, en su cintura, lo que parece sin duda ser un cinturón, sobre los muslos otra como correa. Recordándonos y haciéndonos pensar en implementos de seguridad semejantes a cinturones actuales que un piloto en pleno vuelo debe ceñirse.

La tumba del rey Pakal fue descubierta en 1952 en el interior del templo de palenque en el estado de Chiapas en el sureste de la hermosísima Republica Mexicana. Ha sido ampliamente estudiado por investigadores de todas las corrientes del saber humano, desde arqueólogos, antropólogos, ingenieros, científicos de varias ramas y muchos pseudocientíficos y charlatanes.

¿Pero qué o quién es el ser que yace en la tumba de Pakal? Una vez abierta la tumba, se descubrió que en nada se parecía o correspondía a los restos de algún natural de la región, no era como los restos de ningún otros habitante del lugar y de la época.

Dichos restos mostraban que el sujeto allí enterrado era mucho mas alto. Su talla era superior a la de los "chaparrones" y fuertes habitantes de la zona. Los rasgos anátomo-fisiológicos de esta criatura o de este ser, que no estamos necesariamente sugiriendo que sea de origen no humano, son claramente diferentes, los estudios antropomórficos y antropométricos simplemente revelan que no son iguales a los de los habitantes de ese lugar.

Su nariz era prominente, salía casi inmediatamente del entrecejo, sus ojos alargados hacia las sienes o región temporal, el cráneo muy voluminoso.

Debió de haber sido todo un acontecimiento el haber visto y conocido un individuo así, un ente diferente que entre los sacerdotes de aquella época dados a exagerar (bueno creo que eso no ha cambiado nada ...en mi opinión) de tal manera que no pudo pasar inadvertido para nadie. Así es que los artistas quizá por encargo de los "grandes" del lugar, decidieron conservar en grabados la presencia de este sujeto.

Si en verdad lo que sugieren los investigadores **Kasante y Harleston**, el cosmonauta del Palenque o los cosmonautas (?) llegaron de otros lejanos lugares a nuestro planeta a bordo de naves voladoras hechas con avanzada tecnología, nada familiar a la gente de ese entonces, aquello debió de haber sido considerado un acontecimiento extraordinario para los habitantes de Palenque cuya historia se grabó en el material mas resistente que pudieron encontrar, ¡simplemente roca!

Harleston sugiere que llegaron procedentes de algún lugar del cosmos y que otros personajes ataviados con trajes parecidos como para imitarlo, fueron inmortalizados en grabados y dibujos del templo.

Todo lo anterior, nos hace suponer que el rey Pakal o el cosmonauta del Palenque .....¡no llegó solo!, que posiblemente formaba parte de una escuadrilla de visitantes siderales que aterrizaron en nuestro planeta con problemas técnicos o en una escala en camino a "casa". Tal vez forzados por las circunstancias, aterrizaron y posiblemente esas averías fueron tan serias y como no había "refaccionarías" para buscar repuestos en nuestro planeta, que no pudieron resolver el problema quedándose entre ese pueblo Mexicano hasta el final de sus días.

Si esto fuese cierto, entonces el cuerpo que yace en la tumba del Palenque, bien pudiese ser el despojo material del cuerpo de ese ser de origen no humano, teoría que en lo personal me parece un poco "hueca" y sin sustentación ya que hoy en día mediante un examen genético, se sabría fácilmente si es de origen humano o no. Lo cierto es que nadie le ha hecho tal estudio, aunque se cuenta ya con avanzada tecnología como para descifrar las características biológicas, genéticas, antropológicas etc. del cuerpo, mejor dicho de los restos encontrados en la tumba.

No me atrevería, ni de chiste a decir que esos restos son de un ser de origen extraterrestre. En cambio, creo que sí sería conveniente practicar este tipo de exámenes, de pruebas para descartar cualquier especulación que elongue las neuronas de algún "vividor" que pueda lucrar con el sensacionalismo de tal posible hecho.

Mientras tanto si Uds. lo permiten, podemos especular razonablemente, si acaso los pobladores de Palenque pudieron bien presenciar el aterrizaje de una nave no hecha obviamente por el hombre de ese tiempo y simplemente quisieron dejarlo en forma grafica para la posteridad.

¿No será acaso esta una mas de las huellas de seres venidos de fuera de nuestro planeta, que nos permitan por lo menos "dudar" razonablemente que el ser humano NO esta solo en el universo? ¿que siempre hemos sido visitados por entidades de origen extraterrestre, que quizá por otro lado pudieran ser nuestros creadores o bien ser el fruto de un origen parecido o común? Creo que el cosmonauta del Palenque es otra invitación a la reflexión con mente abierta. ...¡sigamos investigando!

CAPITULO IX

EL ISLAM

GENIOS DE LEYENDA OTRA MANIFESTACIÓN DE ELLOS... ¿LOS CREADORES DEL HUMANO?

LOS JINAS ISLÁMICOS

La religión Islámica es otro claro ejemplo histórico de la intromisión de estas "inteligencias" superhumanas en la vida de los seres humanos y por ende en la marcha del planeta.

A un insignificante y común hombre llamado Mahoma se le "aparece" un misterioso joven de bellas y afeminadas facciones que dice ser nada mas ni nada menos que el mismísimo ¡Arcángel Gabriel en persona! Además le "dicta" un libro "sagrado" que conocemos como el *Corán*.

Este libro sagrado para los seguidores de esta religión, se convierte en regla de vida para millones de seres humanos.

Este librito "sagrado" es en gran parte el culpable del atraso y fanatismo patológico en el que viven millones de seres humanos, aparte de haber causado en el pasado miles y miles de muertes a causa de la intolerancia de sus seguidores que siguen a pie juntillas sus directrices por demás carentes de toda lógica y razón.

Me sigo preguntado, y les pregunto a todos los que lean este libro, ¿como es posible que una religión, y en concreto un libro en el que se mezcla lo ridículo y bobalicón con lo sublime de algunos de sus poéticos pasajes, en donde lo ameno y lo aburrido se dan la mano, hayan podido extenderse por el mundo con un ímpetu, con una fuerza avasalladora con la que en muy pocos años fue capaz de extenderse a hasta los confines de Asia y Oceanía a donde no había llegado el Cristianismo nacido cinco siglos antes?

La razón parece ser la de siempre, la supuesta aparición de estos "seres" misteriosos de otro mundo, que suelen dar a ciertos seres humanos ciertas capacidades para que luego puedan extender el "mensaje" o mejor dicho la orden que ellos les dictan.

En este capítulo como en los anteriores, les invito a analizar con mente abierta lo que a continuación leerán. Preferentemente les invito a que tengan a la mano una versión del Corán, así podrán "cotejar" lo que aquí les expongo, con lo que se lee en el citado libro sagrado del Islam.

Por enésima ocasión, les suplico a quienes se sientan lastimados en sus creencias, que NO es mi intención poner en entredicho los credos o religiones, mucho menos las creencias sinceras y honestas de los seguidores de ninguna religión. Pero es tiempo de que abran su mente y analicen objetivamente si lo que ha sido la piedra angular de sus creencias, realmente merece ser creído sin cuestionar.

Muy por el contrario, esta obra pudiese ser para afianzar su fé, sus creencias en aquello que en ocasiones resulta imposible de aceptar, sobre todo cuando se recurre a la lógica, a la razón, al estudio, a la investigación sin fanatismo ni ataduras filosóficas que nos han sido heredadas ancestralmente.

Así pues entremos si Uds. me lo permiten al estudio de ciertas inteligencias suprahumanas que podemos encontrar en el Islam, muy semejantes a otras ya analizadas en capítulos anteriores.

LOS JINAS o GENIOS ISALMICOS

Entre los hombres y las mujeres "cultas" de nuestra sociedad, o al menos los que presumen de serlo, los que presumen de instruidos y conocedores y que todo aquello que hay que saber, ya lo saben y que lo que resta ellos lo inventaran, se da una contradicción paradójica muy interesante:

La mayor parte de estos pseudo eruditos, cuando se les habla sobre "espíritus", de entidades desencarnadas, de entidades biológicas inteligentes de origen no terrestre, o simplemente de extraterrestres etc., estos "brillantes" humanos suelen fruncir el ceño, se ponen serios y consideran cualquier comentario sobre el tema como cosa de orates, de ignorantes, califican todo comentario como patrañas, como alucinaciones, como mentiras o a lo mucho como producto de alguna mente con mucha imaginación que escribe guiones sobre ciencia ficción.

En otras palabras descalifican cualquier posible veracidad sobre el tema sin tan siquiera intentar investigarlo.

Pero ...por otra parte, estos "conocedores" de la ciencia y del conocimiento humano, muy posiblemente se proclamen profesar algún credo, se dicen Católicos, Cristianos, Musulmanes etc., y no solo eso, muchos de ellos rayan en lo extremista, no siendo solo fervientes seguidores de esas creencias, en ocasiones son mas "Papistas" ¡que el mismo Papa! Por lo menos si se sienten parte de alguna religión como las señaladas anteriormente, o alguna otra de esas que se dan como hierba en tiempo de lluvias, ya sea por tradición, por herencia familiar, por cuestiones de tradición de vivir en algún país en el que se "endilgo" a fuerza de las armas que convencían a los "paganos", siguen creyendo en esas "verdades" solo por creer, por inercia del tiempo.

Son en cambio, pocos, muy pocos los realmente conocedores de las religiones, de sus credos, consecuentemente, son muy pero muy pocos los auténticamente convencidos de su Fe...pero ¡allá ellos, los unos y los otros! Los fanáticos y los que creen en lo escrito por el HOMBRE pero sin otra sustentación que el querer creer.

Todo lo anterior equivale a que esas inmensas masas de seguidores, contados por millones y millones que se dicen creyentes de alguna religión en donde la existencia de ESPIRITUS NO HUMANOS, no terrestres, es cosa no solo admitida, sino OBLIGADAMENTE admitida, es decir, la contradicción esta en lo siguiente:

Por una lado se ríen de la posibilidad de la existencia de entidades no humanas, como en el caso concreto de los extraterrestres, pero por otro lado ¡creen en espíritus, en ángeles, arcángeles, en demonios, en ¡jinas!...ES ABSURDO E INAUDITA esa marcada necedad a creer en algo tan intangible tan etéreo como los seres de fábula que las religiones describen y que obligan bajo dogma de fe a creer a sus borregos seguidores. En cambio descartan sin derecho por lo menos a la duda razonable a todo aquello que huela a extraterrestres dando por hecho que eso es mentira o al menos algo imposible.

No estoy tratando de decir que si alguien cree en los personajes mitológicos que las religiones nos señalan como verdaderos se deba por fuerza creer en otros igual de difícil aceptación como en el caso de los extraterrestres. Pero creo que al menos se debe de ser mas justo, actuar con la misma lógica en la que posiblemente terminaran por no creer en nada, o en dar la posibilidad justa a casi todo ...sobre todo si aun no se ha investigado seriamente.

Una posibilidad sería que ¡no existan! los unos ni los otros. Esto lo digo mas en sentido figurado, metafórico para aquellos que busquen todas las opciones al caso en cuestión. O por que no... como pudiesen pensar otros, quizás ambos sean los mismos, solo que con otros nombres y otras cualidades aparentes. Bueno eso está ya en el terreno de lo especulativo, lo curioso sigo pensando es que los que se sienten con cerebros preclaros creen en espíritus "cuestionables" respecto a su autenticidad y veracidad, que al no poder comprobarse, se recurre a simpleza de obligar a creer por que eso es dogma de fe de la religión que profesan. Esos aspirantes a intelectuales (?) descartan cualquier otra cosa que no sea lo que ellos arbitrariamente deciden que es cierta o falsa, aunque no aporten pruebas ni a favor ni en contra de la existencia de ninguna entidad ya sean aquellas en las que creen y obvio menos se preocuparan de investigar aquello que ni tan siquiera le dan un ápice de certeza.

Según la doctrina oficial, no se puede ser por ejemplo un buen católico, sin admitir la existencia, la presencia de los ángeles y de los demonios, tal y como ha sido admitido y cacareado en varios concilios, en esas reuniones de curas de alta jerarquía en donde el Papa y su supuesta infalibilidad (?) acompañado por los políticos religiosos ordenan a sus seguidores en que creer y en que no creer, acéptenlo o no quienes cuestionen lo contrario ya que decretan dogmas de fe obligatorios de creer para sus súbditos sumisos.

Lo cierto es que esas escuelas de pensamiento Universal y en muchos casos milenarias llamadas religiones, que han creado culturas y que han configurado a lo largo de los siglos la historia de la humanidad *admiten sin ninguna duda la existencia de inteligencias no humanas* que en muchos, pero en muchos caso, se entrometen e influyen en la vida de los seres humanos, en algunos caso de manera positiva en otros ...todo lo contrario!.

Según ellas (las religiones), los mismos seres humanos cuando se mueren o descarnan como dirían los entendidos en las ciencias que estudian el espiritismo, se convierten a la vez en "espíritus"incorpóreos" que luego influyen en la vida de los humanos que se quedan en este plano existencial.

No hay religión que no tenga nombres en abundancia para designar a estos seres no carnales, lo cual quiere decir que no se cree en ellos de una manera genérica, sino que se ha hecho una clara distinción de ellos, otorgándoles jerarquías de importancia, es decir están clasificados por rangos (?).

En el mismo Cristianismo no se les llama simplemente "ángeles", se hace distinción de ellos: Tronos, Dominaciones, Principados, Potestades, Querubines, Serafines, Ángeles Arcángeles etc., siendo estos últimos los del rango supremo, es decir los de mas alta jerarquía, los mas influyentes, los mas poderosos etc, etc.

Lo mismo sucede con los "demonios", quienes tiene un organigrama infernal muy bien organizado en jerarquías, por que eso si...permítame decirles que hay de diablos...a diablos, siendo Luzbel o Satanás el mero-mero, el mas diablo de todos. Supongo que junto con ser diablo debe de ser el mas viejo, por aquello de que sabe mas el diablo por viejo que por diablo ¿o no? Hablando en serio, dejando a un lado mi sarcasmo tanto por las criaturas " buenas" como por las "malas", esto de no solo creer, sino de clasificar en orden jerárquico tanto a los buenos como a los malos, ¡esta como para verlo! ¿De donde sacaron tal cosa, quien los vio, como los pusieron en el organigrama celestial o infernal, en base a que?

Para no variar y siguiendo en la temática de creencias rancias y de difícil aceptación a la luz de la lógica, de la razón, les invito a conocer un poco sobre una religión en especial, sobre el Islam.

Esta religión es posiblemente la que mas ha profundizado en el conocimiento y estudio de estas criaturas, de estas entidades no humanas o por lo menos, la religión que mejor ha descrito sus manifestaciones.

Cuando nos asomamos a la cultura Islámica, escrita mayormente en Árabe y de carácter eminentemente religioso mas que literaria en si, nos encontramos con personajes increíbles, obviamente no humanos, que coinciden en su comportamiento y hasta en su morfología aparente, con otros que también conocemos en la actualidad por medio de la literatura ovnística.

Ni los teólogos, ni los ascetas del Islam que describieron a estas increíbles criaturas, tenían idea en ese entonces, de lo que siglos después se llamaría en ovnilogía como "extraterrestres", ni hablando en general, los investigadores del fenómeno Ovni, conocen a la vez, lo que los teólogos y ascetas del Islam dijeron y escribieron sobre sus "Jins" o Jinas. Sin embargo las acciones que ambos describen son esencialmente las mismas, un comportamiento muy parecido.

La palabra árabe Jin o mejor dicho Djin, proviene según el estudioso español Mario Rosso de Luna, de la misma raíz etimológica de la que proviene la palabra usada en nuestra lengua conocida como "Genio", misma que encontramos en todas las lenguas Arias, con el significado casi generalizado de "divinidad menor" o espíritu de la naturaleza, que por sus acciones y obras pueden ser benévolos o malévolos para el hombre. Con gran frecuencia, tienen un gran sentido del humor, aunque en lo personal diría yo, este humor no necesariamente es de buen gusto, sobre todo para quienes sufren en carne propia los desvaríos de estas divinidades.

El Investigador **Rosso de Luna** a quien en lo personal apunto como el máximo conocedor de este tema, no solo es conocedor, también admite su presencia como una ¡realidad! Habla con tanta profundidad de estas criaturas en sus interesantísimas obras bajo la palabra castellanizada de "JINA", término que en lo sucesivo, nosotros utilizaremos de ahora en adelante en este capítulo.

Otro importante conocedor del temas no aptos para neófitos de nombre **Gordon Creighton**, editor de la mas importante revista a nivel mundial sobre el fenómeno OVNI llamada Flying Saucer Review, editada en Londres, Inglaterra. Siendo toda una autoridad reconocida e incuestionable sobre estos temas, además de ser poseedor de una profunda cultura general, que habla mas de diez idiomas, es quien ha sido capaz de recopilar un increíble acervo de información sobre el fenómeno OVNI y todo lo que le rodea. Este singular ser humano sabe mas sobre el fenómeno ovni, que posiblemente ninguna otra persona en el planeta actualmente.

Gordon Creighton, es también quien más ha escrito y profundizado en el tema de los Jinas, esto claro esta después de leer y estudiar miles y miles de paginas de libros sobre el tema en árabe a lo largo de su extensa y prolífica vida de intelectual. Es él quien ha podido recopilar valiosísimos textos que resumen lo que en el Islam se cree y se piensa sobre estas misteriosas entidades no humanas llamadas Jinas.

Los teólogos Mahometanos creen que existen dos clases de espíritus inteligentes: los Ángeles y los Jinas.

Los ángeles según ellos, son espíritus puros (?) que intervienen menos en la vida de los seres humanos.

Los Jinas, son seres inferiores en rango a los ángeles, es decir son criaturas de menor jerarquía que los ángeles, pero en cambio los Jinas están mas "cerca" del hombre que los ángeles mismos (?.) por lo mismo estas criaturas, se entrometen en la vida de algunos seres humanos. Estas criaturas, los Jinas, son capaces de "materializarse", es decir de adquirir una forma, o mejor dicho mil formas ya que pueden presentarse en la manera que a ellos mas les plazca, que van desde formas de criaturas vivas, hasta tomar la forma de ¡objetos inanimados!, es decir, de cualquier cosa. Aunque esta "comprobado" (?) que la morfología por ellos mas apetecida, es la humana, es decir se ponen el traje de un cuerpo de un ser humano semejante a Ud. O a mi.

A diferencia de las otras criaturas a las que conocemos como ángeles, se "entrometen" mucho con el ser humano y lo hacen con unas características y preferencias muy concretas como lo vamos a ver a continuación.

En los famosísimos cuentos de las mil y una noches que supongo todo lector habrá escuchado hablar de ellos, quizá leído alguna de estas extraordinarias y pintorescas obras llevadas a la pantalla también, pues bien en estas obras, encontramos claros ejemplos de la intervención de estas criaturas, de los poderes de los Jinas o genios.

Para aquellos que ya estén descartando esto que leen, deberé recordarles que esto que ahora dio pie a películas y libros que hacen la delicia de chicos y grandes, explotado magistralmente por los estudios de Hollywood, fue escrito hace muchos siglos, mucho antes de la invención del cinematógrafo, así es que no es producto de la mente alucinada de algún guionista moderno. Habiendo aclarado esto, con el permiso de Uds. continúo.

Hasta aquí la teología del Islam no nos ha dicho en absoluto nada del otro mundo, nada medianamente interesante, nada fundamentalmente diferente nuevo o diferente a lo que otras religiones en su teología incluida la Cristiana en donde el "demonio" es conocido como el tentador el imitador, cosa que podemos apreciar a lo largo de toda la historia eclesiástica no solo incitando a los hombres a rebelarse contra Dios, sino apareciendo bajo diferentes formas algunas de ellas muy horripilantes y grotescas para pedir a sus seguidores aquelarres y misas negras.

Estas, las misas negras, a pesar de que tanto autoridades civiles como eclesiales no les agradan y las castigan severamente con leyes, con cánones, a pesar de que se trata inútilmente de disimularlas o hasta encubrirlas, han existido siempre. No solo en la edad media ...también en nuestros días de este nuevo milenio, ¿no lo cree? Basta con ver las miles de desapariciones de seres inocentes en todo el planeta, muchos de ellos, los que tienen la fortuna de que aparezcan sus restos mortales, claramente se ve, que han sido utilizados en rituales barbáricos muy posiblemente de origen satánico. Son frecuentes las noticias en los amarillistas medios de comunicación de la actualidad, en los que frecuentemente, mas de lo que cualquiera pueda suponer, donde se describen este tipo de delitos criminales y diabólicos.

En otras religiones esta capacidad que tienen los espíritus de cambiar a su arbitrio la forma externa aparente con la que se nos presentan, es decir esa metamorfosis que luego nos muestran, como por ejemplo aparecer bajo la figura zoomorfa de algún animal conocido, es algo no solo aceptado en si como cierto, es fundamental de sus creencias.

En el Nahualismo de los pueblos de Centroamérica, es un ejemplo bien estudiado. Pues a pesar de los siglos de su "aparente" conversión al cristianismo que les fue metido a fuerza de la violencia, todavía sigue vivo este tipo de creencias, sobre todo entre los descendientes de los Aztecas y los Mayas, también de algunos pueblos como los Huicholes entre otros.

Bueno estos pueblos de conocimientos y cultura ancestral, creen que no solo el "demonio", criatura de importación que aprendieron a temer y a conocer por intermedio de la religión traída por los conquistadores, creen que este ser se les puede "APARECER" bajo mil maneras y formas grotescas, de tal manera que cause el mayor impacto en sus victimas. Según la misma teología de la Iglesia Católica, este ser del averno, se puede transfigurar lo mismo en un ángel de luz de apariencia buena para engañar a los creyentes, que en una criatura amorfa y de gran fealdad, como la suegra de algún lector.

Pero volvamos al Islam, esta religión seguida por mas de 600 millones de seres humanos en el mundo, rebasa el ámbito religioso y toma cuerpo y vida en el ámbito social este tipo de creencias.

En los tribunales de la gran mayoría de los países Islámicos, si una mujer es acusada de infidelidad conyugal, es decir de ponerle los cuernos a su marido, si ella, la fémina de cascos ligeros con que diga que fue un "Jina" quien se aprovechó de ella para violarla y embarazarla, el tribunal que la juzgue, tomará muy pero muy en serio su "defensa" y se limitará a decirle que tiene que probarlo (?!) es decir una mujer casquivana, cuya infidelidad sea descubierta. Con que diga que fue un Jina quien le dio satisfacción sexual y hasta la "premio" dejándola en cinta (cosa que suele ocurrir en otros relatos de otras religiones), no solo no será juzgada, sino muy posiblemente su infidelidad conyugal será tomada como algo religioso, casi ¡milagroso!

Los jueces en turno no podrán poner en duda la existencia de estos seres, tampoco de que estas criaturas no sean capaces de violar o dejar en gestación a una mujer ya que de estos relatos están llenos sus libros sagrados.

En un tribunal de occidente, por ejemplo en pueblos de Latinoamérica, en donde el Islamismo no es una religión mayoritaria, no es oficial, muy apenas conocida, semejante defensa de la "honra" de una mujer, solo serviría para que los asistentes al juicio soltaran una sonora carcajada de burla ¿no lo creen?

Pero el hecho de que en Occidente no conozcamos, no creamos en este tipo de religiones, en estas teologías, en estas creencias, no significa que otros muchos millones de seres en otros lugares del mundo, no tengan el derecho a creer en lo que les de su real gana creer, y si ellos aceptan que un Jina les hizo el "favorcito" con su mujer…allá ellos ¿o no? Muy sus mujeres, muy sus creencias, muy sus Jinas. Nosotros tenemos nuestros nada espirituales "sanchos" que después de todo nos ponen aun más furibundos al comprobar que si nos engañan y que si las dejan embarazadas, no tiene que ver con ningún ser "espiritual" mas bien con unos bien carnal y mundanal, así es que mejor no nos sintamos mejor que nadie ¿no creen?

Volvamos con el Islam, en la jurisprudencia (leyes) Mahometana la violación de una mujer por parte de uno de estos seres …los Jinas (lo mismo se puede decir de la seducción de un varón…por una Jina de sexo femenino) es algo perfectamente posible (?), aunque no sea cosa ordinaria. ¿Menos mal verdad?

Es el equivalente a lo que en occidente aun se cree, pero sobre todo en la edad media en la que un "Incubo" podía tener intercambio carnal con una mujer. Así es que no nos burlemos tan a la ligera cuando el techo de otras creencias es de cristal, fácil de romperse, igual de …digamos fantástico. La inquisición de Alemania llevó a la hoguera a miles de mujeres por semejante delito. San Agustín afirmaba que el anticristo nacería de la unión de un Incubo y una mujer…. a ¡que Don "Tin" tan sapientísimo y candido!

No solo en este particular la creencia de los Jinas tiene cabida en la vida civil de los Mahometanos, aunque no lo crean, también en lo relacionado con ¡el derecho de la propiedad!

Los juristas Mahometanos hace ya siglos que estudian este tema a fondo, han elaborado una intricada jurisprudencia en las que las entidades no humanas, aparecen como "sujetos de derecho" (??), o como posibles causantes de acciones sobre los que los tribunales se sienten con "jurisdicción" (?). Pero creo que hasta ahora hemos hablado sobre los Jinas está aun muy etéreo. Supongo que desean ejemplos concretos sobre la personalidad, sobre la manera de actuar de estos muy especiales seres ¿verdad? A continuación les describiré mas sobre ellos, no sin antes estar muy contento de que en América la religión Islámica no sea la mayoritaria, caso contrario tendríamos a los Jinas entre nosotros. ¡Imaginen! entre Jinas y Sanchos nos viésemos …como para no salir de casa ¿verdad?, sin olvidar a los plumíferos alados conocidos como ángeles que también gustan de nuestras féminas.

En un plan eminentemente serio, o por lo menos todo lo serio que puede ser este tipo de creencias para gentes occidentales, les presento la siguiente sinopsis sobre los Jinas del Islam.

1) En su estado normal (?) no son visibles al ojo humano común ni tampoco con equipo sofisticado.
2) Son capaces de materializarse y de presentarse en nuestro mundo físico, de igual manera se pueden hacer visible o invisibles a su Mahometana voluntad, cuando les plazca serán algo visible y cuando les de su "genial" gana se podrán desmaterializar... como parientes indeseables.
3) Su capacidad metamórfica les permite utilizar disfraces lo mismo grandes que pequeños, lo mismo pueden aparecer en forma de elefante que de hormiga, o como hombre o mujer... ¡y sin ser Halloween!
4) Pueden obviamente también aparecer en disfraz zoomorfo, es decir en forma de cualquier animal... algunos humanos que parezcan bestias son solo mera coincidencia.

A cada una de estas capacidades de los Jinas de acuerdo a la teología y literatura de Islámica, se les puede estudiar en caso concretos y bien documentados. Es mas hay quienes piensan que los famosos seres mitológicos conocidos como "Yetis". "chupacabras", "perros negros" etc., estos y otros muchos "personajes" un tanto cuanto mitológicos, pero de los cuales se habla en todas las culturas del mundo sean o no ISLAMICAS, en realidad pudieran ser una materialización de los Jinas. Se que obviamente la mayoría de Uds. dirá que son mentiras, patrañas, habladurías de gente ignorante etc.

En este particular, desde hace años se estudian estos seres huidizos como el famoso monstruo del lago Ness en Escocia, que solo algunos han visto, de igual manera el famoso hombre de las nieves o Pata grande, estos y otros casos muy típicos de cada país y cultura, bien puede calificárseles como parte del folklore de cada región, pero lo curioso es que se repiten por generaciones con gentes de todos los niveles socioeconómicos, no solo entre ignorantes y fanáticos.

Sin embargo personas de probada moral, de una integra personalidad, serios honestos, que no se prestarían a habladurías de la gente han asegurado que han visto alguna criatura de las ya descritas. En algunos casos se cuentan hasta con fotografías si bien de dudosa calidad, si pueden servir al menos como una prueba de la existencia de estos seres de fábula para otros.

El no llegar a ninguna conclusión, el que siempre quede una duda, es algo de esperarse. Que bueno que no se cree por creer. Pero de igual manera que no se niegue por el placer de hacerlo, cualquier conclusión debe ser el fruto de una investigación seria, aunque a lo llamado "paranormal" aun hoy en día, se sigue cuestionando la validez de muchas cosas, la existencia de otras mas, olvidando muchos que hoy se dicen poseedores de la verdad, que en el pasado de la humanidad, muchas *pseudo* verdades resultaron ser unas tremendas mentiras o por lo menos unas enormes equivocaciones. Mas sin embargo, en su tiempo fueron aceptadas hasta que hombres diferentes, auténticos, inconformes, siguieron buscando explicaciones ante lo que no los convencía. Hoy en día, gracias a ellos podemos gozar de descubrimientos, inventos etc. Que bueno que no creyeron en verdades (?), que bueno que fueron inconformes, que no siguieron a las masas, que bueno que tuvieron fe en ellos mismos ¿no lo creen?

Asi es que lo que ahora es desdeñado, criticado, vilipendiado, censurado, deformado etc., posiblemente el día de mañana sea parte de la verdad que ahora desconocemos y que nos resistimos a investigar u aceptar.

Algo que deseo recordarle atentamente a quien este leyendo esto, es que estamos tratando de entender a criaturas, a entidades "inteligentes" mucho mas que el ser humano mismo, que desean disimular su presencia entre nosotros, que al mismo tiempo le gusta sembrar la semilla de la duda entre el ya de por si incrédulo por naturaleza ser humano. Bien saben estas entidades inteligentes no humanas, como manipular, como desacreditar a quienes se atreven a hablar de ellos, a quienes se toman en serio su existencia.

Los científicos "puristas" que creen que todo lo conocen y que la verdad es la que ellos poseen, no aceptan en lo absoluto la existencia de estos seres, de estas criaturas y si son los principales despreciadores, críticos, enemigos de las personas que genuinamente desean saber mas sobre este tipo de cosas. Generalmente estos "puristas" de la ciencia, atribuyen a la ignorancia, a las habladurías, a errores de apreciación o hasta alucinaciones, a invenciones, tretas, mentiras o a intereses creados por cuestiones económicas ...cosas todas ellas muy posibles, pero no siempre, no en todos los casos ¿no lo creen?

Pero curiosamente y de acuerdo a lo que se sabe sobre estas criaturas inteligentes no humanas, este tipo de reacciones y opiniones contradictorias entre los humanos, son también parte de las estrategias de ellos mismos. Son generalmente los "astutos" científicos, los que mas fácilmente se dejan engañar por parte de estas criaturas, logran su propósito mezclando elementos de confusión entre las partes de tal manera que siempre dejan mas dudas que conocimientos sobre ellos, sobre su influencia, sobre su veracidad, sobre su existencia. En otras palabras juegan con nosotros como les da su "genial" gana, nos hacen creer lo que les conviene, a unos se les muestran abiertamente, a otros ni con nada es posible verlos. De allí el que unos crean en ellos y otros se rían de la sola posibilidad de su existencia.

Esta es una razón del por que, después de miles de años de historia, la humanidad no se ha percatado aun de que somos simplemente un rebaño como algunas religiones lo dicen. Somos unos mansos borregos sin voluntad, manejados por seres inteligentes que juegan con nosotros, que nos utilizan, que nos manipulan, igual que nosotros los humanos hacemos con otros seres a los que consideramos inferiores, los animales. El amor propio, la soberbia, la arrogancias, la pseudo autosuficiencia son factores que contribuyen, que inciden para que no podamos aceptar la realidad, para que nos neguemos a verlo tan solo como una posibilidad.

Continuemos con la descripción que de los Jinas nos hacen en el Islam.

La misma forma animalesca con la que se conocen muchos casos a nivel mundial, nos refieren animales de especies desconocidas por la zoología tradicional, esto contribuye a hacer de los casos, cosas aun mas difíciles de creer por la ciencia y hasta por la lógica y razón de eruditos y neófitos del tema.

Para iniciar, el ser humano se cree el elemento mas importante de todos cuantos existen en el planeta. Se siente algo así como la ultima Coca-Cola en el desierto. Desprecia, usa, minimiza a los animales, considerándoles menos que el, simples elementos puestos a su alrededor para servirle a el o servirse de ellos, así es que nunca aceptara que existan "animales inteligentes" o por o menos criaturas de apariencia animal que sean inteligentes.

Seguro estoy de que Ud. ha escuchado hablar o hasta conozca de primera mano casos de animales "actuando" inteligentemente, pero no hablo de mascotas entrenadas, producto del condicionamiento de sus entrenadores que luego las usan en comerciales de TV o espectáculos circenses, no hablo de ese condicionamiento clásico animal, hablo de la CONDUCTA de animales de procedencia desconocida actuando con inteligencia fuera de lo común, esto se da en perros, caballos etc.

La presencia de criaturas de forma animalesca en el mundo de lo paranormal es algo muy abundante, recuerdo muchas historias de los pueblos de México en donde se habla de un "extraño perro negro" que aparecen inesperadamente, mismos a los que se les ha relacionado con la muerte de otros animales muertos en circunstancias por demás extrañas y anómalas, Curiosamente, también se cuenta que en los lugares en donde se ha visto este tipo de canes de negro color, han sido avistados ¡objetos voladores no identificados ....!

Los periódicos manejados por reporteros que en ocasiones no investigan y solo inventan para vender sensacionalismo amarillista que por desgracia compra la gente común, atribuyeron a la muerte de parte de su ganado, a la presencia de estos perros negros que cientos de campesinos han visto en muchos países.

Esto me recuerda una anécdota familiar, que nos causó en su momento molestia e incredulidad, ahora solo risa.

Resulta que una de mis tías a la que quiero entrañablemente y respeto por todo lo que es y ha sido para toda la familia, posee una hermosa mansión de ciclópeas dimensiones en lo alto de una hermosa montaña llamada "sierra de lobos" muy cerca de la ciudad en donde nací y crecí, hermosa casa de campo que siempre ha compartido con todos nosotros los que tenemos la fortuna de ser parte de su familia de una manera bondadosa y totalmente desinteresada.

Junto con todas las comodidades y el gran lujo de esta hermosa casa de campo, se cuenta con un lago artificial construido exprofeso para el gozo y deleite de quienes visitan el lugar, aprovechando las condiciones naturales, respetando el hábitat natural, teniendo en cuenta la ecología y el ecosistema del sitio.

En la finca construida y decorada con infinito buen gusto, mi Tía se dio a la tarea junto con la ayuda de algunos miembros de la familia, de poblar el lago con peces así como con patos y gansos. La fauna acuática alimentada adecuadamente por parte de personal contratado especialmente para la atención cuidado y conservación del inmueble, pronto hicieron prosperar la población de peces así como de aves que hermoseaban el lugar ya de por si bello. Estaba realmente familiarizado con la casa, y todo lo que en ella había. Entre otras cosas, con los animales como caballos, venados, aves de corral, cerdos etc.

En una de nuestras tantas visitas al lugar me extrañó ver terriblemente diezmada la población de aves del lago, me dirigí al encargado de la casa alpina, persona conocida y querida por la familia por haber estado al servicio por muchísimos años, para preguntarle que motivos había para que no hubiese tantos patos ni gansos como en mi ultima visita. Era así de radical la disminución de las aves que cualquiera que hubiese estado antes allí, habría notado lo mismo, amen de que todos las cuidábamos por que hacían aun más precioso el entorno, gozábamos de verles volar por las riberas del esmeraldino lago que enmarcaba la casa.

El vigilante dijo que un coyote los estaba matando, pero no los devoraba. Solo los asesinaba, los lugareños por cierto no muy instruidos, gente de campo, dados a exageraciones o hasta a burlarse de los citadinos que acudían al lugar, afirmaban que el animal era enorme, que sus ojos de un rojo intenso parecían desprender llamas de fuego. Todos le temían, mas curioso es que esta extraña fiera solo hacia dos orificios en el cuello de sus victimas por donde estas se desangraban, se supo que gallinas, cabras y hasta venados corrieron la misma suerte.

Sobra decir que al principio todo mundo sospechaba que el "coyote" no era otro que el mismo cuidador de la casa o alguno de sus familiares, que en tiempos de crisis, pues se servían de la suculenta carne de las aves bien cebaditas por el buen comer. Claro que sospechamos que el vigilante y su familia eran aficionados al pato a la naranja, pero al escucharles narrar sobre esta criatura sanguinaria, al menos les dábamos el privilegio de la duda, sobre todo después de conocer mas sobre las manifestaciones de criaturas, de entidades inteligentes que toman formas animalescas. Bien pudo ser alguna de estas criaturas que juegan con el humano haciéndole creer cosas que en realidad no son, confundiéndonos, haciéndonos dudar de todo y de todos, confundiendo al ser humano.

No afirmo que eso sucedió, pero por lo menos suena coherente con otros testimonios muy parecidos.

Es mucho lo que se podría escribir sobre la relación de los animales de este mundo, o las formas animales que se nos presentan del supuesto "mas allá", y de la parapsicología trascendente o mejor aun la paranormalogía que estudia todo fenómeno anormal, incluidos aquellos que los académicos se niegan a incluir en sus estudios.

Pero sigamos hablando sobre el resumen que les he preparado para digerir mejor los conocimientos sobre los Jinas.

5) Son unos eternos mentirosos y engañadores, les encanta confundir, llenar de estupor a los humanos mediante toda suerte de patrañas increíbles. Ejemplos de esto son los resultados de buena parte de las sesiones espiritistas, estas en realidad son una excelente oportunidad para que los Jinas se rían del ser humano. También un gran número de "contactos" o contactados por supuestos seres de otros planetas son solo bromas de pésimo gusto por parte de estos seres para confundir y esconder o camuflajear verdades, realidades, verdaderos casos de contacto con entidades inteligentes no humanas.

6) En ocasiones, las directrices dictadas por estas entidades no humanas en estos contactos y dadas a seres humanos, han sido la causa de muerte o por lo menos de serios inconvenientes de quienes resultaron "elegidos" para el contacto.

7) Nuevamente hay que decir que en el mundo de la Ovnilogía, existen miles de casos para probarlo. Lo curioso es la analogía con la teología Hebraica Cristiana, en la que a Satanás se le llama repetidamente el "engañador".

8) Les gusta llevarse o raptar a los humanos, sobre este particular todo lo que pueda decirse resulta muy poco y en algunos países hasta se lleva un control sobre las desapariciones cotidianas. Existen muchas dependencias que se encargan del control de estas "desapariciones",

atribuyéndolas a muchas causas como la simple huída, a crímenes, o a otro tipo de delitos como la pornografía infantil o la venta de infantes ilegal.

9) Por ejemplo en los Estados Unidos en donde las estadísticas son un poco mas confiables que en otros lugares, la desaparición de seres humanos es ya algo preocupante, sobre todo por que se trata de niños, de menor de edad.

10) La desaparición de infantes es un problema grave, preocupante, no lo digo con falso alarmismo o amarillismo, es un hecho, una realidad.

En la ovnilogía existen libros enteros sobre este tema. En muchos caso no ha habido testigos directos de la abducción como para atribuirse a tripulantes de una nave de supuesto origen no terrestre, sin embargo se ha concluido en esa posibilidad basándose en hechos que no dejan la menor duda. Lo mismo que el juez llega a la conclusión de que alguien es culpable a pesar de que ni él ni nadie hayan visto el rapto, el crimen si lo llamamos desde el punto de vista legal.

Pero en otros casos no es menester recurrir a las deducciones porque ha habido testigos directos y abundantes como el famoso caso que sucedió en Brasil en el que en medio de un partido de fútbol los tripulantes de un ovni, se llevaron ante la estupefacta y temerosa presencia de fans y jugadores de ambos equipos, nada mas ni nada menos que al árbitro del encuentro.

Supongo que el equipo que perdía el cotejo deportivo fue él mas beneficiado por la suspensión forzada del encuentro ante la falta de no solo el nazareno pitador rector del partido, sino por la falta de garantías, pues no había ninguna garantía de que estos entes tripulando su vehículo volador de extraña tecnología, no volviese por un posible substituto. Como podrán imaginar, los comentarios a favor y en contra del arbitro hicieron percibir falsas esperanzas de que en adelante los malos árbitros sean secuestrados por alienígenas para ser llevados a sus mundos. ¿Será acaso que estos seres también sean aficionados al fútbol y quieren árbitros intergalácticos para que sus juegos sean mas digamos justos? Obviamente esto se presta a chascarrillo como el que hago, pero lo cierto y ya en serio, sobraron los ojos que vieron lo que ocurrió con el que pita la ocarina, hubo testigos al por mayor.

Otro caso ocurrido también en sudamérica, en este caso en el igualmente hermoso país de Perú, en la región de Cajamarca. Mucha gente fue testigo de como un ovni bajó a toda velocidad del cielo y "sorbió" como dijeron textualmente los testigos en fracción de segundos a Isabel Tucta que estaba extendiendo ropa recién lavada, luego el vehículo volador no identificado, se fue tan súbitamente como llego llevándose a Isabel y a su pequeño hijo recién nacido que estaba a su lado, su modesto esposo fue testigo del hecho, un trabajador como millones que existen en cualquier país, esperó en vano que le regresaran a su esposa y a su hijito.

La guardia civil de aquella población Peruana, hizo una exhaustiva investigación del caso pero por falta de tecnología, de conocimientos, de tácticas de investigación solo lo archivaron y el pobre campesino se quedo sin vieja y sin hijo, en la población de Cajamarca es posible ver y consultar este expediente archivado como caso inconcluso.

Como iniciamos diciendo, la desaparición de niños en los Estados Unidos está ya desde hace tiempo preocupando a las autoridades y al público en general.

Las cifras reconocidas por la organizaciones dedicadas a investigar al desaparición de niños, acepta que son aproximadamente 100,000 desapariciones anuales.

Aunque posiblemente el numero sea mayor ya que muchos casos son guardados en el anonimato por razones solo de interés a los padres. Otros investigadores creen que son mas de 200,000 los niños desaparecidos.

Lo curioso del caso es que a pesar de que las organizaciones cuentan con abundantes medios económicos así como de apoyo de los medios de comunicación para "rastrear" la pista de los niños desaparecidos, el porcentaje de los que se encuentran es ínfimo, quedando la mayor parte de los casos en el mas grande de los misterios.

Es cierto que se puede argumentar varias causas naturales para explicar estas desapariciones, entre ellas dos son las mas obvias: a) rapto por maniacos sectarios, sexuales o traficantes de niños para prostituirlos o para extracción de órganos para el mercado negro. b) la huída del hogar la desintegración familiar y la influencia de drogas y malas amistades.

Ambas posibilidades han sido estudiadas y son tenidas normalmente en cuenta por los que se dedican a la búsqueda de estos desaparecidos, y en algunos esa ha sido efectivamente la causa de la desaparición. Pero después de haber adquirido mucha experiencia reconocen que si bien es cierto que esas razones existen, son la causa de una ínfima parte de esas desapariciones.

Reconocen asimismo que hoy algo mas profundo y misterioso que logra borrar todas las pistas y que ellos no pueden identificar ni explicarse como lo consiguen en tantas ocasiones.

Aparte de esto, esta el hecho de que alrededor del 50% de los desaparecidos no llega a los 5 años, con lo que se excluyen las causas que más podrían hacernos sospechar que se trata de una "desaparición natural", es decir, que ellos deciden irse por su propia voluntad.

Pero obviamente lo anterior no puede ser aplicado a niños de 5 años o menos por muy precoces que sean ¿o no?

Supongo que Uds. al igual que yo, se preguntaran con preocupación después de 10 años o más a donde han ido a parar una cantidad tan enorme de seres humanos. Si esto no es un monstruoso negocio muy bien organizado, ¿cómo es posible que no se hallen las pistas y se hagan mas descubrimientos? Y si los (negocios), se supone que de una manera general todas o muchísimas de ellas, de esas personas raptadas deberían tener un destino común o un fin parecido; pero ¿en donde están eso cientos de miles de personas que cada año desaparecen en circunstancias extrañas?

¿Pero es que solamente en los Estados Unidos desaparecen las personas? ¡Claro que no! Lo que sucede es que ese país ya se dieron cuenta de tan extraño fenómeno y están intentando enfrentar el problema de frente.

En otros países, aunque sucede lo mismo, la burocracia oficial la falta de recursos económicos, la desorganización, impiden llevar un mejor control de ese tipo de fenómenos.

Las desaparición de personas no son solo de este tiempo; el folklore de muchos países nos habla de duendes, hadas, ogros... una de cuyas "diversiones" consistía precisamente en raptar niños y doncellas.

En la actualidad la parafernalia montada alrededor de esos casos por periódicos, revistas y medios de comunicación en general se mezclan con la apatía y mala preparación de los cuerpos policíacos. La desaparición de personas es algo que ya que se les sale de su preparación y al no saber como explicar estos problemas desacreditan otras posibilidades no oficialistas. Pregúntense sobre los cientos de desapariciones de mujeres en Cd. Juárez en México, ¿solo crímenes de maniacos, tratantes de blancas? ¿mercado negro de órganos?

Podríamos extendernos mas y más sobre este tema de las abducciones, dar muchísimo mas casos, pero no es el propósito de esta obra. Existen muchísimos e interesantes obras sobre abducciones. Con el permiso de Uds. continuemos con las cualidades que los teólogos y escritores del Islam le atribuyen a los Jinas.

Les encanta tentar a los humanos en asuntos sexuales y para que tengan relaciones de este tipo con ellos. La literatura árabe esta llena de tales relatos de historias de encuentros de Jinas "buenos" y santos mahometanos famosos.

Por ejemplo: El libro de Manaquib al arafin tiene muchísimas referencias del trato de estas entidades con Jalapal-Din Rumi, el mayor poeta místico del Islam que vivió del 1207 al 1273.

Las historias referentes al intercambio sexual entre Jinas y humanos han atraído siempre la atención de los lectores árabes. Y es importante decir aquí, que en la literatura China, y los chinos salvo una minoría, no son musulmanes, también existe con relación a estos mismos hechos una gran tradición que esta esperando que alguien la investigue.

El gran catálogo de literatura árabe conocido como Fihrist compilado el ano 373 del calendario árabe (año 995 d.c.) por "Muhamed ben Ishaq ben abi Yaqub al Warraq", en donde se comenta al menos de 16 obras que tratan de este tema. De nuevo en este particular las creencias del islam están de acuerdo no solo con lo que leemos en el génesis (cap 6, v. 2 y 4).

De los "hijos de dios uniéndose a las hijas de los hombres". Los exegetas tienen que reconocer que esta ha sido una "palabra de Dios," sumamente difícil de explicar a no ser que como siempre tuerzan a su antojo y conveniencia interpretando a su arbitrio la Biblia aceptando lo que conviene y que no pone en tela de juicio la "palabra de dios" y rechazando todo aquello que pone en tela de juicio tal supuesta "palabra de dios".

Continuando con las tradiciones de los incubos y los súcubos a las que ya nos referimos brevemente en líneas anteriores, y de pasada a los silfos, nereidas, hadas, faunos de tiempos antiguos y copulaban con los hijos y las hijas de los hombres.

Aunque no tuviésemos otras maneras de corroborar la realidad de tales "leyendas", su sola presencia constante en todas las culturas y a lo largo de los milenios, mínimamente nos debe hacer sospechar que "algo" hay de verdad en ellos.

Pero resulta que en nuestros días nos encontramos con los mismos hechos aunque en esto días no tengamos que atribuirles a Jinas, Silfos, o faunos ni a dioses mitológicos ni a íncubos o súcubos.

En nuestros días los tripulantes de los OVNIS que son los sucedáneos actuales de todos los anteriores personajes mitológicos o mejor dicho, son sus modernos "disfraces" pues creo que básicamente son los mismos, solo que ahora les llamamos de diferente manera. Si los analizamos, las entidades biológicas extraterrestres inteligentes o ebes o ETs, o como Ud. le diga, actualmente igual que en la antigüedad, nos lleva a concluir como ya dijimos, que son los mismos desde siempre.

Aunque los desconocedores del fenómeno OVNI piensen que afirmar esto es ya demasiado paralelo, los que los conocen bien, saben que este es un tema, dentro de la ovnilogía que ha intrigado mucho a algunos investigadores "puristas"…pero despistados a tal grado que les resulta tabú.

Ya fuera de la ovnilogía y por mas que los espíritus críticos sonrían socarronamente, el fenómeno se da con cierta frecuencia pero no sale a menudo a la superficie y en ocasiones ni la propia familia se entera de estos fenómenos. Ud. puede consultar una excelente obra como " El Cristianismo un mito mas" de Salvador Freixedo un extraordinario escritor de estos casos de quien mucho hemos aprendido en sus obras, y sobre todo una autoridad en materia de religiones, pero sobre todo un profundo conocedor del cristianismo al haber sido sacerdote católico, de tal manera que él sabe todo de lo que habla.

Ciertas "vírgenes", y también mujeres casadas, siguen siendo visitadas por extraños seres cuya existencia desconoce la ciencia mejor dicho se niega a reconocer su existencia, pero que como antaño, siguen poseyendo la capacidad de aparecer y desaparecer a su voluntad teniendo siempre en vilo y en duda el alma de los humanos.

Estos "seres" "auténticos" ángeles o demonios, dependiendo del "milagrito que le hagan, son capaces de hacer que una virgen conciba, pero sus motivaciones y sus últimos designios siguen hoy siendo tan confusos y misteriosos como lo eran el tiempos pasados.

En ocasiones las victimas de tales ataques, sobre todo si son niñas o adolescentes, acuden al psiquiatra obligados por sus padres. Pero este, es decir el psiquiatra no creerá en absoluto la objetividad de los hechos y mas bien sospechara del buen funcionamiento del cerebro de la niña o adolescente.

Pero la mayor parte de las veces o la adolescente no dice nada o si lo dice, todo se queda en el secreto de familia, que a lo mucho se lo comunica a algún sacerdote quien luego fanática, torpe, e ignorantemente se lo achacara a las "tentaciones" del demonio en esa edad y le dará como remedio rezos e invocaciones a la virgen Maria y la practica frecuente de los "sacramentos" y baños de agua fría.

En el caso de mujeres casadas que se sienten "violadas" por entidades "invisibles", aunque en ocasiones también por entidades "visibles" es mucho más común y frecuente que tal violación no sea comunicada a nadie si acaso a alguien que le inspire confianza como a una amiga, que le inspire confianza pero a la que le suplicara discreción y silencio total.

Es tristemente patético saber que psiquiatras y ministros de religiones no crean en esto, pero lo peor es su ignorancia sobre el tema, su terca cerrazón, consecuentemente no están preparados para ayudar solo para juzgar con fanatismo ignorante dejando a las victimas de estos fenómenos hundidas en un mar de confusión, de desesperación al no tener a quien acudir ya no a que les ayuden, por lo menos a que las escuchen sin mofarse o pensar que ¡están locas!

Por cierto, me permito recomendarles un excelente libro llamado "Intruders" del cual ya se hizo una excelente película del autor **Budd Hopkins.**

En el se puede ver que el fenómeno OVNI tiene unas profundidades insospechadas. Recuerda el caso de Katie, una joven casada a quien "los extraterrestres" le extrajeron de su útero un feto de aproximadamente 4 meses de gestación, causándole un tremendo trauma psíquico.

La impresión general que uno recibe de la lectura del libro de Hopkins es deprimente u aterrador. Lo mismo se puede decir del libro "Communion" de Whitley Strieber.

En ambos libros se puede ver que el fenómeno ovni, lejos de perder importancia o de haberse estancado, se mantiene vigente, vivo, y avanza sin cesar en su conocimiento cuando se le estudia sin prejuicios y con objetividad e inteligencia.

Estos dos autores (Hopkins y Whitley) no son tercermundistas en busca de notoriedad o unos cuantos pesos. Son dos Neoyorquinos que nos narran hechos sucedidos la mayor parte de ellos en la misma ciudad de los rascacielos conocida como la capital del mundo, la hermosa New York.

Y contra todo lo que los "ufólogos" de primera enseñanza creen, la gran actividad del fenómeno ovni, no se desarrolla en las montanas o parajes solitarios.

Esa es su actitud física, visible, primitiva, rudimentaria. La gran actividad del fenómeno ovni y de sus tripulantes se desarrolla principalmente "dentro" de las viviendas de los humanos y sobre todo en el interior de sus cerebros. En el caso de los que no son anencefálicas aunque algunos seres humanos poseen encéfalo sin utilizarlo, conozco a muchos políticos, militares, religiosos etc. que pertenecen a esta categoría.

8. Los "jinas" son muy aficionados a arrebatar a los humanos y transportarlos por el aire poniéndolos de nuevo en la tierra, aunque no siempre los devuelven, en otras los dejan a muchas millas del lugar en el que los secuestraron. Todo esto lo hacen en un abrir y cerrar de ojos.

Gordon Creighton dice que una confirmación de esto fue el caso en el que un soldado español, el 25 de octubre de 1593, fue raptado en Manila, islas filipinas y llevado en un abrir y cerrar de ojos a través de todo el océano pacifico hasta la ¡Cd de México!, recordar el caso del Dr. Eugenio Torralba.

Efectivamente, este es un caso histórico. Cuando nadie hablaba de "teleportaciones", de ovnis, que documentado por los historiadores de la época, frailes en su mayoría, ha permanecido siempre envuelto en el misterio aunque nadie haya logrado darle una explicación satisfactoria.

Si solo existiese este caso no merecía la pena tomarlo en consideración. Pero sucede que en nuestros mismos días y atestiguado por todas las agencias noticiosas del mundo siguen sucediendo casos parecidos y tan espectaculares como el del soldado español del siglo XVI.

En la década de los sesentas se dieron en sudamérica alrededor de media docena de casos en los que las personas con todo y sus vehículos eran transportadas por los aires en algunos países del cono sur del continente americano y dejados casi siempre en México aunque también hubo otros casos en los que las distancias se limitaban a unos cientos de kilómetros.

De entre ellas se hizo clásica la teleportación de la familia Vidal, que viajando en un auto "peugeot" fueron llevados con automóvil y todo en cuestión de ¡unas cuantas horas desde Chascomus en la República Argentina hasta la República Mexicana! Aunque no lo creen "boludos" esto le sucedió a estos "ches" que cambiaron una parrillada Argentina por tacos en un abrir y cerrar de ojos.

Aquí estamos de nuevo ante casos muy concretos y bien documentados con testigos etc. que para los científicos racionalistas a ultranza no tienen ningún valor. No por que no lo tengan en si, sino por que para ellos y la ciencia que representan, se siguen empeñando en ignorarlos, demostrando una cerrazón de mente lamentable y aunque parezca una contradicción hablando de hombres de ciencia…digamos poco inteligente.

Para quienes deseen, pueden buscar en las décadas de los sesenta y setenta muchos, pero muchos casos de teleportaciones en el mundo entero, así es que no son casos aislados o solo producto de mentes paranoicas, es una realidad. Actualmente en el siglo XXI, son menos los casos, parece que "ellos", se aburrieron de este jueguito.

Tengo el gusto de conocer a dos personas a las que puedo considerar mis amigos, con los que he estado en lugares en los que ellos aseguran vieron una "luz" que venia detrás de ellos siendo de noche en la carretera, de pronto sintieron que su vehículo dejaba de estar en contacto con el suelo y fueron depositados varios cientos de metros mas adelante.

A ambas personas en cuestión les sucedió el fenómeno en la misma carretera por la que transitaban, con la diferencia que a unos de ellos le dieron la vuelta al coche en pleno aire con lo que al depositarlo nuevamente en tierra, le dejaron en la posición contraria a la que inicialmente circulaba hasta antes de esta increíble y fantástica experiencia, muy perturbadora por cierto en opinión de ellos.

En la Península Ibérica en la madre patria la gran España de Cervantes, de acuerdo a lo documentado por el investigador Don Manuel Osuna, se han dado varios casos semejantes de teleportación, sobre todo en Sevilla y sus alrededores, colindando con el Condado Onubense. Desgraciadamente al morir nuestro ilustre investigador, con el se fueron a la tumba muchos datos por el obtenidos.

En Portugal y fuera del ambiente ovnístico, es un tema de gran actualidad entre las gentes que saben del caso, los portentos capaces de lograr por parte de una "vidente" de Ladeira do Pinheiro, que en no menos de 16 ocasiones documentadas y con muchísimos testigos de por medio, se ha "elevado" por los aires sin ayuda alguna, ante los azorados y asombrados cientos de seguidores devotos que mientras tanto rezan el rosario. Según comentan algunos testigos, que estas levitaciones van mucho mas allá de lo conocido como parte de estas capacidades atribuidas a seres especiales, se dice que se ha elevado tanto, que se ha llegado a perder en las nubes (?!), lugar en el que ha permanecido por largos ratos, después de los cuales vuelve a bajar de la misma manera parsimoniosa como subió, es decir como si flotara, como si su cuerpo careciera de peso, como si la ley de la gravedad no le afectase a su humanidad. Aunque en ocasiones también a decir de algunos testigos, ha bajado bruscamente, de manera semejante al "aterrizar" de personas que se lanzaron de un paracaí-das...pero sin obviamente el paracaídas, pero sin lastimarse.

Como recordarán queridos amigos a propósito del famoso caso del Galeno Torralba del que ya hablamos con anterioridad, que decía el mismo, que podía volar por los aires.

En Costa Rica, se supo de un campesino que suplicaba ayuda en vista de las cosas extrañas que le acontecían. El aseguraba que estando sentando un día, vio sobre sí, a poco altura una gran bola, cuando la estaba mirando con curiosidad sin saber de que se trataba, el nunca había escuchado hablar sobre ¡ovnis! De pronto comenzó a sentir que se elevaba como atraído por una gran fuerza desde arriba.

Muerto de miedo comenzó a gritar con todas sus fuerzas solicitando ayuda de tal manera que lo escucharan personas ubicadas a cierta distancia que también veían asombradas ese extraño objeto volador. Cuando estaba ya como a metro y medio de distancia del suelo, sintió que de pronto lo soltaban y cayó violentamente al suelo desde esa altura. Y este campesino a pesar de su ignorancia, culpaba a esa bola de lo que le pasaba. A esto se le llama "teleportación", aunque no es materia de esta obra.

Aunque no sale en el periódico, tv o radio y aunque no se enseñe en una Universidad, lo cierto que hay alguien o algo que en determinadas ocasiones levanta a seres humanos o animales por los aires y los transporta por los aires sin que sepamos quien, como, porque, ni para que los transportan. Sobre todo en ocasiones no vuelve saberse de ellos.

11) La tradición arábiga a atestiguada a través de toda su historia ha habido algunos humanos que gracias a un extraño favor han vivido en muy buena armonía con los "jinas" o tenido con ellos algún pacto gracias al cual recibieron "poderes especiales", estos seres humanos se convirtieron lógicamente en grandes y sobresalientes hombres.

Creighton nos dice que recordemos los personajes de la tradición Europea, que fueron famosos porque descubrieron como colaborar con el "reino" de los silfos o de las hadas.

Este erudito del tema (Creighton) cita el caso de un especialista en libros raros originales de Paris. Tenia una especial amistad con un "silfo". Este ser le decía al comerciante en libros raros en donde buscar algún libro solicitado por algún cliente. Así es que el librero acudía directamente al lugar, y le ofrecía una suma al propietario del libro para luego revenderlo con jugosas ganancias y todo gracias al silfo.

Existen muchos ejemplos. Solo las vamos a citar sin entrar en detalles pero invitándoles a leer sobre los cagliostro o el conde de Saint Germain etc. Son personajes de este estilo.

Ud. recordara amigo lector volviendo al Dr. Torralba, que muy bien pueda formar parte de este especial grupo de personajes.

Así pues nos da la impresión de que estos "jinas" son siempre perjudiciales para el hombre. Aunque es solo una opinión, otras personas opinan lo contrario, aunque su interferencia en la vida de los humanos es incierta e ilógica, así como inesperada aunque muchas humanos han sido grandemente beneficiados.

Da la impresión de que estos seres son muy temperamentales (jinas), y cuando se encaprichan con un humano hacen cualquier cosa para ayudarlo, algo así como los humanos hacemos con los animales; con frecuencia nos encariñamos con un perro, un gato, un pájaro, etc. hasta les damos mejor vida de la que muchos humanos pueden presumir. Pagamos cuentas elevadísimas por tratamiento veterinario o les damos hospedaje en hoteles para animales mientras que muchos seres humanos padecen hombre y no tienen ni en donde recostar su cabeza.

Esa es suerte de perros! Aunque existan otro animales iguales, no todos se ven beneficiados de esta suerte, solo aquellos a los que el humano ¡decidió proteger! Igual sucede con los humanos que reciben la protección de los Jinas. Aunque existan muchos humanos, los Jinas escogen solo a quien ellos quieran.

Mas sin embargo, no seria sincero si no compartiese con Uds. mi opinión basada en la experiencia y producto del estudio exhaustivo de este tipo de temas y casos en los que concluyo que son mas los casos en los que el humano ha resultado mas perjudicado que beneficiado. Por eso, quien por la razón que sea se vea envuelto en una amistad o en un trato de este tipo, le sugiero mucha prudencia y que no caiga en una fácil tentación de sentirse "elegido" entregándose en manos de si amigo o protector.

12) Estas características y gustos de los "jinas" van unidos a un extraordinario poder telepático y a una capacidad de "encantamiento", solo por usar un término clásico, sobre sus víctimas humanas. Los modernos relatos de ovnis están llenos de ejemplos de este tipo.

La mayor parte de los "contactados" pierden la capacidad de juicio ante sus "hermanos mayores" y dejan de usar su propia cabeza, su razón, su voluntad, ya que si lo hicieran verían claramente que algunos de los "consejos" que de "ellos" reciben son funestos para sus vidas.

Comúnmente se desarrolla en el humano un apego y un amor desmesurado hacia el no humano que hace que las cosas de este mundo le parezcan ya pequeñas e insignificantes hasta los intereses de su propia familia.

Este es el "encantamiento" a que se refiere Creighton. Y que se refleja en toda la literatura arabe sobre el trato de los humanos con estas misteriosas entidades. Gordon Creighton nos dice en su revista Flying Saucer, saltándose de la tradición islámica a la cristiana y a la religión de Zoroastro. Y nos dice que a pesar de que los cristianos de hoy han perdido casi todo interés por estos temas. Tanto Jesús como Pablo conocían muy bien la existencia de estos seres como se puede ver en los textos griegos del nuevo testamento.

Efectivamente, San Pablo en el texto que copiamos en la introducción demuestra que conocía muy bien la existencia de toda una serie de "espíritus malignos" que viven en las alturas. Sin embargo, aquel texto tan intrigante es comentado con esta ingenuidad y desparpajo por los teólogos y comentaristas modernos de la Biblia de Jerusalén como si ya todo quedase explicado y como si con el comentario no surgiesen todavía mas dudas:

Se trata de los espíritus que, en opinión de los antiguos, gobernaban los astros y por medio de ellos en todo en universo. Residen "en las alturas" o "en el aire" entre la tierra y la morada divina.

Coinciden en parte con lo que San Pablo llama "los elementos del mundo" fueron infieles a Dios y quisieron hacer a los hombres esclavos suyos.

El mazdeismo, la religión de Zoroastro, está llena de la presencia de estos "espíritus" que tienen por una parte unos gustos muy parecidos a los Jinas, aunque por otro lado sean bastante más crueles en sus relaciones con los humanos.

Un ultimo comentario de Creighton, dice así:

¿Cuánto de lo que hoy esta sucediendo en nuestro mundo a los más altos niveles de la política internacional y en los acontecimientos cotidianos se pueden atribuir a este sutil control e interferencia en nuestras vidas que llevan a cabo estas fuerzas invisibles e insidiosas? Ciertamente, esta es una de las principales razones del lamentable estado en el que hoy dia se encuentra la humanidad.

En las conclusiones finales de este tema, solo deseo decirles a los "ufólogos" de primera enseñanza que todavía se dedican a llevar estadísticas de las horas de los avistamientos y recopilar "pruebas científicas" de que el fenómeno existe, grabando cientos o miles de ovnis con la tecnología del video, sobre sus formas, colores, sobre sus exámenes computarizados etc., etc.

Que acaben de convencerse de que los ovnis o la mayoría de ellos no son exclusivamente unas naves tripuladas por habitantes de otro planeta, sino que mayormente son una de las manifestaciones de estos variadísimos mundos extradimensionales e invisibles que rodean al humano.

También deseo decirles que estas no son invenciones de este su amigo que esto escribe, sino que hace ya miles de anos, ciertos humanos las han descubierto y han tratado de comunicarlas a sus congéneres. Pero siempre hay "algo" que impide que estos las tomen en serio y caigan en la cuenta de la realidad.

Muchos autores de la antigüedad que tratan sobre estos temas tan interesantes como controversiales. Por ejemplo citaré a "Porfirio", filosofo del siglo III cuyas obras fueron ferozmente perseguidas y en gran parte destruidas por los censores de la Iglesia, nefastas como siempre, especialmente si les dicen sus verdades, si se les cuestionan sus dogmas cristianos.

He aquí lo que nos dice el discípulo del gran Plotino en su libro de los sacrificios a los dioses y a los demonios en el capitulo II:

Los daimones son invisibles pero saben "revertirse" de variadísimas formas y figuras a causa de que su índole tiene mucho de corpórea. Moran cerca de la tierra y cuando logran burlar la vigilancia de los "daimones" buenos, no hay maldad que no se atrevan a perpetrar. Ya por la fuerza, ya por astucia…es para ellos juego de niños excitar en el humano las malas pasiones imbuir en las gentes doctrinas perturbadoras y promover guerras, sediciones y revueltas.

Pasan el tiempo engañando a los mortales y burlándose de ellos con toda suerte de ilusorios prodigios. Pues su mayor ambición es que se les tenga por dioses o por espíritus desencarnados.

Herodóto, Homero, Sócrates, pensaban de manera semejante, es decir sus opiniones sobre estos seres no humanos coincidían con lo anterior.

Capitulo X

REMINISCENCIAS DE LOS CREADORES ENIGMÁTICAS COINCIDENCIAS ENTRE LA REGIÓN DE SIDONIA EN MARTE Y EGIPTO EN LA TIERRA.

EGIPTO MEMORIAS DE LA ATLÁNTIDA.
DE LA ATLÁNTIDA A LA ESFINGE

Extrañas y enigmáticas coincidencias entre el planeta rojo Marte, y Egipto aquí en la tierra.

En este capitulo intentaré ir mas allá de lo trillado y sensacionalista de muchos autores para intentar darles a Uds. materia para pensar e investigar.

Ud. podrá enterarse algo mas que lo que posiblemente ya sabe sobre la famosa "cara" de Marte o del meteorito caído en la tierra en donde se encontraron restos de forma de vida microscópica procedentes de Marte. Queremos penetrar aun más allá, mas que solo pensar en la ya desgastada teoría de que el ser humano no esta solo en el universo. Desgastada no por que no sea vigente, solo que todo mundo ya la sabe a fuerza de repetirse, pero sin sustentarse.

En este capitulo, presentaremos y les propondré la tesis de que en Marte en el planeta rojo, no solo pudo haber habido vida como muchos suponen y creen, después de leer este capitulo, Ud. al igual que yo, razonablemente tendremos en nuestra baraja de posibilidades que en Marte pudo haberse desarrollado vida, no solo microscópica como ya concluyeron los científicos.

Después de analizar el meteoríto procedente de ese planeta, la tésis que les invito a analizar es que no solo hubo vida microscópica, también macroscópica y además....¡inteligente! como en la tierra, habiéndose generado una cultura capaz de haber construído monumentos tan ciclópeos como la famosa cara de Sidonia. *Pero quizás habiendo sido ¡los mismos que construyeron las pirámides de Egipto y la Esfinge en la tierra!* Sé que tan solo el plantear esta posibilidad resulta risible para algunos puristas que creen que lo que no conocen ellos, nadie lo conoce, pero su apatía mental, su miopía de razón, no les motiva tan siquiera a estudiar seriamente esta posibilidad para desmentirla con hechos no con retórica barata, tan barata en todo caso como este tipo de planteamientos, que al menos son honestos y diferentes, que siguen la línea de la búsqueda de la verdad, que no obligan a nadie a creer, tan solo invitan a pensar libremente y divertirse a darse una oportunidad de no comerse lo que les venden en el mercado ideológico como ya establecido y verdadero.

A los antiguos Egipcios, el anuncio del descubrimiento de vida en un meteorito procedente de Marte, probablemente no les hubiera resultado demasiado sorprendente.

De acuerdo a lo que postulaban los investigadores Robert Bauval y Adrian Gilbert en su libro exitoso llamado el misterio de Orión, la primitiva religión de los Egipcios, se basaba en el respeto y veneración que profesaban a una peculiar piedra de forma cónica muy peculiar a la que conocían como "Ben-Ben".

Un objeto, que para estos investigadores, no era otra cosa que un meteorito, de aspecto curiosamente piramidal, que cayó sobre la tierra de los Faraones hace miles de años, y que fue después venerado en el templo del Fénix, en la ciudad de Heliópolis.

Apenas quedan rastros de lo que fue la gran Heliópolis y mucho menos del gran Ben-Ben, tan solo un obelisco situado a la salida del moderno aeropuerto del Cairo en Egipto, que recuerda que antaño estuvo allí ubicada esta ciudad (la famosa ciudad de On que menciona la Biblia), cuyos muros acogían muchos de los "saberes" fundamentales atesorados por la casta sacerdotal.

El Ben-Ben de Heliopolis debió de tener un valor muy especial para los antiguos egipcios, ya que estos creían que esta piedra maravillosa les fue enviada a la tierra por los mismísimos dioses en el momento exacto de la creación de la vida y de allí se deriva su nombre pues Ben-Ben, significa literalmente "semilla" o "procreación".

Lo que resulta hoy día más sorprendente es que, enmascarado tras ese mito, los Egipcios están hablando de la "**PANSPERMIA**" dirigida, pero mucho antes, diría muchísimo antes que se hablara de esta teoría científica en nuestro siglo.

Esto traducido a una manera simple de pensamiento, nos llevaría a concluir que la vida llegó a nuestro planeta a bordo de una "cápsula" o un meteorito (¿el BEN-BEN?) dirigido inteligentemente por seres mas avanzados intelectual y tecnológicamente que el ser humano, que al chocar contra nuestros mares primitivos, desencadenaron la secuencia de la vida.

¿Cómo pudieron los sacerdotes Egipcios, adoradores de Ben-Ben intuir o saber este concepto hace mas de cinco mil años? ¿Acaso es que conocieron a quienes enviaron esta "semilla" de vida a nuestro planeta?

LA ENIGMATICA ESFINGE

El mito de la llegada del Ben-Ben, forma parte del periodo más oscuro de la historia Egipcia. Todo aquello que tuvo lugar antes de las primeras dinastías está envuelto en el misterio, ya que solo tenemos noticias de ese primer tiempo gracias a los mitos y crónicas muy posteriores como las del historiador greco egipcio MANETON.

En su célebre historia de Egipto, este asegura que Egipto fue invadido miles de año antes de desarrollarse, por unos extraños Shemsu-Hor o compañeros de Horus, que trajeron la civilización a esas tierras y sentaron las bases de una futura cultura Faraónica.

Aunque no sabemos nada sobre la procedencia de esos Shemsu-Hor, si conocemos su impresionante legado.

Gracias a su intervención, Egipto nació con un arte, con una ciencia, con una arquitectura y una sociedad bien desarrolladas y se puede comprender el por que de mitos tan antiguos como el del Ben-Ben hacen alusión a conceptos tan complejos como la *Panspermia dirigida,* sin embargo, para confirmar que estos compañeros de Horus no fueron simplemente un mito mas, los egiptólogos siguen buscando algún vestigio arqueológico que confirme la presencia de estos.

Este vestigio debería de tener, si nos atrevemos a confiar en la cronología propuesta por Maneton, por lo menos 10,000 años de antigüedad y en esa época según la arqueología más ortodoxa, Egipto solo estaba poblado por algunos colectivos nómadas poco civilizados, incapaces de comprender y de emprender alguna tarea arquitectónica majestuosa y grandiosa que pudiese haber sido legada hasta nuestros días o por lo menos aun no se ha descubierto, ¿Pero es eso cierto? ¿Realmente no existe ningún objeto de las épocas predinásticas?

Este punto de la arqueología esta en seria tela de juicio, el investigador independiente **John A. West** decidió datar empleando métodos geológicos, la misteriosa y enigmática Esfinge de Giza.

Para los ortodoxos y puristas, esto fue ¡una obra inútil! Según ellos, la esfinge fue esculpida sobre roca madre por el faraón Kefren, de la IV dinastía, al mismo tiempo que el soberano ultimaba los detalles de su propia pirámide. Sin embargo, West, siguiendo las investigaciones iniciadas en los años 60's por el investigador y egiptólogo Rene Adolphe Schwaller de Lubicz, estaba convencido de que las huellas de erosión que presenta la Esfinge en su roca que le dio origen, demuestran que la Esfinge fue esculpida hacia el año 15,000 antes de Cristo.

Para validar o refutar su tesis, West se llevó a Giza al profesor de geología Robert Schoch, que trabaja en la Universidad de Boston, y al profesor de geofísica Thomas Dobecki, ambos tras un estudio muy serio de la roca caliza de la esfinge. Concluyeron que la erosión de la esfinge, ocurrió al final de la...¡ultima era glacial! Y que la escultura, la imagen, fue esculpida mucho tiempo antes, por lo menos ¡12,000 años antes!

Los estudios de estos dos científicos, fueron en opinión de favorecedores y detractores, bien ejecutados y son creíbles. No solo demostraron que la Esfinge se saltaba todas las tablas cronológicas egipcias al uso, también denunciaron una infinidad de "cavidades" bajo la estatua y entre esta y las pirámides, de evidente manufactura artificial.

Por supuesto tales descubrimientos han sido "silenciados" por las autoridades arqueológicas, aunque no todos los investigadores son retrógrados, me refiero a los oficiales, pues el director de investigaciones de la meseta de Giza, el insigne Profesor Zawi Hawass ha reconocido por fin, la existencia de estos túneles y también aceptó la posibilidad de que estos túneles quizá lleven a cámaras secretas que guarden información así como tesoros, pero sobre todo que nos permitan saber mas sobre la realidad de sus constructores.

¿Pero a donde pretendo llegar con estos datos? Nada mas, ni nada menos que a tratar de formular una hipótesis, que da origen a este capítulo, ¡que la Esfinge, posiblemente sea esa tan buscada prueba sobre la existencia de los **Shemsu Hor!**, *esos antiguos y misteriosos seres que fundaron la cultura mas extraordinaria de nuestra especie humana, o por lo menos una de las mas extraordinarias!*

LA CABEZA DE LA ESFINGE

Los primeros días del año 1996 se publicó en los Estados Unidos una fascinante obra llamada "El mensaje de la Esfinge" (o The Message of the Sphinx) escrita por **Robert Bauval**, uno de los autores de " El Misterio de Orión", y **Graham Hancok** prestigioso autor de obras como " Símbolo y Señal", dedicada a la búsqueda del Arca de la Alianza, tan mítica y conocida a nivel mundial.

Su nueva obra, una bomba en potencia, además de hacer eco en la datación de la Esfinge propuesta por West, señala una significativa anomalía de esta estatua:

su cabeza es desproporcionadamente mas pequeña en relación con su cuerpo de León, además por si este detalle fuera poco, se trata de la única parte del monumento que no esta desgastada por el agua o la erosión de los milenios.

La razón que esgrimen Bauval y Hancok, no es otra que la de que la cabeza de la Esfinge, fue remodelada en tiempos Faraónicos, y que su "verdadero" rostro, aquel que fue tallado entre hace 12,000 a 15,000 años, fue cincelada y destruido muchísimos años después.

Las preguntas que se suscitan con estas tésis, son por ahora irresolubles, ¿a quien representaba la esfinge original? ¿Posiblemente a los Shemsu Hor?

.El 31 de Julio de 1976, la sonda espacial de exploración de la NASA llamada VIKING 1, obtuvo varias imágenes de la región Marciana conocida como Sidonia. Tras ser enviadas a la tierra y decodificadas por el responsable de la misión y su equipo de científicos, el Dr. Tobías Owen, repararon en un pequeño "detalle", de la imagen 35A72, en medio de una zona prácticamente plana, se aprecia una montaña que tiene la forma de …..un rostro ¡vagamente humano!

La imagen se tomó desde una distancia de 1,300 metros de altura, y muestra no solo ese rostro de mas de 1,500 metros de largo, también se aprecia un conjunto de promontorios de forma piramidal a escasos 13 kilómetros en línea recta en dirección de la cara mejor conocida ahora como el ¡Rostro de Sidonia!

Un mes y cinco días marcianos mas tarde, la sonda Viking I toma otras imágenes del mismo lugar, la nueva fotografía conocida como 70A13 es obtenida en condiciones de luz totalmente diferentes.

La sombra que cubría en las otras fotos la mitad del "rostro", en la otra imagen obtenida en la foto 35A72 aparece mas reducida en la nueva fotografía y se pueden apreciar nuevos detalles de la "cara". Posteriormente otros análisis de estas fotografías con el auxilio de las sofisticadas computadoras llevados a cabo por expertos de la NASA como Mark J. Carlotto o Vincent DiPiero, demuestran que el rostro es simétrico, que además tiene una especie de "tocado" Egipcio alrededor del cráneo, que incluso es posible ver una fina hilera de dientes.

En suma, estos expertos concluyen estos expertos, que esta construcción Marciana en la región de Sidonia, es de origen "ARTIFICIAL", de gigantescas proporciones, construída sobre el suelo del planeta rojo en tiempo totalmente desconocidos.

Durante los años ochenta, los análisis de estas dos imágenes marcianas tan increíbles, se fueron perfeccionando. El principal investigador y abanderado de tales exámenes es el eminente científico de la NASA, **Richard C. Hoagland**, convencido de que lo que hay en Marte y que se ve claramente en las fotos enviadas por las sondas enviadas a Marte, son a todas luces, construcciones de carácter artificial hechas por alguna civilización súper avanzada hace posiblemente miles de años sobre la superficie del planeta rojo.

Hoglan ha lanzado duras criticas contra la NASA, por no estudiar por no investigar al menos no que se sepa, mas sobre Sidonia y sus enigmáticas construcciones. Queda la posibilidad que como siempre, se hagan cosas a espaldas del resto de la humanidad y solo unos cuantos sepan la verdad, aunque esperamos mas apertura e informes sobre las expediciones no tripuladas del género humano que se pasaron en el planeta rojo en el año 2004 enviadas por la NASA de USA y Europa.

En la búsqueda de análisis que legitimasen la existencia de las construcciones en Marte, Hoagland buscó la ayuda de Erol Torun que trabajaba para el servicio cartográfico de la defensa de los Estados Unidos, cuya labor consiste en determinar objetivos militares gracias a la ayuda de las fotos de satélite. Pues bien Torun examinó cuidadosamente las fotos a saber la "30A72" Y la "70A13".

En ellas Torun redescubre las pirámides ya previamente "descubiertas" por DiPietro y su socio Gregory Molenaar años antes. Además, Torun con su capacidad científica descubre que los ángulos de estas colosales construcciones, algunas de mas de mil metros de lado, presentan varias constantes matemáticas similares a las de las pirámides de Giza en Egipto, ¡aquí en la tierra por supuesto!

Este nuevo descubrimiento abrió una nueva línea de investigación para Hoagland y su equipo de investigadores denominado Mars Research, que a partir de entonces siguen la posible conexión entre el planeta rojo y la tierra. Mientras la pirámide principal del conjunto de Sidonia, el arco tangente de una de sus funciones ("e" / pi), arroja un valor de 40.8 (que es la latitud marciana donde se encuentra la pirámide en cuestión), en Giza el coseno de la misma función, arroja un valor de 30, que es de nuevo, la latitud de las tres grandes pirámides en Egipto!

Ante estas "casualidades matemáticas" y otras más complejas que resultaría muy aburrido de enumerarles en este capítulo, Torun afirma que las "probabilidades" de que ocurran, están correlacionadas por coincidencias en dos planetas vecinos, es de una entre siete mil.

¿A QUIEN REPRESENTA LA CARA DE MARTE? ¿el rostro de sidonia?

Sin duda amigos lectores, estamos ante algo que va mas allá del azar, mas allá de las casualidades, el que existan dos regiones en dos planetas distintos, en las que se encuentren aunque se a diferente escala un conjunto piramidal acompañados en cada planeta, de sendas "esfinges", esto no se requiere digamos ser un hombre de ciencia, como para saber que no puede ser producto de la casualidad ¿no lo creen?

Bueno, pues también los autores de la obra " The Message of the Sphinx" piensan lo mismo y siguen profundizando en sus estudios en los que creen que tarde o temprano, encontraran la conexión entre el planeta rojo y Egipto.

Pocos días después de hacerse oficial el anuncio de la NASA, de que se había encontrado vida microscópica en un meteorito procedente de Marte, Hancock y Bauval se apresuraron a hacer público un documento en la red mundial de informática mejor conocida como internet, en el que "denunciaban" las extraordinarias similitudes entre las dos regiones piramidales, una ubicada en Marte, la otra aquí en la tierra.

En ese texto cibernético, los investigadores denunciaron que puesto que el meteorito 84001 confirma que existía vida en Marte hace aproximadamente tres mil millones de años. Esta pudo haber evolucionado hacia especies mas superiores, tal y como se teoriza que sucedió aquí en nuestro planeta tierra.

Asimismo, sugieren que fue una clase de cataclismo geológico el que pudo haber acabado con aquella cultura, de cuya existencia apenas quedan algunos rastros como lo es Sidonia y posiblemente en algunas otras regiones del rojo planeta que aun no se conocen.

Ahora bien, si la cara de Sidonia perteneció a esa hipotética cultura Marciana, ¿a quien representa? ¿a un ser humano? Aceptar esta simple posibilidad, pondría automáticamente en tela de juicio, todas las teorías científicas defendidas en este planeta (a temblar todos esos vividores) que hablan sobre el origen de nuestra especie. Según estas, la aparición del hombre es el fruto de una serie de "casualidades" evolutivas que nos han configurado como especie única (?) en el universo, eso sin adentrarnos a otra igual o mejor dicho mas fantástica que habla de un origen divino de un *génesis* promovido por las grandes religiones del planeta.

Desde la óptica antropocentrista, ¿cómo se explicaría entonces, que en Marte, en otro planeta, en otro mundo se encuentren monumentos gigantescos con cara humana? ¿Por que esta hipotética civilización representaría sus monumentos con caras de hombre?.

Posiblemente la respuesta a esta interrogante, solo puede llevarnos a una sola dirección: Que la humanidad Terrestre está de alguna manera ¡"emparentada" con los constructores de Sidonia en Marte!

Los análisis mas recientes del equipo de Hoagland, apuntan sin embargo....en otro sentido. Según este investigador, el rostro de Sidonia, no es totalmente humano, se trata mas bien de un rostro híbrido, un ser mitad felino, mitad humano...¿que les parece esta propuesta? ¡Realmente revolucionaria!

LA CONEXION SEKHMET

De nuevo, a los antiguos Egipcios no les hubiera sorprendido semejante conclusión, no en vano una de sus principales y mas primitivas divinidades del panteón, es la diosa "Sekhmet".

Esta es representada como una mujer con cabeza de Leona, que segun

Robert Masters, autor de una monografía dedicada a esta divinidad, "está claramente relacionada con la esfinge de Giza". Una con cabeza de Leona y cuerpo de humano, y la otra con cabeza humana y cuerpo de Leon".

En su estudio, Masters añade a esta observación, que las "tradiciones" más antiguas relacionan a ambas y proclaman su antigüedad, definiendo a "Sekhmet" como la señora del lugar donde empieza el tiempo y que estuvo antes de que llegaran los dioses.

Aunque ahora es casi imposible demostrarlo, desde esta época no sería descabellado pensar que la Esfinge, en algún momento del remotísimo pasado en que fue construida, tuvo el rostro de Sekhmet, unas de las primeras Shemsu Hor en llegar a Egipto.

Un rostro que, por cierto en su factura original, tampoco debió distar mucho del que ahora presenta la gran cara Marciana de Sidonia.

Curiosamente, en ese mismo camino de pensamiento, se encuentra también el gran investigador norteamericano de origen judio, **Zecharia Sitchin**, en uno de sus últimos libros, Genesis Revisted, Sitchin propone que ambas esfinges estuvieron relacionadas hace miles de años, ya que Marte sirvió de base a una avanzada cultura extraterrestre que colonizó la tierra en tiempos remotos. Estos "sembraron" la vida en nuestra planeta creando entre otras cosas al ser humano tal y como ahora lo conocemos, ..¡lo que somos!

Según estas teorías, los dioses creadores llamados *"Nefilim"* en la tradición Sumeria y *Shemsu –Hor* en la Egipcia, estos habrían descendido a la tierra ¡¡¡hace aproximadamente 45,000 años!!! que es además la edad que Hoagland atribuye al conjunto piramidal de Sidonia en Marte.

Como podrán ya Uds. haber adelantado y razonado, todo esto no deja de ser solo una interesante y diferente hipótesis, mejor dicho una especulación (al igual que las muchas que se toman como realidad y verdad). Pero esta especulación a diferencia de las otras, llenaría unos enormes huecos, muchas lagunas de nuestra historia y que además nos ayudaría a interpretar muchos datos del pasado humano hasta ahora incomprendidos.

Mientras nos llega mas información procedente del planeta rojo con la ayuda de la tecnología humana, concretamente de la NASA, estaremos a la espera de develar este misterio, aunque por el momento, casi cada una de las sondas no tripuladas enviadas por la NASA han servido ¡de nada! Con la excepción de mediano éxito de la nave PATHFINDER que envió cierta información pero aun no está disponible para mas ojos que los del gobierno de USA de sus agencias gubernamentales. Las demás han fracasado, es decir, se nos ha dicho oficialmente que han desaparecido o se han estrellado en la superficie del planeta rojo. La otra posibilidad, sin querer caer en el terreno de los conspiranoícos, que simplemente nos oculten información que ya posean estas agencias del Gobierno de los Estados Unidos. No sería la primera ocasión, pero volviendo a intentar la ecuanimidad del investigador, esperemos que las próximas naves de exploración que el ser humano envié a Marte y que lleguen con éxito, hasta entonces estaremos a la espera de mas evidencias fotográficas que "apuntalen" la relación entre el planeta rojo y Egipto ...entre la tierra misma.

Cuando los árabes se apoderaron de El Cairo y de la región donde se encuentra la esfinge durante el siglo VII d.c., bautizaron el lugar como " El-Kahir-ra" que obviamente procede del Arabe El-Kahir, que significa literalmente......¡Marte! ¿Sabía Ud. Eso?

EGIPTO MEMORIAS DE LA ATLÁNTIDA

Según antiquísimas tradiciones, la gran pirámide esconde cámaras secretas y bajo la Esfinge esta una sala secreta con "archivos" en los cuales se encuentra la sabiduría de la Atlántida.

La posibilidad de que la "disposición" de los monumentos de Giza reproduzcan el firmamento como se veía hace 10,500 anos a.c., y los indicios que señalan cavidades inexploradas, indican que posiblemente detrás de las leyendas, pueda esconderse algo de veracidad.

El descubrimiento de la tumba de Tutankhamon, es hoy por hoy uno de los máximos descubrimientos así como una aventura de epopéyicas dimensiones enormes para los investigadores que han tenido la suerte de haberse involucrado en ella.

Existe un verdadero ejército de mujeres y de hombre que lejos del brillo de la publicidad, de la fama, han trabajado largas jornadas con un solo objetivo: desentrañar los misterios que aun guarda la civilización Egipcia.

Hace unos años, las herramientas mas usadas eran el pico, la pala y un cedazo, ahora se emplean técnicas muy sofisticadas como la sonda electromagnética, el sismógrafo, la detección por medio del radar, incluso la recreación de la posición de las estrellas en el pasado por medio de las computadoras súper sofisticadas, pero la finalidad al margen de la moderna tecnología, sigue siendo el mismo...saber todo sobre el pasado de esta enigmática y brillante cultura egipcia, pues muy posiblemente también nos de informes sobre el resto de la humanidad.

Los investigadores **Robert Bauval** y **Graham Hancock** como ya hemos visto en párrafos anteriores, han escrito un brillante libro titulado como también ya lo habíamos mencionado Guardián del *Génesis*, que se convirtió en un best seller mundial rápidamente, debido al gran interés sobre el tema de miles de personas en cada país.

A partir de un estudio histórico, geológico y astronómico Bauval y Hancock han llegado a una fabulosa conclusión: Que la esfinge es más antigua de lo que se creía hasta ahora y que esta pudo haber sido construida por una antigua supercivilización en una época imposible de "datar" por los medios actuales y que los arqueólogos modernos ni se dan el permiso de pensar siquiera en algo como posible de ser verdad.

En torno al 10,500 a.c., periodo en el que el valle del Nilo estaba poblado por tribus neolíticas, los egiptólogos oficiales pese a rechazar por hábito cualquier intento de contradecir sus "cronologías" establecidas, por lo menos han reconocido oficialmente que la Esfinge no hay manera de "datarla" por que esta tallada en roca viva, según señala el arqueólogo Mark Lehner.

Las investigaciones obtenidas por Bauval y Hancock como muchos otros investigadores "heterodoxos", no pueden demostrarse en su totalidad, no sin antes encontrar mas evidencias arqueológicas. Pero tampoco la arqueología tradicional u ortodoxa esta en condiciones de afirmar o negar nada sobre este y muchos otros temas, pero se acepta que la Esfinge pude haber sido construida en la epoca de Kefren, esto mas o menos en el año 2500 a.c.

LAS ESTRELLAS QUE VEIAN LOS ANTIGUOS EGIPCIOS.

Platón relata que los sacerdotes Egipcios habían observado las estrellas durante ¡10,000 años! Diodoro de Sicilia que visitó Egipto en el año 60 a.c., recalcaba que la posición de las estrellas y sus movimientos había sido ampliamente observados y estudiados por los astrónomos de Egipto, pero sobre todo que habían preservado cuidadosas anotaciones de sus descubrimientos, de sus estudios durante milenios lo que resulta increíble y que habla de lo ordenado de este pueblo.

En el siglo V d.c., Proclo reconoció que la gran pirámide en si, respondía a un concepto astronómico increíble y enigmático, que estaba orientada hacia unas estrellas determinadas.

En su comentario el Timeo de Platón, que trata sobre la Atlántida, el filósofo e iniciado Proclo, afirma que la gran pirámide era utilizada como gran observatorio de "Sirio". ¿Que relación habría entre estos conocimientos astronómicos y el complejo corpus de creencias sobre la inmortalidad y el más allá que tenían los Egipcios?.

Con el fin de precisar que tipo de observaciones astronómicas se llevaban al cabo en la meseta de Giza y llegar a una mejor comprensión del papel que desempeñan las pirámides y la esfinge, Bauval y Hancock comenzaron sus investigaciones estudiando a fondo los cuatro misteriosos canales que parten de la cámara del rey y de la reina, en el interior de la gran pirámide.

Para comprobar su orientación, se valieron de la arqueoastronomía, disciplina que permite datar antiguos monumentos de piedra, con un margen de error de apenas unas cuantas décadas, que en el caso concreto de las gran pirámides resultaban ser casi nada si tomamos en cuenta lo milenario de su construcción, la fiabilidad de esta técnica de acuerdo a estos investigadores, de que estos monumentos hayan sido orientados por sus constructores hacia las estrellas o los puntos de la salida del sol.

La Esfinge cumple con creces este requisito, ya que esta orientada sobre el eje este-oeste de la meseta de Giza, y mira hacia el este. Se trata de un excelente marcador de los equinoccios de primavera.

La gran Pirámide por su parte, esta ubicada a poco mas de un kilómetro al sur de la latitud 30, es decir casi a una tercera parte de la distancia que hay entre el Ecuador y el Polo Norte.

Su desviación podría deberse a que un kilometro al norte, no existe un lugar apto para la construcción, y créanme amigos lectores que los Egipcios sabían lo que hacían y en donde lo hacian.

Ellos buscaron un lugar apto para tan ciclópea construcción, por otra parte, tal desviación equivale a menos de una sexagésima parte de un grado, lo cual en relación a la circunferencia de tierra, equivale solo al espesor de un cabello ...¡es decir a nada!

Esta asombrosa precisión favorece el trabajo de los arqueoastrónomos, gracias a lo cual es posible reconstruir el firmamento de la antigüedad visto por los constructores del Valle de Giza.

Asi es como es posible desarrollar un mapa celeste que nos muestre la posición de las estrellas en el año 2,500 a.c., Bauval y Hancock aseguran que el canal norte de la cámara de la reina, apuntaba en ese entonces a la Beta Osa Menor, estrella que los Egipcios asociaban a la inmortalidad del alma, mientras que el canal sur, apuntaba a la brillante Sirio, identificada con la diosa Isis.

Desde la cámara del Rey, el canal norte apuntaba hacia Alfa Dragón, asociada con la fecundidad y la gestación cósmica, y el canal sur apuntaba señalando a Zeta Orión, la mas brillante de las tres estrellas que conforman el cinturón de Orión y a la que se identificaba con Osiris, dios de la resurrección y el legendario fundador de la civilización del valle del Rió Nilo, en una remota época denominada Zep-Tepi ...El tiempo Primero como se traduce literalmente.

EL REFLEJO DEL RIÓ NILO EN EL CIELO

Es difícil pensar que caso de ser ciertas las conclusiones de Bauval y Hancock, sobre la alineación de estos cuatro canales, pueda deberse tan solo a la casualidad ¿...que pretendían representar los constructores de la gran pirámide?

La existencia de este mapa celeste y la importancia en concreto, de la constelación de Orión, ya habían de hecho sido apuntadas por Bauval en su anterior obra " El misterio de Orión", donde señala a otro elemento que viene a complicar mas aun la comprensión de este rompecabezas cósmico:

La disposición de las tres pirámides de la gran meseta de Giza representa con total exactitud la alineación de la posición de las tres estrellas del cinturón de Orión, y además la ubicación de estas al oeste de la vía láctea, conceptuada por los antiguos Egipcios como el Nilo Celeste, se corresponde con la situación de las pirámides respecto del rió Nilo.

Sin embargo, si bien los canales de la gran pirámide, señalan la posición de las estrellas que conforman el cinturón de Orión en el año 2500 a.c., el acoplamiento perfecto, el momento en el que el Nilo refleja la vía Láctea y las tres pirámides y las estrellas del cinturón de Orión, tienen idéntica situación. Mas no se produce en esa época, examinando el firmamento (?) de hace milenios, solo hay una fecha en la que todo "ENCAJA" a la perfección: 10,500 años a.c., es decir ocho mil años antes de la conocida oficialmente como edad de las pirámides.

¿Que civilización pudo disponer de unos conocimientos astronómicos tan exactos?, y sobre todo ¿como logro que se fueran transmitiendo durante milenios?.

La datación de la gran pirámide en el año 2500 a.c., podría ser correcta, según señala la orientación de sus canales, pero la planificación del complejo monumental de la meseta de Giza fue realizada 8,000 años antes según Bauval y Hancock.

Aquí es donde entra en juego la Esfinge, ese testigo mudo del paso de los siglos que ofrece su rostro devastado al horizonte, desafiando todos los intentos llevados a cabo hasta el momento para descifrar por quien y cuando fue construida.

Las dataciones con carbono 14 no funcionan, no sirven de nada en un monumento escupido en una piedra, en roca madre en la que no hay residuos orgánicos.

Los textos del imperio antiguo correspondiente a la IV dinastía, no la mencionan tan siquiera de pasadita, simplemente la ignoran o no saben de ella.

Esta es una omisión incomprensible, máxime si tenemos en cuenta que la arqueología oficial mantiene que fue erigida en esa época, bajo el reinado de Kefren.

En 1978 y 1982, el profesor Mark Lehner, cuya relación con la fundación Cayce fue la de dirigir un proyecto destinado a trazar por primera vez un mapa detallado de la esfinge, valiéndose de la fotogrametría, una técnica de la que se vale la fotografía estereoscópica, luego la posterior digitalización de las imágenes.

Lehner se mostró convencido de que la cara de la esfinge representaba al Faraón Kefren, a pesar de esta incierta conclusión, no dejó de señalar una curiosa anomalía: la cabeza de la esfinge es sumamente pequeña en relación con el cuerpo. Los Egipcios de la IV dinastía quizás no habían todavía determinado el canon de la proporción entre la regia cabeza "tocada" con el Nemes y el cuerpo de León, declaró como señalan Bauval y Hancock. Lehner no tuvo en cuenta la posibilidad de que en un principio la cabeza fue mucho mayor en proporciones, que posiblemente fue reduciéndose en tamaño, por acción de la erosión y del cincelado de posteriores trabajos sobre lo previamente y originalmente hecho, es decir, muy posiblemente tanto faraones como artistas de diferentes dinastías, simplemente tomaron la roca ya preexistente para hacer nuevos trabajos de su predilección y gusto.

LOS SIETE SABIOS Y EL DILUVIO

En el templo de Edfu, que se encuentra entre Luxor y Asuan, están grabados los denominados "textos de la construcción", datados en torno al 200 a.c. y aceptados por los conocedores como los únicos fragmentos que se conservan en la literatura cosmogónica perdida.

En estos textos se habla del gran montículo primitivo, el lugar donde se suponía que había comenzado el tiempo y que algunos investigadores asocian con la protuberancia de roca natural que se encuentra debajo de la gran PIRÁMIDE.

También mencionan estos escritos a unos enigmáticos "siete sabios", de quienes especifican que iniciaron los trabajos de construcción en el gran montículo primitivo y fueron los únicos seres dotados de conocimientos que sobrevivieron a un gran cataclismo que asoló la tierra.

Según los textos de Edfu, los siete sabios y otros dioses procedían de una isla, la tierra de los "prometidos", que fue destruida por la acción de las aguas.

Los que se salvaron se convirtieron al llegar a Egipto, en "dioses constructores" o "señores de la luz" y fundaron una hermandad secreta cuyos conocimientos se transmitían entre los miembros de generación en generación, los conocimientos procedentes de la antigua cultura. Los sabios especificaban los planos y proyectos que debían de ser utilizados para todos los templos del futuro.

¿Se planificó así, con miles de años de anticipación, la construcción de las pirámides de Giza? ¿Fueron estos sabios quienes ocultaron bajo la esfinge, las pruebas de la existencia de la cultura, de la civilización Atlante?

Certificar sin ningún género de dudas la antigüedad de este monumento y la existencia o no de cámaras secretas en sus inmediaciones, seria la única manera de aclarar por fin si estas historias mitológicas son solo un cúmulo de leyendas sin sustento, o bien si por el contrario todo es realidad.

EL MISTERIO DE LA ESFINGE

Un investigador llamado **John Anthony West**, que estaba dispuesto a buscar las causas de las marcas de erosión que presenta la esfinge, marcas que curiosamente no se presentan en la cabeza del monumento, recurrió al profesor **Robert Schoch**, Geólogo y Paleontólogo de la Universidad de Boston para el caso.

Después de algunas dificultades originales, las autoridades Egipcias, otorgaron los permisos correspondientes para iniciar los trabajos de West y de Schoch.

Estos encabezaron un equipo multidisciplinario de científicos que realizaron pruebas sismográficas alrededor de la gran esfinge, para lo cual fue empleado un sofisticado instrumental. Tal tecnología pudo captar numerosas "anomalías o cavidades" en el lecho de la roca, entre las "garras" y a lo largo de los "costados" de la esfinge.

El doctor Thomas L. Dobecki, el doctor a cuyo cargo estuvieron las pruebas sismográficas, describió una de las cavidades como: bastante grande, de unos nueve por doce metros, a menos de cinco metros de profundidad. La forma regular de este rectángulo es a todas luces artificial, ya que las cavidades naturales no representan este patrón tan exacto de dimensiones.

Por lo tanto, da la impresión de que este hueco fue hecho artificialmente, es decir por la mano del hombre.

Además de esta conclusión, determinó que la erosión de la esfinge es el resultado de la accion del agua el viento, el tiempo. Pero según los mas recientes investigaciones geológicas, ejecutadas con tecnología espacial, mostró que fueron unas "torrenciales lluvias" las que determinaron tal erosión, tan fuertes lluvias dejaron esas señales en el monumento citado de la Esfinge, pero de acuerdo a lo que dicen estos investigadores modernos, con técnicas sofisticadas, no pudo haber ocurrido esto en el año 2500, esto no ocurrió en el Valle del Nilo, la época en que los egiptólogos digamos ortodoxos, dicen que se construyó la Esfinge. De acuerdo a los investigadores modernos, esta catástrofe diluviana, debió de ocurrir miles de años antes. Esto significaría que …la Esfinge, fue construida mucho antes, miles de años antes, no como sugieren los egiptólogos que ocurrió en el año 2,500 a.c..

Estas conclusiones desataron una autentica tormenta entre los especialistas, quienes arguyeron que los habitantes de aquella región, no podían tener la tecnología, las instituciones de gobierno, ni siquiera la voluntad de construir una obra semejante miles años antes del reinado de Kefren.

Schoch y West, presentaron su investigación a la sociedad geológica de Norteamérica. Cientos de geólogos se mostraron entusiastas y partidarios de sus conclusiones. Muchos de ellos se ofrecieron a ayudar y también dieron sus propuestas pero sobre todo, fue una idea generalizada la de continuar los trabajos de investigación sobre la esfinge.

El equipo de Schoch grabó un interesante documental sobre su trabajo al que se le denominó "Mystery of the Sphinx", mismo que fue difundido por la NBC en el se daba información sobre las informaciones sísmicas hechas por el investigador y su formidable equipo. En dicha serie presentada por el actor Charlton Heston, se dejó entrever sobre la posibilidad de la existencia de cámaras secretas, que bien pudieran ser la tan buscada "sala de archivos". Dichas cavidades encontradas mediante estudios de sismógrafo, se encuentran debajo de las "garras" de la Esfinge.

Por otra parte, Mark Lehner, el arqueólogo que comenzó los estudios en Egipto bajo el patrocinio de la **Fundación Edgar Cayce**, entabló relaciones con el American Research Center in Egypt (Centro Norteamericano de investigaciones en Egipto) que es la misión Norteamericana egiptológica oficial reconocida, además de con el famoso **Stanford Research Institute**, que también ha trabajado en estudios similares sobre la esfinge.

Uno de estos estudios consistió en poner la "sonda" bajo la garra de la esfinge y siempre se recibía una señal nítida clara, lo que refleja que no existe una cavidad subterránea que la bloquee. La pasaron a lo largo de la pata, entre el codo y la zanja, por la parte exterior y en el ángulo, la señal seguía siendo nítida. Después se colocó la sonda en el suelo rocoso dentro de la zanja y ...entre sitios ¡no se recogió señal alguna!, como si hubiese un vacío bajo esos lugares.

LAS CÁMARAS SECRETAS

Uno de los aspectos de las investigaciones de **Bauval** y **Hancock**, es el referido a la posible existencia de cámaras secretas, de pasadizos secretos aun inexplorados dentro de la Gran Pirámide. Desde la antigüedad, se ha mantenido una tradición según los cuales los monumentos de Giza, son el ultimo vestigio de una remota civilización que fue destruida por un gran diluvio. Estas tradiciones también sostienen que en algún lugar aun no encontrado de Giza, existen cámaras secretas subterráneas en los que se conservan los conocimientos de esa gran supercivilización.

El rey Keops las convirtió en cámaras sepulcrales para su uso personal. Se dice que existe una especie de isla dentro de la pirámide en la que se hizo traer las aguas del Nilo mediante un canal. Numerosas inscripciones y papiros del antiguo Egipto hacen alusiones a dos cámaras de "archivos" o sala de las memorias. Además diversas leyendas de los Coptos Cristianos-Egipcios cuyo lenguaje litúrgico proviene del arcaico lenguaje Egipcio, aseguran de la existencia de una cámara subterránea debajo de la esfinge, con entradas a las tres pirámides .....cada entrada "guardada", protegida por estatuas de sorprendentes poderes.

En el siglo IV d.c., el Romano Amiano Marcelino animaba a los buscadores de tesoros a localizar ciertas galerías subterráneas en las pirámides, construidas como "depósitos" de pergaminos y libros de épocas pretéritas inmemoriales, destinados a impedir que la antigua sabiduría se perdiera en el diluvio.

El Califa de Al Mamoun, que abrió un túnel en la cara norte de la gran pirámide en el año 820 d.c., buscaba obviamente los legendarios y fabulosos tesoros, una cámara secreta con mapas de las estrellas y unas extrañas esferas.

En 1986 dos arquitectos Franceses, Guilles Dormion y Jean-Patrice Goidin, obtuvieron permiso de las autoridades Egipcias de antigüedades, para practicar y realizar unos pequeños orificios en la pared oeste de del corredor horizontal, que conduce a la cámara de la reina, esto en busca de la cámara secreta oculta que se dice en las tradiciones.

Encontraron indicios de una cámara repleta de una finísima arena ..¡pero solo eso! El proyecto fue suspendido y los Franceses no volvieron a intentar ningún otro proyecto.

En 1988, otro equipo de investigadores, pero ahora Japonés de la Universidad de Waseda , dirigido por el **Profesor Sakuji Yoshimura**, utilizando técnica no invasivas como se diría en el argot médico, no destructivas, a base de ondas electromagnéticas y radar. También ellos detectaron un enorme hueco, una gran cavidad detrás de la pared noroeste de la misma cámara de la reina y un túnel en el exterior, al sur de la pirámide, que parecía correr por debajo del monumento.

Antes de que se pudieran hacer nuevos estudios, las autoridades Egipcias intervinieron para suspender el permiso, acabando así de un solo golpe burocrático con las expectativas japonesas de descifrar los misterios bajo la cámara de la reina.

El Ingeniero Francés actual presidente de la Association France-Egypte de nombre **Jaen Kerisel**, es quien esta realizando en el periodo mas reciente esfuerzos tendientes a la búsqueda de cámaras subterráneas ocultas.

Valiéndose al igual que el equipo Japonés de técnicas no destructivas, como el radar de penetración en el suelo y la microgravimetría, técnicas mediante las cuales creyó haber encontrado, junto al corredor de la entrada de la cámara subterránea, lo que bien pudiera ser un sistema de pasadizos que terminan en un pozo vertical.

Podría tratarse de un gran volumen de tierra caliza disuelta por la acción de las aguas subterráneas, es decir de un simple cueva erosionada por la acción del agua y el tiempo. Pero ...si el defecto de "masa" encontrado fuese hecho por la mano del hombre como sospecha fuertemente Kerisel, estaríamos hablando de un descubrimiento sin parangones en la historia de la egiptología de ¡repercusiones incalculables!

ROBOT DENTRO DE LA PIRÁMIDE

La Organización Egipcia de Antigüedades le encargó en 1990 al **Instituto Arqueológico Alemán de El Cairo**, la instalación de un sistema de ventilación dentro de la gran pirámide.

El Ingeniero en robótica Rudolf Gantenbrink, emprendió los trabajos de exploración utilizando un robot en miniatura de tecnología de punta el cual fue bautizado como "Upuaut 1", que inesperadamente descubrió un túnel de longitud insospechada en el túnel sur de la cámara de la reina.

Antes de poder investigarlo a fondo, Gatenbrink tuvo que dedicarse a los otros túneles de la cámara del rey, donde no encontró nada de interés.

Entusiasmado por el misterio de los canales "ciegos" de la cámara de la reina, el ingeniero construyó otro robot destinado a vencer las dificultades que encontró su predecesor. El nuevo explorador subterráneo, fue bautizado como "Upuaut II", tenia un cerebro formado de por cientos de componentes electrónicos y hasta estaba equipado con un sofisticado rayo láser capaz de escudriñar las superficies y huecos más recónditos e inaccesibles.

En el año de 1993, cuando Gantembrink deseaba reemprender su trabajo acompañado de un equipo de televisión, dispuesto a filmar todos los pormenores de la operación, recibió de pronto la noticia de que el Instituto Arqueológico Alemán le retiraba su apoyo, así como los respectivos permisos las autoridades Egipcias de una manera inexplicable y súbita.

Sin embargo Gantenbrink no se venció y siguiendo otros canales, volvió a obtener permisos y volvió a la carga de sus investigaciones. El día 22 de Marzo a las 11 de la mañana, este singular constante y consistente investigador que confiaba en él y en su equipo asi como en sus estudios y corazonadas, de pronto se encontró ante uno de los descubrimientos mas sensacionales de la historia egiptológica y mundial.

A unos sesenta metros de la entrada sur del canal de la reina, el que apunta a la estrella Sirio, después de avanzar por un túnel de suelo y paredes suaves y lisas, El Upuaut II, se detuvo ante una puerta provista de unas extrañas piezas de metal que parecían "picaportes" de metal, ¡concretamente de cobre!

Bajo este picaporte, había un pequeño hueco por donde desaparecía el punto rojo del rayo láser del robot, pero demasiado pequeño como para que la cámara montada sobre el robot pudiera enviar alguna imagen nítida, ya solo con un equipo a base de fibra óptica, es decir un lente con esta tecnología, cuya instalación en el robot tardaría tiempo. Así es que los trabajos se detuvieron por este problema técnico, pero la noticia causó un revuelo internacional entre conocedores y neófitos, es decir entre científicos y simple público en general, ocupando los titulares de medios informativos impresos del mundo entero.

El Doctor Zahi Hawass declaró a una cadena de televisión:

En mi opinión, este es el gran descubrimiento en Egipto, y expresó que detrás de la puerta, hubiese nada mas ni nada menos, que la tan esperada cámara de los archivos tan buscada por todos los investigadores en la historia de la egiptología, información como ya hemos comentado, que contuviese los secretos sobre los constructores de los monumentos y la procedencia de estos.

Pero como en otras ocasiones …poco después y de manera inesperada un portavoz del Instituto Alemán declaró públicamente que la mera idea de que pudiera haber una cámara en el extremo del canal, era una "tontería" y que la única finalidad del trabajo de Gantenbrink, de su equipo, de su robot, era la de medir la "humedad" de la gran pirámide, sobra decirles que a Gantenbrink le fue revocado el permiso de reanudar sus exploraciones, aunque lo intento en múltiples ocasiones ¡en vano!

Sin embargo con espíritu indomable, dispuesto a saber la verdad y dejando a un lado su participación personal, declaro estar dispuesto a prestar su robot, sus conocimientos de manera gratuita, de entrenar a personal que las autoridades Egipcias designasen y hasta patrocinar la reanudación de su trabajo para sacar la verdad a flote …pero le fue negado todo permiso o negociación de una manera sistemática por parte del Doctor Nur El Din presidente de la Organización Egipcia de Antigüedades, con la infantil excusa de que estaban muy "ocupados".

La puerta sigue cerrada …al menos eso se dice oficialmente, aunque noticias mas recientes indican que las autoridades Egipcias están pidiendo ayuda a la Amtex Corporation de Canadá, para construir un nuevo robot, con la finalidad de reabrir la investigación, para abrir esa puerta enigmática donde posiblemente estará al conocimiento de los buscados por años y años. Sin embargo las autoridades Egipcias lo desmienten. Aunque esto ocurre en Egipto y las autoridades son las que mandan en su país, creemos que sin embargo, no tienen el derecho a privar a la humanidad de algo que a todos nos concierne, no solo a los Egipcios, el derecho ¡a la verdad, a la historia, al conocimiento! Solo dice el flemático funcionario burócrata Egipcio que: No creemos que sea ninguna puerta, que ¡no hay nada detrás!

INVASIÓN CULTURAL

Es muy posible que detrás de la burocracia hostil de los funcionarios Egipcios que obstruyen los trabajos de los investigadores Internacionales, no se encuentre otra cosa que un gran temor a que el papel del pueblo Egipcio quede disminuido si se lograra demostrar que las semillas de la civilización en el valle del Nilo fueron "importadas".

De hecho un documental de West provocó la ira de los Egipcios, concretamente del Doctor Hawass quien comento: La película denota la pretensión de demostrar que la edad de la esfinge es de 15,000 años de antigüedad y que sus constructores y por lo tanto tambien de las grandes pirámides y otros grandes monumentos, NO fueron los antiguos Egipcios, sino otro pueblo de mas alta tecnología y civilización que llegó del continente mítico de ¡la Atlántida!, que llegaron después de la destrucción de este continente perdido a las tierras del valle del Nilo, que además depositaron sus profundos conocimientos en alguna cámara secreta que aun aguarda por su descubrimiento en algún lugar de la Esfinge.

Además el funcionario Egipcio en evidente molestia agrego: Es obvio que este "West" representa la continuación de una invasión ancestral de otros en nuestra cultura Egipcia.

Mark Lehner, por su parte ha manifestado: creo que tenemos la obligación profesional de rebatir ideas, aunque estas pudiesen "despojar" a los egipcios de la paternidad de su patrimonio cultural e histórico. Esto ocurriría si se encuentra dicha cámara de los archivos con el conocimiento legado por los antiguos constructores y que en opinión de muchos, se atribuye a la civilización, a la cultura Atlante, que posterior a su gran cataclismo que terminó con su imperio de grandeza, emigraron a tierras de Egipto en donde reiniciaron otra brillante civilización.

Sin embargo a lo largo de la historia, se ha podido comprobar que no existen culturas o civilizaciones autosuficientes, y que los diferentes aportes culturales externos, solo contribuyen a enriquecer los pueblos.

El esplendor de la civilización Egipcia seguiría a pesar de todo, siendo reconocido y apreciado como uno de los mas brillantes de la humanidad, a pesar de que fuese reconocido que surgió de hombres poco avanzados que se ubicaron en chozas a las orillas del Nilo, o bien que su origen fuese ubicado entre los fastuosos palacios de la legendaria y mítica Atlántida.

Todas las hipótesis encaminadas a desentrañar los enigmas que nos plantea el antiguo Egipto, mismos que los estudiosos "oficiales" no han podido desentrañar, deben de ser "bienvenidas", en todo caso, con las actuales herramientas tan avanzadas tecnológicamente que por fortuna están a disposición de los investigadores. La ultima palabra la deben de tener los HECHOS, no las especulaciones.

La apertura de la misteriosa puerta de la cámara de la reina y la exploración seria, sistemática y exhaustiva de todos los túneles, y cámaras subterráneas puedan existir en la meseta de Giza, ayudaran a despejar sin duda muchas incógnitas que por ahora existen, deseando que exista colaboración entre las autoridades Egipcias, las organizaciones de estudiosos que patrocinan dichas investigaciones egiptológicas y por supuesto los genuinos y honestos hombre de ciencia que solo ¡buscan la VERDAD!

EN BUSCA DE NUESTROS ORÍGENES
DE LA ATLÁNTIDA A LA ESFINGE

Quizá el mensaje este a la vista, pero nosotros no sepamos verlo o descifrarlo. El legado lo dejó una cultura desconocida a los dos lados del Atlántico a saber: Egipto y México, y Tiahuanaco en Bolivia.

De acuerdo a los estudiosos, pudo ser obra de seres humanos muy avanzados cuyo hemisferio cerebral derecho, predominaba sobre el hemisferio izquierdo, al contrario de lo que ocurre con el ser humano de hoy día.

Según el escritor Colin Wilson, el hombre contemporáneo, esta atrapado en una forma de conciencia mas reducida que la que posiblemente poseían los antiguos herederos de la Atlántida.

Los textos antiguos y leyendas de todos los rincones del planeta, hacen referencia a una tierra fabulosa, cuna de todas las civilizaciones, que por desgracia sucumbió tras una serie de megacataclismos.

La nostalgia de este hogar siempre ha excitado durante siglos, a artistas de todo el mundo, visionarios, investigadores y a la gente común que desea saber mas sobre nuestros orígenes como especie.

Es ahora cuando la ciencia se encuentra en condiciones de poder reconstruir lo que pudo suceder en aquella remota época que se pierde en la noche de los tiempos, de saber cuales fueron las consecuencias del éxodo de sus antiguos habitantes.

Los mas recientes estudios realizados por el ser humano en todas las ramas del saber, están comenzando a reunir las piezas de este rompecabezas, si bien falta aun una visión global del conjunto de hallazgos.

Los próximos años pueden ser definitivos para que se compruebe o no la existencia de la hasta ahora mítica Atlántida.

Sin embargo, como señala el investigador Britanico **Colin Wilson** en su libro "El mensaje oculto de la Esfinge", la sola mención de la palabra Atlántida, basta para que este investigador "académico formal y purista ortodoxo", ¡se escandalice! hasta grados inconcebibles. Y aunque se le diga que solo se utiliza como referencia hacia una supuesta civilización del pasado que supuestamente desapareció y no necesariamente en el Atlántico, el solo hecho de mencionar esta civilización cuya existencia real aun esta en tela de juicio, basta para descartar cualquier estudio que se jacte de "serio" desde el punto de vista digamos muy "miope" de este intelectual Británico y flemático.

Sin embargo, son muchos los investigadores que gozan de prestigio y seriedad en la comunidad científica internacional, que se atreven a poner en "entredicho" la historia aceptada como tradicionalmente correcta sobre todo las "dataciones" que esta ofrece por ser ambiguas, inexactas, cuestionables.

Las semejanzas que presentan numerosas civilizaciones, variadas culturas, apuntan como una seria posibilidad a la teoría Atlante. Pero las inconformidades, las discusiones, las divergencias entre los estudiosos, suben de tono al intentar enmarcar y delimitar el marco geográfico de la influencia de esta supercivilización.

Frente a las mas aceptadas y conocidas que la sitúan en medio del océano Atlántico, sin embargo surgen muchas otras teorías actuales en donde se le se coloca al núcleo Atlante en el continente Antártico. Esta hipótesis sostenida entre otros investigadores por Colin Wilson, quien ha realizado una síntesis recopilando todas las teorías mas seriamente planteadas e investigadas en torno a la Atlántida que además aporta sus propios argumentos en favor de la Atlántida como hogar del pueblo Atlante ...de que otro mas podría ser ¿no lo creen?

LA ERA DE LEO

Según el Timeo de Platón, cuando Solon visitó Egipto hacia el año 600a. c., los sacerdotes le narraron la destruccion de la Atlantida, acaecida unos nueve mil años antes.

Esta fecha concordaria con las dataciones efectuadas recientemente por los investigadores West y Schoch de las que ya hablamos en párrafos anteriores. De ser ciertas estas hipótesis, los sobrevivientes de una terrible catástrofe llegaron a Egipto a mediados del XI milenio a.c. y trataron de reconstruir en ese exilio forzado, una fracción de su esplendorosa cultura perdida a causa de la terrible catástrofe.

Empezaron muy posiblemente, tallando la parte delantera de la esfinge en un montículo de piedra caliza dura de las orillas del rió Nilo, orientándola hacia la salida del sol en el equinoccio de primavera.

Posteriormente, excavaron en la piedra caliza de debajo de la esfinge y escupieron el cuerpo de León.

El simbolismo de este animal, podría corresponder con el hecho de que, como exponen Hancock y Bauval, la esfinge fue construida en la edad de Leo, que duro del 10970 al 8810 a.c. Estas fechas no son producto de mentes fantasiosas o calenturientas mucho menos del azar:

La modificación del eje de la tierra, que causa la precisión de los equinoccios, ocasiona un movimiento que, como las agujas del reloj, señala una constelación diferente cada 2,160 años.

De esta forma, el firmamento marcado por la constelación de Leo, habría sido la que observaban los misteriosos constructores de la "Esfinge".

Muchas otras etapas históricas han estado regidas simbólicamente por estas disposiciones celestes de los astros: En los comienzos de nuestra era fue Piscis, el símbolo del cristianismo fue como es obvio que Uds. ya conocen..un pez mientras que en la precedente era fue Aries, el pueblo Hebreo sacrificaba carneros en honor de Jehová y los egipcios honraban al dios carnero Amón.

Durante la anterior era de Tauro florecieron los cultos a los bureles, a los toros.

Si admitimos esta fabulosa fecha de 10,500 a.c., como el inicio de una avanzada civilización en el valle del rió Nilo, la subsecuente será: ¿de donde procedía? Las mas conocidas teorías sobre la Atlántida, la sitúan entre las costas Americanas y las Africanas, ocupando una basta extensión sus dominios, pero existen evidencias tanto históricas como geológicas, que podrían apuntar en otra dirección…el continente de la Antartida.

UNA CULTURA BAJO LOS HIELOS

En 1929 se descubrió en el palacio de Topkapi, en Estanbul, Turquía, el original de un mapa cuyas copias han servido de orientación a los marinos durante muchos siglos. Se trata del mapa conocido como de "PiriReis" un legendario pirata Turco. No hubiese pasado de ser una carta marítima mas de las muchas utilizadas por los marineros de la época, de no ser porque mostraba la costa Antártica con el perfil que tenían ¡antes de los glaciares!

El asombro de la comunidad científica internacional fue mayúsculo. La Antártida no había sido descubierta "oficialmente" hasta el año 1818, de tal manera que resultaba increíble que un mapa medieval, mostrara y, además con la forma que tenían en épocas prehistóricas.

En 1966 el profesor Norteamericano llamado Cahrles H. Hapgood, había estudiado tanto el mapa de PiriReis, como algunos portulanos, utilizados por algunos navegantes de la edad media y que parecían demasiado exactos como para ser obra de marinos de la edad media, que además daban también la impresión de que fueron sacados de cartas de navegación, de mapas marítimos aun más antiguos.

Hapgood encontró cartas de navegación sospechosamente similares en Italia, Turquía, Grecia, y también en China en un mapa datado de 1137 tallado en piedra. Los Chinos parece ser que ya conocían los mapas "originales" en los que se basó el famoso mapa de PiriReis.

Las teorías de Hapgood, llegaron a interesar a entes superdotados como Albert Einstein. Fueron el punto de partida para la investigación efectuada por un matrimonio de Canadienses, Rand y Rose Flem-Ath, quienes estudiaron por mas de veinte años hasta concluir de que desde el año 10,000 a.c., los restos de la Atlántida debían de estar enterrados bajo los gélidos hielos de la Antártida.

Basándose en los movimientos que podría haber sufrido la corteza terrestre debido al peso del hielo glaciar en los casquetes polares, los Flem-Ath pensaron que hace miles de años ocurrió un súbito desplazamiento de la corteza que tuvo unos efectos devastadores originando una epopeyica mega catástrofe, un terrible cataclismo.

La agricultura mundial tuvo su origen en las regiones elevadas de la tierra después de que la gran inundación destruyera todas las ciudades de las zonas bajas.

Egipto había sido tropical antes del gran desplazamiento de la corteza terrestre, luego pasó a ser templado. Lo mismo ocurrió en Creta, Sumeria, la India y China, donde se supone…se habrían refugiado los sobrevivientes de la catástrofe, convirtiéndose así en focos de civilización.

LA LLEGADA DE LOS DIOSES BLANCOS

Las leyendas Aztecas, dicen que Quetzalcoatl, un hombre blanco, barbado, alto, como ya lo analizamos en capítulos anteriores, llegó de alguna parte del sur, poco después de que una catástrofe oscureció el sol durante mucho tiempo.

Quetzalcoatl lo trajo de nuevo (el sol) y aporto las artes y la civilización. Cuando los Granujas Gachupines procedentes de la península Ibérica llegaron a México, se quedaron fascinados ante el esplendor de la cultura Azteca, solo que ellos tenían solo una cosa en mente, robar, destruir, imponer cultura, religión, monumentos, así mas o menos respectivamente en ese orden.

Y lo mismo que se "horrorizaron" ante la tradición de los sacrificios humanos. Como ya lo analizamos, como si estas bestias barbadas no hubiesen hecho lo mismo, aun más diría yo. Amparados en su "civilización y en su religión y tecnología mas avanzados", masacraron a los pobres indígenas …¿cómo pueden ellos moralmente sentirse mejores? Ellos fueron asesinos, no solo de seres humanos, también de culturas que no les pidieron ser "descubierto" ya que siempre estuvieron allí, mucho menos ser "conquistados" por estos ¡ignorantes!

Esta costumbre cruel y bárbara de sacrificar otros seres humanos a los dioses, era una costumbre (?) que databa de miles de años, cuya finalidad era la impedir que los dioses provocaran alguna catástrofe como ya lo habían hecho en un pasado remoto. Los Mayas Quiches hablan en sus códices como ya lo analizamos también, de un gran cataclismo ancestral, que convulsionó América Central en el pasado remoto.

El investigador Graham Hancock que viajó a América del Sur en busca de una antigua civilización supuestamente aun existente pero de miles de años de origen, estudió especialmente la cultura de Tiahuanaco y en las riberas del lago Titicaca en los Andes.

Tiahuanaco fue un puerto en otros tiempos, tal y como lo revelan sus inmensos muelles, uno de los cuales es lo bastante grande como para dar cabida a cientos de embarcaciones de mediana envergadura.

Docenas de enormes bloques esparcidos de forma caótica indican que sufrió algún terremoto o algún desastre parecido.

En las cercanías de esta antigua ciudad, circulaba la leyenda de Viracocha, otro dios blanco procedente del mar (otro ser ¿parecido a Quetzalcoátl (?), al que en este lugar en concreto se le conocía como Tunupa.

Curiosamente, las embarcaciones del lago Titicaca tienen un gran parecido a las embarcaciones Egipcias. Los naturales del lugar, han transmitido por generaciones, que dichas embarcaciones fueron hechas bajo las instrucciones de gente de "Viracocha". Se supone que una estatua de mas de dos metros tallada en piedra arenisca roja, representa a Viracocha o Tunupa, se trata de un hombre de ojos redondos, nariz recta, bigote y barba, clara señal de que NO es un natural de la región andina.

En este lugar, al igual que en Egipto, destaca el gran tamaño de los bloques de construcción, uno de los cuales pesa 440 toneladas. ¡Échense esa piedrita a la bolsa! Mas del doble de lo que pesan los inmensos ya de por si, bloques que conforman la Esfinge en Egipto.

Una de las principales zonas rituales de la antigua Tiahuanaco es un majestuoso recinto llamado "el kalasasaya", el lugar de las piedras verticales, cuyas afiladas rocas de mas de 3.5 metros de altura, desempeñan un papel astronómico.

Dos puntos de observación del recinto señalan el solsticio de invierno y el de Verano. Actualmente los dos trópicos están exactamente a 23 grados y 30 minutos al norte y al sur del Ecuador, pero los dos puntos del solsticio en Kalasasaya revelan que fueron construidos cuando los dos trópicos se hallaban situados a 23 grados, 8 minutos, y 48 segundos del ecuador, es decir, en torno a la mágica fecha del 10500 a.c.

El conocimiento de primera mano que obtuvo Hancock confirmó su creencia de que existió una civilización que había precedido a la devastación de Tiahuanaco, en algún momento del undécimo milenio a.c., y que se dice fue la antepasada común con Egipto Arcaico dinástico, con los Olmecas, los Mayas, los Aztecas, así como los constructores de los monumentos ¡megalíticos de Europa!

EL LENGUAJE DE LOS JEROGLÍFICOS

Colin Wilson introduce en este debate un elemento hasta ahora no tenido en cuenta por los investigadores: el papel jugado por los dos hemisferios cerebrales a la hora de juzgar la evolución cultural de la especie humana. Incluso en el siglo XIX se había reconocido que las dos mitades de nuestro cerebro cumplen funciones diferentes.

El lado izquierdo que tiene que ver con la lógica y el raciocinio, mientras que el derecho interviene en las funciones tales como la apreciación musical, el talento artístico, o las facultades paranormales.

Según un psicólogo de la Universidad de Princeton, Julian Jaynes en la raza humana se produjo un cambio básico en algún momento de la historia. Después de este momento, el hombre quedo atrapado en una forma mas estrecha de conciencia. Compensamos la perdida o la evolución, aprendiendo a utilizar la capacidad de raciocinio con mayor eficacia y eficiencia (algunos no evolucionaron). El resultado es la actual civilización tecnológica de la que somos integrantes en la actualidad.

¿Existe una diferencia fundamental entre la antigua mentalidad Egipcia y la del hombre moderno?

¿Pudo producirse un cambio significativo después del pseudo cataclismo de la mítica Atlántida?, Según el egiptólogo heterodoxo y gran hermetista Schwaller de Lubicz, una de las muestras mas importantes de esta diferencia de mentalidades, puede verse en los jeroglíficos, que no son metáforas de la realidad, sino que su significado es tan profundo y tan complejo como podría ser la enseñanza del objeto o concepto representado si hubiera que considerar todos los significados que se le pueden atribuir.

Hoy día por pereza o por hábito, eludimos este proceso analógico y designamos el objeto por medio de una palabra que para nosotros expresa un concepto fijo.

Examinamos esto a la luz de las diferencias entre ambos lados del cerebro. Podemos ver que un jeroglífico es una imagen y por lo tanto, la capta el hemisferio derecho del cerebro (bueno de aquellos a los que les funcione adecuadamente la masa neuronal).

Una palabra en cambio, es una sucesión de letras y la percibimos con el lado izquierdo del cerebro.

¿Pero a donde queremos llegar con esto? ¿Significa entonces que los antiguos Egipcios eran seres humanos que pensaban con el cerebro derecho y el hombre contemporáneo, pensamos con el cerebro izquierdo? ....no puedo asegurarlo, mucho menos demostrarlo, pero ¿quien puede realmente desmentir esta posibilidad? Así es que ...podría ser. Así como también seria posible, que debido a esta característica, los antiguos Egipcios, poseyeran algunas facultades paranormales.

Lo que si es evidente es que para ellos la vida en la tierra, era solo una pequeña parte de un gran ciclo, que iniciaba y terminaba en el ...¡otro mundo! Los espíritus tanto de la naturaleza como los de los muertos, eran tan reales como los de las personas vivas.

La ciencia, el arte, la medicina y la astronomía de los Egipcios, no deben verse como aspectos diferentes de la vida, todo era parte de lo mismo, de un todo: la religión en su sentido mas amplio, la identificaban con el conocimiento y su concepto tanto de la vida cotidiana como del gobierno político que era básicamente religioso, la idea del cielo trasladado a la tierra .

Los reyes no eran solo figuras dotadas de autoridad, sino sacerdotes y chamanes, hombres que conocían los antiguos secretos, que además…se comunicaban con los dioses.

Este concepto de Teocracia, del rey-dios, se encuentra en Egipto como también en las culturas Mesoamericanas.

Según Colin Wilson, de este análisis, deduce de que si hubo unas civilizaciones similares a la Egipcia en América hacia el año 10,500 a.c., se trataban de Teocracias gobernadas por un rey al que al mismo tiempo consideraban un dios, NO confundir con algunos tiranos que se sienten dios y que gobiernan algunos países hoy en día.

Volviendo al punto neurálgico de este comentario. Las pirámides las construyeron pues, hombres que creían que al erigir aquellas majestuosas obras arquitectónicas estaban honrando a sus dioses, esa creencia le otorga a la sociedad unas metas, y una dirección que excede con mucho a la que correspondería a un pueblo primitivo, tal y como se empeña en hacernos creer la historia oficial, respecto a como se supone debían de ser los seres humanos de esa época.

LA NUEVA PIEDRA DE ROSETA

Bajo esta premisa se puede comprender la mentalidad Egipcia, que veía a su mundo, a su imperio, como una "sucursal" del cielo, con la vía Láctea representada analógicamente por el majestuoso y dador de vida …el ¡Rió Nilo!

¿Cuál seria entonces la mentalidad básica de un sacerdote de la época? ¿De los iniciados que construyeron esas ciclópeas y perfectas obras que hoy en día aun es posible recrearnos con su majestuosidad a las que conocemos simplemente como la Esfinge? Dejaron estos seres humanos algún legado en efecto para las generaciones después de ellos. ¿Estarán estos archivos del conocimiento esperando ser rescatados en algún lugar secreto en espera de su descubrimiento, en alguna cámara secreta debajo de las garras de la Esfinge o en algún otro lugar que ni se sospecha?

La proyección astronómica de la Esfinge y las pirámides parece indicar, desde luego, que estos monumentos megalíticos estuvieron astutamente y con mucha inteligencia creados y diseñados para la "preservación" de un mensaje proyectado a través del tiempo: El secreto origen del paraíso perdido, de la patria primigenia donde nació la raza humana.

Y en esta Atlántida perdida por denominarle de alguna manera simbólica, ya estuviera en el océano Atlántico o en algún otro lugar ya mencionado o que fuese otro que nadie nunca hubiese imaginado aun, lo cierto es que sin lugar a dudas y por los hechos mas que por las especulaciones y cientos de hipótesis, floreció una cultura, una civilización basada en el concepto de totalidad, el proporcionado por el hemisferio derecho del cerebro, un tipo de conocimiento diferente al racional de la humanidad actual.

Muy posiblemente por eso la comprensión de los grandes misterios y enigmas de la historia son tan incompletos y sobre todo carecemos del código adecuado para descifrarlo grabados en piedras, códices pinturas etc.

Es mi convicción y mi fundada esperanza, de que muy pronto algún ser humano brillante, o algún equipo de verdaderos hombres de ciencia, que no le deban pleitesía a ningún interés que no sea el genuino por conocer la verdad, nos sorprendan con el descubrimiento de una nueva piedra Roseta, que nos ayude a comprender la mentalidad de aquellos hombres que vivieron sobre la tierra cuando el planeta era aun joven. Esto nos llevaría a comprender no solo de donde venimos, quien nos creo, también a donde vamos, que aunque para muchos pensar en el futuro, es tan incomprensible como el pasado, mas eso no significa que el mundo, la humanidad, sigue una bien definida trayectoria trazada por nuestros creadores.... quienes sean estos y de donde hayan venido.

CAPITULO XI

TECNOLOGÍA SUPRAHUMANA SÚPER SOFISTICADA DE TIEMPOS ANTIGUOS

NAVES VOLADORAS PORTENTOSAS, ESTACIONES ESPACIALES, ENERGIA NUCLEAR Y MISILES LE-TALES...... ¿EN LA ANTIGUA INDIA?

Esta obra no estaría completa sin hablar aunque sea brevemente de algunos aspectos sorprendentemente enigmáticos de esta grandiosa cultura, la Indú.

Tanto en el **Mahabharata** como en el **Ramayana** y **los Vedas**, libros sagrados de la religión Indú, es frecuente encontrar descripciones de artefactos espaciales y armas de sofisticada manufactura.

Lo curioso es que a pesar de la abundancia de referencias que cualquier enterado o lego puede encontrar en ellos, las primeras traducciones de dichos textos sagrados no fueron hechas sino hasta el siglo XIX. No daban ninguna importancia los escritores traductores o investigadores a las famosas "aeronaves" a las "astras" descritas ampliamente en los textos señalados como sofisticadas y terribles armas de destrucción masiva, tan letales como alguna de las que por lo menos de oído sabemos existen hoy en día.

Pero hoy en día no nos extraña, aunque ya nada nos sorprende escuchar, sobre sofisticadas armas cada vez mas destructoras y letales, pero volvamos a la cultura Indú, estamos hablando que esta civilización milenaria, ya poseía este tipo de arsenales mortíferos pero …..hace ¡¡miles de años!!

De hecho, hubo que esperar hasta la primera Guerra mundial, época en que un militar Indú de nombre **Ramachandra Dikshitar**, publicó un interesante libro al que denominó "La Guerra en la Antigua India". Fue hasta entonces que los estudiosos comenzaron a poner sus ojos y sus esfuerzos investigativos y científicos sobre la cultura Indú.

Fue hasta entonces que estos investigadores vieron con ojos desorbitados e incrédulos, como en estas obras ancestrales de la cultura Indú, ya se hablaba de armas tecnológicas muy avanzadas.

También la famosa obra de **Louis Pawells** y **Jaques Bergier**, se citan aunque sea brevemente, como dirían algunos, solo de pasadita a estos artefactos. También se dice que ya en 1959 el profesor Agrest afirmaba haber descubierto en el Ramayana y en el Mahabharata aeronaves llamadas "Vimanas".

Desde entonces y hasta nuestros días, el investigador más serio y conocido de estos temas controversiales llamado **Zecharia Sitchin**, ha aportado datos muy interesantes y reveladores, lo mismo que el famoso astroarqueólogo **Erick Von Daniken** que ha contribuido con enorme éxito a difundir el tema aunque de manera mas comercial y menos académica.

De hecho en uno de sus libro comenta que no se sabia él como eran las "vimanas" y artefactos voladores de la antigüedad y que fue precisamente al leer a los autores anteriores, que el sintió el reto de afrontar a reproducir una de las "carrozas celestiales", de las que hablan los textos sagrados de la cultura Indú.

En lo personal, en mis múltiples viajes a la India, he bebido directamente de las fuentes de información de primera mano, he investigado sobre este particular. Me siento si bien no como un experto, si como alguien muy familiarizado con el tema de la mitología de la antigua India.

Desde entonces he estudiado con respeto y ahínco las diferentes divinidades de la India. Además poseo réplicas de algunas de estas divinidades a las que he analizado concienzudamente hasta lograr algunas reflexiones que me permitiré compartir con Uds.

Estudiando a fondo el *Mahabharata, el Ramayana, el Bhagavad Gita y los Vedas,* me hacen sentir sin falsa modestia que estoy en condiciones de poder suponer con cierta certeza que en tiempos muy remotos, *la India recibió la visita de una civilización muy superior,* que poseía naves voladoras, armas sofisticadas como las conocidas hoy en día como "mísiles". Sobre todo, sabían como extraer algún combustible, alguna energía que les permitía poner en acción sus poderosas naves y alta tecnología y esta energía bien podría ser la que hoy en día conocemos como energía "nuclear".

Las actuales reproducciones de estas naves, de estos artefactos voladores, de sus dioses, sus armas etc., son el resultado de investigaciones de gentes tan brillantes como el escritor, e investigador Román Molla, con quien tengo un gran paralelismo en cuanto a los estudios sobre el particular aun sin conocernos personalmente. Seguimos líneas de investigación y estudio muy parecidas.

ENIGMATICOS ADORNOS Y "TOCADOS" DE UNOS DIOSES MUY HUMANOS

Cualquier turista que visite alguna de las grandes y pobladas ciudades de la India, sobre todo como Calcuta o Nueva Delhi, podrán quedar fascinados ante la diversidad cultural y religiosa. La India es un mosaico multicolor en donde se unen todas las corriente de pensamiento, lo mismo las mas antiguas, que las mas modernas.

En la India, podemos encontrar a las gentes más prominentes y a los más indigentes del planeta. Es aquí en donde se unen o se separan según el punto de vista que se siga, la opulencia con la más extrema miseria, lo sublime con lo mas bajo de nuestra especie humana.

Así es que cualquier turista que llegue a estas urbes superpobladas, encontrará vendedores a cada paso que no te dejan continuar con tu jornada hasta que no aceptas conocer sus tiendas o le compres la mercancía que de manera callejera te ofrecen.

Ante la insistencia casi molesta de un vendedor que no aceptaba un NO por respuesta y ante su insistencia de visitar el bazar que él representaba y de donde recibiría una mísera comisión en el caso que alguien visitara al mercader propietario del establecimiento, me permití aceptar la insistente invitación y acudí al bazar.

Cuando no puedes con el enemigo, únete a él. Así es que aun con toda las recomendaciones que mis amigos me habían hecho de no aceptar este tipo de propuestas de lugareños que en muchos casos son de ladrones y estafadores, que llevan al incauto a lugares poco frecuentados de las zonas comerciales en donde roban y lastiman a los que creen que compraran un tesoro por unas cuantas rupias o libras esterlinas (aun dólares - de todo toman ellos). Bueno aun así y confiando en mi sentido común, decidí seguir con cierta cautela y preparado para casi cualquier contingencia a este insistente vendedor callejero en la ciudad de Nueva Delhi.

El bazar o tienda al que fui conducido en medio de la muchedumbre del centro de la Ciudad, era sombrío, raro como casi todos los de su clase. Pero con tal de salir pronto de esta compra forzada, decidí adquirir algunas "CHUCHERIAS", pensando en mi familia, amigos que recibirían algún pequeño presente de procedencia Indú, como si fuera realmente algo valioso, así de amables y buenas personas son las gentes que me rodean, pero volvamos al punto.

En el bazar en cuestión adquirí láminas con dibujos que representaban deidades Indúes, sumamente extraños para mi conocimiento occidental, seres con cuerpos híbridos, mitad humano, mitad elefante, humanos con cara de monos, o con caras felinas, así como pinturas hechas a mano de brillantes colores, pensando en que cualquiera de esa cosas seria un bonito recuerdo a obsequiar a quienes algún afecto por mi sentían o a quien yo deseaba brindar un recuerdo de mi paso por este enigmático y contrastante país.

Pero hubo algo que me llamó la atención de manera especial. Esto fue el hecho de que casi todas las divinidades, las representaciones que de ellas compré y muchas que allí pude apreciar ya sea en pinturas, figuras de materiales como madera, arcilla, pastas, talladas en piedra etc., había en ellas una constante muy interesante al menos para mí, que me llamó atención.

Casi todas las deidades por no decir que todas, llevaban sobre sus cabezas un extraño y enigmático tocado o casco, algunos dirían que más bien era una especie de adorno o sombrero, casi todos eran alargados, metálicos y de color dorado...semejantes a ¡cohetes espaciales!

Al observarlos con detenimiento, pude imaginar que esos "tocados" eran en realidad "Yelmos" metálicos que tenían una increíble y notable semejanza con los actuales cohetes espaciales, con mísiles, con aeronaves ultramodernas.

Sobre todo al analizar la parte inferior de estos extraños "yelmos", se puede ver una especie de "resplandor" o aura divina, semejante al que produciría una nave despegando.

Bien pudiera ser, que estos "sombreros" ornamentales fueran en realidad la representación, la reproducción de cohetes, naves, mísiles utilizados por los dioses, y que los artistas antiguos representaron mediante estos Yelmos para plasmar estos insólitos eventos, aunque con el tiempo es obvio que ya se deformo el concepto original del hecho,

Es posible que ya se haya olvidado el significado y ahora solo sean considerados como simples adornos colocados en las cabezas de los dioses, a la vez que el resplandor del "despegue" sea simplemente considerado como la clásica "aureola" de "iluminación" con la que se representa a los santos de occidente.

Otra cosa que llamó mi atención poderosamente, es que algunas de estas deidades llevaran en sus cabezas una especie de tocado a manera de una "rueda dentada", rueda que según el texto sagrado, era una representación del "arco divino", mecanismo que según los textos antiguos, se usaba para lanzar las "astras" o armas celestiales que usaban los dioses para "castigar" a sus enemigos: Te mandaré mi carro y te daré todas mis astras. Esto dice el dios INDRA en el Mahabharata a su hijo ARJUNA.

Todo ello unido al hecho de que el dios mitad hombre, mitad elefante GANESH, parece llevar una extraña y sugestiva Indúmentaria que nos hace evocar el diseño de los trajes espaciales (con tubo de oxigeno, que seria la trompa del dios en este caso), con gafas, casco, vestimenta holgada etc. Así es que decidí seguir estudiando estas enigmáticas deidades antiguas tanto como el hombre mismo¡...quizá mas!

Tiempo después, producto de investigaciones, estudio de conocedores del tema, me llevan a teorizar con convicción de que en la antigua India, hubo una avanzadísima civilización que poseía una tecnología increíble como naves voladoras y ¡armas mortíferas! que por poseer estas sofisticadas tecnologías no propias del ser humano de ese tiempo, fueron considerados como seres especiales, como dioses...como siempre a lo largo de la historia de la humanidad.

LLEGARON DEL ESPACIO Y SE MEZCLARON CON UNA RAZA OSCURA Y BAJITA

Algo que a primera vista hace esto que Uds. leyeron en líneas anteriores mas factible, es que los antiguos dioses Indúes, al igual que los dioses de otras mitologías y religiones sobre todo de origen Indo-europeo e Indo-aria, muy posiblemente inspirados en las religiones Indúes, tenían una gran relación con los humanos (recuerdan a los ángeles, los Jinas, los incubos). Como ya hemos dicho en otros capítulos, eran por decirlo así....muy humanos, de carne y hueso, muy carnales, que aparte de beber y comer de nuestros manjares, también gustaban de aprovecharse de la belleza de nuestras mujeres, con las que con frecuencia utilizaban en descargar su "celestial" libido.

De hecho, muchos héroes y semidioses (al igual que la mitología Griega), protagonistas de los libros sagrados eran, como por ejemplo ARJUNA, hijos de los dioses y humanos.

En los Vedas (los libros mas antiguos que se conocen), se describen a menudo los vicios de los dioses, que gustaban de intoxicarse con Canamo Indú (el tequila o aguardiente tipico y representativo de aquella nación). Por lo tanto, hay que decir que se parecen en esto mucho al humano, bueno para ser justos, a algunos humanos. Además se la pasaban todo el día (?), guerreando contra los ASURAS o demonios. Por cierto "sura" significa dios, y "asura" significa *no* dios.

En cuanto a la presunta llegada de estos "dioses", de esta raza venida de otros mundos, desde el espacio estelar, parece sugerirse en el Bhaghavad Gita, la Biblia de los Indúes, donde podemos leer: Los siete grandes sabios, y antes que ellos los cuatro grandes sabios, y los Manus (los que se dice son los progenitores de la humanidad) provienen de mi, han nacido de mi mente y todos los seres vivos que pueblan los diversos planetas ...descienden de ellos. Existen infinidad de universos e infinidad de planetas; dentro de cada universo y cada planeta esta lleno de diferentes variedades de población.

Esto amables amigos lectores, es todo un concepto increíble de la realidad de que el ser humano no esta solo, de que existen otros lugares habitados y de que fuimos sembrados por seres superiores en este planeta. Les recuerdo y Uds. ya lo deben de saber, que la cultura Indú y sus creencias religiosas, es con mucho, pero con mucho, mas antigua que la religión Cristiana. Y muchos concepto se puede deducir que fueron plagiados y transformados a los intereses de quienes dieron origen a otras religiones. Pero al mismo tiempo, tienen los Indúes en su religión, una mente abierta extraordinaria. Posiblemente ellos sean los receptores de la verdad sobre nuestro origen como especie. Pero sigamos con este capitulo si Uds. están de acuerdo.

Otros relatos parecen señalar que los dioses fueron ayudados por una raza de seres de piel oscura, feos y bajitos, con los que muy posiblemente se "aparearon"y tuvieron relaciones sexuales!

Aunque quizá seria extrapolar demasiado, existe una historia que apunta hacia esta posibilidad.

Según se puede leer en el Ramayana un personaje llamado HANUMAN, representado como un mono y que ayuda a RAMA, el personaje principal del Ramayana y encarnación de VISNU a recuperar a su mujer SITA, la cual había sido raptada por el ogro RAVANA que vivía en la isla de Lanka (Ceilán). Este gigante se había llevado a SITA en un carro "volador" conocido como "PUSHPAKA" que había robado al dios KUVERA, el guardián del Norte.

HANUMAN *el mono, en mi opinión representa a la raza primigenia de la tierra, el pre-homo sapiens, siendo el homo-sapiens el fruto de la unión de los dioses con este bajito, oscuro y feo ser de la antigüedad (algunos siguen con esta descripción).*

AERONAVES, CARROZAS AUTOPROPULSADAS

En cualquier caso y a juzgar por los textos sagrados, los dioses "iban" y " venían" a su antojo con sus carros voladores de un lugar a otros, del espacio exterior a la tierra, algo así como "Juan por su casa". Esto atemorizaba a los aun inocentes e ignorantes seres humanos de la época. Estos los seres humanos, se asustaban con sus carros voladores y mas con lo mortífero de sus armas.

"Brillante dios de los siete rayos" se dice del dios del fuego AGNI, en los vedas, cuan múltiples son tus formas reveladas a nosotros: Ahora contemplamos tu cuerpo hecho de oro y tu radiante cabellera llameando desde tres formidables cabezas cuyas bocas, dientes y mandíbulas de fuego devoran todas las cosas. Ahora con mil cuernos relucientes y destellando tu esplendor por un millar de ojos, te diriges a nosotros en una carroza dorada". Cualquier parecido con pasajes narrados en el Apocalipsis es mera coincidencia... ¿acaso otro plagio de la tradición Cristiana? (Consulte el Apocalipsis y sabrá de lo que estoy siendo sarcástico.)

Todo lo anterior es increíble y en mi opinión, guarda un gran paralelismo con otros eventos extraordinarios narrados en otras religiones del planeta. Pero por alguna razón especial me hace pensar en el relato que la Biblia hace del Profeta Ezequiel en la que este bíblico personaje avistó algo maravilloso que el denominó "la gloria del señor", en donde describe cosas igualmente increíbles.

Retomando el tema de la descripción de los carros voladores del dios AGNI, esta es una de las impresionantes descripciones de artefactos voladores y de sus armas que debieron de surcar los cielos de la antigua India, aunque existen muchas referencias parecidas a esta en los libros sagrados de la India.

De hecho cuando INDRA sale a buscar a su hijo ARJUNA. Le manda su nave a la que denomina "carro volador" conducida además por un "piloto" llamado MATALI.

Los textos son tan precisos y descriptivos que sabemos incluso el nombre del "fabricante" de estos portentosos carros voladores, nada menos que VISVAKARMA o TIVASTRI, del cual se habla que era literalmente digamos un poco con cierto humor, la compañía Ford de la antigua India, en este caso de los carros autopropulsados que usaban los dioses.

Siguiendo las descripciones de los artefactos voladores y de sus armas que debieron de surcar los cielos de la antigua India en aquellos lejanos tiempos.

Pero no es la única; al examinar detenidamente las escrituras sagradas, se distinguen diferentes clases de naves, digamos diferentes modelos.

Por una parte esta el nombre genérico de las monturas de los dioses o "VIMANAS", cuya traducción literal del sánscrito se escribe como vimaana. Es una aeronave en forma de pirámide, por ultimo las aeronaves en forma de cohete llamadas Pushpakas..

Reproducción de las Vimanas antiguas persiste hoy en día en el arte Indú en forma de pirámide consideradas como antiguos templos, siendo el mas representativo el de Tanjore construido en el siglo XI. Pero existen otros en el sur de la India, justo frente a la Isla de Ceilán que era precisamente el lugar en donde viajaban RAMA y los demás personajes del RAMAYANA para rescatar a SITA.

Otra imagen que nos hace pensar en naves espaciales es el Loto del que supuestamente surge BRAHMA y que se asemeja a una hélice.

Además uno de los nombres de este dios es HIRANYAGARBHA, que tiene un significado muy sugerente: *¡El que vino del huevo dorado!,* lo cual indica que la hélice abierta, estaba representada por un loto abierto y cuando este se cerraba formaba una esfera que era representado por un loto cerrado o un huevo dorado.

Las naves aéreas también pudieron ser percibidas por los hombres de ese entonces como pájaros misteriosos y sagrados, así el ave mística GARUDA en la que solía montar VISNÚ.

ESTACIONES ESPACIALES Y MONTAÑAS QUE DESAPARECEN

Sorprendentemente, la descripción de la morada de los dioses, también conocida con el nombre de "CIELO DE INDRA" o INDRALOKA, es la de una estación espacial que esta en órbita que además era visible por los humanos que estaban en la tierra.

Porque según el GITA era autoluminoso. Los relatos se refieren a menudo a Indraloka como una estación espacial interplanetaria en la cual habitaba el dios INDRA, según los Vedas, el "ardiente señor de los cielos y el rayo", sugiriendo que eran muchas las naves que partían de esta nave madre que orbitaba en el espacio.

La mitología Indú habla además de esta estación espacial o "celestial" de otro sitio, un lugar móvil, que no solo podría tratarse de otra aeronave. También aquí en este lugar se abastecían de combustible y se reparaban los carros voladores de los dioses se trata del Monte Meru, que en realidad no era otra cosa que una enorme VIMANA, que estaba a cargo de SHIVA y que, como se dice en el Bhagavad Gita, "a veces se mueven mientras los Himalayas jamás se mueven".

En general, a su alrededor revolotean siempre cuerpos celestes. También en un relato del Ramayana se dice que el "carro del sol" conducido por el piloto ARONMIN, se apoya en un extremo del monte Meru o Sumeru y que los demás se sostenían en el aire. En definitiva, una descripción demasiado sugestiva como para que Meru, no sea considerada como una estación espacial.

En la actualidad es posible ver esta montaña mitológica representada en el templo de Kailasanata, en Ellora donde esta tallada en las rocas con el propósito de evocar la imagen de Kailasa, morada de Shiva y monte sagrado situado en los montes Himalayas.

LA ENERGIA DE SHIVA

Como es natural a estas alturas si damos una posibilidad a la existencia de estas naves voladoras, también debemos de pensar que energía, que combustible utilizaban estos portentos voladores.

¿Que combustible usaban los dioses en sus carros aéreos? También esto tiene una respuesta adecuada. Al leer los textos, se encuentra que las Vimanas funcionaban a partir de depósitos de mercurio, algo que nos hace pensar en una avanzada tecnología ya existente en esa época, También es posible encontrar referencias al mercurio en las descripciones del trabajo desarrollado en el interior de los carros voladores. Cabe señalar que simbólicamente este metal esta asociado alquímicamente a lo femenino, mientras que el azufre lo esta a lo masculino, y como veremos a continuación, la unión de ambas polaridades jugaron un estelar papel en la cultura en la mitología Indú.

Por otra parte, es curioso que al Mercurio se le de en los textos Indúes el nombre de "semen de shiva". Esto y el hecho de que el Lingam (órgano sexual de Shiva) sea semejante a una "batería" a una "pila" nos hace pensar que esta deidad, era el encargado de "recargar" la energía empleada en las naves de los dioses.

Algo que muy posiblemente se hubiese hecho utilizando "baterías" cuya estructura se vería reflejada en los Lingam.

Es mas, los depósitos fuentes de mercurio probablemente eran una referencia directa a las pilas, baterías, acumuladores de corriente conocidos por nosotros, solo que infinitamente más grandes y potentes.

Otro dato mas que apunta hacia ello, es que el Monte Meru, era en si la "GRAN VIMANA", o nave espacial de Shiva, dios asociado a la diosa PARVATI y cuyas relaciones son el símbolo de la unión de las dos polaridades existentes en todo el cosmos, a saber la masculina y la femenina, cielo y tierra, energía telúrica y energía cósmica etc.

Quizá los mitos que hacen referencia a su unión estén explicando, de forma simbólica, que las polaridades opuestas de Shiva y Parvati, o tal vez de algo que hubiera en sus naves respectivas de estos dioses, que al unirse, se complementaban y creaban algún tipo de energía.

En cualquier caso, es de todos sabido que cuando se unen energías de polaridades opuestas, se crea una fuerza o energía. Por algunas culturas ha sido representada por la serpiente, símbolo asociado también, desde la más remota antigüedad, a la misteriosa generación de la luz artificial, así en los templos antiguos, como el de Dendera, esto en Egipto. Es posible ver "frescos" esculpidos en piedra que representan increíblemente a "bombillas eléctricas", rodeadas de lo que parece ser cables eléctricos en forma de serpiente, que presentan incluso lenguas bífidas o viperinas, como las de muchos manipuladores de mentes, como si quisieran recordar el peligro que implica el manejar energía eléctrica.

ENERGÍA CÓSMICA O TELÚRICA

Ahora bien, las diversas descripciones de aeronaves descansando sobre los montes Himalayas, parecen apuntar hacia la existencia de cierta energía, ya fuera telúrica, electromagnética, o cósmica, depositada en un lugar sagrado y que los dioses Indúes sabían obtener a voluntad cada que la requerían para sus aeronaves.

Pudiera ser por eso, que los Montes Himalayas han sido tradicionalmente asociados con un "chakra" del planeta, un centro de transformación de energía proveniente del cosmos. De hecho, siempre se ha hablado de unas grandes corrientes telúricas de la tierra que circulan en espiral por las grandes montanas hacia la cúspide. Por otra parte, en las grandes elevaciones en su cúspide, se capturan las grandes energías cósmicas con una gran intensidad, con lo que se cree, que los dioses Indúes, las captaban, las transformaban y las almacenaban.

La tierra puede tener energías electromagnéticas (telúricas), que simplemente el ser humano contemporáneo no sabemos aprovechar por aun no entenderlo. Existen muy distintas ondas, rayos y otras fuerzas cósmicas provenientes del Big Bang, los rayos cósmicos blandos y duros, los protones, las radiaciones nucleares, las ondas electromagnéticas, el polvo de las estrellas etc.

Por el momento algunas de estas energías no podemos reconocerlas, mucho menos emplearlas a nuestro favor. De ser así, no seguiríamos siendo tan dependientes de los hidrocarburos, tan inherentes de los intereses mezquinos de las grandes transnacionales petroleras o del arbitrio de los países petroleros que suben y bajan el petróleo en estrategias político-económicas que perjudican al resto de la humanidad. ¿No lo creen?, basta ver los precios de la gasolina en el mundo y hasta en naciones avanzadas como USA que cada día es mas cara.

Siendo así, es de desear que en un futuro, que esperemos sea mediato, el ser humano pueda aprender a descubrir estas energías que los Indúes, Egipcios y otros pueblo del pasado en apariencia ya conocían, que emplearon en la construcción de sus grandiosas culturas,

Si tomamos en cuenta que el Monte Meru estaba compuesto por 1,800 montecillos y que cada uno de ellos era a la vez, una "piedra preciosa", nos podemos permitir especular e imaginar que fuera un gigantesco "transformador" de energía que Shiva se encargaba de poner en marcha. Los detalles que se dan sobre ella sugieren al menos, que de ella se desprendía una gran luminosidad.

Todo lo anterior unido al hecho de que era una pirámide escalonada, compuesta por láminas metálicas, lo que nos lleva a pensar en un enorme transformador de corriente con circuitos magnéticos. Cualquier persona con conocimientos básicos sobre generación de energía eléctrica, fácilmente puede aceptar lo anterior como un muy claro caso de una planta generadora de electricidad moderna.

LOS GUARDIANES DEL MUNDO

Entre las pinturas que representan a los dioses Indúes que encontramos en nuestros viajes por ese enigmático y extraordinario país, mismas que hemos coleccionado poco a poco y de igual manera estudiado e investigado, en uno de ellos están particularmente representada unas deidades ocho para ser exactos, con sus respectivos "CASCOS" o "cohetes". Después de consultar en numerosos libros, pudimos enterarnos de que esta es una representación de lo que los Indúes llaman "Los Guardianes del Mundo", los cuales además de tener asignado un espacio aéreo, poseían unas naves que eran "cargadas" con poderosas armas. Una muy especial y diferente era asignada a cada uno de estos Guardianes del mundo. Dichas armas las llevaban en el exterior de las naves aéreas al más puro estilo de los aviones actuales.

Aunque los cohetes o "lanzaderas" aéreos eran todos de manufactura semejante, solo el arma que tenían "acoplada" era única y especial, por lo que fácilmente al estudiar estos dioses súper armados y con poderosas naves aéreas, se puede saber quien era quien tan solo por tener armamento diferente cada uno.

Así es que por ejemplo el guardián del Norte KUVERA, lleva su "push-paka", una maza. SOMA, al que se dice era guardián del Nordeste, utiliza una especie de escudo. INDRA, que vigila el este, lleva un dardo, flecha, o rayo indistintamente.

El vehículo de AGNI, guardián del sudeste, aerotransporta en el exterior de su vehículo volador la llamada "helice de brahma", el loto, y de él se dice que llamaradas de fuego surgen de su boca.

Por su parte, el dios YAMA, guardián del sur que mora envuelto en luz celestial, en el mas recóndito santuario del cielo, porta una espada.

SURYA dios del sol que domina el suroeste, tiene un arma denominada "chakra". Por ultimo VARUNA, comandante en jefe de los espacios aéreos y señor del Noreste, tiene como armas la "concha" que muchos piensan es simplemente un centro de comunicaciones, y el arco que es representado por una rueda dentada.

MISILES TELEDIRIGIDOS

Algunas armas pueden considerarse por su poder de aniquilación, como armas nucleares, al juzgar simplemente por su poder mortífero de grandes proporciones.

En el Mahabharata y en el Ramayana se habla de las "ASTRAS", al menos nos las describen como armas de gran capacidad destructiva de cosas materiales y causante de gran mortalidad entre los humanos:

Las dos armas se encontraron en pleno vuelo, luego la tierra con todas sus montañas y mares …comenzó a temblar!.

Todas las criaturas vivas sintieron un gran calor de la energía despedida por las armas y se vieron grandemente afectadas, los cielos resplandecieron y todos los diez puntos del horizonte se llenaron de humo.…..fue un gran despliegue de todas las "astras" divinas que ambos tenían en su poder.

Creo que si esta descripción la hubiese narrado un sobreviviente de Hiroshima, Nagasaki o de algún otro lugar en donde se ha detonado un bomba atómica, no dudaríamos en lo absoluto que esta descripción equivale a lo que se dice ocurre durante la detonación de estos "juguetitos" de destrucción masiva a base de energía nuclear.

Solo que …la descripción de lo que leyó líneas arriba, simplemente se puede leer en los libro sagrados de los Indúes de hace miles de años.

Pero continuemos con nuestra narración sobre los dioses y sus naves y armas...

Para consternación de todo el ejercito, DRONA cogió el gran "brah-maastra", que causó una gran conmoción en los elementos: La tierra tembló de miedo y el cielo se oscureció.

DRONA lanzó su brahaamatra a ARJUNA y se produjo un prodigio. ARJUNA lanzó a la vez el mismo Brahaamastra a DRONA y entonces los dos proyectiles o Brahaamastras chocaron entre si y ¡se destruyeron mutuamente al colisionar!

Podría interpretarse de otra forma, la que Ud. desee, o la que los miopes intelectuales que se dicen poseedores de la verdad, pero dejando a un lado esas cosas, digamos formales y con mente abierta pensemos:

Que acaso este encuentro de mísiles o Brahaamastras de los antiguos dioses de la India, ¿no les parece al igual que a mi, simplemente en la descripción de un episodio de mísiles interceptores modernos? De esos que vimos en la guerra en Irak en la guerra del golfo que protegían a Israel conocidos como "Patriot". Aun la mente mas cerrada debe por lo menos de dejar un resquicio para lo que no conoce aunque se crea poseedora de la verdad ¿o no?

Después de leer muchas descripciones como la anterior en los libros sagrados, yo no dudo de la potencia de las armas de la época, de las famosas Astras, la más poderosa de las cuales seria la llamada "Brahmasirsha ", a la que se le conoce como la destructora del mundo y de la que se decía obviamente que no podía ser utilizada en la tierra, al menos no sin el riesgo de la destrucción total del planeta.

Otra arma poderosa era el "Praswapa" que podía arrasar al mundo entero, pero que los dioses no permitieron que nunca se utilizara >>>¡puff!

En el libro sagrado Mahabharata, donde más armas letales se nombran, se cuenta que una de ellas, mató a quinientos guerreros simultáneamente, sembró la muerte en la llanura y lleno ríos con sangre.

También el dios YUDISTHIRA dió muerte a cien hombres en un abrir y cerrar de ojos. BHIMA aniquiló con un solo golpe de su maza a un elefante de dimensiones monstruosas, que por cierto, se dice que este extraño paquidermo o al menos que parecía serlo, estaba cubierto de placas metálicas, incluyendo a todos los que lo montaban y a catorce soldados de infantería. Por cierto que la forma de sus mazas utilizada por las divinidades Indúes, me hace pensar de inmediato en los famosos antitanque que usaron los Alemanes durante la segunda guerra mundial y al que llamaban " Panzerfaus".

MITOLOGIA ANTIGUA?.........¡MODELOS DE MODERNAS AERONAVES ACTUALES!

¿Imaginación? ¿Fantasía? ¿Leyendas? ¿Ficción? ....lo cierto es que hoy en día se están llevando a cabo proyectos aeroespaciales en los Estados Unidos que parecen fiel copia de lo que Uds. Acaban de leer y que pueden consultar en cualquier momento en los libros sagrados Indúes.

La gran potencia del tercer Milenio está basando parte de su tecnología bélica, apoyándose en estas descripciones de las divinidades de la antigua India.

Las "lanzaderas" norteamericanas y hasta las rusas, transportan objetos similares a los descritos en la parte exterior de las lanzaderas pushpakas de los guardianes del mundo y cuyas representaciones han llegado hasta nuestros días como unos extraños alargados y metálicos cascos, que en la antigüedad se les llamaba "Mukutas".

También es importante decir que hoy en día, la NASA de los Estados Unidos tiene un proyecto para fabricar un "velero" espacial con la misma forma que el "loto" de Brahma, al que han denominado "Heliogiro". Confeccionado con un ligero material de plástico aluminizado y sin motor, sus pétalos se abrirán y se cerraran gracias a la acción del viento solar, funcionando con energía fotónica. Esta nave será capaz de ir al espacio exterior.

Curiosamente la nave será aerotransportada por la lanzadera "PUSHPAKA" del dios AGNI. Estaremos basando nuestro futuro en el pasado? Será esto una muestra real de que todas esas cosas que algunos califican de mitos, leyendas, de mentiras, en realidad es eso ..una cosa ¿palpable y real? Cabe pensar con mente abierta entonces que ¿en la Antigua India vivieron seres superiores que poseyeron una tecnología extraordinaria y muy avanzada? Por cierto será tema de otra obra el por que y a donde se fueron los dioses de los que ahora hablamos., y otros que transformaron las civilizaciones de la antigüedad.

DESCRIPCIÓN DE LAS NAVES DE LA ANTIGUA INDIA Y SUS ARMAS

ARMAS:

PUSHPAKAS: Nombre que reciben las aeronaves en forma aerodinámica de cohete estratosférico.
ASTRA: Nombre que se da en general a las armas, incluidos los mísiles.
MUKUTAS: Nombre que recibían los cohetes al ser representados en forma de cascos de divinidades Indúes y que podemos apreciar aun en nuestros días.

MÍSILES

BRAHMASTRA: Aquel que se relacionaba con Brahma.
VARUNASTRA: Aquel que se relaciona con Varuna.
BHARGAVASTRA: Astra de Bhargava.
RUDASTRA: El misil que se asocia a Rudra.
VAJRA: Conocido como el rayo de Indra.
MOHANA: Astra u arma que funciona a base de Ultrasonidos.

VAYAVYSTRA: Arma de aire comprimido.

ARMAS PORTATILES

SHAKTI : Misil portátil.

KODANDA: Arco divino de Rama.

CHAKRA: Disco de Visnu que se suele representar como un aro de luz rodeando el dedo índice de la mano derecha.

MAZA: Arma anticarros.

TERCER OJO DE SHIVA: Dispara un arma a base de un rayo de fuego.

TRISULA: Tridente lanzallamas de Shiva.

ASTRAS U ARMAS NO NUCLEARES

INDRASTRA : Asociado a Indra, según el Mahabharata, su trayectoria era como la estela que deja la cauda de un cometa.

NAGA: El astra u arma de las serpientes.

SARPASTRA: Astra o arma del dragón.

SURYA: Astra o arma de Surya, dios del sol que escupía fuego y azufre como un cometa.

SAILA: Astra u arma de que según el Mahabharata, podía abatir tornados.

ASTRAS O ARMAS NUCLEARES

BRAHMASIRSHA: La más poderosa de las armas, capaz de destruir el mundo, razón por la cual se decía no debería nunca de ser utilizado en la tierra por pena de la ¡destrucción total del planeta!

PRASWAPA: Podía destruir también el mundo, pero los dioses siempre estuvieron pendientes para que nunca fuese utilizada.

PASUPATA: Astra asociada a Pasupati , Sankara y a Shiva, en el Mahabharata se explica con lujo de detalles como se activaba y como se recuperaba después de lanzarlo, también se dice que tenia una capacidad destructora fenomenal.

NARAYANASTRA: Asociado a Visnu, según el Mahabharata, cuando se disparaba el arma brillaba como una aura y emanaba una luz que provocaba tempestades terribles y mortíferas.

AGNIASTRA: Asociado a Agni, según el Mahabharata, cuando avanzaba, escupía fuego y al llegar a un carro de combate ¡lo incendiaba! por su potencia era capaz de arrasar a un gran ejercito.

DURGA (NAHAMAYA), los Astras de DURGA, según el Skanda Purana, podían convertir en cenizas las tropas de los "Asuras" (demonios), tenia además otra arma llamada "Sosuna".

VAISHNATRA : Asociado con Visnu, según el Mahabharata era la mas terrible de todas Astras, salía disparada y se estrellaba, quien la poseía era considerado ¡Invisible!

Con esto damos por terminado el pasaje a vuelo de pájaro sobre esta interesante cultura que poseyó una tecnología que ya quisieran muchas potencias armamentistas de hoy día, pero que los Indúes o por lo menos ciertos visitantes de las estrellas con los que ellos estaban sumamente familiarizados poseían en la antigüedad.

Así como mucho dirán que todo esto son simples interpretaciones de libros sagrados muy antiguos que hablaban en forma digamos muy florida para hacer mas interesantes sus relatos, les diré que eso es muy posible, siempre y cuando acepten esos mismos incrédulos, que sus libros sagrados también son interpretativos y que les duele exactamente el mismo problema, creer mas allá de los fanatismos, mas allá de los dogmas, simplemente con mente abierta para ver mas allá de las formas literarias de los hombres que las escribieron, que lo mismo significa una cosa para unos, que otra para otros, siendo que se trata de por ejemplo un mismo pasaje. Entonces si se ve todo con una misma lente escrutadora, estaré de acuerdo con quien sea, o todas son simples formas alegóricas de pensamientos escritos por ancestrales seres humanos, o nos atrevemos a ver mas allá y con mente abierta. Nos demos el lujo de pensar en que seres inmensamente más inteligentes y avanzados tecnológicamente que el ser humano aun de esta época, nos visitaron desde siempre, siendo ellos posiblemente los creadores de nuestra especie!, los artificios de nuestro **Génesis**.

CAPITULO XII

PRINCIPIO Y FIN
ALFA Y OMEGA

El Hipotético…Pero Posible Big-Crunch…
¡El Verdadero Apocalipsis!
¿Fin De Nuestro Planeta? ….Poblando Otros ¡Mundos!

Según las inevitables leyes de la física, todo el Cosmos, camina lenta pero inexorablemente hacia su fin. Aunque no se asusten, no soy de esos fanáticos entes milenaristas que auguran el inminente fin del mundo, mismo que en su opinión y hasta donde yo recuerdo …si por ellos fuese, de acuerdo a sus predicciones, este planeta debía de ser historia, cosa que por fortuna no ha sucedido.

El fin del que les hablaré a continuación es uno mas serio, mas real, no basado en leer una bola de cristal o en la lectura de cartas o alguna otra tontería de esas.

Todavía faltan por fortuna en opinión de los científicos enterados del tema, por lo menos ¡miles de millones de años! Así es que no se apure a vender sus pertenencias y a obsequiarlos a los pobres para así comprar su boleto a la otra vida conocida como "eterna". En todo caso, hágalo, pero por que Ud. desea mejorar las cosas en este mundo cruel aunque sea para unos cuantos.

Retomando el tema, se hacen muchas especulaciones sobre el colapso final del Universo mismo y con él, nuestro diminuto planeta tierra, como para cuando esta teoría se haga realidad ni Ud. ni yo estaremos vivos como para comprobar que si fue cierto esto o que por el contrario fue una falsa alarma mas, y el Universo y nuestro planeta como parte del seguirá, eternamente, infinitamente existiendo, no lo sabremos ¿verdad?

Sin embargo ya se habla de como podría ser este colapso final, este *Big-Crunch, LA ANTITESIS DEL **Big-Bang*** que aparentemente dio origen a todo lo que conocemos y hasta lo que ni imaginamos que pueda existir. Pues bien si el Big-Bang nos tiene aquí, el teórico posible de suceder Big-Crunch o la gran mordida, terminaría con TODO.

Las teorías fantásticas de como detener este Apocalipsis final, nos lleva a pensar en maquinas inmortales e inteligentes que tendrán que "remodelar" de nuevo el Universo, manipulando agujeros negros y galaxias enteras.

Así pues les invito a compartir con su servidor, una de las más fantásticas especulaciones de la ciencia que ya se prepara desde ahora como debe de ser, si queremos detener ese posible gran final, mejor dicho ese desastroso final del planeta y de sus moradores todos los seres vivos y no, inteligentes y no tan inteligentes.

En las ultimas décadas, los científicos nos han acostumbrado a pensar en magnitudes de tiempo, de espacio o energía, difíciles de imaginar por legos como su servidor, al menos en física quántica y esos otros asuntos que requieren de cálculo infinitesimal, que nos hablan de cosas o muy pequeñas o muy grandes. Nos llevan a pensar desde el nacimiento del Universo... hasta su fin como ahora lo estamos planteando. La gran pregunta un poco retórica, mas que buscando respuesta alguna, es si el universo continuará infinitamente su expansión. ¿Se extinguirá el Cosmos en una fría y lenta evaporación?

Si las civilizaciones inteligentes no son un fenómeno limitado y son capaces de perpetuarse a si mismas, si su desarrollo tecnológico sigue avanzando sin pausa, podemos pensar que cualquier acción permisible por la física actual, ¿seria realizable en un futuro no muy lejano? Es decir que las grandes exageraciones o fantasías como algunos califican a ciertos conocimientos científicos, pasarán a ser realidad en pocos años y **la ficción de ahora, será la realidad del mañana.**

En este tenor, quizá la idea mas digamos ....aventurada y extrema, que puedan plantearse los científicos modernos, seria la de pensar en ciertos proyectos que hicieran habitables las etapas finales de nuestro cosmos.

Así pues hemos de imaginar toda una enorme maquinaria científica y tecnológica de una civilización súper avanzada.

Se trata de actuar a escala cósmica para remodelar al universo mismo. Ya puedo escuchar los gritos de los fanáticos, de esos señores que nos manipulan, que eso es inconcebible, que solo dios es capaz de hacer eso, y que cuando llegue el fin del universo o por lo menos del planeta, será por que así fue su voluntad. Por fortuna, existen seres humanos que no se dejan llevar por estos cuentos retrógrados y deben de seguir pensando en el futuro y como mejorar en cantidad y calidad la vida de la especie humana y de otras con las que posiblemente en el futuro podamos emparentar provenientes de otros mundos.

De lo que sí podemos estar seguros es que a las comunidades tecnológicas del futuro, no les faltara tiempo como para acometer cualquier posible catástrofe en potencia, como para evitarla. La humanidad de dentro de varios miles de años, estará lista para esos megaproyectos que ya se sueñan desde ahora exponiéndose quienes así lo expresan, a la sorna de los ignorantes que prefieren dejar en manos de los dioses el destino del ser humano.

Si es que el Universo colapsa como se predice sucederá dentro de *algunos miles de millones de años,* se habla como una fecha posible o probable para este fenómeno de destrucción masiva del todo, algo así como .....diez mil millones de años, días mas, días menos, digo no seamos tan exigentes al respecto.

Si es que el Universo colapsa sobre si mismo, la expansión no se detendrá en al menos esa friolera de millones de años ya mencionada, para después reproducir el camino de ida inicial, pero ahora en sentido inverso.

En el caso de habitar un universo abierto, la muerte térmica se producirá en 10 (elevado a la 100 potencia) de años. Es decir un Uno seguido de Cien ceros.

ASÍ SERÁ EL GRAN FINAL

A uno de los grandes finales teorizados por el ser humano, se le denomina el Big-Crunch, algo así como el contrario del Big-Bang que dio nacimiento al Universo.

Es la singularidad final, un punto de infinita densidad en el que la materia y las leyes de la física se destruyen en forma inevitable. Nunca el famoso Apocalipsis fue conceptuado de una manera tan definitiva, ni siquiera la Biblia con todas sus horrendas predicciones, asusta tanto como esta posibilidad que por lo menos esta basado en posibilidades científicas mas que en fanatismos religiosos.

Pero veamos que es lo que sucederá antes de ese terrible y ultimo momento en la vida del...¡todo!

El porvenir generalmente aceptado para el rincón de nuestra galaxia, es que el sol se volverá gradualmente mas luminoso y mas grande. Esto se cree pudiera suceder dentro de unos cinco mil millones de años. Nada de gritar o correr a los confesionarios, hay tierra ¡para rato! Su radiación (del sol) destruirá toda forma de vida en la tierra y muy posiblemente al planeta mismo. Pero como les digo, no nos preocupemos demasiado por nuestros descendientes, ya para entonces habremos dominado los viajes intergalácticos, no como ahora que a duras penas conocemos nuestro satélite natural y hemos visto de lejecitos otros, o los hemos visitado con naves robot no tripulados...y así nos consideramos los amos del Universo. ¡Por favor!, que ridiculez, que arrogancia hay en algunos seres humanos ¿o no?

Volvamos a nuestro tema nuevamente *al dominar los viajes interplan-*

etarios, supone que tengamos ya una supertecnología y habremos de colonizar otros planetas con la semilla de nuestra especie.

La ultima fase del sol, será como una enana (no confundir con Ma. Elena Saldaña, la chaparrita comediante de México). Me refiero a una estrella muy compacta de densidad, altísima, que luego se irá enfriando poco a poco.

El colapso y muerte de las estrellas de nuestra galaxia y de las demás del universo en su conjunto, se irán produciendo lentamente como de hecho sucede ya desde ahora con muchos cuerpos celestes.

La mayoría de las estrellas muertas se convertirán en agujeros negros que de vez en cuando, colisionaran y se juntaran, especialmente en el centro de las galaxias.

Lo más probable es que el universo en el punto de máxima expansión este formado por estrellas, muchas de ellas muertas, viejas galaxias y un creciente número de agujeros negros.

Entonces comenzara una " contracción " gradual" del espacio durante miles de millones de años.

Los procesos Físicos se invertirán con el crecimiento de la ENTROPÍA, a la inversa que en la fase de expansión inicial.

Al contraerse el espacio, las galaxias se contraerán y colisionaran entre si. Como resultado de esta hiperconcentración galáctica, habrá un hipotético pero majestuoso espectáculo celestial de estrellas distribuidas de manera uniforme por el espacio. El final se producirá muy rápido, claro hablando en términos cosmológicos., El Ultimo millón de años del universo que conocemos seria a decir de los científicos que patrocinan esta singular teoría, el mas difícil para una civilización de seres inteligentes, es decir los que nos sobrevivan para ese entonces.

La temperatura de la radiación de fondo, se incrementara por encima de la temperatura de la superficie de las estrellas, de tal manera que estas comenzaran a desintegrarse. En este punto el Universo habrá retornado a la era de plasma caliente y la temperatura y densidad crecerán frenéticamente. Poco antes del gran colapso, los agujeros negros habrán absorbido la materia estelar que aun quedaba. El universo pasará por la misma secuencia de épocas del Big-Bang, cada una de menor duración y en sentido inverso En los últimos minutos del universo se crearán grandes cantidades de materia a partir de energía térmica.

Los agujeros negros se irán juntando, el espacio-tiempo se comenzará a romper y colapsará junto con los agujeros negros en un punto de densidad infinita.

Así es como muy probablemente dejará de existir el Universo, una muerte violenta y anunciada digamos desde ahora. No con fines catastrofistas, solo como lo que parece ser un hecho lento..a largo, muy largo plazo, pero real.

Para quienes no lo crean, no lo verán, ni su servidor tampoco, pero eso no quita que sea un hecho que sucederá por fortuna…mas tarde que temprano.

La muerte del Universo será como una relación simétrica de su nacimiento, incluso más rápida y violenta.

¿SE PUEDE DETENER AL MENOS HIPOTÉTICAMENTE EL BIG-CRUNCH?

La organización a escala galáctica fue la primera en aparecer, también será la ultima en irse.

La tecnología es el ultimo nivel de organización surgido, y muy posiblemente será el ultimo en sucumbir al gran colapso.

Todo lo anterior lo asegura el renombrado hombre de ciencia el Físico **Paul Davies**, Si resulta que habitamos un universo cerrado, resulta inevitable pensar en el colapso.

Según **Stephen Hawking**, gozamos de por lo menos diez mil millones de años como mínimo, hasta que el universo cese su expansión, así es que hay Universo para rato como ya les apunte. Este es un buen momento para especular sin prisas ni peligros inminentes sobre como el empleo de la tecnología desarrollada por nosotros, *quizás ya para ese entonces unidos a otros seres inteligentes que encontremos durante nuestros viajes espaciales o los de ellos a nuestro mundo para utilizar esta tecnología en detener lo que parece imposible, el fin del Universo transformándolo, por lo menos aplazar este fin catastrófico que marcara la ejecución cósmica.*

Por esa época nuestros descendientes habrán alcanzado un dominio tecnológico imposible de siquiera imaginar hoy en día. Cualquier cosa que ahorita digamos como posible, seria no solo una exageración en opinión de algunos, diría yo, que nos quedaríamos muy cortos ante lo que seguro estoy ocurrirá en esos tiempos por venir.

Así es que nuestros descendientes habrán puesto a trabajar la tecnología para ser poco menos que ¡inmortales! Ese conocimiento tecnológico lo habrán de aplicar a sus propios cuerpos, muy posiblemente el ser humano del futuro, sea "**Bio-Cibernético**", es decir orgánicos y cibernéticos al mismo tiempo, aunque es muy probable, que nuestros herederos terminen prescindiendo de lo orgánico y formen una civilización basada en inteligencia artificial.

Las ventajas de estos serian menor consumo de energía, mayor adaptabilidad al medio hostil de esos días, resistencia física envidiable…cercana a la ¡inmortalidad!

Para esos retrógrados que vean en esta teoría revolucionaria y diametralmente opuesta a los conceptos que se venden hoy en día, mas les valdría antes de rasgarse las vestiduras y poner el grito en el "cielo", que estudien, que conecten su lengua al cerebro antes de emitir juicios, pues hoy día, millones de años antes de que suceda lo que aquí les planteo, ya el ser humano inicio la carrera en la búsqueda de la inmortalidad, teniendo en cuenta no solo la cantidad, también la calidad de vida.

Se sabe ya de muchísimas partes artificiales que el hombre al principios del tercer milenio, ya tiene a su disposición para "suplir" aquellas partes de su anatomía que por alguna razón hayan dejado de prestar sus servicios fisiológicos normales, desde corazones totalmente artificiales, extremidades, y muchos otras " refacciones" al servicio del ser humano. Ahorita se pueden aun ver como algo totalmente artificial pero en un futuro, la biotecnología, será tan avanzada y de tanta calidad, que será imposible diferenciar una "parte" netamente humana natural, de una hecha cibernéticamente, con apoyo de la Biónica. Esto lo inició con el famoso programa del hombre de los seis millones de dólares, en el que se le reemplazó a un piloto de pruebas de los Estados Unidos, que trabajaba para la NASA, y que al tener un accidente hubo necesidad de "reemplazar" algunos órganos internos y externos por otros fabricados a base de Biocibernética, de Biónica, ¿lo recuerdan? Si mal no estoy, fue Lee Majors el actor a cargo de esa serie, que en su momento causo sensación. Seguro estoy, fue basado en hechos de la vida real, en conocimientos de ciencia y robótica. Así fue como le remplazaron una extremidad superior por otra de origen robótica que le dio una súper fuerza, una extremidad inferior, que lo hico más rápido, un ojo tan sofisticado como la mejor cámara de hoy en día, que le permitía ver cosas que un ojo humano normal nunca podría y un oído que le permitía escuchar cosas a larga distancia y de alta frecuencia.

Lo que trato de rescatar aquí, es que eso que hace tiempo era solo producto de la ciencia ficción llevado a la televisión o al cine….hoy en día, son ya parte común en los hospitales del mundo entero. Son muchísimas las prótesis artificiales que han pasado a ser parte de la vida de muchos seres humanos, aunque aun falta mucho para que se integren como una sola unidad, y mas aun, para que el resto de la humanidad lo vea como algo normal.

Podría casi asegurar que todos los que se oponen a los cambios de los tiempos y que si por ellos fuera al menos de dientes para afuera, aun quisieran vernos trepados en los árboles, sin cambios, sin evolución tecnológica. También casi podría asegurar que en caso de sucederles un accidente, serian los primeros en buscar una "refacción" o una parte "de repuesto" a su deficiencia. Ya lo pueden ver con los avances de genética, con la clonación en la que los manipuladores oficiales ya están gritando como gallinas que ven al lobo, pero simplemente son ellos reflejados en un espejo.

Pero…¿cómo detener el gran colapso? Es esto tan siquiera ya no solo posible …¿siquiera concebible? Esto se pregunta el físico teórico **Freeman Dyson**, que los humanos, que nuestra tecnología, ¿pueda conseguir cambiar la topología del cosmos, de manera que una parte del cosmos se derrumbe, mientras que otra siga expandiéndose para siempre?

Dos importantes físicos españoles han reflexionado al respecto, **Alvaro de Rujula**, físico de partículas que investiga en el CERN, reconocido por sus aportaciones al esclarecimiento del enigma de la materia oscura ...próximo a resolverse, así como **Jose Maria Martín Senovilla**, relativista de la Universidad de Barcelona, quien conmovió al mundo científico, al abrir las puertas de un posible nuevo modelo de cosmos, donde el universo no tiene que nacer de un punto de densidad infinita:

Hay una explosión, pero sin singularidad inicial. En estos momentos Senovilla esta trabajando en modelos de este tipo, que puedan describir de forma más realista nuestro universo y explicar los resultados de los experimentos tecnológicos.

Se podría así, "redistribuir" la materia del universo, Rujula apunta: si se disminuyese la densidad de una zona lo suficientemente grande, hechando afuera la mitad de las galaxias.

Así la zona se va a colapsar mas lentamente que el resto del universo.

No es una manera de alargar eternamente la vida, pero es una manera teórica de por lo menos pensar en alargarla "temporalmente" lo que ya es algo bueno ... aunque se trate de una zona muy localizada la que se libre temporalmente de la gran debacle.

Pero a fin de cuentas el gran final será tan abrupto, que el gran final no se retardaría significativamente en términos cosmológicos.

Desde el punto de vista de una civilización, este tiempo que así se gane, obvio que tendría mucho significado, seria muy importante, ya que podría prolongar su desarrollo en términos de nuevas generaciones.

Acerca de la topología del universo, Rujula dice que se han realizado trabajos muy interesantes bajo el sugestivo titulo de " ¿Cómo crear un universo en un laboratorio?" Los artículos son de renombrados científicos como **Ed Farhi** y **Alan Guth** del MIT.

La conclusión es que no es posible por métodos clásicos crear un universo en un laboratorio o cambiar una estructura del que ya tenemos, sin embargo ....es posible que una civilización que pudiera dominar una fuente de energía enorme, que pudiera crear por efectos cuánticos universos completamente "desconectados" de tal manera, que los crearíamos y se irían por su cuenta a otro lugar.

Observaríamos que algo se fue, pero al mismo tiempo no veríamos nada en absoluto, no podríamos meternos en ellos, no podríamos escapar por esos universos para pasar a otros ...¿increíble verdad? Difícil siquiera de entender e imaginar, ya no digamos de llevar estas teorías a la realidad, pero eso será tarea de futuras generaciones de humanos ...si quieren sobrevivir o retrazar el gran final.

Por su parte Senovilla reflexionó sobre la pregunta de Dyson: Hay científicos, colegas que trabajan en este tipo de especulaciones científicas y que siempre hablan de la posibilidad de cambiar la topología del Universo. Se está hablando de agujeros de gusano, pequeños túneles quánticos, que teóricamente permiten pasar de un universo a otro o de una región del universo a otra muy distinta, por caminos digamos mas "cortos".

A pesar de que los agujeros de gusano son una predicción de la teoría de la relatividad general, ¡nunca se ha visto ninguno! Y en lo que respecta a Senovilla, es muy escéptico al respecto. Que bueno que este científico no estará en ese entonces del final del universo. Pues con su ayuda (?) a encontrar con teorías como esta, el como salvarnos o el como alargar la vida del universo, pues son de las clásicos científicos puristas y mas "papistas que el Papa", que no se permiten pensar mas allá de los que la ciencia oficial acepta como posible y verdadero. Que bueno que los verdaderos hombres de ciencia, se permiten romper las reglas establecidas.

Parece que detener el gran colapso, es una tarea imposible si bien cualquier civilización inteligente que sobreviva en esas etapas finales del universo cerrado, por instinto de supervivencia pondrá manos a la obra para intentar manipular físicamente (?!) miles de millones de galaxias para "obligarlas" a desplazarse en dirección contraria a la que llevan, retardando el fin del cosmos.

Este trabajo de un Hércules cósmico lo desempeñarán posiblemente agrupaciones de maquinas inteligentes a lo largo de miles de millones de años, creciendo en poder y tamaño, tanto como lo requieran las circunstancias, las circunstancias de operar a escala de Universo-Ingeniería! Esto será tarea de las civilizaciones que integren el Universo, no solo de los humanos.

MUERTE TÉRMICA

Pudiera ser que el universo no se colapse, sino que poco a poco la energía vaya extinguiéndose, eso es lo que se conoce como la "Muerte térmica del Universo abierto".

La inevitabilidad de esa muerte cósmica está escrita en las leyes de la naturaleza.

Concretamente, el principio que predestina esta muerte del universo, es la segunda ley de la termodinámica.

Esta ley nos dice que el universo progresa en forma inexorable a estados de mayor equilibrio térmico, donde poco a poco, la energía se disipa, se pierde y no vuelve a ser utilizable, que las estructuras organizadas como las estrellas, las galaxias y los sistemas planetarios tienden a decaer a desaparecer y a evaporarse.

El Universo se vuelve frió y vació. Cada vez es más difícil que se produzca el intercambio energético necesario para construir, organizar, simplemente se hace imposible la vida, ya que todos sabemos que sin intercambio energético es imposible la vida.

La velocidad de caída, de declive, del orden cosmológico es por fortuna para el ser vivo, muy lenta. Si vivimos en un universo abierto, se darán varias etapas antes de llegar a la muerte térmica del universo.

Pero si me lo permiten, retomaré esto que denominaré la **"futura historia"** del universo después de la muerte del sol que nosotros conocemos, cuando este astro ahora brillante, sea tan solo una masa negra compacta, ingrávida, para esto, no situaremos hipotéticamente en una fecha mas o menos en unos ciento cincuenta mil millones de años adelante.

Todas las estrellas de todas las galaxias ....morirán y se apagaran los hornos estelares atómicos.

Una estrella con todo y su refulgente magnificencia, no es sino solo un breve interludio entre una nube de gas dispersa y una esfera de materia comprimida.

Transcurridos cien billones de años, la era de las estrellas habrá concluido, después de las crisis de los sistemas planetarios, que se disgregarán por las galaxias dentro de 10 a la (17) años, la expansión cosmológica habrá apartado las galaxias a una distancia mucho mayor que la actual.

La mayoría de las estrellas muertas, se convertirán entonces en nada menos que agujeros negros, que se juntaran especialmente en el centro de la galaxias. Esto dará paso a la creación de agujeros negros súper masivos que atraparan gran parte de la materia.

La materia al caer dentro del agujero, radiara energía por medio de ondas gravitatorias, lo que reducirá la gravedad total de las galaxias, y además provocará que todas las estrellas muertas y los agujeros negros más pequeños en la periferia de la galaxia se "zafen" del nexo gravitacional y se pierdan en el espacio intergaláctico. Pero no se preocupe ni se asuste desde ahora, se calcula que esto pudiera ocurrir dentro de 10 a la (18) millones de años. Nada de correr a pedir perdón a la suegra por que el mundo se va a terminar, en todo caso eso no lo verá Ud. En cambio a su suegra creo que si la seguirá viendo como una terrible realidad, así es que mejor arréglese con ella, ya que yerba mala nunca muere, las suegras sobrevivirán hasta esos tiempos.

¿PODREMOS SOBREVIVIR EN UN UNIVERSO ABIERTO?

La primera crisis energética verdaderamente importante sucederá cuando la estrella llamada sol, se transforme en una estrella de las llamadas gigantes rojas.

El crecimiento de la estrella es lento y aun falta mucho, pero mucho tiempo, millones de años para una posible evacuación del planeta, para una "retirada" ordenada de la humanidad rumbo a nuevos mundos.

Dentro de cinco mil millones de años, *nuestros descendientes orgánicos y mecánicos (ya para entonces de nada valdrá hacer tal diferenciación), ya habrán encontrado y poblado …. ¡Otros mundos, otros planetas y otros sistemas! Nos transformaremos en "aliens", en extraños en otros mundos, tal y como ahora sucede con visitantes que llegan a nuestro planeta y que muchos se empeñan en seguir negando, como si no fuera esto lo que al fin de cuentas nosotros hagamos también. Es decir buscar y poblar otros mundos, llevando la semilla de nuestra especie a crecer en otros lares allende las fronteras del planeta en el que actualmente vivimos.*

Así es que ya para entonces, el hombre habrá poblado posiblemente *Marte, las lunas de Júpiter, tal vez Saturno* **y otros lugares aun inexplorados o que están por descubrirse.**

Habremos de construir "Gigantescas" arcas espaciales que dejarán este su planeta madre, transportando a miles de millones de seres humanos a lo largo de mas de un millón de años.

Los ocupantes de estas mega naves permanecerán congelados durante el viaje que durará posiblemente durante cientos o miles de años.

Cuando encuentren un sistema planetario propicio para la supervivencia y crecimiento evolutivo de las generaciones de humanos, será entonces que la tecnología desarrollada por los humanos de esos tiempos, emprenderán operaciones de ingeniería súper desarrollada para emprender el "TERRAFORMING" en ese nuevo mundo, es decir hacerlos habitables posiblemente hasta dotándolos de atmósferas ricas en oxigeno, o desmantelar grandes planetas enteros para construir una capa de Dyson de asteroides alrededor de una nueva estrella y aprovechar la energía luminosa de la misma.

Hemos visto que las estrellas morirán, una por una, lenta pero en forma inevitable e inexorable. Así es que es lógico, razonable y muy inteligente pensar que existe vida inteligente en otros planetas. Ellos, esas otras civilizaciones estarán también en ese entonces buscando al igual que la raza humana, un nuevo lugar, y ese nuevo lugar será necesariamente cerca de las estrellas apropiadas, aquellas de menor masa, que mantienen su ignición nuclear por cien mil millones de años, así es que la competencia aunque se vea como algo imposible …será posible para ese entonces y con otras civilizaciones.

El mejor medio de evitar un conflicto directo con otras civilizaciones, es controlar una nube de gas y aplazar la formación de estrellas, hasta que la estrella original se torne peligrosa y actuando selectivamente, se podría manipular una pequeña masa de la nube, para formar una "enana blanca", que son las estrellas digamos de mejor calidad, que duran mas a pleno funcionamiento.

Mientras haya suficiente materia interestelar próxima entre si, se podrá fabricar estrellas, aunque esto suena algo así como una blasfemia, como jugar al creador en opinión de algunos enanos mentales, creo que en realidad estamos hablando de los grandes alcances del ser humano del futuro.

¿Y cuando las estrellas hayan muerto y solo existan galaxias moribundas y agujeros negros? Responde Rujula:

En un universo frió, se puede extraer energía dejando "caer" cosas al agujero negro cercano, al caer lo que enviemos, producirá una energía semejante al sol, aunque no es una radiación térmica.

Si echásemos toda la basura al agujero negro cercano, al caer emitiría parte de su energía gravitacional en forma de luz, así se podría obtener un sol artificial, que de paso sirviese de basurero.

En este tipo de escenario una civilización podría prolongar muchísimo su existencia, claro hasta que se le ¡terminen las cosas que tirar! Bueno al respecto, creo que la civilización humana, a este paso en que esta contaminando su mundo con deshechos no dégradables, deberemos ver esta teoría como una salida posible para terminar con los contaminantes que ahora nos ahogan. Pero mientras tanto, seamos más concientes con nuestro planeta, pugnemos por todo lo biodegradable, seamos responsables y respetuosos con el mundo que les dejaremos a las futuras generaciones y no comencemos a "guardarles" basura desde ahora para transformarla en energía dentro de algunos millones de años, pues ya para entonces se necesitaría otro planeta para guardar la basura producida por una humanidad inconsciente. A vivir con conciencia ecológica, pensando en el mañana…aunque en ese mañana del que ahora hablamos, no estemos ni Ud. ni yo.

Este sistema de aprovisionamiento de energía, permitirá la subsistencia de una civilización hasta el año 10 (a la 100 ceros), en que se evaporen los agujeros negros.

La mayor fuente de energía libre es suministrada, con mucho, por la gravedad. Los pozos gravitacionales mas intensos son los famosos agujeros negros. Un agujero negro en rotación, puede almacenar gran cantidad de energía, el 29 % de la masa total en forma de energía rotacional.

Esta energía se puede extraer del modo indicado por **Rujula**, técnica inventada y conceptuada por **Wheeler** y perfeccionada mas tarde por **Penrose**.

Para establecer una comparación, el sol, hasta que llegue a su fase de gigante roja, radia el I% de su masa total en forma de energía y lo hace durante diez millones de años y nosotros solo aprovechamos una trillonésima parte de la energía por el producido.

De un agujero negro con la masa del sol, se obtendría casi 30 veces más energía que del mismo sol al ritmo adecuado y recogiendo casi toda la energía emitida mediante una tecnología especifica.

La supra tecnología del futuro, será basada en el almacenamiento, a manera de rebaños cosmológicos, de agujeros negros como lo predice **Hubert Reeves**, director del CRNS francés. Estas civilizaciones podrán controlar los agujeros negros sin rotación. Cada vez que realicemos un experimento de estas características, obtendremos el 29 % de la masa total como energía utilizable.

Es una alternativa a siempre mantener en consideración al menos mientras se descubren nuevas y mejores posibilidades al respecto. Las generaciones del futuro podrán controlar los agujeros negros, por lo que habrá que contar con un buen "aprovisionamiento" de suficientes agujeros negros no gravitacionales.

Seguro estoy que desde ahora las grandes transnacionales, que para ese entonces serán megacompanías transplanetarías explotadoras de los recursos de los agujeros negros. Ya se estarán "frotando" las manos pensando en las ganancias, pero les aseguro que la competencia será dura y difícil.

Es la ley del mercado. Otros hombres, otras corporaciones, otras tecnologías, otras grandes civilizaciones diferentes a la humana, idearán nuevos métodos de extraer energía y para racionalizar la misma, los recursos del universo.

El físico **Hal Puthott**, del Instituto de Estudios Avanzados de Austin en el estado de Texas USA, está actualmente trabajando en estudios muy serios, para poder extraer energía del "Vació". Dice el científico, que hay suficiente energía en el vació contenido en un "foco" o bombilla eléctrica, como para hacer hervir todos los mares.

Así pues, se trata de inventar y construir una maquina extractora del punto cero de energía. Todavía no hemos conseguido nada al respecto, pero ya se trabaja al pensando, teorizando, especulando, ya se sueña en grande, ya se piensa como lo debe hacer una supercivilización que desee proseguir miles de años viva.

Demos rienda suelta a la imaginación y pensemos en el día en que la humanidad podrá controlar la súper fuerza. La súper fuerza solo ha tenido una existencia instantáneamente efímera al comienzo del Big-Bang en el momento en el que las fuerzas fundamentales de la naturaleza unidas entre si. Es mas que la gravedad, mas que el electromagnetismo, mas que el poder atómico, mas que ¡todas las fuerzas juntas! Es el mayor poder del universo.

Con la súper fuerza liberada podremos cambiar la estructura del espacio y del tiempo, dar la orden a la materia o crear materia exótica .

Crear o generar mundos artificiales autosuficientes con propiedades difíciles de imaginar hoy en día. Seremos para entonces solo un recuerdo de épocas pasadas, casi como lo que los cavernícolas son para nosotros hoy en día; así seremos para los humanos del futuro.

Alcanzar la energía de Planck, la energía de los momentos primigenios del Big-Bang, precisaría un acelerador del tamaño de la vía Láctea.....100,000 años luz, eso al menos asegura una eminencia de la física como lo es **Paul Davies**. Pero para los que creen que no es posible eso, les diré que echando a perder se enseña. Se perfecciona y por fortuna tenemos aun quintillones de años para practicar.

En el marco de las "disparatadas" teorías de agujeros de gusano, microtúneles, que comunican universos, seria posible...teóricamente transmitir o extraer energía de un universo a otro. En la practica, de acuerdo a los conocimientos actuales, de acuerdo a nuestra concepción lógica de lo que se ve como posible o no de realizar, con nuestra tecnología, parece simplemente esto imposible, obra de orates, de gente con mucha imaginación y todo lo que Ud. quiera pensar, pero así se han hecho las grandes proezas de la humanidad, remando contra lo que algunos seres humanos enanos mentales, decían que era imposible, así es que....

Desde un cierto punto de vista, la coexistencia de millones de universos en distintas fases de evolución, algunos de ellos "interconectados" entre si, son un conjunto que es parte del alma del mismo Universo.

Un sueño dentro del sueño, tal y como lo conceptuaba **Edgar Alan Poe**, técnicos del mañana podrían revivir su universo a costa de otros universos mas jóvenes a punto de eclosionar sobre si mismos después del Big-Bang fallido.... queda mucho, pero mucho tiempo para pensarlo como pueden imaginar.

COMO ORDENAR EL UNIVERSO

Después de soñar, filosofar, y alongarnos la neurona con estas especulaciones fantacientíficas basadas en el conocimiento actual de verdaderas luminarias del saber humano actual, sabemos ahora que el universo pone a nuestra disposición cantidades siempre crecientes de información dejándonos la tarea de descubrir como utilizarlas y como obtenerlas, como almacenarlas.

Sabemos también que la fuerza transformadora y ordenadora del Universo, puede llegar a ser la vida inteligente del mismo, es decir la que logre desarrollar la humanidad para ese entonces, Las civilizaciones inteligentes y técnicas del futuro tienen en sus manos el como transformar y prolongar la vida del universo.

No podemos saber si la inteligencia es eterna, aunque esperemos que por lo menos dure mucho. Quizá el mayor peligro por el que se ve amenazada a este punto la humanidad es por ella misma, por nosotros mismos, por algunos manipuladores de los que ya hablamos en capítulos anteriores. El gran reto creo yo, será el superar la megalomanía, las ofuscaciones de cada época y resolver con éxito la vida misma.

Es de esperar que ya para ese entonces, quizá muchísimo antes seria deseable, estemos a la altura de nuestros creadores, quizás los superemos, ¡quien lo sabe! Lo que si creo es que el proyecto genético que ellos sembraron en este mundo, habrá con creces de superar las expectativas conceptuadas.

Será entonces que no solo no existan las fronteras no solo dentro de nuestro planeta, tampoco sideral, en las que las distintas formas de vida por fin se encuentren y juntando sus brillantes cerebros, logren manipular el universo y compartir tecnológicas.

Se que todo esto se lee increíble, pero esto es debido a lo poco que sabemos, lo mucho que desconocemos. Si Uds. no creen que esto pueda ser posible, esperemos que la vida les permita ir develando los grandes cambios que la humanidad en constante evolución en todos los ámbitos logra día a día. Las cosas imposibles no se deberán conceptuar en el hombre del futuro, solo aquellas que requieran de trabajo y de fe en el futuro en confraternidad interna y con otras criaturas del cosmos, con nuestros creadores.

Para quienes creen que esto que esta leyendo es ficción o exageración, deberá de pensarlo detenidamente.

El devenir de la especie humana, los primeros pequeños pasos para estos grandes logros están dados.

Varias décadas después, de que la ultima misión tripulada humana pisara suelo "selenita" del satélite natural de nuestro planeta a bordo de la nave Apollo 17, el gobierno del país más poderoso del orbe los Estados Unidos de Norteamérica, por boca y voz de su máximo jerarca y Presidente el Sr. **George Walker Bush**, dijo que su país, se propone realizar un ambicioso plan para la conquista del espacio.

El gobierno Norteamericano, su ciencia, tecnología y su gran capacidad económica se proponen regresar a Selene, a la Luna en donde instalarán una base que funcione de paso y abastecimiento a naves y tripulaciones rumbo a otros cuerpos celestes, en este caso en primer término Marte y posteriormente posiblemente a alguna de las lunas de Júpiter en donde los científicos creen viable la posibilidad de vida por su semejanza aparente con las condiciones que privan en nuestro planeta y en esos cuerpos celestes..

En los primeros días del año 2004, del aun muy incipiente siglo XXI y más joven aun, nuevo tercer milenio, la humanidad ve con agrado y esperanza un futuro prometedor allende las fronteras de nuestro planeta.

Las generaciones por venir recogerán los frutos de estas inteligentes y ambiciosas determinaciones de conquistar el espacio y con ellos todas las cosas positivas que con ello vienen como efectos colaterales que beneficiarán la vida del humano. Me refiero a los avances científicos y tecnológicos, como en el caso de la medicina, de la ingeniería etc., en general del conocimiento humano, que permitirán al hombre, vivir mejor en calidad y en cantidad.

Las generaciones del futuro, las aun no nacidas, habrán de poblar otros cuerpos celestes, llevando nuestra "semilla de vida" convirtiendo a la especie humana en colonizadores de otros mundos, poblando otros cuerpos celestes, terraformándolos, siendo seres terrestres en otros mundos, haciéndonos a nosotros mismos verdaderos "extraterrestres"

Posiblemente como ocurrió con nuestro propio planeta en la noche de los tiempos, repitiendo simplemente lo que sucedió en nuestro mundo.

De las 30 ultimas misiones a Marte, enviadas durante los últimos 40 años en dirección del planeta rojo, solo 12 han tenido un relativo éxito, sin embargo existen razones de sobra para estar optimistas en este nuevo siglo XXI, sobre todo en lo logrado en el año 2004.

Los primeros días del mes de Enero del citado año, la sonda robot, o rover, conocida como "Spirit" enviado por la agencia espacial de los Estados Unidos, la famosísima NASA, se posó en suelo de la superficie del planeta rojo amartizando con gran éxito, iniciando casi de manera inmediata, el envío de increíbles y magnificas fotografía de Marte.

Este planeta vecino del nuestro, en el que se piensa fundar una colonia humana antes de los próximos 50 años, se ve mediante las fotografías a color, que puede albergar seres humanos que deberán hacerlo habitable mediante la tecnología y deseo de trascender en el cosmos.

Casi de manera simultanea al amartizaje de la sonda robot "Spirit", durante el mismo mes de Enero del año 2004, otra sonda robot "gemela" la denominada "Opportunity" enviada también por la NASA Norteamericana, inicio el envío de fotografías espectaculares del planeta rojo habiendo amartizado con éxito en el aparentemente inhóspito suelo marciano, ambas son dos mini-laboratorios que están analizando el suelo Marciano, su composición, cosa que nos permitirá conocerlo mejor.

Pero no son solo los Norteamericanos los que están intentando con éxito dar los primeros pasos rumbo a la conquista de otros mundos, la Comunidad Europea, mediante su propia agencia espacial, lograron poner en orbita del planeta rojo una sonda robot bautizada como "Mars Express", que esta enviando a la tierra, fotografías verdaderamente fantásticas de la superficie Marciana, posiblemente lo mas importante que con sus fotos se ha logrado, es constatar y ratificar lo que otras sondas no tripuladas previamente enviadas, ya habían adelantado de manera un poco menos objetiva, que existe AGUA CONGELADA en los polos del planeta rojo.

Todos sabemos lo que significa la presencia de agua ¿verdad?, pero aun no cantemos victoria, se sigue estudiando el planeta rojo, aun es prematuro como para que se piense en formas de vida muy avanzadas en dicho planeta. No creo que existan esos míticos hombrecillos de color verde con antenas en algún lugar del planeta Marte. Pero si es posible la existencia de alguna forma de vida, misma que gracias a la presencia de agua, estos viajes exploratorios del género humano se hacen como preámbulo a nuestra llegada a colonizarlo, pero se abre la enorme posibilidad de que el hombre aproveche la existencia del vital elemento si decide colonizarlo.

El **Presidente Bush**, declaró a sus conciudadanos y a la comunidad internacional que esta pendiente de sus políticas que afectan a casi todo el mundo por no decir que a todo el género humano, su firme determinación de apoyar a la NASA y sus programas y proyectos, para regresar a Selene, a la Luna antes del año 2015 y construir una base en suelo selenita que sirva para abastecer a los cosmonautas que estén rumbo a otros cuerpos estelares mas lejanos.

El presidente que gobierna la nación mas poderosa de la tierra, dejó también saber al mundo, que antes del año 2028, un nave tripulada enviada por su nación, deberá pisar el suelo polvoso y rojizo de Marte.

Para tales metas, se habrán de invertir miles de millones de dólares y se habrán de conjugar los talentos, dedicación y deseo de terraformar otros cuerpos estelares de miles de seres humanos que ven mas allá de su nariz, que no son miopes intelectuales, que saben que nuestro destino es ir mas allá de los limites de nuestras fronteras planetarias, para llevar nuestra semilla de vida y poblar otros mundos como ocurrió con el nuestro.

Desde ya, se dejaron escuchar las voces a favor y en contra de tal megaproyecto. Por fortuna esto se hará realidad a pesar de que algunos entes hipócritas, fariséicos y retrógrados ya están oponiéndose, argumentando que mejor sería darle utilidad a esos miles de millones de dólares en prioridades aquí dentro de nuestro planeta.

Lo cierto es que si por algunos fuera, aun viviríamos en las cavernas o nunca hubiésemos conocido otros continentes al mejor quedarnos en nuestro reducido entorno sin preocuparnos en conocer otras tierras dentro de nuestro planeta o en este caso, otros cuerpos estelares allende las fronteras del planeta tierra.

A final de cuentas, después de que ladren algunos despistados anencefálicos, habrá un gran consenso internacional, el de salir a otros mundos, el de explorarlos, el de poblarlos, el de iniciar el terraforming de esos cuerpos celestes por ahora desconocidos.

Los primeros pasos serios y firmes están dados para este *"nuevo"* inicio de nuestra especie, este neo **GÉNESIS** de nuestra especie. Si un miembro del género humano del futuro, llegase a tener fortuitamente en sus manos un ejemplar de este libro, sabrán que quien lo escribió, junto con millones de seres humanos, desde siempre vimos como destino, el llevar nuestra semilla de vida a otros mundos; gracias por hacer realidad nuestros deseos.

Fin...

www.ingramcontent.com/pod-product-compliance
Lightning Source LLC
Chambersburg PA
CBHW031818170526
45157CB00001B/103